신 · 재생에너지

RD&D 전략 2030 시리즈 7

수소 · 연료전지 II

에너지관리공단 신 · 재생에너지센터

북스힐

발 간 사

안녕하십니까.

잘 아시는 바와 같이 지금 세계 각국은 지속적인 고유가 상황 속에서 에너지 자원의 안정적인 확보를 위해 치열한 경쟁을 벌이고 있습니다. 특히, 지난 제13차 유엔기후변화협약 당사국총회에서 채택된 '발리로드맵'을 계기로 인하여, 온실가스 감축 문제는 선진국이나 개도국을 막론하고 더 이상 미룰 수 없는 온 인류의 생존과제가 되었습니다.

저탄소형 사회구조로의 전환을 위해 가장 중요한 것은 에너지의 효율적인 사용과 함께 신·재생에너지의 이용과 보급을 확대하는 것이라 하겠습니다. 이를 위해서는 적극적인 기술개발을 통해 분야별 핵심기술을 확보하고, 주요 부품 및 설비기술의 국산화가 선행되어야 할 것입니다.

신·재생에너지기술개발에 대한 관심과 참여가 대폭적으로 늘어나고 있는 이 시점에서 저희 에너지관리공단 신·재생에너지센터에서는 체계적이고 전략적인 신·재생에너지기술개발을 유도하기 위해 각 분야별 국내 최고의 전문가와 함께 「신·재생에너지 RD&D 전략 2030」을 완성하였습니다.

「신·재생에너지 RD&D 전략 2030」은 중장기 신·재생에너지기술개발에 대한 명확한 비전을 제시하고 있으며, 미래의 큰 그림 뿐만아니라 세부 추진방법 및 구체적인 개발목표도 수록하고 있습니다. 새롭고 참신한 정보로 구성된 「신·재생에너지 RD&D 전략 2030」은 관련분야 종사자 여러분에게 든든한 길잡이가 되어줄 수 있을 것으로 기대가 됩니다.

전문가들은 앞으로 석유로 대표되는 화석연료의 시대는 이삼십년이 피크라고 예상하며, 그 이후의 세계 경제는 청정에너지인 신·재생에너지 핵심기술을 가진 나라가 주도하게 될 것이라고 합니다. 아무쪼록 「신·재생에너지 RD&D 전략 2030」이 우리나라 신·재생에너지기술 발전의 밑거름이 되어 우리나라가 선진국을 능가하는 신·재생에너지 기술선도국으로 도약할 수 있기를 기원합니다.

감사합니다.

에너지관리공단 이사장

차례

Contents

차례

Contents

2장 고분자 연료전지(가정/상업용)

차례

Contents

3장 용융탄산염 연료전지(발전용)

차례

Contents

4장 직접메탄올 연료전지/고분자 연료전지(휴대용)

차례

Contents

5장 고체산화물 연료전지(발전/가정용)

차례

6장 수소 생산

Contents

차례

7장 수소 저장

Contents

표차례

제2부 분야별 수소 · 연료전지 기술동향 및 전망

1장 고분자 연료전지(수송용)

2장 고분자 연료전지(가정/상업용)

표차례

3장 용융탄산염 연료전지(발전용)

표차례

4장 직접메탄올 연료전지/고분자 연료전지(휴대용)

5장 고체산화물 연료전지(발전/가정용)

표차례

6장 수소 생산

7장 수소 저장

표차례

Fig. Contents

제2부 분야별 수소 · 연료전지 기술동향 및 전망

1장 고분자 연료전지(수송용)

그림차례

2장 고분자 연료전지(가정/상업용)

Fig. Contents

3장 용융탄산염 연료전지(발전용)

그림차례

그림차례

Fig. Contents

5장 고체산화물 연료전지(발전/가정용)

6장 수소 생산

그림차례 Fig. Contents

제2부

분야별 수소 · 연료전지 기술동향 및 전망

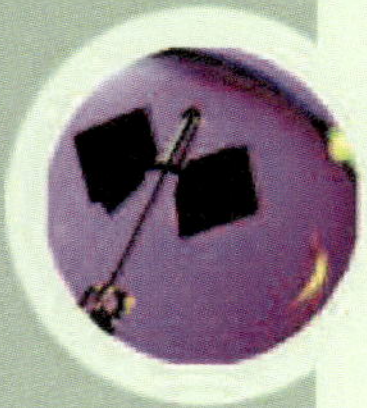

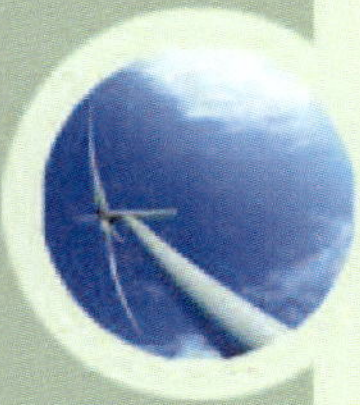

수소·연료전지 기술의 분류는 수소생산, 저장, 운반, 이용기술로 분류되며, 이용기술은 또한 발전용 연료전지, 수송용 연료전지, 가정/상업용 연료전지, 휴대용 연료전지로 분류됨. 또한 기술 측면에서는 고분자 전해질 연료전지, 용융탄산염 연료전지, 고체산화물 연료전지, 직접 메탄올 연료전지로 분류된다.

「제2부 분야별 수소·연료전지 기술동향 및 전망」은 수소·연료전지의 다양한 응용분야 및 기술 분류 특성에 따라 다음과 같이 구성되어 있다.

제1장 고분자 연료전지(수송용)
제2장 고분자 연료전지(가정/상업용)
제3장 용융탄산염 연료전지(발전용)
제4장 직접메탄올 연료전지/고분자 연료전지(휴대용)
제5장 고체산화물 연료전지(발전/가정용)
제6장 수소 생산
제7장 수소 저장

1장

고분자 연료전지 (수송용)

I. 기술개요 및 범위

1. 기술 개요 및 특성

○ 수소연료전지차는 그림 1-1과 같이 수소와 산소의 전기화학반응으로 발생하는 전기로 모터를 구동시키는데, 여러 가지 다양한 연료전지 중에서도 운전온도가 저온이며, 출력 밀도 및 시동특성이 우수한 고분자 전해질 연료전지(PEMFC 또는 PEFC)가 사용됨.

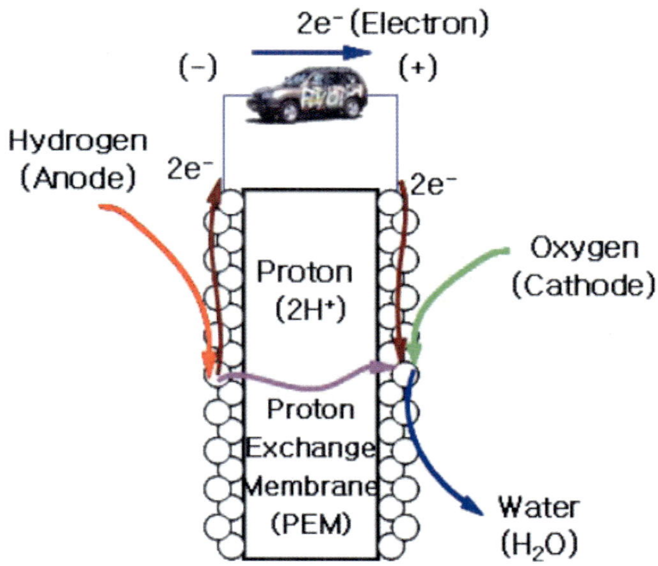

그림 1-1 고분자 전해질 연료전지의 원리

○ 수소연료전지차는 그림 1-2와 같이 수소연료저장시스템, 연료전지 스택, 스택에 공기나 수소를 공급하고 스택의 운전조건을 확보해주는 운전장치, 스택에서 생산된 전기를 변환시켜주는 전력변환기, 모터 및 감속기, 스택의 운전을 보조해주는 보조전원 등으로 구성됨(본 보고서는 연료전지 스택, 운전장치, 수소저장 시스템을 대상으로 작성함).

○ 연료전지 스택만으로 차량을 운전하기도 하지만, 경우에 따라서는 전지 또는 슈퍼 캐패시터와 같은 보조의 에너지 저장장치를 설치하여 스택의 운전을 도와 차량의 성능을 높이기 위해서 사용하는데, 현재는 보조전원을 사용하는 시스템이 연료전지차에서는 보편화되어 있음.

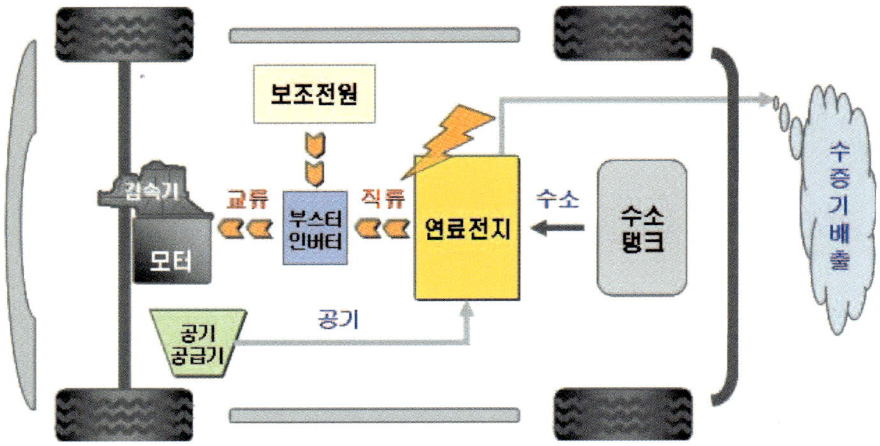

그림 1-2 연료전지차의 구조

○ 대부분의 경우 연료전지차가 연료전지를 주동력원으로 사용하는데, 플러그인 연료전지차에서는 배터리를 차량의 주동력원으로 사용하고 연료전지는 배터리를 충전하거나 보조해주는 역할로 사용하기도 하는데, 이 경우에는 연료전지를 소형화할 수 있다는 장점이 있음.

2. 개발 당위성

가. 미래 자동차 산업의 중요성

○ 세계 자동차 시장은 2006년 6,800만 대에서 2021년 1억 대 규모로 증가할 것으로 전망(J.D. Power, 2006년 12월)

○ 국내 자동차 산업은 2015년 이후 약 11% 이상을 점유할 것으로 전망되어 CO_2 문제, 에너지문제, 강화되는 환경규제 등에 대응하기 위해서는 수소연료전지차의 개발이 필요

- 세계 5위의 자동차 생산국(2006년)
  • 자동차생산 384만 대(해외생산 100만 대 미포함)
- 수출, 생산, 부가가치, 고용 등 전체 제조업의 10% 초과
- 2006년 국내 단일품목으로 수출 최초 400억 달러 돌파
- 2006년도 자동차 산업 현황
  • 수출: 432억 불(완성차 329억 불, 부품 102억 불)
  • 무역수지 흑자 374억 불(국내 전체 무역수지 흑자 167억 불의 2.3배)

표 1-1 자동차 산업이 국민경제에서 차지하는 비중

구분	주요 현황
생산액	70조원 (제조업의 11%)
직간접고용	150만명 (전산업의 8%)
부가가치	27조원 (제조업의 11%)
조세	21조원 (총세수의 17%)
수출	191억 달러 (전체 수출의 9.9%)

주 : 수출은 2003년, 나머지는 2002년 기준(자료 : 한국자동차공업협회)

○ 2015년 연료전지차 투자 효과(참고: 환경친화적 자동차의 개발, 보급 기본계획 수립 및 보급 지원방안 연구, 산업연구원 2005.06)

표 1-2 2015년 연료전지차 투자 효과

	생산대수(2015년)	금액
연료전지차 생산	1만 대	1만 대 × 10,000만 원 = 1조 원
환경규제가 기존차량의 생산에 미치는 영향	55만 대	55만 대 × 1,500만 원 = 8조 2,500억 원
합계	56만 대	9조 2,500억 원

- 가정 : 1) 2015년 연료전지 1만 대 생산, 차량가격 1억 원/대
  2) 환경규제가 기존차량의 생산에 미치는 영향 : 10%
  3) 2015년 총 차량 생산대수 : 550만 대,
  4) 2015년 평균차량가격 1,500만 원/대
  5) 2015년 자동차 산업의 생산유발계수 : 2.5166
  6) 2015년 취업유발계수 : 2.92명/10억 원
- 총 생산유발 = 9조 2,500억 원 × 2.5166 = 23조 2,785.5억 원
- 총 취업유발 = 9,250 × 2.92 = 27,010명

나. 자동차 산업의 타 산업으로의 파급 효과

○ 자동차 산업은 특히 관련된 산업의 수가 많아 전체 산업발전을 견인할 수 있는데, 자동차 산업이 발전하면 기계, 전자, 철강, 정보통신, 기초소재, 판매, 정비, 보험, 금융 등 연관 산업이 고루 발전됨.

○ 차량의 지능화와 친환경화에 따라 차세대 전지, 반도체, 무선통신 등 차세대 성장동력 산업과도 연관되어 있어 우리나라 전체 산업을 견인할 수 있고 파급효과가 큼.

다. 환경 및 에너지 문제 대응책

○ 최근 EU는 지금까지 업체의 자율에 맡겨오던 이산화탄소 배출량 감축을 의무화시킴: 2012년까지 배출량을 130g/km(가솔린 기준 연비, 약 17.7km/ℓ)로 저감

- 현재 이산화탄소의 평균 배출량이 약 161g/km(가솔린 기준 연비, 약 14.3km/ℓ) 수준인 것을 고려할 때, 현 가솔린이나 디젤차의 소형화, 경량화, 연비 향상기술들만으로는 달성하기 어려운 부분이 존재하기 때문에 자동차 동력원에 새로운 패러다임이 필요

○ 미국에서는 캘리포니아주를 중심으로 무공해 친환경 자동차(ZEV) 의무판매 필요

- 캘리포니아 지역에 6만 대 이상 판매하는 업체는 2005년부터 판매량의 10%를 ZEV로 판매해야 한다는 규정 : 2018년까지 16%로 점점 강화
- 이 규정을 달성하기 위하여, 각 자동차 업체에서는 순수 ZEV에 해당하는 연료전지자동차(FCV), AT-ZEV에 해당하는 하이브리드자동차(HEV)의 개발에 노력을 기울이고 있지만, 반드시 판매해야 하는 순수 ZEV의 비율이 커지는 상황에서 수소연료전지차의 기술확보는 미래 자동차 산업에서 살아남기 위해서 필수적인 사항

○ 연료전지차량의 에너지와 환경측면의 효과는 차량의 보급 대수가 증가하면서 커질 것으로 예상되어 연료전지차의 상용화 시기는 국가 미래정책의 중요한 부분을 차지할 것으로 예상됨.

- 1년 동안 20,000km를 주행한다고 가정할 때, 가솔린차의 경우 2,041L, 디젤차의 경우 1,580L의 연료가 소비되며 약 4~5톤의 이산화탄소를 배출
- 만약 100,000대의 연료전지차가 운행된다면, 가솔린은 2억 리터가 절약되며, 이산화탄소의 배출량은 약 5십만 톤 절감
- 그러나 수소의 생산과정에서 천연가스, LPG, 납사 등의 화석연료가 소비되기 때문에 이에 대한 영향도 고려되어야 하겠지만, 연료전지차의 효율을 개선하고 신·재생에너지로부터의 수소생산공정을 확립한다면 보다 효과적일 것으로 판단됨.

표 1-3 투싼SUV의 Tank to Wheel 자료

차종	연비	CO_2 발생량	20,000km/년 주행기준	
			연료소비량	CO_2 발생량
가솔린 A/T	9.8km/L[1]	237.7g/km	2,041L	4,754kg
디젤 A/T	12.66km/L[1]	210g/km	1,580L	4,200kg
연료전지	22.8km/L[2,3]	-	233kg H_2	-
	30km/L[2,4]	-	177kg H_2	-

주 : 1) 공인연비
2) 혼합모드(UDDS 55% + HWFET 45%) 시 가솔린 등가연비
3) 80kW급 2006년도 연료전지차(모니터링사업 투입차량)
4) 연료전지차 목표값

표 1-4 수소연료전지차 보급량에 따른 석유 소비 및 이산화탄소 발생 감소량

운행대수	1000대	10,000대	100,000대	1,000,000대
가솔린 소비량 감소분 (리터/년)	2,046,816	20,468,163	204,081,633	2,040,816,327
이산화탄소 발생량 감소분 (톤/년)	4,754	47,540	475,400	4,754,000

※ 표 1-3에서의 가정과 결과 값을 활용(주행거리 : 20,000km/년/대)

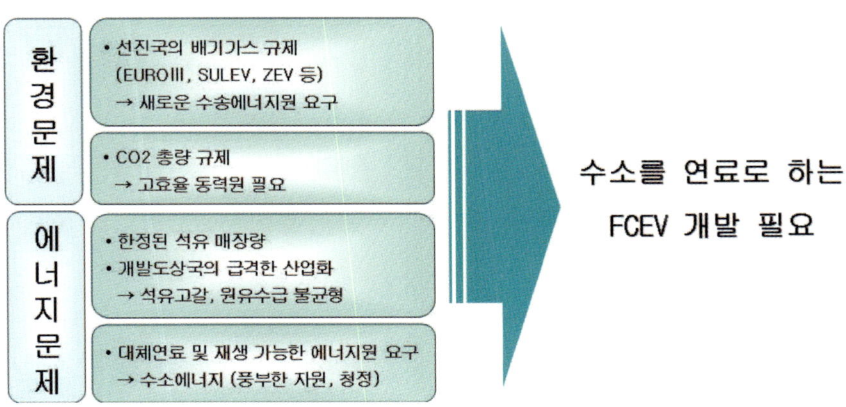

그림 1-3 연료전지 자동차 개발 필요성

3. 세부기술 분류 및 범위

가. 고분자전해질 연료전지 스택

○ 수소와 산소의 전기화학반응이 일어나는 부품으로 1V 내외의 전기를 생산하는 단위전지를 원하는 전압에 이르기까지 수백 장을 적층

○ 차량의 구동에 필요한 전기를 생산하는 핵심부품으로 그림 1-4와 같이 다양한 부품들로 구성됨.

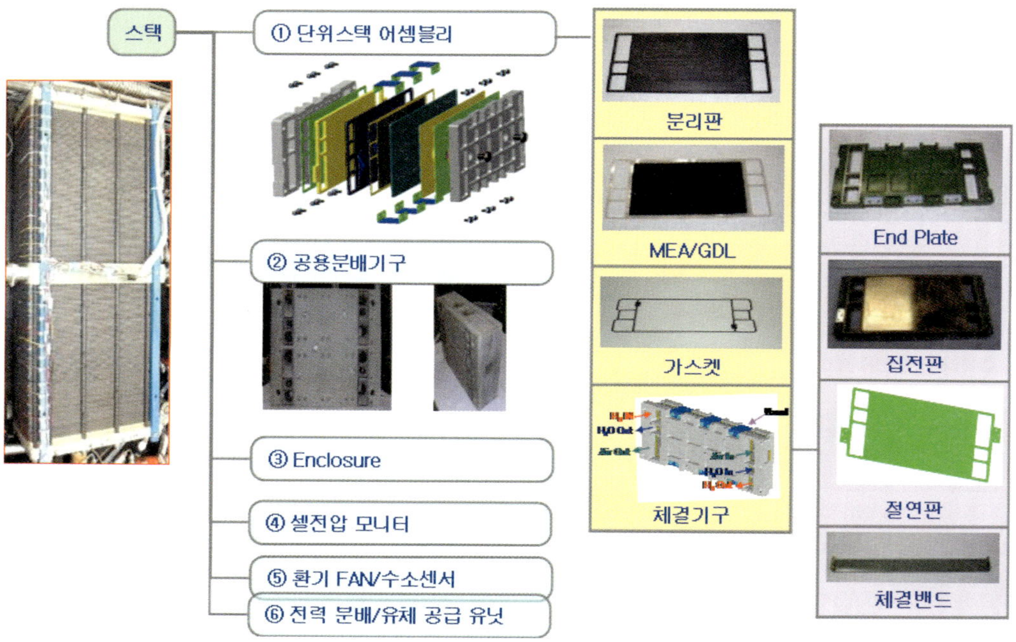

그림 1-4 연료전지 스택의 구성

나. 연료전지 운전장치(BOP, Balance of Plant)

○ 스택이 원하는 상태로 운전될 수 있도록 수소와 공기를 공급해주고 스택은 운전조건을 조절해주는 시스템

○ 공기공급계, 수소공급계, 열 및 물관리계 등으로 구성됨.

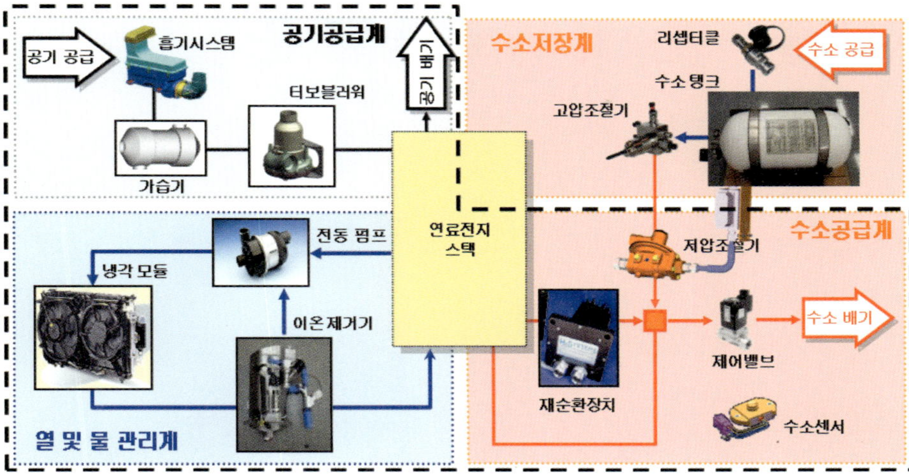

그림 1-5 운전장치시스템의 Sub-시스템 및 주요 부품 구성

다. 수소저장 시스템

○ 차량 내 수소를 저장하는 시스템으로 수소를 직접 저장하는 고압 수소저장 시스템, 액화 수소저장 시스템과 기타 수소저장물질을 사용하는 경우로 구분됨.

○ 현재는 35MPa 또는 70MPa의 고압수소를 저장하는 시스템이 차량에 적용되고 있으며, 고압탱크와 각종 안전을 고려한 부품들, 그리고 고압의 수소를 스택에서 사용할 수 있도록 저압으로 강하시키는 압력조절기 등의 부품들로 구성됨.

구분 / 특징 / 원리	Hydrogen	고체상 수소저장 재료 (Solid State Absorbers)	Chemical Hydrides
	직접 저장	가역적 수소 흡/방출	비가역적 수소 방출 (남은 물질은 회수 필요)
액화 or 압축	- 액화수소 - 압축수소	 	
열분해 (Pyrolysis)	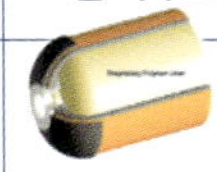	- Complexed Metal Hydride - Metal Hydride - Carbon 나노재료, MOF	- $3BH_3NH_3 \rightarrow B_3N_3H_6 + 6H_2$ - $2NH_3 \rightarrow N_2 + 3H_2$
탄화수소 개질반응 (Reforming)		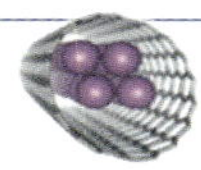	- $CH_4 + O_2 \rightarrow CO_2 + 2H_2$ - $H_xC_y + yO_2 \rightarrow yCO_2 + (x/2)H_2$ - $2CH_3OH + O_2 \rightarrow 2CO_2 + 4H_2$
가수분해 (Hydrolysis)		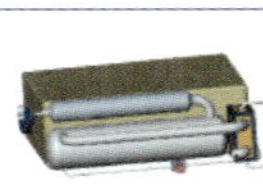	- $H_2O + NaH \rightarrow NaOH + H_2$ - $2H_2O + NaBH_4 \rightarrow NaBO_2 + 4H_2$ - $H_2O + Si \rightarrow SiO_2 + H_2$

그림 1-6 수소저장기술의 분류

II. 국내기술 수준 및 기술 동향 분석

1. 기술 수준

가. 세부 요소기술별 기술 수준

❖ 연료전지 스택

- 성능 : 국내 기술로 1.2kW/ℓ의 100kW급 연료전지 스택 개발에 성공하여 세계적인 수준에 이르렀다고 판단됨.
- 내구 : 실험실에서의 국내 연료전지 스택의 내구는 4,000시간 이상을 달성하였으며, 현재 수소연료전지차 모니터링사업에서 실도로 평가 중(참고 : 미국 DOE의 지원하에 실도로 평가 중인 연료전지 차량의 평균 내구 수명은 1,350시간으로 알려져 있으며 수명 종료까지의 운행 거리는 64,000km)
- 저온 시동 : 연료전지 스택의 저온 시동성은 최종적으로 영하 30도가 목표이며 현재 영하 15도에서의 저온 시동 기술이 확보됨.
- 스택 요소 부품 개발
  - 분리판 : 국내 순수 기술로 설계 및 제작이 가능하며 금속 분리판의 경우 표면 코팅 기술 및 사출 개스킷 개발이 요구됨.
  - 전극막 : 국내에 연료전지 전극막을 제조할 수 있는 산업 기반이 없으며 일부 연구기관에서 전해질막 및 촉매에 관한 연구를 수행하고 있음.
  - 가스확산층 : 전극막과 마찬가지로 국내의 산업기반이 전무하며 가스확산층의 기초 소재가 되는 탄소섬유 제작 업체도 없어 연구 자체가 이루어지지 않고 있는 상황임.

❖ 운전장치

- 출력밀도 : 목표값 650W/ℓ의 64%, 415W/ℓ(스택을 포함한 부피 기준)
- 저온 시동성 : 목표값 영하 30도, 현 수준 상온 시동
- 시스템 용량 : 목표값 100kW급 시스템, 현 수준 80kW급 시스템

❖ 고압 수소저장 시스템

- 고압 수소저장 시스템의 구성부품으로는 크게 수소탱크, 솔레노이드 밸브, 레귤레이터, 시스템 마운팅 어세이, 튜브&핏팅류, 밸브류, 리셉터클, 센서류(수소센서, 압력센서, 온도

센서)가 있음.
- 수소탱크는 알루미늄 라이너를 사용하는 TYPE III와 플라스틱 라이너를 사용하는 TYPE IV 두 가지가 있으며, 압력별로는 35MPa과 70MPa 두 가지 종류가 있음.
- 35MPa 수소탱크 중 TYPE III 탱크는 이노컴에서 외산 라이너를 사용하여 70리터급 국산화 시제품을 제작 및 평가하여 자체 인증을 완료하였으며, 현재 국내 기술로 설계한 라이너를 사용하여 시제품을 개발 중임.
- 35MPa 수소탱크 중 TYPE IV 탱크는 KCR에서 70리터급 국산화 시제품 개발을 완료하여 '06년 말 NGV2-2000 인증을 취득하였고, 현재 39리터급 시제품 및 70MPa용 라이너를 개발 중임.
- 35MPa용 TYPE III, TYPE IV 탱크와 고압 솔레노이드 밸브, 고압 레귤레이터, 밸브류, 핏팅류, 리셉터클은 '08년 상반기 중 국제 인증을 취득할 수 있을 것으로 예상됨.
- 시스템 마운팅 어세이는 '07년 상반기에 국산화 완료되었음.
- 70MPa용 고압 수소저장 시스템의 구성부품은 '09년 7월까지 전부품 국산화 완료를 목표로 개발 추진 중임.

❖ 신수소저장 시스템

- 과기부 21C 프런티어 과제로 금속 수소화물, 금속착 수소화물, Chemical Hydride, MOF (Metal Organic Framwork), 탄소 나노튜브 등의 신수소저장 재료 및 시스템에 대한 연구가 진행 중임.
- 현재 다양한 재료에 대한 연구가 진행되고 있지만, 미국 DOE의 목표를 만족시킬 만한 물질은 전 세계적으로 찾지 못한 상황임.

나. 선진국 대비 기술 수준

❖ 스택 개발

- 성능 면에서는 세계 수준에 도달하였으나 전기안전성, 수밀 및 내진동 특성 등은 기술적인 검증이 필요하며, 선진국에 비해 스택 인클로저나 체결기구에 있어서도 완성도가 떨어짐.
- 국내의 차량용 연료전지 스택은 상압에서 작동하는 형태로 개발되었으며 상압 방식을 적용하는 스택에 있어서는 세계 최고의 기술을 확보하고 있음.
- 전 세계적으로 스택의 작동 압력은 1.5기압으로 수렴되어 가고 있으며 국내에서도 작동 압력을 상압에서 점차적으로 올려가는 방향으로 기술 접근이 이루어질 전망임.
- 요소 부품 개발
  - 분리판 : 분리판은 차량의 패키지나 각 제작업체의 시스템 특성에 따라 설계되며 국내

의 분리판 설계 기술은 세계 수준에 도달하여 있음. 하지만 선진 업체들이 이미 선점하고 있는 지적재산권을 회피하기 위한 노력이 필요함.

- 전극막 : 연구용으로 제작되는 전극막의 경우, 성능 면에서 외국의 선진 업체와 동등한 성능이 구현되는 전극막이 제작되고 있으나 내구성이 검증되지 않은 상황임.

특히, 전해질막의 기계적 물성이나 조립의 용이성을 확보하기 위한 전극막 지지층 제작 및 접합 기술은 확보되지 않은 상황임.

- 가스확산층 : 가스확산층 제작은 일본 및 독일 업체가 독점하고 있는 상황으로 국내에는 제작 기반이 전무하며 대학 및 일부 중소 업체에서 주 소재인 카본 펠트 (Carbon Felt), 카본 종이, 카본 클로스(Carbon Cloth)를 수입하여 Micro Porous Layer를 제조하고 주 소재에 입히는 연구만을 수행하는 수준임.

❖ 운전장치

- 출력 밀도 : N/A
- 냉시동 온도 : 50% 수준(영하 30도 vs. 상온)
- 시스템 출력 : 80% 수준(100kW vs. 80kW)
- 모듈화 : 50% 수준
- 부품 완성도 : 80% 수준
- 시스템 설계 및 운전 기술 : 90% 수준

❖ 고압 수소저장 시스템

- 선진국의 고압 수소저장기술은 미국 Quantum, SCI, Lincoln Composites 등과 캐나다의 Dynetek이 대표적인 회사로서 35MPa 및 70MPa 용기에 대한 개발을 완료하여 시판 중임.
- 35MPa 고압 수소탱크에 대한 국내 기술 수준은 설계 및 제작 능력 면에서 선진국 수준에 바짝 다가온 상태이나, 70MPa 탱크의 경우 현재 라이너 설계 단계로서 기술 격차가 다소 있는 편임.
- 한편 수소탱크에서 가격 비중이 가장 높은 핵심 소재인 카본 파이버와 알루미늄 심리스 튜브를 생산하는 국내업체가 없어 전량 수입에 의존하는 상황임.
- 결론적으로 말하자면, 설계 및 제작 기술은 선진국과 크게 차이나지 않으나, 핵심 소재 기술은 큰 차이를 보이고 있음.

❖ 신수소저장 시스템

- 재료 연구 측면에서 선진국의 기술 대비 큰 차이는 없는 것으로 판단되며, 서울대 임지순 교수의 경우 폴리머에 금속을 도핑하여 상온에서 많은 수소를 저장할 수 있는 이론

적 모델을 제시하여 큰 반향을 불러일으킴.

- 다만 국내에서는 아직 수소저장재료를 상용화한 업체가 없어 재료의 대량 생산 기술은 선진국과 격차를 보임.
- 시스템 개발의 경우 선진국의 경우 미국 Ovonic社에서 금속 수소화물을 이용한 탱크를 개발하여 도요타 Prius Hybrid를 개조한 수소내연기관에 장착하였으며, 도요타의 경우 고압수소탱크에 금속 수소화물을 내장한 하이브리드형 수소탱크를 개발 중임.
- 이에 비해 국내에서는 현대자동차에서 금속 수소화물 및 금속착 수소화물을 이용한 소용량 탱크를 올해부터 본격적으로 개발 중이며, 삼성엔지니어링에서 $NaBH_4$를 이용한 이동용 시스템을 개발 중인 것이 전부여서 시스템 개발은 선진국과 다소 격차가 있음.

2. 기술개발 및 산업체 동향, SWOT 분석

가. 기술개발 동향

❖ 스택

- 스택 개발
  - 연료전지 스택은 운전압력에 따라 약 2~3기압에서 운전되는 가압형과 대기압 조건에서 작동하는 상압형 스택 그리고 약 1.5기압에서 작동하는 중압형으로 대별할 수 있음.
  - 연료전지 스택의 작동압력은 스택의 차량 패키지 용이성 및 운전 손실을 고려하여 중압 형태로 수렴하고 있으며 저출력 구간에서는 상압, 고출력 구간에서는 가압 조건에서 운전하는 가변 운전형 시스템도 개발 중임.
  - 연료전지의 스택은 적층성을 고려하여 4개의 모듈로 구성된 스택이 많은 비중을 차지했으나 출력밀도를 높이기 위해 2모듈 시스템이(그림 1-7) 개발되고 있으며 최근 혼다는 금속 성형분리판을 적용하여 스택의 부피를 획기적으로 줄여 100kW급 스택을 1모듈로(그림 1-8) 개발하였음.

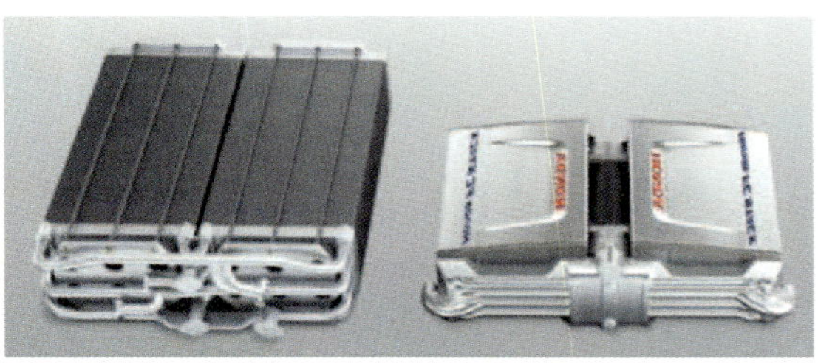

그림 1-7 혼다의 2모듈 스택

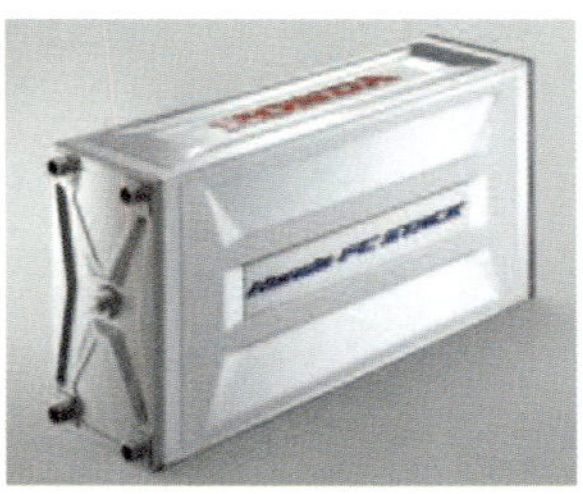

그림 1-8 혼다의 1모듈 스택

- 요소 부품 개발
  - 분리판 : 대부분의 분리판은 흑연판을 기계 가공하여 제작되어 왔으나 기계가공비가 분리판의 제작비용에 차지하는 비율이 높아 양산성이 없는 것으로 평가되며 현재는 양산성이 반영된 흑연 성형 분리판과 금속 성형 분리판이 개발 중임. 발라드사가 흑연 성형 분리판 적용의 가장 선두 주자이며 금속 성형 분리판 적용의 선두 주자는 혼다임.
  - 전극막 : 아직도 90% 이상 불소계 전해질막을 사용한 전극막이 주류를 이루고 있으나 저가의 탄화수소계 전해질막 개발이 활발히 진행되고 있음. 연료전지용 촉매 기술은 백금사용량 저감, 백금 혼합 촉매 그리고 비백금계 촉매 개발로 이어지고 있으며 현재 사용되고 있는 백금량은 약 0.5mg/cm^{2}이 일반적인 수준임.
  - 가스확산층 : 일반적으로 탄소섬유의 구조체로 만들어지며 PTFE를 함침시켜 소수성을 가지도록 만들어짐. 현재는 Micro Porous Layer라고 하는 탄소지지체 막을 도포시켜 스택의 성능을 월등히 향상시켰음. 향후에는 가스확산층의 기공도, 소수성, 탄소섬유의 3차원적 구조를 조절하여 최적의 성능을 구현하는 것뿐만 아니라 스택의 저온 시동 성능을 개선할 수 있는 가스확산층의 설계기술이 개발 중임.

❖ 운전장치

- 열 및 물 관리 시스템
  - 증류수를 이용하는 냉각 시스템 위주로 개발 진행 중이었으나 2007년부터는 스택용 부동액을 이용하는 냉각 시스템도 개발 시작
  - 기존 ICE 엔진의 냉각수 대비 낮은 스택의 냉각수 온도로 인해 라디에이터의 냉각 성능을 향상시키기 위한 연구가 중요
  - 부품 개발은 기존 자동차 협력 업체를 중심으로 진행 중
- 공기 공급 시스템
  - 적용되는 스택의 운전 조건을 충족 시켜 줄 수 있는 공기 블로워 및 가습기 개발의 연구가 중요
  - 공기 블로워 및 가습기는 기존 생산 차량에 적용되는 부품과 연관성이 적어 국내 기술 개발이 어려움
  - 부품 개발은 기존 자동차 협력 업체를 중심으로 진행 중
- 수소 공급 및 재순환 시스템
  - 적용되는 스택의 운전 조건을 충족 시켜 줄 수 있는 수소재순환 블로워 및 이젝터 개발 및 수소 안전성에 대한 연구가 중요
  - 수소재순환 블로워 및 이젝터는 기존 생산 차량에 적용되는 부품과 연관성이 적어 국내 기술 개발이 어려움
  - 부품 개발은 기존 자동차 협력 업체를 중심으로 진행 중

❖ 수소저장

- 국내에서는 1980년대부터 고압용기의 국산화 연구를 시작하여, 1984년 국책연구 개발사업의 일환으로 한국기계연구원에서 섬유강화 복합재료 압력용기의 국산화 개발 연구를 수행한 바 있음.
- TYPE III 용기는 이노컴, TYPE IV 용기는 KCR, 레귤레이터는 현대모비스에서 2003년부터 과기부 수소에너지사업단의 21C 프런티어 사업을 통해 본격적으로 국산화 개발을 시작하였으며, 2006년부터는 솔레노이드 밸브와 시스템 마운팅 어세이를 추가하여 산자부 신·재생에너지 개발사업의 일환으로 국산화 개발 추진 중임.
- 고압 탱크 모듈의 시스템 통합 기술의 경우 현대자동차가 캐나다 Dynetek, 미국의 Quantum에서 기술을 도입하여 개발을 진행 중에 있음.
- 현재 35MPa/70MPa 시스템이 개발되어 실증중이나, 어떤 사양으로 결정할 지는 시스템 패키지, 무게, 가격, 인프라 효율 등을 종합적으로 고려하여 결정하여야 할 것임
- 신수소저장의 경우 2003년부터 과기부 수소에너지사업단의 21C 프런티어 사업을 통해 연구가 진행 중임.

나. 산업체 동향

❖ 스택

- 스택 개발
  - 차량용 연료전지 스택 개발은 크게 연료전지 스택 전문 업체와 자동차 업체의 두 분류로 구별됨.
  - 연료전지 스택 전문 업체로는 다공성 분리판을 사용하고 외부 매니폴드 방식을 적용하고 있는 UTC Power사와 가압운전 방식과 내부 매니폴드를 적용하고 있는 발라드사가 대표적임. 이 외에도 에칭 금속 분리판을 적용하는 Nuvera사와 영국의 Intelligent Energy사가 있으며 각각 FIAT와 푸조 시트로엥사와 협력관계를 가지고 개발 중임.
  - 대부분의 자동차 업체는 독자적인 스택을 개발하고 있음. GM과 도요타는 개발 초기부터 독자 스택 개발에 착수하였으며 발라드사의 스택을 사용하던 DCX와 혼다, 그리고 UTC Power의 스택을 사용하던 Nissan도 현재 독자 스택을 개발 중임.
  - 향후 차량용 연료전지 스택은 스택 전문 업체에서 자동차 업체로 주도권이 이전될 것으로 판단됨.
- 요소 부품 개발
  - 분리판 : 흑연 성형 분리판은 팽창 흑연 시트에 성형하는 기술을 독점하고 있는 Graftech사가 기술을 선도하고 있음. 다양한 종류의 흑연 성형 분리판이 개발되고 있으나 양산

성을 확보한 기술은 Graftech사가 유일한 것으로 판단됨. 자동차 업체들은 금속 분리판 개발에 집중하고 있으며 DCX, GM, 현대·기아자동차가 개발 중이며 현재 차량에 직접 장착한 업체는 혼다임.

- 전극막 : Gore, Dupont, 3M, Solvicore 등 전해질막의 기술을 보유하고 있는 업체들이 불소계 전극막을 경쟁적으로 개발하고 있으며 죤슨 메티 등 촉매 전문 업체들도 전극막 제조에 뛰어들고 있음. 향후에는 전해질막과 촉매 업체들이 각각의 전문 분야에 집중할 것으로 예상되며 자동차 업체가 중심이 되어 촉매업체와 전해질막 업체를 포괄하고 자동차 업체의 요구 조건에 따라 주문 제작하는 방식으로 개발이 진행될 것으로 예상됨. 탄화수소계 전극막은 혼다가 유일하게 적용 중이며 지속적으로 개발이 가속화될 것으로 판단됨.
- 가스확산층 : 가스확산층의 기본 소재가 되는 탄소섬유 원사 전 세계 공급량의 62%를 도레이, 토호, 미쯔비시 3개의 일본 업체가 생산하고 있으며 인수 합병을 통해 일본 소유의 업체가 된 회사들의 생산량을 합하면 전 세계 공급량의 75%에 달함. 탄소섬유의 수요는 매년 10% 정도씩 증가하고 있으나 이러한 일본 업체들의 독점 체제에 의해 탄소섬유의 가격은 조정되고 있으며 이에 따라 탄소섬유의 가격은 미래에도 높은 상태를 유지할 것으로 보임.

❖ 운전장치

- BLDC를 이용하는 물펌프/공기 블로워/수소재순환 블로워/라디에이터 팬 모터
  - 자동차 협력 업체를 통해 개발이 진행 중
  - 12V 또는 스택 전압을 이용하는 BLDC 모터 및 제어기를 자동차으로 개발하는 데 있어서 국내 기반 기술 및 시설 부족으로 개발의 어려움이 많음.
- 가습기, 이젝터, 중간열교환기, 호스, 배관
  - 자동차 협력 업체 중심으로 개발이 진행 중
  - 연료전지 시스템용으로 신규 개발이 진행 중
  - 스택의 내구성 등을 위해 운전장치 부품의 재질은 한정되어 있어, 한정된 재질로 부품 개발이 필요
- 센서류
  - 자동차 협력 업체 또는 산업용 센서 개발 업체를 통해 진행 중
  - 온도센서, 공기 유량 센서, 압력센서 등 기존 차량에 적용 중인 부품 중 공용화가 가능한 것은 쉽게 적용 가능
  - 전기전도도센서, 수위센서 등 연료전지 시스템용으로 신규 개발되어야 하는 것은 국내 기반 기술 부족, 개발 업체 부재로 국내 기술 육성 필요

❖ 수소저장

- 고압 수소저장의 경우, TYPE Ⅲ 탱크는 이노컴, TYPE Ⅳ 탱크는 KCR, 솔레노이드 밸브 및 레귤레이터는 모토닉, 시스템 마운팅 어세이는 로템에서 신·재생에너지 개발사업의 일환으로 국산화 개발 중임.
- 튜브 & 핏팅류, 밸브류, 리셉터클에 대한 국산화를 현대자동차와 하이록코리아가 함께 진행 중임.
- 최근 들어 수소센서에 대한 개발 열기가 고조되어, 학교 및 케피코, 로템, 세종공업, 세주엔지니어링, 에너지기술연구원 등에서 활발히 개발 중임.
- 대흥정공에서 외장형 레귤레이터를 자체 개발 중임.
- 70MPa 초고압 수소저장 시스템의 경우 현대자동차에서 캐나다 Dynetek사와 개발을 완료하여 차량 장착 및 평가를 '07년 상반기 완료하였음.
- 신수소저장의 경우 대부분 학교 및 국책연구소에서 연구가 진행되고 있으며, 산업체의 경우 현대자동차, 한화석유화학, 삼성엔지니어링, 오선테크에서 개발 중임.

다. SWOT 분석

❖ 기회요인

- 국내 자동차 산업의 세계 선두주자로 부상할 수 있는 기회
- 연료전지 버스의 경우 현재 대도시 대기 오염의 주범으로 지목받고 있는 대형경유 버스와의 대체시 환경적·경제적인 효과가 큼.
- 국내 소비자들의 환경, 에너지 등에 대한 의식 증대
- 연료전지 자동차 기술의 경우 아직까지 확실한 선점 주체가 없으므로 향후 노력 여하에 따라서 국내 기술이 세계 선두 주자로 부상할 수 있는 기회로 활용할 수 있음.
- 미래의 성장동력 산업으로 지정되어 각 분야별로 연구활동 활성화
- 환경친화적 자동차에 대한 정부 지원 강화
- 미국 및 유럽 등에서 배출가스 규제 강화 및 CO_2 규제 실시로 인하여 무공해 자동차의 조기 개발 필요성 증대
- 국제사회의 안전기준에 대한 한국의 역할 증대 요구

❖ 위협요인

- 부품업체의 독자개발 능력이 부족하여 연료전지 자동차관련 부품기반이 매우 취약한 상태임.
- 선진국 기술력 대비 열악한 국내 기술개발로 인하여 관련 기술의 특허독점이 연료전지 자동차 개발 국내업체에 위협으로 작용

- 선진국의 기술 독점으로 인한 국제 표준화 선점 등은 위협 요소임.
- 선진국뿐만 아니라 중국 등 개도국도 연료전지 자동차에 대한 개발 및 보급 지원 강화
- 안전성 평가기술 개발을 위한 평가시험시설 기반 구축 및 확보 지연

❖ 강점 요인

- 연료전지 자동차 기술의 기반이 되는 전기 · 전자기술이 잘 발달되어 있음.
- 각국의 배출가스 규제강화와 CO_2 배출 규제에 적합
- 자동차관련 산업기반(기계, 화학, 금속 등)이 잘 조성되어 있음.
- 국내업체에서 독자적인 연료전지 기술을 보유하고 있음
- 무공해 자동차 개발 및 보급에 대한 정부의 정책 추진 의지

❖ 약점 요인

- 선진업체들은 확보된 원천기술을 바탕으로 전략적 제휴를 확대하고 있으나 국내업체는 원천기술이 부족함.
- 현재 연료전지 자동차의 가격이 내연기관 및 하이브리드 자동차에 비하여 매우 높음.
- 정부차원의 연구 지원 및 공감대 인식 미흡
- 부족한 연료전지 자동차에 대한 R&D 투자규모(연구인력 및 투자액 등)
- 외국 선진업체들에 비하여 원천기술 수준이 떨어짐.

3. 국내 산업 현황 및 타 산업과의 연관성

가. 산업현황

❖ 스택

- 스택 개발
  - 현대 · 기아자동차가 유일하게 차량용 연료전지 스택을 개발하고 있으며, BOS(Balance of Stack) 부품들에 대해서는 독자적인 설계 능력을 확보하고 있음.
  - 2005년 80kW급 승용 연료전지 스택이 개발 되었으며 2007년 100kW급 스택이 개발되어 출력성능 면에서 세계적인 수준에 이르렀으며 국내 시범운행 연료전지 차량에 탑재하고 있음.
- 요소 부품 개발
  - 분리판 : 분리판 설계 기술은 확보되어 있는 상태이나 흑연 성형 분리판 제조 분야와 금속 내 부식 코팅 기술이 미흡함.
  - 전극막 : 전해질막, 촉매 등 원소재를 생산할 수 있는 산업 기반이 마련되어 있지 않음.

연구개발도 걸음마 단계이며 주도적인 독자 기술을 가지고 설계할 수 있는 능력을 확보하고 있지 않음. 이러한 상태가 지속될 시, 양산 시점에 해외의 독점 공급업체들의 영향력에서 벗어날 수 없음. 전략적인 소재 산업이나 부품 사업의 경우, 국가 안보 및 전략 산업 보호 차원에서 국가가 주도적으로 산업 육성의 토대를 마련해 주어야 함.

• 가스확산층 : 국내에는 탄소섬유를 가공하여 가스확산층을 제조할 수 있는 업체가 전무하며 세계적으로도 몇 개의 업체가 독점적으로 공급하고 있음. 이러한 상황이 유지되면 국내의 연료전지 스택 생산량은 몇몇 가스확산층 공급 업체의 가스확산층 공급량에 따라 좌우될 것이며 스택의 가격 또한 가스확산층의 독점 가격에 의해 영향을 받게 될 것임. 전략적인 관점에서 탄소섬유 산업 및 가스확산층 제조 사업 육성 필요

❖ 운전장치

- 연료전지 운전장치 부품 개발의 국내 인프라는 한정적
  • 국내 개발 업체가 부족하며, 한정적
  • 정부 지원 부족 및 자체 투자 여력 부족으로 적극적 참여에 어려움
- 연료전지 운전장치 부품 개발 업체의 기반 기술 부족
  • 국내 개발 업체 부족과 더불어 연구개발 인력 부족
  • 국내 개발 업체의 개발을 위한 시설 부족
  • 국내 연료전지 분야 전문가 육성 및 개발 담당자 교육 필요

❖ 수소저장

- 최근 연료전지자동차의 성공적인 상용화를 위한 핵심 기술로 효율적인 수소저장 기술 개발에 대한 관심이 고조되고 있음.
- 고압 수소저장의 경우 기존 CNG 용기 및 관련 부품 제조업체에서 활발히 개발 중임.
- 하지만 고압 수소저장 용기의 핵심 소재인 카본 파이버와 심리스 알루미늄 라이너의 제조 기술을 보유한 국내 업체는 전무한 상태임.

나. 타 산업과의 연관성

❖ 스택

- 수송용 연료전지 스택은 철도 차량, 항공기, 선박, 잠수함용으로 개발이 가능.
  • 독일 Siemens사의 연료전지 스택을 동력원으로 사용하는 잠수함은 이미 실전 배치되었음.
  • 일본 철도 연구소는 연료전지로 구동되는 철도 차량을 2010년에 상용화 계획.
  • Airbus사는 항공기 보조전원용으로 개발 검토 중
  • 포크리프트, 비상 신호등 등 기존의 고용량 배터리 대체
- 수송용 스택 개발은 기존에 존재하지 않았던 다양한 부품들의 공급 필요성에 따라 새로

운 산업과 이에 따른 고용효과를 창출하게 됨.

• 분리판 : 금속 코팅 산업, 박판 금속 개발 산업, 금속 성형 산업, 개스킷 산업, 흑연 소재 산업, 흑연 성형 산업
• 전극막 : 촉매 제조 산업, 고분자 전해질막 제조 산업, 전극막 제조 장비 산업
• 가스확산층 : 탄소섬유 산업, 직조/부직포 제조 산업

❖ 운전장치

- 기존 자동차 협력업체에서 생산하고 있는 부품을 응용하여 개발이 가능한 운전장치 부품 중 일부는 비교적 개발이 용이
  • 연료전지 시스템용으로 개발되는 일부 부품의 개발 기술은 다시 양산자동차의 부품 기술로 연계될 수 있음
- 연료전지자동차용으로 개발되는 운전장치 부품은 타 사업에서 사용 가능
  • 연료전지자동차용으로 개발되는 운전장치 부품은 가혹한 환경에서도 상품성을 확보한 것으로 정치형/이동형/발전용 연료전지 부품용으로 사용 가능

❖ 수소저장

- 자동차용 수소저장 기술은 기술적 완성도 및 엄격한 성능 목표로 인해 타 산업 부문, 즉 노트북 컴퓨터나 휴대폰 등 이동용 수소저장 기술 및 생산된 수소를 운반하는 이송용 수소저장 기술 그리고 수소충전소용 수소저장 기술 등 전 부문에 걸쳐 응용이 가능할 것으로 예측되어 그 파급 효과가 클 것임.
- 또한 수소 저장과 직간접적으로 연관되어 있는 산업 즉, 수소 생산, 수소 이송 및 수소 안전에 관련된 산업 부문에 큰 영향을 미칠 것으로 예측됨.
- 수소 생산의 경우 풍력, 태양열, 수력 등 신·재생에너지를 이용한 수소 생산 산업과 원자로의 고온을 이용한 대량 수소 생산 기술, 그리고 수소액화기술 등이 연관성이 있음.
- 수소 이송의 경우 효율적인 수소 운반 기술이 필요하며 액화수소를 운반하거나 파이프라인을 통한 수소 이송 기술이 연관성이 있음.
- 수소충전소 측면에서는 설계 및 안전 기술, 고압 수소 압축 기술 등이 연관성이 있음
- 수소 안전의 경우 수소누출 감지 기술, 수소 안전 설계 및 신뢰성 평가 기술 등이 연관성이 있음.

다. 기술인력 확보 및 수급현황

❖ 스택

- 제품으로서의 수송용 스택을 개발하기 위해서는 열역학, 유체역학 및 기계 구조역학을 전공한 기술 인력 및 대전력 전기 전공 인력이 많이 요구되나 아직까지 스택의 전기 화

학적인 측면만이 강조되어 기계 및 전기공학 전공자의 스택 개발 참여 부족. 기계 및 전기 공학 전문 기술 인력의 스택 개발 필요성이 강조되어야 함.

- 기계공학 전공자 필요 분야 : 분리판 설계, 체결 기구 설계, 엔드 플레이트 설계, 인클로저 설계, 공용분배기구 설계, 스택/차량 인터페이스 설계, 스택 방수 및 내 진동 설계
- 전기공학 전공자 필요 분야 : 스택 전압 측정 장치 설계, 집전판 설계, 스택 부스바 설계, 대전력 커넥터 설계, 전기 안전 및 절연 설계

- 기초 소재 분야 산업 육성에 필요한 고분자 화학, 탄소 소재 및 촉매 전공 인력 부족. 고용을 보장할 수 있는 산업 기반이 없는 상황이며 국가적인 차원에서 이들 기술 인력에 대한 고용을 보장할 수 있는 산업 육성이 필요
  - 고분자 화학 전공자 필요 분야 : 개스킷 소재 개발, 탄화수소계 전해질막 개발, 불소계 전해질막 개발, 막 전극 접합재 개발, 스택 BOS(Balance of Stack) 부품 성형화 및 경량화 개발
  - 탄소 소재 전공자 필요 분야 : 탄소 섬유 개발, 가스확산층 지지체 개발, 탄소 촉매 담지체 개발, Micro Porous Layer 개발, 흑연 성형 분리판 개발, 금속 코팅용 탄소 소재 개발
  - 촉매 전공자 필요 분야 : 백금 사용 저감 기술 개발, 백금 합금 촉매 개발, 비백금계 촉매 개발

❖ 운전장치

- 운전장치 부품 개발을 위한 개발 업체 부족
  - 대기업 주도로 기술 개발이 이루어지고 있음.
  - 국제 경쟁력 확보를 위해서는 중소기업의 적극적 참여 필요
- 운전장치 부품 개발을 위한 개발 인원 부족
  - 대기업의 개발 인원이 주도
  - 중소기업의 개발 인원 확보 필요
- 운전장치 부품 개발을 위한 교육 프로그램 부족
  - 연료전지 분야의 대부분의 교육 프로그램은 스택 위주
  - 기계/화공/전기전자/재료 등의 전문 지식이 함께 요구되는 운전장치 부품 개발을 위한 전문 교육 프로그램 필요

❖ 수소저장

- 기술의 복합화로 기계/재료/전기/전자/화공/화학 등을 넘나드는 폭넓은 시각을 가진 전문 기술 인력이 필요하지만 이러한 수준을 갖춘 기술 인력 확보가 곤란한 현실임.
- 새로운 기술분야에 대한 전문 인력 양성사업을 국가적 차원에서 추진할 필요성이 절실하며, 또한 우수 인력 유치 및 기존 인력에 대한 재교육을 통한 인력 확보를 위한 정책적 지원이 필요함.

III. R&D 추진 성과 및 보급시장 분석

1. 과거('88~'07) R&D 추진 현황

❖ 스택

- 국내 수송용 연료전지 개발 사업은 1998년부터 시작되어 현재에 이르고 있음.
  - 산업자원부 G7 차세대 자동차 기술개발 사업 1단계('98~'00) : 스포티지 탑재용 10kW급 스택 개발
  - 산업자원부 G7 차세대 자동차 기술개발 사업 2단계('00~'02) : 싼타페 탑재용 25kW급 스택 개발
  - 현대・기아자동차 차량용 스택 개발 사업('02~'03): 싼타페 탑재용 35kW급 스택 개발
  - 산업자원부 자동차 구동용 80kW급 발전모듈 개발('04~'09) : 영하 20도 저온 시동 및 2,000시간 내구 확보 스택 개발
  - 산업자원부 버스용(200kW급) 연료전지시스템 개발('05~'10) : 초저상 버스 탑재용 대용량 연료전지 스택 개발

❖ 운전장치

- 80kW급 승용차용 운전장치 개발('04.12~'10.01)
  - 공기 블로워, 수소 블로워 등 80kW급 시스템 부품 개발
  - 80kW급 BOP 운전 기술 개발
- 200kw급 버스용 운전장치 개발('05.08~'10.07)
  - 공기 블로워, 이젝터 등 200kW급 시스템 부품 개발
  - 200kW급 BOP 운전 기술 개발
- 연료전지 전용차체용 핵심부품 개발('06.11~'11.10)
  - 전용차체용 냉각모듈, 저온 운전용 부품 등 개발
  - 최적 냉각 성능 및 저온 운전성 확보를 위한 운전 기술 개발

❖ 수소저장

- 국내에서는 1980년대부터 고압용기의 국산화 연구를 시작하여, 1984년 국책연구 개발사업의 일환으로 한국기계연구원에서 섬유강화 복합재료 압력용기의 국산화 개발 연구를 수행
- '03년 이후 21C 프런티어 사업을 통해, TYPE III 용기는 이노컴, TYPE IV 용기는 KCR에서 국산화 개발하였으며, '06.8월 이후로는 산자부 신・재생에너지 개발 사업의 일환으로 '고압 수소저장 시스템의 저장 및 실증' 연구를 통하여 국산화 개발품에 대한 실증 사업을 추진 중에 있음.
- 고압 탱크 모듈의 시스템 통합 기술의 경우, 현대자동차가 캐나다의 Dynetek, 미국의 Quantum에서 기술을 도입하여 차량 탑재 운영 수행
- 금속 수소화물계에 대한 연구는 주로 21C 프런티어 사업의 일환으로 주요 연구기관에서 행하여져 왔으며, 한국지질자원연구원, 기계연구원, 한양대학교, 한국과학기술연구원 등이 참여하여 수행하였음.

2. 주요 R&D 성과

가. 기술적 성과

❖ 스택

- 스택 개발
  - 1999년 G7 차세대 자동차 기술개발 사업의 일환으로 국내에서 처음 개발된 연료전지 스택은 최고출력 2kW, 출력밀도 200W/ℓ 이하의 성능을 가졌으며, 2007년 현재 버스용 연료전지시스템 개발 과제로 국내에서 개발된 수송용 연료전지 스택은 최고출력 100kW, 출력밀도 1,200W/ℓ로 8년의 개발 기간 동안 최고출력은 50배, 출력밀도는 7배 이상의 기술 개발이 이루어졌음.
  - 1999년 개발된 2kW 스택의 내구는 200시간이었으며 2007년 현재 개발된 스택의 내구는 4,000시간을 경과하여 약 20배 이상 내구성 향상됨.
  - 2007년 3월 20셀 스택의 영하 10도 저온 시동성을 확보하였으며, 2007년 7월 차량 탑재 상태에서 영하 15도 저온 시동 및 가속 시험 평가 완료하였음.
  - 그림 1-9는 1998년부터 2007년까지 국내에서 개발된 수송용 연료전지 스택 개발 이력을 보여주고 있음.

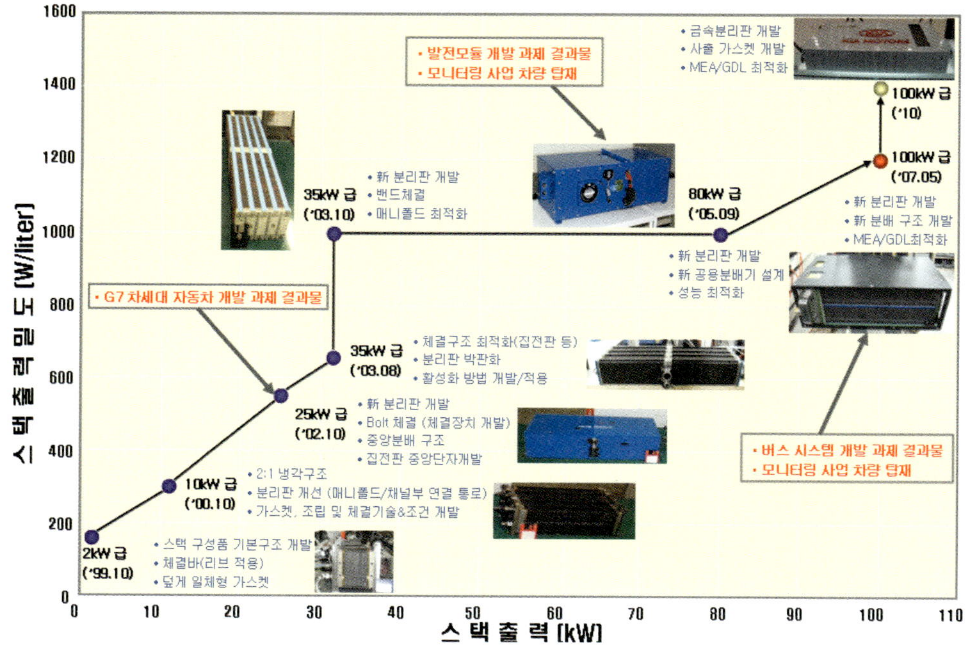

그림 1-9 국내 수송용 연료전지 스택 개발 이력

- 요소 부품 개발
  - 분리판 : 차량용 분리판 설계 기술을 확보하였으며 특히 비다공성 소재로 스택을 상압에서 운전 가능하도록 분리판의 압력강하를 최소화할 수 있는 설계 기술력은 세계 최고 수준임. 양산성 확보 및 원가 절감을 위해 흑연 성형 분리판 및 금속 성형 분리판 개발이 시작되고 있으며 2008년 이후에는 양산형 분리판이 적용될 수 있을 것으로 예측됨.
  - 개스킷 : 스택의 기밀을 유지하기 위한 개스킷 개발이 단계적으로 진행되어 초기에는 실리콘계 개스킷이 적용되었으나 내구성이 향상된 고상 불소계 개스킷이 개발되었으며 조립 생산성 향상을 위해 분리판과 일체화시킬 수 있는 불소계, 실리콘계 및 불소실리콘계 사출 개스킷이 개발되었음.
  - 전극막 : 전극막의 내구를 향상시킬 수 있는 운전기술, 시동/정지 기술, 보관기술 등이 개발되었으며 열화 가속 모드 개발이 완료단계에 접어들고 있음. 실험실 수준에서 전극막의 제조 기술이 개발되고 있으며 초기 성능 면에는 세계 수준에 근접하는 기술이 개발될 것으로 예측됨.
  - 가스확산층 : 가스확산층의 제조 기술 개발은 진행되고 있지 않으나 기초 물성 및 스택성능에 영향을 미치는 설계 요소들에 대한 이해도가 향상되어 독자적인 사양을 제시할 수 있는 수준에 도달하였음.

❖ 운전장치

- 80kW급 승용차용 운전장치 국산화 개발 진행 중
  - 80kW급 공기 블로워, 물 펌프, 수소재순환 블로워, 열교환기, 솔레노이드 밸브, 서모스탯, 저압압력 조절기, 실리콘 호스 등
  - 80kW급 운전장치 설계 기술
  - 80kW급 운전장치 운전 기술
- 200kW급 버스용 운전장치 국산화 개발 진행 중
  - 100kW급 공기 블로워, 물 펌프, 이젝터, 가습기 등
  - 200kW급 운전장치 설계 기술
  - 200kW급 운전장치 운전 기술
- 연료전지 전용차체용 핵심부품 개발 진행 중
  - 전용차체용 냉각모듈, 저온 시동 기능 히터, 소음기, 수소용 유량압력 조절기 등
  - 전용차체용 운전장치 설계 기술
  - 전용차체용 운전장치 운전 기술
  - 고온에서의 냉각 성능 및 저온 시동성 확보 기술

❖ 수소저장

- 복합재 압력용기 설계/해석 기술은 1980년대 연구소와 대학을 중심으로 수행되어 왔으며, 과학기술부의 21C 프런티어 연구개발사업의 지원을 받아 현대자동차(주), (주)이노컴 (주)KCR 등이 각각 차량용 연료저장장치를 TYPE III, TYPE IV 형태 개발
  - (주)이노컴, (주)KCR의 경우, 초경량 복합재료 CNG Tank를 개발하여 각각 KGS의 인증 및 ANSI/CSA NGV2-2000 인증을 통과하여 국내외에 시판되었음.
  - 또한 (주)KCR의 경우에는 복합재료 수소 저장용기를 개발하여 ANSI/CSA NGV2-2000(hydrogen) 인증을 획득함으로써 그 성능을 입증 받았음.
- 시험평가 및 인증기술 관련 국내의 (주)이노컴과 (주)KCR은 개발된 복합재료 고압 기체 수소 저장용기에 대한 설계 적합성을 확인하기 위해 가스누출시험, 내압시험, 파열시험, 상온반복가압시험, 극한온도 반복가압시험, 환경시험, 낙하충격시험, 가속응력파열시험 등을 수행하였고, 이들 시험에 대한 시험평가 기술을 개발하였음.
- 현대자동차(주)는 본격적인 연료전지 연구를 시작한 1998년 이래 지속적으로 연료전지 차량용 수소저장 시스템을 연구하여 괄목할 만한 성과를 이루어 냈음.
  - 2001년 6월 세계 최초로 연료전지자동차에 35MPa 수소저장 시스템을 탑재하여 충전 운행
  - 2005년 12월 35MPa의 버스용 수소저장 시스템 차량 탑재 운영
  - 2007년 3월 70MPa 수소저장 시스템 차량 탑재 운영

나. 산업태동 성과

❖ 스택

- 수송용 연료전지 스택은 2005년부터 2006년 기간 동안 연구용을 포함하여 10대 미만이 제작되었으나 2007년 이후 급속도로 가속화되어 약 30대 정도의 차량용 연료전지 스택이 제작되고 있으며 이러한 증가 속도는 지속적으로 이어질 것으로 전망됨. 이에 따라 기존에 시작업체에서 대부분 소량으로 제작되던 부품 등이 전문화된 업체에서 제작되는 방향으로 전환되고 있으며 국가의 시범운행과 시범보급 사업에 따른 예상 수요를 고려하면 스택의 각 요소부품들이 양산성을 갖도록 설계 제작되어야 함.
- 연료전지 BOS 부품 제작 업체들이 자체적인 연구/설계 인력을 보유하기 시작하였으며 이는 새로운 사업에 의한 고용 창출 효과를 나타냄.
- 그동안 생산물량 확보가 되지 않아 산업이 시작되지 못하고 있던 탄화수소계 및 불소계 전극막 개발 사업을 시작하는 업체들이 나타나고 있으며, 촉매 개발 사업, 탄소섬유 사업 및 가스확산층을 제조하는 직조/부직포 제작 산업에 대한 필요성이 강하게 부각되고 있어 조만간 국가 또는 민간 차원에서 새로운 산업으로 태동될 전망임.

❖ 운전장치

- 2000년 이후 운전장치 국산화를 위한 국내 업체 현황 파악
- 2004년부터 운전장치 국산화 진행 시작을 위한 국내 업체 선정
  - 자동차 협력사 중심
- 정부과제를 통한 개발 인프라 1차 구축 완성
  - 자동차 협력사가 보유하고 있는 기술에서 응용 가능한 부품을 이용하여 개발 부품 선정
  - 자동차 협력사가 보유하고 있는 않는 기술은 자동차사에서 해외 기술 도입 후, 기술 전수
  - 자동차 협력사는 아니나 운전장치 개발에 필요한 핵심 기술을 보유한 업체를 선정하여 개발 부품 선정

❖ 수소저장

- 수소저장 시스템을 국내 도입하여 차량 탑재 운영
  - 2000년 현대자동차(주)는 미국 Quantum社와 연료전지 차량용 35MPa 수소저장 시스템을 개발하여 세계 최초로 연료전지자동차에 탑재 운행함.
- 수소충전소 신축 및 실증사업추진
  - 2001년 35MPa 수소충전소 구축(현대자동차, 남양)
  - 2005년 70MPa 수소충전소 구축(현대자동차, 마북)
- 차량용 수소저장 시스템에 대한 인증 추진
  - 2005년 (주)이노컴, (주)KCR의 경우, 초경량 복합재료에 대한 KGS, ANSI/CSA NGV2-2000

인증 수행

- 금속 수소화물계에 대한 기초 연구 진행
  - 2003년 한국지질자원연구원, 기계연구원, 한양대학교, 한국과학기술연구원 등이 참여하여 수행하였음.

다. 전문기업 육성

❖ 스택

- 스택개발
  - BOS(Balance of Stack) 전문업체 : 기존의 부품 사업체들이 연료전지 전문업체로 변신을 시도하고 있음.
  - 자동차 배기계를 생산하는 업체들은 연료전지 스택의 인클로저, 공용분배기 및 차량 인터페이스 부품을 생산 기술 확보 중.
  - 차량용 스프링 제작 업체들은 연료전지 스택의 면압 유지 장치 및 체결기구의 제작 기술을 확보 중.
  - 제어기 개발 업체들은 연료전지 스택의 전압 측정 단자 및 제어기를 개발하고 있으며 고전압 커넥터 개발 업체들은 연료전지 스택의 부스바 및 전원 연결 단자 개발에 착수하고 있음.
- 요소 부품 개발
  - 분리판 : 국내 흑연 분리판 전문 가공 업체는 정밀도 및 제작 속도에 있어 세계 최고의 기술을 확보하였으며 분리판 접착, 개스킷 접착 기술에 있어서도 노하우를 확보하고 있음. 흑연성형 분리판 제작에 있어서도 약 3개의 전문업체가 제작 능력을 확보하고 있으나 아직 실용화 단계는 아님. 금속분리판 성형 기술은 하이스코에서 개발하고 있으며 금형제작 및 프레스 기술에 있어 세계 수준에 다가가고 있는 것으로 판단됨. 금속분리판 코팅 기술은 국내에 진출한 발져스, HOT 등이 기술 개발을 선행했으나 순수 국내 업체들이 추격하고 있는 단계임.
  - 전극막 : LG 화학, KCC, 퓨얼셀 파워 등이 전극막 제조 기술을 개발하고 있음. 특히, LG 화학은 독자적인 전해질막을 개발하고 있어 기초 소재 분야를 선도하고 있으며 이외에도 소수의 기업이 독자적인 전해질막을 개발할 수 있는 능력을 확보하고 있는 것으로 판단됨.
  - 가스확산층 : 가스확산층 기본 소재인 탄소섬유를 태광그룹에서 생산을 중단한 이후 국내에는 생산 기반이 없음. 한국 카본에서 탄소 섬유를 이용한 제품을 생산하고 있으나 탄소섬유는 전량 수입에 의존하고 있음. 국내에는 아직 가스확산층을 생산해 본 경험이 있는 업체가 존재하지 않으며 진우(주)에서 탄소 섬유 지지층을 수입 후, Micro Porous Layer를 도포하는 기술을 일부 확보하고 있음. 연료전지 스택 전문 회사와 기

존의 탄소 관련 업체들이 컨소시엄을 구성하여 가스확산층 제작 기술을 확보하는 것이 시급함.

- 개스킷 : 기존의 개스킷 전문 업체 2개사가 연료전지 스택 전용 개스킷 제작 기술을 개발 중. 아직 제품의 치수 안정성 등 품질 확보가 완전하지는 않으나 스택용 개스킷 전문 업체로서 기술력을 확보해 가고 있음.
- 냉각 부동액 : 연료전지 차량의 저온 시동성을 확보하기 위해 전기 전도도가 낮은 냉각 부동액을 개발하여야 하며 극동제연에서 스택 전용 부동액을 개발하고 있음. 증류수에 비해 전기 전도도 상승률이 현저히 낮고 가격 측면에서도 저렴한 부동액이 개발되었으며, 무엇보다 누출 시 연료전지 스택의 피독이 발생하지 않고 회복 가능하여 스택의 저온 시동성 확보에 획기적인 기여를 하였음.

❖ 운전장치

- 열 및 물 관리시스템
  - 냉각모듈 : 두원공조, 한라공조
  - 전동식 워터 펌프 : 명화공업, GMB Korea
  - 스택 가열용 히터 : 한라공조, 경동에버런
  - 중간 열교환기 : 모던 코리아
  - 전자식 서모스탯 및 3 웨이 밸브 : 인지콘트롤스, 파카코리아
  - 실리콘 호스 : 세명기업
- 공기 공급 시스템
  - 공기 블로워 : 한라공조, 앤틀
  - 공기 필터 : 한국 3M
  - 에어크리너 에세이 : 말레동현
  - 소음기 : 세종공업
  - 가습기 : 코오롱, 필로스
- 수소 공급 시스템
  - 수소재순환 블로워 및 이젝터 : 로템, 원진일렉트로닉스
  - 저압 압력조절기, 수소용 밸브 : 모토닉
  - 수소배출기 : 세종공업

❖ 수소저장

- 고압 수소저장 시스템 관련 전문기업 참여 유도
  - TYPE Ⅲ의 경우 (주)이노컴, TYPE Ⅳ의 경우 (주)KCR, 고압 레귤레이터 및 고압 솔레노이드 밸브의 경우 (주)모토닉, 고압 수소저장 시스템 모듈화 업체의 경우 (주)로템,

(주)현대자동차 등이 '21C 프런티어 사업' 및 '신 · 재생에너지 개발사업'에 참여하여 전문기업으로 육성됨.

- 고압 수소저장 시스템 관련 평가 표준화
  - 한국가스안전공사(KGS) 등이 '21C 프런티어 사업'에 참여하여 국내에서는 아직 마련되지 않은 고압 수소저장 용기, 및 수소저장 조정기 등에 대한 평가 표준안을 작성하여 배포함으로써, 기업으로 하여금 판매에 따른 평가 기준안을 확보하였음.
- 고압 수소저장 시스템 실증용 충전소 신축
  - 현대자동차(주), 한국가스공사, 한국에너지기술연구원에서 고압 수소저장용기 충전소를 각각 신축함으로써, 국내 시장 확보를 위한 기반을 구축하였음.
- 금속 수소화물계 재료에 대한 시스템 개발
  - '03년 한국지질자원연구원, 기계연구원, 한양대학교, 한국과학기술연구원 등이 연구실적으로 제작한 재료에 대한 시스템화를 이루기 위하여, 현대자동차(주)가 관련 금속 수소화물계의 시스템 설계 및 제작을 진행 중에 있음.

3. 국내 시장 동향

가. 보급현황

○ 2006년 8월 수소연료전지차 모니터링 사업 착수

- 수도권, 제주권, 충청권, 전라권, 경상권 등 5개 지역에서 승용 연료전지차 30대와 연료전지버스 4대 운행에 착수

운행지역	1차년도 ('06.08 ~ '07.07)	2차년도 ('07.08 ~ '08.07)	3차년도 ('08.08 ~ '09.07)	차량 대수
수도권	F1 F2 F3 F4 B1 현대차	F5 F6 F9 F10 F11 B2 현대-기아, 연세대	F13 F14 F21 F22 F23 F24 F15 F16 F25 F26 F27 B3 현대-기아차, KOPEC, 지자체	FCV : 20 FCB : 3
제주도		F7 F12 제주도청	F17 B4 제주도청	FCV : 3 FCB : 1
충청권		F8 KATECH	F18 F28 KATECH	FCV : 3
경남권			F19 F29 지자체 (울산)	FCV : 2
전남권			F20 F30 지자체 (여수)	FCV : 2
합계	FCV : 4, FCB : 1	FCV : 8, FCB : 1	FCV : 18, FCB : 2	FCV : 30 FCB : 4

그림 1-10 수소연료전지차 모니터링사업 차량 보급 현황 및 계획

나. 최근 시장 동향

○ 기술개발 및 실증사업에 한정된 소규모 소재 및 부품시장이 형성되어 있으며, 현재 진행 중인 수소연료전지차 모니터링 사업에 크게 의존하여 향후 시장형성에 모니터링 사업의 역할이 기대됨

다. 장기 시장 전망

○ 실증단계 및 시범보급단계를 거치면서 2010년대 중반 이후 서서히 시장이 형성될 것으로 판단됨.

○ 차량의 보급과 미국을 중심으로 한 환경차 보급물량의 확대는 국내 산업의 확대에 크게 영향을 줄 것으로 예상.

○ 표 1-5는 연료전지차 초기시장 형성에 필요한 보급 시나리오를 제안한 것인데, 대국민 홍보와 교육을 위한 대규모 모니터링(실증)사업의 단계를 거쳐 점차 시범운행 및 보급에 착수하는 것이 바람직한 것으로 판단됨.

표 1-5 연료전지차 국내 모니터링 및 보급 계획(案)

기준: 100kW 승용차	~ 2006	2007 ~ 2009	2010 ~ 2012	2013 ~ 2015	2016 ~ 2020
	기반기술확보	기술경쟁력확보 차량실증단계	상품성확보 실증확대단계	초기시장형성 한정보급단계	시장확산단계 양산준비단계
시장 개발	OEM 자체 기술 평가	모니터링 사업 1단계	모니터링 사업 2단계	시범운행 1단계	시범운행 2단계
	- OEM 자체 평가	# FCV 30대 # FCB 4대 # 충전소 9기 - 수도권, 대전, 제주, 울산, 여수 등 # 목적 - 차량 실도로 평가 - 충전소 실증평가	# FCV 500대 # FCB 20대 # 충전소 10기 (추가) - 지역별 실증확대를 고려한 인프라 구축 - 1 단계 지역을 기준 운행 범위 확대 # 목적 - 공공기관 대상 평가	# FCV 3,000대 # FCB 200대 # 충전소 (20대/기) - 충전소 Network 화 # 대상 - 공공기관 및 일반인 # 목적 - 보급에 필요한 기본 정책 추진방향 기획	# FCV 50,000대 # FCB 1,000대 # 충전소 (500대/기) - Network 확대 # 대상 - 공공기관 및 일반인 # 목적 - 보급에 필요한 정책 상세추진 계획 수립

라. 주요 선도 기업 현황

❖ 스택

- 현대·기아자동차
  - 국내 수송용 연료전지 개발 업체로는 현대·기아자동차가 유일하며 대용량 고분자 연료전지 스택 개발을 선도하고 있음.
  - 1999년 2kW 스택 개발을 시작으로 약 9년의 개발 역사를 가지고 있으며 2005년 차량

에 탑재 가능한 80kW급 스택을 개발하였음.

- 2006년에는 80kW급 스택을 직렬로 연결하여 160kW급 시스템을 초저상 버스에 탑재하여 성공적으로 운행하였음.
- 2007년 대면적 분리판 개발에 성공하여 100kW급 스택을 개발하였으며, 직렬로 2기를 연결하여 200kW급 연료전지 버스 시스템을 개발하였음.
- 2006년 약 1,500시간의 스택 내구를 확보하였으며 2007년 4,000시간 스택 내구를 확보한 상태이며 계속 내구 평가가 진행되고 있음.
- 2007년 초에 20셀로 구성된 스택으로 영하 10도 저온 시동 가능성을 입증했으며 2007년 7월에 80kW급 스택을 스포티지 차량에 탑재하여 영하 15도에서 저온 시동 및 주행에 성공하였음.
- 2004년부터 시작된 미 에너지성 시범운행 사업에는 연료전지 전문 업체인 UTC Power의 연료전지 스택을 탑재하였으나 2006년부터 시작된 국내 모니터링 사업에는 전량 독자기술로 개발된 현대·기아자동차의 80kW급 연료전지 스택이 탑재되고 있음. 2008년부터는 출력 성능이 향상된 100kW급 연료전지 스택이 모니터링 사업용 차량에 탑재될 예정임.
- 2010년 차량 적용을 목표로 금속분리판 개발을 진행 중이며 개발 시, 연료전지 스택의 원가를 대폭 줄이고 획기적으로 출력밀도를 높일 수 있을 것으로 예상됨.
- 현대·기아자동차는 양산을 대비하여 원가절감 및 부품공급체계 구축을 위해 노력 중이며 국내 연료전지 산업 육성을 위해 정부 과제 및 개발 컨소시엄을 통해 국내 부품 전문 업체, 연구소 및 대학 기관들과의 공동 개발에 주력하고 있음.

❖ 운전장치

- 열 및 물 관리시스템
  - 두원공조 : 라디에이터/공조 장치 개발
    아산소재, 연료전지 연구원 4명
  - 한라공조 : 라디에이터/공조 장치, 스택가열용 히터 개발
    대전 소재, 연료전지 연구원 10명
  - 명화공업 : 전동식 워터 펌프 개발
    안산 소재, 연료전지 연구원 2명
  - GMB Korea : 전동식 워터 펌프 개발
    창원 소재, 연료전지 연구원 2명

- 공기 공급 시스템
  - 한라공조 : 공기 블로워 개발
    대전 소재, 연료전지 연구원 3명
  - 세종공업 : 소음기 개발
    울산 소재, 연료전지 연구원 2명
  - 코오롱 : 가습기 개발
    용인 소재, 연료전지 연구원 2명
- 수소 공급 시스템
  - 로템 : 수소재순환 블로워, 이젝터 개발
    의왕 소재, 연료전지 연구원 7명
  - 모토닉 : 저압 압력 조절기, 수소용 밸브 개발
    대구 소재, 연료전지 연구원 4명
  - 세종공업 : 수소 배출기 및 인클로저 개발
    울산 소재, 연료전지 연구원 2명

❖ 수소저장

- 한국기계연구원에서 섬유강화 복합재료 압력용기의 국산화 개발 연구를 수행한 바 있음.
- TYPE Ⅲ 용기는 이노컴, TYPE Ⅳ 용기는 KCR, 고압 레귤레이터 및 고압 솔레노이드 밸브는 모토닉에서 '신·재생에너지 개발 사업'을 통해 국산화 개발 중에 있음.
- 현대자동차(주)의 연료전지 차량용 고압 수소저장 시스템의 차량 적용을 위하여 각종 안전/신뢰성에 대한 평가 및 방안 도출을 수행하고 있음.
- 또한 현대자동차(주)는 금속 수소화물계 재료에 대한 시스템 개발을 진행하고 있음.

Ⅳ. 해외 주요 국가의 기술 현황 및 시장 동향

1. 미주

가. 미국

❖ 스택

○ 미국 DOE의 기술 개발 목표는 최대 효율 60%이고 내구성을 확보한 수소 연료전지 스택을 2010년까지 $45/kW, 2015년까지 $30/kW에 생산하는 것임.

○ EERE(Office of Energy Efficiency and Renewable Energy)에서 주관. 전체 Hydrogen Fuel Initiative Program 예산의 약 70% 차지(Office of Basic Energy Science 주관인 BES 과제 예산 제외)

- 표 1-6에는 Fuel Initiative Program 관련 전체 예산을 보여주고 있음.

표 1-6 미국 Fuel Initiative Program 예산

Activity	Funding ($ in thousands)			
	FY2005 Approp	FY2006 Approp	FY2007 Actual	FY2008 Request
Hydrogen Fuel Initiative				
EERE Hydrogen (HFCIT)	166,772	153,451	193,551	213,000
Fossil Energy (FE)	16,518	21,036	23,611	12,450
Nuclear Energy (NE)	8,682	24,057	18,665	22,600
Science (SC)	29,183	32,500	36,500	59,500
DOE Hydrogen TOTAL	**221,155**	**231,044**	**272,327**	**307,550**
Department of Transportation	549	1,411	1,420	1,425
Hydrogen Fuel Initiative TOTAL	**221,704**	**232,455**	**273,747**	**308,975**

- 그림 1-11에는 기술 요소별 투자비를 보여 주고 있음.

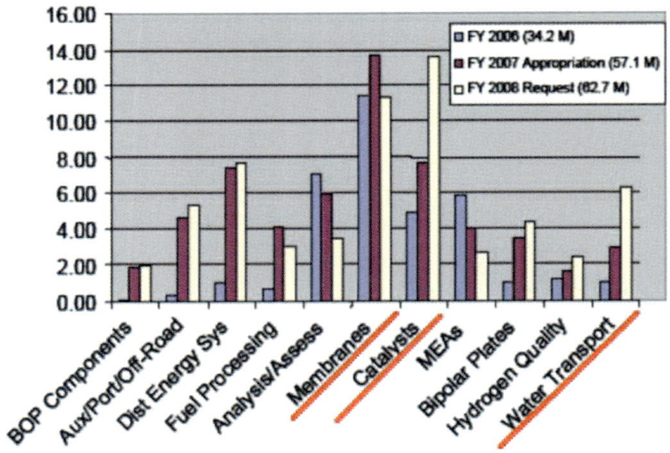

그림 1-11 기술 요소별 투자비

○ 개발 전략 : 수송용 연료전지 분야에 집중하고 있으며, 시스템보다 부품/소재 기술개에 집중

○ 기본적인 현상의 이해 및 원리를 파악해서 신기술/신개념을 개발하고 있으며 시스템 기술은 성숙했다고 판단하여 기초 연구 & 부품/소재 개발 예산 매년 증가 추세.

- 전해질막 : 성능/내구성 좌우, 가격에 큰 기여(DuPont, 3M, ARKEMA 등)
  • 학교 및 연구소를 중심으로 탄화수소계 전해질막에 대한 광범위한 연구 진행 중(원천 소재 발굴이 핵심 : Co-polymer 기술 적용이 주류)
  • 신 고분자 합성 및 다공성 막을 이용한 강화막 개발의 일정한 성과가 관찰되나 아직 초기 물성 확보 단계
  • 자동차 업체들이 outsourcing 개발 진행
- 전극/촉매 : 스택 가격의 80% 차지 예상, 주로 Alloy/비백금계 촉매 및 촉매 담지체 연구 진행 중.
  • 백금 합금 (PtCo/C) 촉매 적용 단계(기존 MEA 성능의 2배 향상 : DOE 목표 대비 1/2 수준)
  • 백금 합금 촉매의 상용화 품질은 아직 불안정한 수준
  • 향후 촉매 개발 방향은 graphitized 담지체를 이용한 백금 합금 촉매 개발(GM, CCC, Cabot, tanaka 등)
- 물 이동현상(냉시동, 고출력, 막의 Dry Out에 영향) 이해도 증진 : 중성자 가시화 등의 분석 기술 개발(추가로 추진)

○ 표 1-7부터 표 1-12까지는 미국 에너지성의 수송용 연료전지 관련 중장기 성능 및 가격 목표를 보여주고 있음.

표 1-7 미국 에너지성 기술 목표(2007) : 연료전지 시스템

Table 3.4.2. Technical Targets for Automotive Applications: 80-kW$_e$ (net) Integrated Transportation Fuel Cell Power Systems Operating on Direct Hydrogen [a]					
Characteristic	**Units**	**2003 Status**	**2005 Status**	**2010**	**2015**
Energy efficiency [b] @ 25% of rated power	%	59	59	60	60
Energy efficiency @ rated power	%	50	50	50	50
Power density	W / L	440	500	650	650
Specific power	W / kg	420	470 [c]	650	650
Cost [d]	\$ / kW$_e$	200	110 [e]	45	30
Transient response (time from 10% to 90% of rated power)	seconds	3	1.5	1	1
Cold start-up time to 50% of rated power					
@–20°C ambient temp	seconds	120	20	30	30
@+20°C ambient temp	seconds	60	<10	5	5
Start up and shut down energy [f]					
from -20°C ambient temp	MJ	na	7.5	5	5
from +20°C ambient temp	MJ	na	na	1	1
Durability with cycling	hours	na	~1,000 [g]	5,000 [h]	5,000 [h]
Unassisted start from [i] low temperatures	°C	na	-20	-40	-40

표 1-8 미국 에너지성 기술 목표(2007) : 연료전지 스택

Table 3.4.3. Technical Targets: 80-kW$_e$ (net) Transportation Fuel Cell Stacks Operating on Direct Hydrogen [a]					
Characteristic	**Units**	**2003 Status**	**2005 Status**	**2010**	**2015**
Stack power density [b]	W / L	1,330	1,500 [c]	2,000	2,000
Stack specific power	W / kg	1,260	1,400 [c]	2,000	2,000
Stack efficiency [d] @ 25% of rated power	%	65	65	65	65
Stack efficiency [d] @ rated power	%	55	55	55	55
Cost[e]	\$ / kW$_e$	200	70[f]	25	15
Durability with cycling	hours	na	2,000 [g]	5,000 [h]	5,000 [h]
Transient response (time for 10% to 90% of rated power)	seconds	<3	1	1	1
Cold start-up time to 50% of rated power					
@ –20°C ambient temperature	seconds	2	20	30	30
@ +20°C ambient temperature	seconds	<1	<10	5	5
Start up and shut down energy [i]					
from -20°C ambient temp	MJ	na	7.5	5	5
from +20°C ambient temp	MJ	na	na	1	1
Unassisted start from [j] low temperature	°C	na	-20	-40	-40

표 1-9 미국 에너지성 기술 목표(2007) : 전해질막

Table 3.4.11. Technical Targets: Membranes for Transportation Applications

Characteristic	Units	2005 Status [a]	2010	2015
Inlet water vapor partial pressure	kPa	50	<1.5	<1.5
Oxygen cross-over [b]	mA / cm^2	5	2	2
Hydrogen cross-over [b]	mA / cm^2	5	2	2
Membrane conductivity at inlet water vapor partial pressure and:				
Operating temperature	Siemens / cm	0.10	0.10	0.10
20°C	Siemens / cm	0.07	0.07	0.07
-20°C	Siemens / cm	0.01	0.01	0.01
Operating temperature	°C	<80	≤120	≤120
Area specific resistance	Ohm / cm^2	0.03	0.02	0.02
Cost [c]	$ / m^2	25 [d]	20	20
Durability with cycling				
At operating temperature of <80°C	hours	~2,000 [e]	5,000 [f]	5,000 [f]
At operating temperature of >80°C	hours	Na [g]	2,000	5,000 [f]
Unassisted start from low temperature	°C	-20	-40	-40
Thermal cyclability in presence of condensed water		Yes	Yes	Yes

표 1-10 미국 에너지성 기술 목표(2007) : 촉매

Table 3.4.12. Technical Targets: Electrocatalysts for Transportation Applications

Characteristic	Units	2005 Status [a]		Stack Targets	
		Cell	Stack	2010	2015
Platinum group metal total content (both electrodes)	g / kW (rated)	0.6	1.1	0.3	0.2
Platinum group metal (pgm) total loading [b]	mg PGM / cm^2 electrode area	0.45	0.8	0.3	0.2
Cost	$ / kW	9	55 [c]	5 [d]	3 [d]
Durability with cycling					
Operating temp <80°C	hours	>2,000	~2,000 [e]	5,000 [f]	5,000 [f]
Operating temp >80°C	hours	Na [g]	Na [g]	2,000	5,000 [f]
Electrochemical area loss [h]	%	90	90	<40	<40
Electrocatalyst support loss [h]	mV after 100 hours @ 1.2V	>30 [i]	na	<30	<30
Mass activity [j]	A / mg Pt @ 900 mV$_{iR\text{-}free}$	0.28	0.11	0.44	0.44
Specific activity [j]	μA / cm^2 @ 900 mV$_{iR\text{-}free}$	550	180	720	720
Non-Pt catalyst activity per volume of supported catalyst	A / cm^3 @ 800 mV$_{iR\text{-}free}$	8	na	>130	300

표 1-11 미국 에너지성 기술 목표(2007) : 전극막

Table 3.4.13. Technical Targets: MEAs				
Characteristic	Units	2005 Status [a]	2010	2015
Operating temperature	°C	<80	<120	<120
Inlet water vapor partial pressure	kPa (absolute)	50	<1.5	<1.5
Cost [b]	$ / kW	60 [c]	10	5
Durability with cycling At operating temp of <80°C At operating temp of >80°C	 hours hours	 ~2,000 [d] Na [f]	 5,000 [e] 2,000	 5,000 [e] 5,000 [e]
Unassisted start from low temperature	°C	-20	-40	-40
Performance @ ¼ power (0.8V)	mA / cm^2 mW / cm^2	200 160	300 250	300 250
Performance @ rated power	mW / cm^2	600	1,000	1,000
Extent of performance (power density) degradation over lifetime [g]	%	5 [h]	10	5
Thermal cyclability in presence of condensed water		Yes	Yes	Yes

표 1-12 미국 에너지성 기술 목표(2007) : 분리판

Table 3.4.14. Technical Targets: Bipolar Plates				
Characteristic	Units	2005 Status [a]	2010	2015
Cost [b]	$ / kW	10 [c]	5	3
Weight	kg / kW	0.36	<0.4	<0.4
H_2 permeation flux	$cm^3\ sec^{-1}\ cm^{-2}$ @ 80°C, 3 atm (equivalent to <0.1 mA / cm^2)	$<2 \times 10^{-6}$	$<2 \times 10^{-6}$	$<2 \times 10^{-6}$
Corrosion	$\mu A / cm^2$	<1 [d]	<1 [d]	<1 [d]
Electrical conductivity	S / cm	>600	>100	>100
Resistivity [e]	Ohm-cm	<0.02	0.01	0.01
Flexural Strength [f]	MPa	>34	>25	>25
Flexibility	% deflection at mid-span	1.5 to 3.5	3 to 5	3 to 5

❖ 운전장치

○ 대기업을 중심으로 자동차용뿐만 아니라 정치형 외의 운전장치 개발 중
- 핵심부품뿐만 아니라 모듈화 기술 부분에서도 기술력 우위 확보
- 출력밀도 650W/ℓ, 냉시동 영하 30도, 내구 5,000시간 목표
- 정부기관, 대학, 연구소, 업체 등의 개발 컨소시엄 구성
- 모딘, 파카, 다나, EMP, PADT, 퍼마퓨어, 도날슨 등 많은 기업 참여 중

❖ 수소저장

○ 미국은 2001년 발표된 국가 에너지 정책의 일환으로 수소 및 연료전지 관련 기술의 체계적이고 종합적인 개발을 추진 중에 있음
- DOE 개발 계획에서는 수소저장 기술과 연료전지 기술 개발을 위한 2015년까지의 중장기 개발 계획을 수립
- 연료전지 차량의 탑재 시스템에 중점을 두고 목표가 설정되었으며 탑재 시스템의 공간, 중량, 비용 등을 구체적으로 제시함

표 1-13 2005 Progress Report(Technical Target)

Storage Parameter	Units	2007 Target	2010 Target	Current 70MPa System Status
Specific Energy (weight efficiency)	kWh/kg (wt%)	1.5 (4.5)	2.0 (6.0)	1.3 (3.9)
Energy Density (volumetric efficiency)	kWh/L (kgH_2/m^3)	1.2 (36)	1.5 (45)	0.8 (24)
Storage System Cost	\$/kWh (\$/kgH_2)	6 (200)	4 (133)	10 (333)

○ 고압기체 저장용기와 관련된 미국의 규격제정은 NHA(National Hydrogen Association)의 Working Group 2에서 추진 중에 있음.
- 최근 hydride 용기와 관련된 규격을 개발하고 이를 ISO TC/197에 제출할 예정
- Tanks와 Hydrogen 취성에 관한 사항을 Lincoln Composites에서 ISO TC/58에 참여 중에 있음.

○ 현재까지 차량 탑재 가능한 시스템은 고압형태의 시스템이며, 핵심이 되는 고압탱크의 주요 제조사로 Quamtum, SCI 등이 있음.

- Quantum社의 70MPa급 용기는 중량효율 3.9wt%, 체적효율 24㎏/㎥을 달성하였으며, 2010년 DOE(Department of Energy) 기술적 목표(중량효율 6.0wt%, 체적효율 45㎏/㎥)를 달성하기 위해 설계 및 공정의 최적화를 통해 제조단가를 낮추려는데 중점적으로 연구가 진행
- 35MPa 수소저장 시스템은 상용화 가능한 수준을 확보하였으며, 70MPa 수소저장 시스템에 대한 실증 연구 수행 중에 있음.

나. 캐나다

❖ 스택

○ 발라드라는 연료전지 전문업체가 대표적인 캐나다 업체임.
- 975개의 연료전지 스택 관련 특허 보유
- 1,000대/년의 생산 능력 보유
- 85kW급 연료전지 스택인 MK902는 DCX, 포드, 혼다의 차량에 탑재되었으며 가장 많이 생산된 모델임. 3bar의 압력에서 작동됨.
- 최근에는 MK1100이라는 110kW급 스택을 개발하였으며 2~3bar에서 가변적으로 작동됨.

❖ 운전장치

○ 대기업을 중심으로 자동차용뿐만 아니라 정치형 외의 운전장치 개발 중
- 모듈화 기술 부분에서 기술력 우위 학보
- 출력밀도 650W/ℓ, 냉시동 영하 30도, 내구 5,000시간 목표
- 하이드로제닉스 등 기업 참여 중

❖ 수소저장

○ 정부의 적극적인 주도하에 산학연 협력체제를 구축하여 기술개발 추진 중에 있음.
- 수소안전 및 표준화 활동의 일환으로 ISO 활동 진행 및 수소안전 및 친환경 기술에 대한 국민 홍보 적극 추진
- 수소 제조, 저장, 이용 등 전반적 기술개발을 위해 산업계 참여가 적극적이며, Hydrogen Highway 등 실증 프로그램, 관련 행사를 다양하게 추진하고 있음.

○ 가장 신뢰성 있는 압축수소저장용기 제조사로 알려진 Dynetek社, 고압수소 관련 시험, 인증시험 기술은 가진 Powertech Lab. 등의 업체가 있음.

2. 아시아

가. 일본

❖ 스택

○ 일본의 연료전지 정책은 경제산업성(METI)의 연료전지 사업 수행 주체인 NEDO에 의해 수행되고 있음.

- 표 1-14부터 표 1-21까지는 2006년 NEDO에서 발표한 연료전지 스택 관련 가격 및 기술 개발 목표를 보여 주고 있음.

표 1-14 일본 NEDO의 가격 및 성능 목표(2006) : 연료전지 차량

	현재	2007 (초기차 실증)	2010 (초기차 한정 도입, 추정 10만대/년)	2015 (초기차 보급 및 차세대 차 실증, 약 100만대/년)	2020-30 (차세대차 본격 보급, 약 100만대/년)
차량효율 LHV (HHV)	약 50% (42%)	50% (42%)	50% (42%) <	60% (51%)	60% (51%)
내구성	약 1000시간	2000시간	3000시간	5000시간	5000시간
운전온도	약 80℃	-20~80℃	-30~90℃	-30~100℃<	-40~120℃<
제조가격	수십만엔/kW	-	5-6만엔/kW	약 1만엔/kW	약 4천엔/kW
스택	1. 최적화/고성능화 2. 평가해석 방법확립 3. 열화 및 반응기구해명 4. 내구성/신뢰성 향상 5. 고효율화	1. 고내구화 (가동정지 대응 등) 2. 저비용화 3. 평가해석 방법확립 4. 양산화 대응	1. 차세대 기술을 기반으로 한 고성능/고효율화 및 스택 부자재 최적화 3. 고내구화 기술 최적화 (고온화 대응)	1. 장기적 과제 해결에 의한 고성능화 2. 고성능 스택 부자재 대량생산기술 확립 3. 차세대 스택 고내구화 4. 스택 양산기술 확립	비고 1. 발전효율, 내구성, 제조원가는 동시에 달성이 기대되지만 상호 trade-off 관계에 있음. 2. 운전온도는 시동온도를 포함. 운전온도는 스택 이미지를 표현하는 것으로 상기 세가지 지표를 만족시키는 것이 최우선. 3. HHV 수치는 참고치.
MEA		1. 고온 및 저가습 대응 2. 양산화 대응			
기타	주변기기 부품 수 저감 및 재료비 저감	귀금속 촉매 저감	차세대 주변기기 최적화	차세대 주변기기 비용절감 (성능 유지)	

차세대 기술	고온 및 저가습 대응기술개발 고온 및 저가습 대응 MEA 개발 고온대응 분리판 개발(저손실 가압계)	고온 및 저가습 대응기술 (단셀 수준) 대응온도: 90-100℃ (<약 30%RH) 내구성: 3000시간(저비용 가능할 것)	고온 및 저가습 대응기술 (스택 수준) 대응온도: 100-120℃ (무가습) 내구성: 5000시간(저비용 가능할 것)
장기적 과제	무가습 MEA 개발, 백금대체기술확보, 저산소 과전압 촉매개발 등(성능 및 비용 확보가 전제)		

표 1-15 일본 NEDO의 가격 및 성능 목표(2006) : 연료전지 시스템

분류	요소	기술 현황			
			2007	2010	2015~2020
연료전지 시스템		**<차세대기술>** 고편리성, 고효율 시스템 진척상황: 고온용 재료 개발이 진행중 **<자동차용 시스템(수소탑재)>** 효율: 50 % LHV (차량, 수소탑재 하이브리드차) **<스택>** 제조원가: 수십만엔/kW 수준 출력밀도: >1.4 kW/L 내구성: 1천시간 정도, 가동 정지 1만회 注 「<스택>」이라고 기재된 부분은 뒤의 스택항의 재탑재 출력 밀도를 산출할 경우, 스택 조임 기구까지 포함하고 케이스는 포함하지 않는다.	**<저비용화 기술, 신뢰성 향상 기술>** (부자재 제조 기술, 주변기기 기술, 스택화 기술, 운전 기술, 내고온/저가습막, 촉매기술, MEA 제조기술, 분리판 스택화 기술, 운전기술) **<시스템의 기술 과제> (요소 기술)** 1. 고효율, 고신뢰성 시스템을 위한 재료개발, 그 성능의 셀/스택 수준 실증 2. 고온(80~120℃정도) 운전에 대응 3. 저비용을 의식한 시스템 설계/시작 4. 초기에 요소기술의 성능/비용 효과에 대한 실현가능성 조사와 목표 재 설정 5. 모듈을 의식한 시스템 구성검토 6. 저환경온도 대응기술 **[도입시 자동차용 시스템 목표]** 효율: 50% LHV **<스택>** 내구성: 2천시간 실증 가동정지 2만회 실증 출력밀도: 약 2 kW/L	**<차세대 자동차용 시스템 개발 목표>** 효율: 60% LHV 예상 **<스택>** 1. 제조원가: 5~6만엔/kW (생산대수: 10만대/년 예상) 2. 요소기술개발에 의해 약 1만엔/kW 추정시 (생산대수: 100만대/년 예상) 3. 내구성: 3천시간 실증 가동정지 3만회 실증 4. 출력밀도: 2.4 kW/L 예상 5. 고온(약100℃(-30℃에서 작동), 가스 출력 압력<120 kPa), 저가습 운전, 내구성 확보 예상	**<차세대 자동차용 시스템 도입시 목표> (2015년경)** 효율: 60 % LHV **<스택>** 1. 제조원가: 약 1만엔/kW (생산대수 100만대/년 예상) 2. 내구성: 5천시간 가동정지 6만회 (필요한 운전조건에 반응) 3. 출력밀도: 2.4 kW/L 4. 고온 (100-120 ℃ (-30 ℃에서 작동)), 저가습운전 내구성 확보 **<차세대 자동차용 시스템 실용화시 목표> (2030년경)** 효율: 60 % LHV **<스택>** 1.제조원가: 4천엔/kW (생산대수 100만대/년 예상) 2.출력밀도: > 2.4 kW/L

표 1-16 일본 NEDO의 가격 및 성능 목표(2006) : 연료전지 스택

분류	요소	기술 현황	과제와 목표		
			2007	2010	2015~2020
연료전지 스택	스택/셀	**<차세대기술>** 수준: 재료개발단계. 단셀, 짧은 스택에서의 검토중심. 내구성 파악 시작 내용: 저백금 담지량 MEA, 고온/저가습 대응 MEA 등 신재료 **<자동차용 시스템(수소탑재)>** 제조비용: 수십만엔/kW 수준 출력밀도: >1.4kW/L 내구성: 1천시간 정도 가동 정지 1만회 注) 출력 밀도를 산출할 경우의 스택 체적에는, 스택 조임 기구까지 포함하고 케이스는 포함하지 않는다.	1. 고온/저가습대응 MEA/스택 검토 (80~120℃정도, < 60%RH) 2. 빙점하에서 가동/정지에 대한 대응 3. 단셀/스택간 성능차이의 데이터 수집 1. 저비용화 기술 개발 2. 스택 구조 최적화 3. 스택 컴펙트화 4. 진동/충돌에 대한 내구성 향상 (스택 조임구조 및 케이스 개량) 5. 열화요인해석, 가속 평가방법 및 대응 기술개발 6. 공기 및 연료중 불순물의 영향 평가 7. 스택/셀 수준 반응 메커니즘 해명 8. 가스켓/봉합기술개발 효율(25%정격): 58% LHV (49% HHV) 내구성: 2천시간 실증 가동정지 2만회 실증 출력밀도: 약 2 kW/L	1. 열화요인해석으로 대두된 과제에 대한 대응 2. 스택수준의 신뢰성 확보 3. 저온 가동성, 반복특성 향상 1. 고온(약100℃정도(-30℃에서 작동), 가스출력압력 < 120kPa) 2. 저가습 전(< 30%RH)에 의한 고효율화 3. 편리성 향상 확보 예상 효율(25%정격): 61% LHV (51%HHV) 제조원가: 6만엔/kW (생산대수:10만대/년 예상) 요소기술개발에 있어서… 약1만엔/kW 예상 (생산대수:100만대/년 예상) 내구성: 3천시간 실증 가동정지 3만회 실증 출력밀도: 2.4 kW/L 예상 저온 가동성: -30℃부터 가동	(2015년경) 효율(25%정격): 64 % LHV (54 % HHV) 제조원가: 약 1만엔/kW (생산대수: 100만대/년 예상) 내구성: 5천시간 가동정지 6만회 (필요한 운전조건에 대응) 출력밀도: 2.4 kW/L 고온(100%)/저가습 운전내구성 확보 [차세대자동차용 시스템 실용화시 목표] (2030년경) 효율(25%정격): 64% LHV (54%HHV) 제조비용: 4천엔/kW (생산대수: 100만대/년 예상) 출력밀도: > 2.4 kW/L

표 1-17 일본 NEDO의 가격 및 성능 목표(2006) : 가스확산층(GDL)/전극막(MEA)

분류	요소	기술 현황	과제와 목표		
			2007	2010	2015~2020
연료전지 스택	GDL/MEA	<실용단계기술> MEA 재료: 불소계 이온교환막, 동용액, 기존 탄소 재료 제조: (촉매잉크) 프레스를 이용한 양산기술개발 구조/물관리: 촉매층, 물관리층 및 GDL의 배치, GDL의 소수/친수성제어기술 검토중. MEA내부구조에 대한 이해가 부족 촉매: 이용율=수~수십%정도 (Pt 전기화학적 활성 표면적/Pt 촉매 표면적) 바인더: 촉매층용 이오노머의 검토 진행중 열화: 완전가습에서 열화율=2mV/1000h의 예 열화대책 상황: 스택열화현상 및 열화 기구에 관한 산학연 연구 시작 요인: 하기 등의 가설이 제시되어져 검토중 과산화수소에 의한 전해질막 분해 투과수소의 공기극상에서의 연소열에의한 이온교환기분해 귀금속미립자의 용해, 석출, 응집, 탄소계담체부식, 금속불순물 이온의 영향 GDL/촉매층 등의 발수성 저하 동결/촉매 사이클에 의한 촉매층/막계면의 박리 대책: 보강막과 다층구조 MEA에 의한 기계적 강도/신뢰성 향상 과산화수소분해층 도입에 의한 내구성 향상	MEA 1. 구성요소계면에 있어서 접촉저항 저감 2. 구성요소 개발에 의한 특성향상 (촉매층, 확산층, 바인더, 전해질막 등) 3. 물관리 기술의 향상과 내구성, 성능향상, 저비용화에 대한 반영 4. 대면적화/양산화 기술개발 (現 ?기술 MEA) 5. 촉매층 형성기술의 최적화 6. 촉매입자의 거동해석 GDL 1. 제조 에너지의 저감(탄소계) 2. 발수성유지 기술의 개발 3. 열화대책 (1) 열화현상 및 원인의 파악 추진 및 내구성 향상방법의 제안 (2) 실제작동조건에서의 MEA구성재료 반응 검토 4. 평가 구성요소의 표준 평가 방법 확립	고내구성 MEA 대면적/양산화 대응 MEA 실용화/초기도입 내구성: 5천시간 실증 비용:약 3만엔/m2 5~6천엔/m2 예상 (비용: 생산대수 10만대/년 추정)	

표 1-18 일본 NEDO의 가격 및 성능 목표(2006) : 가스확산층 (GDL)/전극막(MEA)

분류	요소	기술 현황	과제와 목표		
			2007	2010	2015~2020
연료전지 스택	GDL/MEA	<차세대기술> 고온/저가습 대응 재료: 불소계 및 탄화수소계, 유무기복합 등에서 유망 신규기술 개발 열화: 단셀에 있어 1000시간 수준의 내구성 탄화수소계 MEA 상황: 불소계막 동등의 단셀 I -V 특성과 4,000시간의 수명, 무가습 운전에서 750mV (250mA/cm2)의 단셀 전압과 1,000시간 운전 바인더: 신규재료에 적합한 바인더 개발이 불충분	1. 저가습/고온사용 대응 (80~120℃ 정도) 2. 탄화수소계막에 있어 실용조건을 염두해둔 연구개발 3. 내구성 향상에 이바지하는 바인더 재료개발 4. 반응/열화 메커니즘 해명 5. 가속 시험법 검토 6. 발수성 평가와 발수성 상실 대책	1. 반응/열화 메커니즘 해명성과에 의한 고성능/고내구화 2. 가속시험법의 확립 3. 탄화수소계막등 신 전해질막을 이용한 MEA 개발 및 스택/시스템에서의 검증, 장래성 확인 4. 리사이클 기술개발 1. 저가습/고온대응 MEA (단셀, 약100℃(-30℃에서 작동)) 2. 내구성: 약 3천시간 가동정지 3만회 실증 3. 저귀금속 담지 촉매사용 MEA (<0.2mg/cm2 양면) 4. 내구성: 약 3천시간 가동정지 3만회 실증 5. 운전온도 범위 확대, 저가습대응 (약60%RH)	1. 고온/저가습 대응 MEA (작동온도 100℃이상 대응) 2. 실용화 연구 및 실용화

표 1-19 일본 NEDO의 가격 및 성능 목표(2006) : 전해질막

분류	요소	기술 현황	과제		
			2007	2010	2015~2020
연료전지 스택	전해질막	<실용단계기술> **불소계막** 특성: 초기성능 양호 내구성: 수만 시간대의 장기내구성이 불투명 비용: 저비용화 필요(현재=7~10만엔/m2) 열화: 단셀 수준의 현상파악과 메커니즘 해명이 활발하게 진행되어지고 있고 열화원인에 관한 가설이 제안되어 검증이 진행되고 있는 단계(->가스확산전극/MEA) 완전가습조건하에서는 1만시간 수준에서 열화는 적음 <차세대기술> **불소계막** 재료:120℃ 정도의 고온사용에 대한 기대를 갖는 막발표 저가습대응 백금초미립자 및 산화물 분산막 검토중 특성: 60%RH(80℃정도)에서 도전율0.1S/cm정도의 저가습대응막 발표 물관리: 물관리기술에도 관심이 많고, 막개발/학술적 검토 활발화 **비불소계막** 재료: 저가/고온/저가습에 대응 가능한 탄화 수소계 (술폰화 폴리이미드 등), 다공질 유리, 유무기 복합 재료 검토중 특성: 탄화수소계에 있어서 도전율=0.01~0.2S/cm 수준 (80-150℃), 단셀 동작=4000시간 상황: 단셀특성향상, 내구성, 고온작동 특성확인, 스택화 하는중 **산염기복합막** 재료: 폴리벤조이미다졸/린산계 상황: 단셀 특성향상	불소계막 1. 열화요인의 해명과 내구성 향상 (셀/스택 수준) (기계적 및 화학적 인자 양쪽 고려) 2. 시스템운전조건에서 열화요인해석 3. 내구성가속시험법의 확립 4. 저비용화 기술개발 단셀/스택 수준의 특성을 파악하면서 신규막 연구개발 (장래성 파악) 온도 (80~120 ℃정도)/저가습운전 대응막 개발 (-20 ℃정도의 저온에서도 작동) 격단의 저비용화 기술개발	고내구성 전해질막 저가습조건에 대한 대응 실용화/초기도입 스택수준(실제사용조건)에 있어서 내구성: 5천시간 가동정지 3만시간 비용: 2만엔/m2 (약 3천엔/m2 예상) 불소계-비불소계 공통 저비용화 기술의 개발 신규막의 내구성 확인, 실용성파악(단셀 및 스택 수준) 고온(100℃(-30℃에서 작동))·저가습(입구 < 30RH%) 운전대응막의 고도전율, 내구성향상 (>0.1S/cm at 작동온도, 작동조건 단셀에 있어 5천시간 예상) 비용 이미지 (생산대수10만대/년 수준 예상):1~2만엔/m2 (약3천엔/m2 예상)	고온/저가습 대응 전해질막 저비용 전해질막 실용화연구/실용화

표 1-20 일본 NEDO의 가격 및 성능 목표(2006) : 촉매

분류	요소	기술 현황	과제		
			2007	2010	2015~2020
연료전지 스택	전극촉매/담체	<실용단계기술> **귀금속계 촉매** 재료: 귀금속량=0.6~1.0mg/cm2 (양극+음극 양면), 2~3g/kW 저감기술의 적용성 검토중 탄소계담체를 사용 상황: 귀금속용해, 석출, 응집, 및 담체 부식문제에 대한 인식이 높아짐 내구성 확인이 진행되고 있음. <차세대기술> **귀금속량 저감기술** 1. 이온크라스터/카본 접면에 대한 선택담지기술에서 0.035mgPt/cm2(캐소드)수준의 담지량에서 초기특성은 종래 전극과 동등의 초기 특성 2. 나노구조담체(위스카)를 사용한 박막전극에서(0.1mgPt/cm2), 고출력, 백금용해에 대한 내성 **캐소드 합금촉매** 재료: Pt-Co계, Pt-Fe계 등 특성: Pt-Co계로 내구성을 높이는 효과 **촉매 담체** 재료: VGCF, 합금속 쉘구조 나노 탄소 집합체로 특성 향상. 상황: 내구성, 비용 불투명	귀금속계촉매 1. 귀금속량 저감과 용해 및 석출과의 영향파악 2. 열화거동관련 파악(셀/스택 수준) 3. 촉매입자의 거동해석 4. 저비용 고수율 귀금속 회수방법의 개발 **담체** 촉매담체개량에 의한 촉매층 활성/내구성 향상 **기타** 촉매입자의 거동파악 전극반응의 마이크로해석과 촉매층의 안정화 귀금속량 저감기술의 셀/스택에서의 평가/특성 향상 촉매담체의 효과파악, 신규담체 개발과 셀/스택에서의 내구성 평가 고온(80~120℃정도)/저가습운전성능 확인	**귀금속계 촉매에 대한 열화대책 실용화/초기도입** 스택수준에 있어서 내구성: 5천시간 가동정지 3만시간 비용: 4천엔/kW (약1천엔/kW 예상) 단셀 I -V특성: 0.8 V(0.5 A/cm2) **귀금속량저감** 1. 내구성, 성능(셀·스택 수준)의 확인 (성능은 현재전극촉매 수준) 2. 극미량 귀금속담지 촉매의 양산화 기술개발 3. 귀금속용해 메커니즘의 해명과 대책 **촉매담체** 신규촉매담체의 개발 및 탄소계 담체에 의한 특성 향상 기술 **촉매리사이클 기술개발** 비용이미지: 2천~4천엔/kW (약1천엔/kW 예상)	고내구성 귀금속계촉매 신규 고내구성담체 실용화 연구/실용화

표 1-21 일본 NEDO의 가격 및 성능 목표(2006) : 분리판

분류	요소	기술 현황	과제와 목표		
			2007	2010	2015~2020
연료전지 스택	분리판	<실용단계기술> 금속 분리판(도전성 금속석출 스텐레스, 크래드재료) 재료: 내식성과 접촉 저항 양립 제조: 통상 양산 라인에 있어 코일 양산 기술 확립 내구성: 단셀 연료전지 운전 3천시간 이상의 운전 실적 파급효과: 양산성 및 경량화 실현 <차세대기술> **카본 수지 몰드 분리판** 상황: 400cm2급 저가 제조기술 불충분 요구성능: 박형화, 내진동 성능, 영하까지 포함한 내열 충격성 파급효과: 금속 이온 용출의 무리없는 장수명 분리판 실현 **금속 분리판** 재료: 석출물 함유SUS, Ti크래드재+표면처리에 있어 내식성/접촉저항양립 외에 금속 유리 등 신규 재료 검토 진행중 제조: 양산화 기술 개발 비용: 200엔/枚 수준 예상 내구성: 4000시간 이상의 운전 실적 파급효과: 박형화는 연료전지의 소형화와 저온 작동 실현	**카본수지 몰드 분리판(100cm2급)** 분리판으로서의 요구항목(전기 저항, 기계강도, 안정성, 성형성, 비용 예상)의 성능 개선, 적용성/내구성의 검증(시스템 레벨), 보다 더 박형화와 경량화 유로구조의 최적화 **금속 분리판** 도전성 금속석출 스탠레스, 크래드재료 내식성 개선(금속 이온 용출 저감) 특성/장기 내구성 평가(스택 수준) 성형성 개선(유로형상 개선, 박형화) 대면적(>100cm2)에서의 순송(順送) 프레스성형, 양산기술개발, 저비용화 유로구조의 최적화 **카본수지 몰드 분리판** 대면적 제조 기술, 박형화와 경량화 유로구조의 최적화 注) 대면적화에는 조임력 증가 대응과 저전압·대전류화에 대응 인버터 필요 **금속 분리판** 내구성 확인 시험, 내식성 향상 표면저항 증가의 방지개선(도전성피막) 두께 저감과 경량화 기술 개발 가공성 향상 기술개발 유로구조의 최적화	**저비용/고내구성 카본수지몰드 분리판(100cm2급)** 전기저항: <10mΩcm(접촉저항 포) 기계강도: 구부러진강도>50Mpa, 휨>1% 성형성: 두께 정도<50μm 안정성: 휨강도 보지율: >95% 중량보지율: <±1% 열수(150℃용출): <50μS/cm 비용: <200엔(100만枚/년) **저비용/고내구성 금속 분리판(도전성 금속 석출 스탠레스) 실용화/초기도입** 전기저항: <10mΩcm (접촉저항 포) 박형화: <2mm (유로/MEA 포함 셀 두께) 비용: <200엔(100cm2급, 100만枚/년) **카본수지 몰드 분리판** 내진동 성능, 영하까지 포함한 열충격성 개선, 박형화와 경량화 더욱 추구, MEA를 보조하는 기능 부가 100cm2급에 대한 목표에 덧붙혀 박육화: <2mm, 내열성향상: >120℃ 내열출격성 향상(-40~120℃) 내열진동충격성 향상, 빙결내성 **금속 분리판** 특성/장기내구성 평가(스택 수준) 금속용출 저감 더욱 추구 접촉저항 증대 방지 두께 저감과 경량화(스택 경량/소형화) 접촉저항의 증대방지 가공성 향상(저비용화/대면적/양산화) 전기저항: <10mΩcm (접촉저항 포함) 비용: <200엔(100만枚/년)	저비용/박육/대면적/고부가가치 카본수지 몰드 분리판 실용화 연구/실용화 고온(100~120℃) 작동대응 저비용/고내구성/저금속이온용출 금속 분리판 실용화 연구/실용화 고온(100~120℃)작동대응

○ 일본의 대표적 자동차 업체들인 토요다, 혼다, 닛싼은 모두 독자적인 연료전지 스택을 개발하고 있음.

- 토요다는 연료전지 개발 초기부터 독자적으로 연료전지 스택을 개발하여 자사의 차량에 탑재하였음.
- 혼다는 초기에 발라드사의 MK902를 도입하였으나 현재는 독자적으로 금속분리판 및 탄화수소계 전극막을 적용한 스택을 개발하여 탑재하고 있음.
- 닛싼은 개발 초기 UTC Power사의 스택을 도입하였으나 현재는 UTC Power로부터 이전받은 기술을 바탕으로 독자적인 스택을 개발하였음.

❖ 운전장치

○ 자동차 메이커의 계열사를 통한 연구 진행 중

❖ 수소저장

○ 2003년부터 5개년 계획으로 일본 NEDO(New Energy and Industrial Technology Development Organization)에서 추진하고 있는 실증 프로그램하에 수소제조, 저장, 이용, 안전성 확보 등 수소관련 기술을 적극 개발 중에 있음.

- 수소저장기술의 경우 압축수소, 액체수소, 신물질을 이용한 수소저장 등 모든 방법의 수소저장방식에 대한 목표를 설정하여 기술개발 진행 중에 있음.
- 도요타와 혼다는 최근 금속 수소화물(MH=Metal Hydride)과 FRP제 고압수소탱크를 병용한 하이브리드형 탱크를 지향하고 있는 추세임.
- NEDO(New Energy and Industrial Technology Development Organization)는 2010년경까지 3~4wt%, 장기적으로 5.5wt%의 탑재능력을 발휘하는 MH의 개발을 서두르고 있음.
- 수소안전에 대한 기술확보를 위하여 고압용기, 연료전지차량 및 수소충전소 등의 안전관련된 다양한 평가를 통하여 기술을 축적 중에 있음.

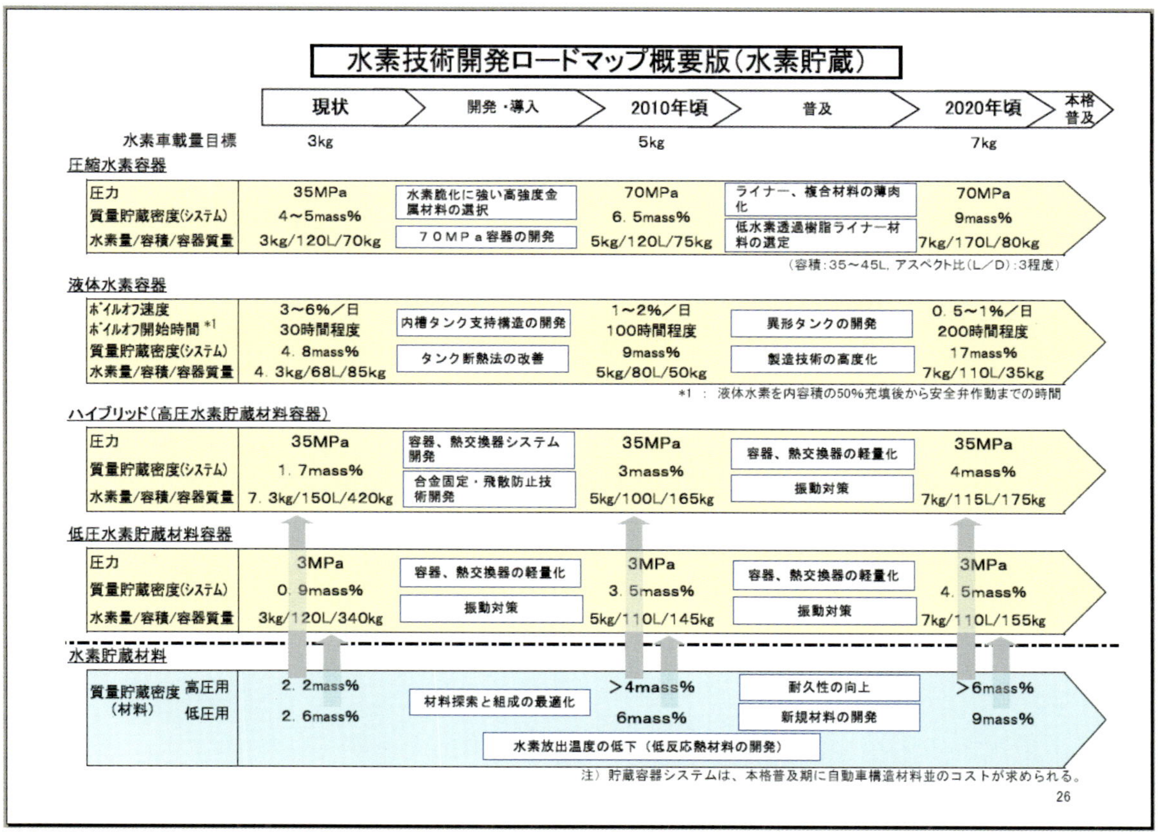

그림 1-12 일본 NEDO 실증 프로그램

○ 수소의 안전성과 간편한 공급방법 구축의 필요성을 생각하여 수소업체 주도하에 충전소 개발 적극 추진 중

- 스미토모상사에어・워터사는 연료전지차(FCV)의 연료가 되는 수소를 35MPa의 초고압으로 충전시킬 수 있는 이동식 수소 스테이션을 개발 판매 중

나. 중국

❖ 스택

○ 중국의 차량용 연료전지 개발은 863 프로젝트로부터 시작.
- 1986년 등소평이 첨단 과학을 연구해야 한다고 주장함으로써 시작됨.
- 단계별로 5개년 계획으로 이루어짐.
  - 1단계 : 1990～1995, 2단계: 1996～2000
  - 3단계(2001～2005)는 수송용 연료전지 개발과 스택 요소부품 100% 자체 생산을 목표로 함.
  - 4단계는 연료전지차 시범운행과 정치형 연료전지 개발이 주요 목표가 될 것으로 예상됨.

○ 2007년 정부 투자 예상액은 약 1,000억 원(중국의 인건비나 부품 생산 구조로 볼 때 우리나라 1조 원의 투자 가치가 있음)

○ 중국의 수송용 연료전지는 3개의 기관을 중심으로 개발되고 있음.
- DiCP(대련 화학 물리 연구소)
  - 미국의 UTCFC사에 해당 : 1970년부터 우주항공산업을 위해 알칼리 연료전지 개발
  - Sunrise Power Co.사의 지분을 30% 보유, DiCP에 연료전지 부품 공급
- Shen-Li(상해신력 과기 유한회사)
  - 사립회사로 중국 MOST의 지원을 받음.
  - 중국의 발라드사에 해당, 중국 내 자동차용 연료전지 부문에서 최고의 기술력을 보유하고 있는 것으로 평가
  - 30,000m^2 규모의 연료전지 시스템 양산 조립 공장 보유
- Wuhan Uni.(우한대학)
  - 후베이성 지방정부의 지원 하에 동풍자동차의 위탁을 받아 연료전지 차량 개발 중(25kW급 연료전지)
  - MEA 양산 라인을 보유, 직접 membrane에 코팅하는 CCM(Catalyst Coated Membrane) Type으로 제작

○ 중국 정부의 연료전지 스택 개발 체계: DiCP와 Shen-Li를 경쟁하는 관계로 개발 구도 유지. 그림 1-13과 1-14에는 중국의 수송용 연료전지 개발 구도를 보여줌.

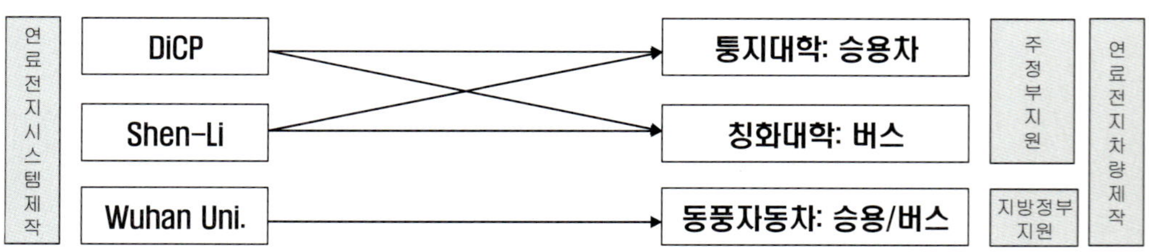

그림 1-13 중국의 수송용 연료전지 개발 구도

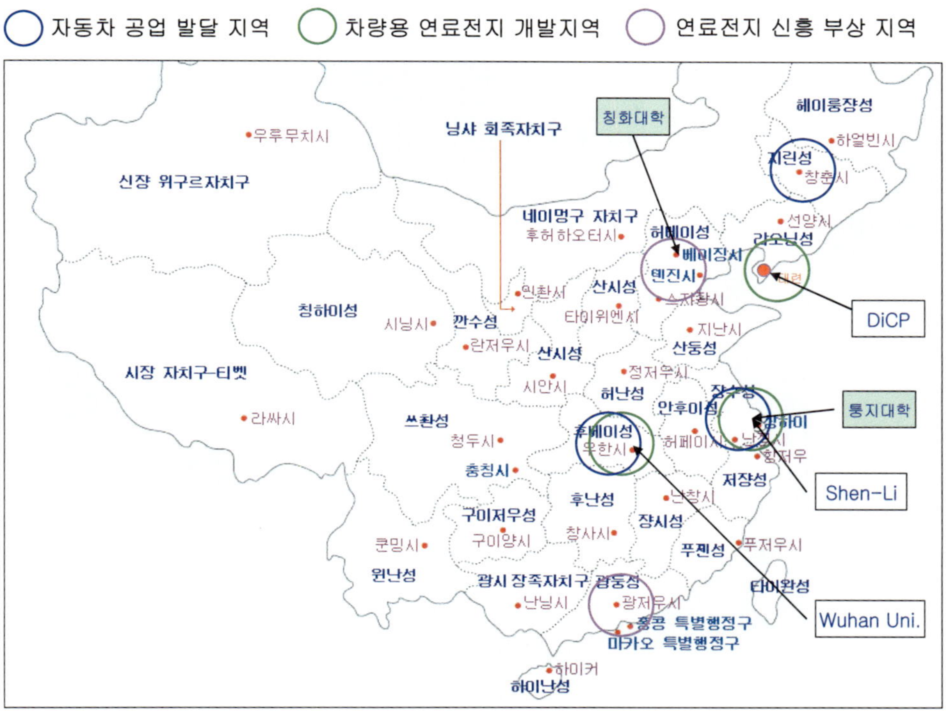

그림 1-14 중국의 지역별 수송용 연료전지 개발 구도

3. 유럽

가. 독일

❖ 스택

- ○ 유럽의 국가들 중 가장 적극적으로 연료전지 기술을 개발하고 있으며 특히 지방정부 중 NRW(노르트라인 베스트팔렌) 지역이 가장 적극적으로 지원하고 있음.
- ○ 기존의 원천 기술을 확보하고 있는 중소기업들을 중심으로 스택의 BOS(Balance of Stack) 부품들이 개발되고 있으며 탄탄한 부품 공급체계를 확보하고 있음.
- ○ 대표적인 가스확산층 생산 업체로 SGL과 Freudenberg사가 있으며 BASF, Solvicore 등이 전극막과 전해질막을 생산하고 있음.
- ○ DCX가 가장 적극적으로 연료전지 스택을 개발하고 있으며 현재는 금속분리판을 개발 중임. 폭스바겐도 연료전지 스택개발에 집중하고 있으며 최근 고온 작동 전해질막을 개발했음.

❖ 운전장치

○ 발라드 시스템을 중심으로 하는 자동차용 연료전지 모듈화 및 핵심 부품 개발이 엑셀시스를 통해 개발 중
- 모듈화 기술 부분에서 기술력 우위 확보
- 엑셀시스, 푸르덴베르그 등 기업 참여 중

나. 기타

❖ 스택

○ Nuvera사는 에칭 금속분리판을 적용하여 수송용 연료전지 스택을 제작하고 있으며 FIAT사 차량에 탑재 중.

○ Intelligent Energy사 역시 에칭 금속분리판을 적용하여 수송용 연료전지 스택을 제작하고 있으며 푸조 시트로엥사와 협력관계를 유지하고 있음.

그림 1-15 Nuvera사의 스택

그림 1-16 Intelligent Energy사의 스택

❖ 수소

○ 유럽 국가들의 경우, 고압 압력용기에 대해서는 미국보다 먼저 1996년부터 European Intergrated Hydrogen Project(EIHP)를 진행하여 수소 저장 고압용기의 평가 및 인증규정을 보유
- EIHP2의 개정(안)에서 part 1은 고압기체수소를 사용하는 자동차의 구성품에 대한 규격을 규정하며, part 2에서는 고압기체수소의 구성품의 설치에 대하여 규정함
- 유럽의 각 자동차 회사 연구소에서는 중량과 부피를 최적화한 70MPa의 고압수소 가스 용기를 장착한 30kW PEM FCV 에너지 시스템을 개발하여 전기 자동차에 탑재함.

V. 산업화 방안

1. 기술적 target

가. 성능 target

○ 연료전지시스템(100kW급 시스템 기준)

- 출력 밀도
  - 스택 : 2015년 2.0kW/ℓ(@ 상압운전) [현재 1.0kW/ℓ]
  - 시스템 : 2015년 650W/ℓ(@ 상압운전)
- 내구 수명 : 2010년 5,000시간 [현재 1,500~2,000시간]
- 저온 시동 : 2015년 -30℃, 2020년 -40℃ [현재 -15℃]

○ 수소저장 시스템

- 시스템 중량 용량 : 2015년 3kWh/kg, 9wt%
- 시스템 부피 용량 : 2015년 2.7kWh/ℓ

나. 가격 target

○ 스택 및 운전장치(승용 100kW 기준)

- 스택 : 2015년 41,000원/kW(10만 대/년 생산 시)
- 운전장치 : 2015년 500만 원/대(10만 대/년 생산 시)

○ 스택 및 운전장치(버스용 200kW 기준)

- 스택 : 2015년 300,000원/kW(1만 대/년 생산 시)
- 운전장치 : 2015년 3,000만 원/대(1만 대/년 생산 시)

○ 수소 및 수소저장 시스템

- 시스템 : 2015년 300만 원/대(고압저장시스템 기준)
- 수소연료가격 : 2010년 $2~3/kg(충전소 판매가, 세전가격)

2. 가격 저감 Issue 및 목표달성 시나리오

❖ 스택

○ 가격 target 달성이 가장 어려울 것으로 예상되는 부품은 가스확산층(GDL)과 전극막(MEA)이며 이외의 분리판 등의 기타 부품들은 생산량 증가에 따라 목표 달성이 가능할 것으로 예측됨.

○ 백금 사용량 저감 기술

- 2015년 이후 백금촉매가 스택비용의 77%가 될 것으로 전망됨.
- 2015년 이후를 대비하여 백금 저감 기술, 백금 합금 촉매 기술, 비백금계 촉매 기술, 및 백금 회수 기술 등 다양한 연구 필요

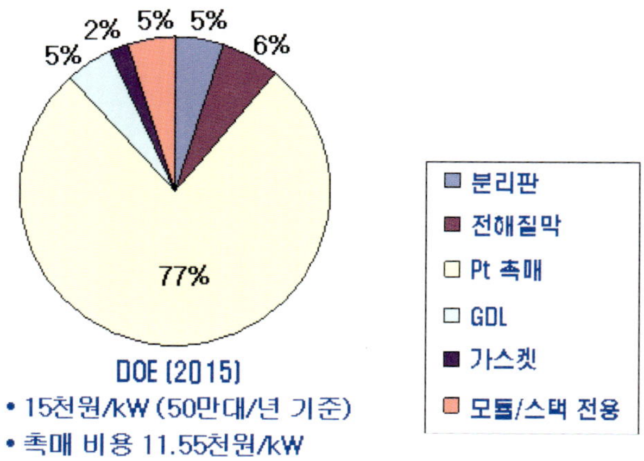

그림 1-17 2015년 스택의 원가 구조 - 출처 : DOE, 2007

○ 전해질막

- 불소를 다룰 수 있는 기술 기반이 취약한 국내의 상황에서 저가의 탄화수소계 전해질막 개발이 필요하며, 탄화수소계 전해질막 개발 시, 현재 전해질막 가격의 1/100 수준으로 생산 가능.

○ 가스확산층(GDL) 관련 탄소섬유 소재 및 가공기술

- 가스확산층 제작에 사용되는 탄소섬유는 비교적 낮은 등급으로 수소저장 탱크에 사용되는 탄소섬유에 비해 저가로 현재의 탄소섬유 원사가격이라면 연료전지 스택 1대당 약 6~8만 원 정도가 소재 비용이 소요될 것으로 예상되나 현재 가스확산층의 가격은 이보다 150~200배 수준에 판매되고 있기 때문에 소재개발 및 생산뿐만 아니라 가스확산층 제조기술개발이 필요

❖ 운전장치

○ 운전장치의 Cost down 효과는 R&D 개발에서 시작되어, 국산화하고 이를 차량에 적합한 모듈로 개발하여 나타나며, 궁극적으로는 대량생산으로 현재의 차량부품가격을 확보할 수 있음
- Cost Down 효과 : R&D < 부품 국산화 < 모듈화 << 대량생산

○ 운전장치의 Cost down을 위해서는 아래와 같은 부분이 필요
- R&D 투자 확대를 통한 핵심 기술 확보
- 내구성 및 상품성 향상을 위한 설계기술개발
- 부품 국산화를 통한 국제 가격 경쟁력 확보
- Cost Down을 위한 Value engineering 기술 개발 필요
- 모듈화를 통한 부품 통합, 생산 기술 최적화
- 양산을 대비한 생산기술개발
- 부품 생산 업체에 신규 투자 지원 정책 필요
- 대량 생산을 통한 Cost down 극대화, 목표 달성
- 시설 투자, 품질 관리 프로세스 확립

❖ 수소저장

○ 고압 수소저장 시스템을 구성하는 전부품 국산화를 통한 원가절감
- 35MPa급 구성부품 개발 및 인증 완료(~'08)
- 70MPa급 구성부품 개발 및 인증 완료(~'09)

○ 시스템 모듈화를 통한 부품 공용화 및 부품수 절감
- 수소저장 시스템/서스펜션 모듈화 차체 개발(~'10)

○ 고압용기 제조 방법 혁신에 의한 원가 절감
- Al라이너의 경우 심리스 튜브의 가공으로 제작하나, 신공법 적용을 일반 판재를 사용하여 가공할 수 있는 공법 개발(~'09)

○ 규모의 경제를 실현하기 위한 대량 생산화를 통한 원가 절감
- 수천 대 규모의 수소연료전지 자동차 생산(~'10)
- 수만 대 규모의 수소연료전지 자동차 생산(~'15)

○ 국내 신뢰성 평가 기관 운영으로 평가 비용 저감
- 초고압 수소시스템 안전부품 설계/평가 방안 확보(~'09)
- 수소 안전/신뢰성을 평가할 수 있는 국내 인증기관 육성(~'15)

○ 저가 소재 개발로 단가 저감
- Al라이너를 대체할 수 있는 스테인리스를 개발하여 원가 절감(~'10)
- 저가의 카본 파이버를 개발하여 원가 절감(~'12)

3. 문제점 / 장애요인

가. 기술적 장애요인

❖ 스택

○ 내구성 및 저온 시동성
- 연료전지가 상용화되기 위해서는 내구성능과 저온 시동성이 확보가 필요
- 실험실 조건에서 5,000시간 내구성능을 확보하였으나, 실제 차량에 탑재된 상태에서의 운전 5,000시간을 달성하기 위해서는 실 도로 주행을 통한 데이터 확보 필요
- 전해질막의 내구 수명에 대한 연구는 그동안 많은 진전이 있었으나 촉매층의 열화(탄소 담지체 부식, 백금 손실 등)에 대한 대응 기술은 아직도 많은 연구가 필요

❖ 운전장치

○ 국산화에 필요한 국내 기초 기반 기술 및 핵심 요소기술 확보
- 현 내연기관차와 다른 조건에서 운전되는 부품이며 연료전지시스템의 운전기술에 근간을 둔 기술력이 확보될 필요가 있어 전문부품업체의 육성이 필요

○ 운전장치 부품 모듈화 기술 부족
- 부피 최소화, 경량화를 위한 설계 기술 부족
- 모듈화를 위한 복합기능 부품 개발 필요
- 모듈화 제작/평가 기술 부족

❖ 수소저장

○ 고압 수소저장
- 부피저장밀도가 낮아 5kg의 수소를 저장하기 위해서 35MPa 탱크의 경우 210리터, 70MPa 탱크의 경우 125리터의 내용적이 필요하여 차량의 패키지에 매우 불리함.
- 비교적 패키지에 유리한 70MPa의 경우 두꺼운 라이너와 탄소섬유층으로 인해 무게와 가격이 대폭 증가함.
- 현재 35MPa/70MPa 시스템이 개발되어 실증 중이나, 어떤 사양으로 결정할 지는 시스템 패키지, 무게, 가격, 인프라 효율 등을 종합적으로 고려하여 결정하여야 할 것임.
- 탄소섬유의 경우 재료비의 65~80%를 차지할 만큼 중요한 소재인데, 현재 국내 생산업체가 없어 전량 수입하는 상황임.

○ 신수소저장
- 현재 다양한 재료에 대한 연구가 이루어지고 있지만 DOE 목표를 만족시키는 물질은 찾지 못한 상황임.
- 앞으로 선택과 집중, 신개념, 신물질에 대한 연구가 필요함.

○ 수소저장 시스템의 차량특성 적합성(진동, 피로 등 내구성)
- 자동차의 경우 심한 진동이 반복적으로 이루어지고 있으므로 이에 대한 피로 파괴 등을 심각하게 걱정해야 함. 수소를 사용하고 있는 모든 배관, 피팅 등에서 이에 대한 검증이 반드시 필요하며, 이에 대한 기반 기술을 지속적으로 습득해야 함.

나. 기술 외적 장애요인

❖ 스택

○ 국내에 연료전지 요소부품을 구성하는 탄소섬유, 전해질막 등에 대한 생산 인프라 기반이 취약하여 기술 개발이 어려움.
○ BOS 부품에 대한 기존 기계 산업 관련 업체들의 기술 개발 참여도가 떨어짐.
○ 기계, 전기, 탄소섬유, 촉매 고분자 등 연료전지 개발에 필수적인 분야의 전문 인력 부족

❖ 운전장치

○ 기술 개발 인원 부족 및 기술 개발 인프라 부족
- 연료전지 스택 및 운전장치에 대한 이해도 부족
- 연료전지 시스템 개발 전문 인원 부족
- 연료전지 시스템 개발을 위한 전문 교육 프로그램 부족
- 평가를 위한 기반 시설 부족

○ 기술 개발을 위한 정책 및 투자 지원 부족
- 부품 및 시스템 개발 업체에 적극적 투자 지원 필요
- 기술 개발 촉진을 위한 국가적 비전 및 정책 제정 필요
- 수소 인프라 확대/시범 운행 다양화를 통한 친환경 차량의 홍보 및 기술 개발 중요성 홍보

❖ 수소저장

○ 고압 기체 시스템에 대한 기반 기술 취약
- 주택 지역 등 고압가스시설에 대한 거부감으로 인해 천연가스 충전소 보급에도 막대한 영향을 주고 있으며, 이에 대한 시장 확대가 이루어지지 않으므로 해서 고압기체에 대한 전반적인 기반 기술이 취약함.

○ 탱크 재료에 대한 대외 의존도가 심각하므로 가격 저감이 쉽지 않아 재료에 대한 국산화 개발이 시급함.
○ 압력 레귤레이터 기술 취약
- 캐나다, 미국, 유럽 선진업체에서 고압 레귤레이터에 대한 기술, 즉 지적 재산권을 독식하고 있기 때문에 새롭고 독창적인 기술을 확보하기가 쉽지 않음.

4. 실행방안

가. R&D Program 보완

❖ 스택

○ 전극막
- 고온/저가습 작동 전극막 개발
- 탄화수소계 전해질막 개발
- 백금 사용 저감 연료전지 촉매 제조 기술 개발
- 백금 합금 연료전지 촉매 제조 기술 개발
- 비백금계 연료전지 촉매 개발

○ 가스확산층
- 탄소섬유 가공 기술 개발(Cloth, Felt, Paper)
- 가스확산층 제조 공법 개발
- MPL(Micro Porous Layer) 제조 및 도포 기술 개발

○ 분리판
- 금속분리판 성형 기술 개발
- 금속 분리판 표면 처리/코팅 기술 개발
- 양산형 금속분리판용 박판 소재 개발

○ 개스킷
- 고 내구 개스킷 소재 기술 개발
- 불소계/실리콘계 사출 개스킷 제조 기술 개발
- 개스킷 내구 평가 기술 개발

○ 비 반복 부품(BOS, Balance of Stack : 체결장치, 공용분배기, 커넥터, 인클로저, 차량 인터페이스 등)
- 전기 안전 설계 기술 개발
- 내진동/방수/방진/단열 설계 기술 개발
- BOS 부품의 복합소재 및 성형화 제작 기술 개발

○ 내구 성능 확보 기술(운전 기술, 시동/정지 기술, 보관 기술, 저온 시동 기술)
- 수송용 연료전지 스택의 가속 내구 평가 모드 개발
- 수송용 연료전지 스택의 시동/운전/정지/보관 기술 개발
- 수송용 연료전지 스택의 -30℃ 저온 시동 기술 개발

❖ 운전장치

○ 부품 기능 위주의 R&D 필요
- 부품을 직접 개발하는 기업이 주관하는 개발 프로그램 육성

○ R&D Program 수행을 위한 연구비 현실화 필요
- 개발에 필요한 개발비 조사를 통한 연간 개발비 현실화

○ 핵심 기술 확보를 통한 기초 기술의 R&D 필요
- 응용 기술이 아닌 부품 개발에 필수적인 기초 기술 확보 필요
- 대학/연구소 주관 필요

○ 수소용 연료전지의 경우 가혹한 환경 대비를 위한 R&D 필요
- 차량의 상품성/내구성 향상을 위한 환경 평가 필요
- 차량 평가를 위한 시설 지원 및 표준화 지원 필요

❖ 수소저장

○ 대규모 시설장비 구축 사업 추진 필요
- 수소저장 시스템의 개발은 고압 환경하에서의 성능시험이 주로 이루어지므로 이와 관련한 막대한 시설 및 장비 투자비가 필요
- 시설 및 장비를 구축하기 위한 전문 기업이나 기관 육성 필요

○ 기초 재료 개발 지원 프로그램 필요
- 기초 재료 개발의 경우에는 장기간의 개발 기간이 요구되므로 개발 이력이 길고, 지속적으로 개발한 경험이 있는 기관이 과제에 선정되도록 하는 제도적 장치가 필요

나. 실증 및 보급방안, 향후 Schedule

❖ 수소연료전지차 모니터링사업 1단계

○ 2006년 8월 국내 최초의 수소연료전지차 실증사업이 추진
- 기간 : 3년(2006.8～2009.7)
- 운행지역 : 충전소를 중심으로 수도권, 제주권, 충청권, 경남권, 전라권
- 차량운행 대수 : 연료전지 승용차 30대, 연료전지 버스 4대
- 충전소 : 신규 4기, 기존 활용 5기

○ 필요성
- 수소연료전지차의 실도로 운행은 차량의 내구성 확보 및 부품의 신뢰성 검증에 필요한 사항이기 때문에 장기 내구성능에 대한 차량의 검증이 필요

❖ 수소연료전지차 모니터링사업 2단계

○ 연료전지차의 초기 시장은 수소 인프라의 부족, 관련 사회 인프라 부족, 높은 차량가격 등의 이유로 자발적인 성장이 기대되지 못하기 때문에 정부의 지원하여 실증사업, 시범보급사업, 보급사업 등이 추진될 필요가 있음.
- 모니터링 1단계 사업의 기점을 중심으로 차량의 운행 대수를 증가시키면서 연료전지차량 기술의 검증과 향상을 기대하고 동시에 부품업체들에게 비전을 제시하여 적극적인 참여를 유도할 필요가 있음.
- 기간 : 2010년(1단계 사업 이후)~2012년
- 운행지역 : 1단계 운행지역
- 차량 대수 : 1단계 운행지역의 특성을 고려하여 승용 약 500대, 버스 약 20여 대
- 충전소 : 기존 충전소를 활용하고, 차량 투입에 따라 필요한 용량 증대

○ 필요성
- 수소연료전지차의 초기시장은 기술개발과 동시에 수소 인프라에 대한 검증 및 점진적인 보급이 필요하며, 이를 위해서는 대규모 연료전지차 실증사업이 필요
- 수소연료전지차는 일반인이 경험해보지 못한 차량이므로 안전성 등과 같은 부분에 세밀한 점검이 필요하기 때문에 다양한 부분에서의 운전자 경험이 기술개발에 큰 도움이 됨. 연료전지차 초기시장은 제한된 부분의 운행 차량에 의존할 것으로 예상되며, 산업의 자발적인 성장을 위해서는 일정량의 보급이 필요하며, 보급 사전에 기술표준 및 각종 규제들에 대한 점검을 하기 위한 실증사업의 필요성이 대두됨.

❖ 시범보급 1단계

○ 양산기술개발 및 양산에 따른 Cost down 효과를 확보하기 위한 보급량 증대사업 등이 추진
- 기간 : 2013~2015년
- 보급지역 : 모니터링 1, 2단계의 운행기점을 중심으로 보급
- 차량 대수 : 약 3,000대(승용기준)
- 충전소 : 지역별 특성 및 운행 대수를 고려하여 추가 설치

❖ 시범보급 2단계

○ 기술적인 완성도를 확보하고 수출경쟁력을 확보하기 위한 국내 기반 구축
- 기간 : 2016~2020년
- 보급지역 : 전국 주요 거점도시 육성
- 차량 대수 : 약 5만 대(승용기준)

- 충전소 : 보급 규모에 적합한 인프라 구축

다. 산업화 Road Map

1) 비전

○ 수소연료전지 자동차 개발에 의한 자동차 산업의 지속적인 경쟁력 확보 및 국가경제 견인

2) 추진목표

○ 2020년 연료전지자동차 보급목표 50,000대
- 연료전지자동차의 성능 및 품질경쟁력 확보를 위한 기술개발
- 연료전지자동차 산업화 및 수출경쟁력 확보를 위한 부품산업 육성
- 수소경제의 견인산업으로서 수소 인프라 구축

3) 추진전략

1단계(2004~2006, 3년) : 기반 기술 확보
- 연료전지 발전 모듈 및 시스템 부품 Scale-up : 35kW → 80kW
- 연료전지 차량용 전기 동력 및 전력 변환 시스템 신규 개발
- 기반 기술 차량 적용 및 시연 평가

2단계(2007~2009, 3년) : 기술경쟁력 확보/차량실증단계
- 연료전지 발전 모듈 및 시스템 성능 확보, 내구성 : 3,000시간, 시스템 출력밀도 : 0.55kW/L
- 연료전지 차량용 전기 동력 및 전력 변환 시스템 성능 개선, 출력 80kW, 출력밀도 0.6kW/kg 이상
- 차량 적용 및 시연 검증 : 수소연료전지차 모니터링사업을 통한 시스템 실도로 적합성 평가

3단계(2010~2012, 3년) : 상품성 확보 / 실증확대단계
- 연료전지 발전 모듈 및 시스템 안정성 및 신뢰성 확보, 내구성 : 5,000시간, 양산화 기술 확보 : 100,000원/kW 이하
- 연료전지 차량용 전기 동력 및 전력 변환 시스템 성능 개선
- 차량 실증사업을 확대하여 공공기관에서의 기술평가를 통한 산업화에 필요한 각종 규제, 법규 등 사회인프라 정비

4단계(2013～2015, 3년) : 초기 시장형성 / 차량 한정보급단계

- 연료전지시스템 양산공정개발 및 시스템 최적화
- 고온, 저가습에 견디는 고성능 전극막의 국산화를 통한 기반 구축
- 차세대 연료전지시스템 기반기술 구축
- 공공기관과 일반인을 대상으로 연료전지차 한정보급 : 보급확대에 필요한 기본 정책 추진방향 수립

5단계(2016～2020, 5년) : 시장확산단계 / 양산준비단계

- 내구 품질 확보를 통한 본격 양산 준비
- 양산기술의 최적화를 통한 시스템 가격 절감
- 일반인을 대상으로 연료전지차 보급량 확대

표 1-22 수소연료전지 자동차 산업화 Road Map

기준: 100kW 승용차		～2006	2007～2009	2010～2012	2013～2015	2016～2020
		기반기술확보	**기술경쟁력확보 차량실증단계**	**상품성확보 실증확대단계**	**초기시장형성 한정보급단계**	**시장확산단계 양산준비단계**
FCS 효율 (LHV)		50%	52%	54%	57%	60%
내구성		1500시간	3000시간	5000시간	5000시간 이상	←
주행거리		300km	400km	500km	600km	600km 이상
차량 가격	승용(/대)	-	6.3억 ～ 5억원	3억원	1.2억원	0.6억원
			정부지원 50%	정부지원 50%	정부지원 30%	정부지원 10%
	버스 (/대)	-	24억 ～ 18억원	16억원	10억원	5억원
			정부지원 50%	정부지원 50%	정부지원 40%	정부지원 10%
충전소	용량		30Nm3/hr	30Nm3/hr	300Nm3/hr	400Nm3/hr
	가격		1억원/Nm3/hr	1억원/Nm3/hr	0.1억원/Nm3/hr	0.07억원/Nm3/hr
	정부지원		50%	100%	70%	50%
정부지원 총액			(모니터링 및 실증사업 기 확정)	1,960억원	6,122억원	22,096억원
시장 개발		**OEM 자체 기술 평가**	**모니터링 사업 1단계**	**모니터링 사업 2단계**	**시범운행 1단계**	**시범운행 2단계**
		- OEM 자체 평가	# FCV 30대 # FCB 4대 # 충전소 9기 - 수도권, 대전, 제주, 울산, 여수 등 # 목적 - 차량 실도로 평가 - 충전소 실증평가	# FCV 500대 # FCB 20대 # 충전소 10기 (추가) - 지역별 실증확대를 고려한 인프라 구축 - 1 단계 지역을 기준 운행 범위 확대 # 목적 - 공공기관 대상 평가	# FCV 3,000대 # FCB 200대 # 충전소 (20대/기) - 충전소 Network 화 # 대상 - 공공기관 및 일반인 # 목적 - 보급에 필요한 기본 정책 추진방향 기획	# FCV 50,000대 # FCB 1,000대 # 충전소 (500대/기) - Network 확대 # 대상 - 공공기관 및 일반인 # 목적 - 보급에 필요한 정책 상세추진 계획 수립
기술 개발		80kW / 200kW FCS 개발		차세대 FCS 개발		
			FCS Sub-시스템 모듈화 기술개발		FCS 고성능 및 최적화 기술 개발	
		초고압, 초경량 수소저장시스템 개발			차세대 수소저장시스템 차량 실증 평가	
			연료전지 스택 재료 제조 및 생산기술			
				연료전지차량 부품 가격 저감 및 내구성 향상 기술 개발		
			- 금속분리판 개발 - 운전장치 부품 국산화	- 분리판 양산기술 - 스택 양산기술 개발 - FC 시스템 모듈화	- 고성능 전극막 국산화 - 스택 양산공정 확립 - 시스템 효율 최적화	- 고온, 저가습 대응기술 - 내구품질 향상기술 - 시스템 가격 절감 기술

표 1-23 수소연료전지 자동차 모니터링 사업 및 보급사업(금액 단위 : 억 원)

		승용차			버스			수소 스테이션		
		대수	가격	정부지원금 (지원율)	대수	가격	정부지원금 (지원율)	대수	가격	정부지원금 (지원율)
모니터링 1단계	2007~2009	30	5.44 (평균)	82 (50%)	4	20.25 (평균)	41 (50%)	9	30	135 (50%)
모니터링 2단계	2010~2012	500	3	750 (50%)	20	16	160 (50%)	10	30	300 (100%)
보급사업 1단계	2013~2015	3,000	1.2	1,080 (30%)	200	10	800 (40%)	20	30	420 (70%)
보급사업 2단계	2016~2020	50,000	0.6	3,000 (10%)	1,000	5	500 (10%)	500	28	7,000 (50%)
계				4,912			1,501			7,855

5. 정책제언

연료전지차 실용화를 위한 인프라 구축 및 보급사업 기반 구축지원

- 연료전지차 보급사업 Road Map 목표 실현을 위한 실질적 예산 확보
- 수소 인프라 구축을 위한 에너지 업계의 참여유도 정책 수립
- 보급 촉진을 위한 각종 표준/법규 연구지원 및 신속한 정비
- 정부 내 관련부처의 TFT 구성을 통한 전략적 지원정책 수립

기술 및 국산화 개발 R&D 정책자금 지원확대

- 완성차 및 부품업체의 경쟁력 강화를 위한 기술개발 및 시설투자 지원정책 수립
- 핵심기술개발 지원
  - 기초 재료 개발 전문업체 육성 필요 : 국내에서는 카본 파이버를 전량 해외에 의존해야 하고 이에 대한 부품 내 재료비 비중도 60% 이상이어서 원가 절감을 위하여서는 반드시 국산화를 달성해야 하나, 카본 파이버 생산 전문기업이 국내에는 전무하여 이와 관련한 대책이 필요
  - 백금 사용 저감 기술에 대한 정부 투자 확대 및 장기적 관점에서 촉매 기술 개발 지원

- 생산기술 및 인프라 구축 지원
  - 스택 및 운전장치 등 연료전지자동차 부품에 대한 생산 인프라 구축
  - 양산형 스택 개발에 집중할 수 있는 연료전지 전문 업체 육성
  - 국가 차원에서 탄소섬유 생산 인프라 구축

연료전지차 보급지원 정책 추진

- 정부, 공공기관의 친환경 자동차 우선구매 비율확대 및 예산지원
- 수소연료전지차 모니터링 2단계 및 시범보급 추진
- 세제지원 : 자동차세, 등록세, 취득세 경감(세율 인하, 취득가액 감면 등)
- 실증 및 보급단계에 투입되는 차량 이용기관 및 참여기관에 대한 관련사업 우대정책

지속적 기술개발을 위한 산업인력 확보방안 마련

- 전문 인력뿐만 아니라 일반 국민을 대상으로 하는 홍보프로그램 기획 추진

수소연료전지차량 초기 시장 확보를 위한 기술표준화 추진

- 연료전지차량 및 수소 인프라 분야에 대한 국제 표준화 활동 지원 확대
- 수소 안전/신뢰성 관련 공인 평가 기관 필요 : 현재 국내에서 개발한 부품을 인증을 받기 위하여 해외 시험평가 기관을 이용하여야하는 불편함이 있음, 이 때문에 비용 및 개발 기간의 단축이 어려움.

시장 초기 수소충전소에 대한 전략적 지원정책 수립

- 충전소 부지 선정 시 국유지 및 시유지 지원
- 충전소 설치비용에 대한 전액 정부지원 및 기술료 면제
- 기존 충전소 또는 주유소와 연계하여 설치를 추진할 수 있도록 법규 및 규제 정비

연료전지차 실용화 및 수소 인프라 구축지원에 필요한 자원 확보

- 친환경 사회구현에 필요한 가칭 '환경부담금' 신설을 통한 자금확보

VI. 기술개발 추진전략 및 목표 설정

1. 단기(2008~2012)

가. 단기 목표

- ○ 연료전지기술 경쟁력 확보 및 상품성 확보
- ○ 시스템 효율 54%, 내구성 5,000시간, 일충전주행거리 500km,
- ○ 연료전지차 530대, 연료전지버스 24여 대 실증 참여

나. 단기 추진전략

- ○ 기술개발 과제 결과를 실도로 평가에 적용하여 목표 상태 검증
- ○ 실도로 평가를 통해 확보된 자료로 연구개발 성과 품질 향상
- ○ 연료전지 시스템 모듈화 기술개발을 통한 가격 절감
- ○ 금속분리판 개발 및 양산화 추진을 통한 가격 절감

다. 개발/실증/보급 정책 요구사항

- ○ 모니터링 1단계 사업과 연계하여 2단계 사업 추진: 지역별 특화 프로그램을 개발하여 정부, 지자체, 민간의 공동 협력 유도
- ○ 차량 보급에 필요한 충전소 보급에 대한 정부 투자비 확대 및 기술료 면제

라. 연차별 추진계획

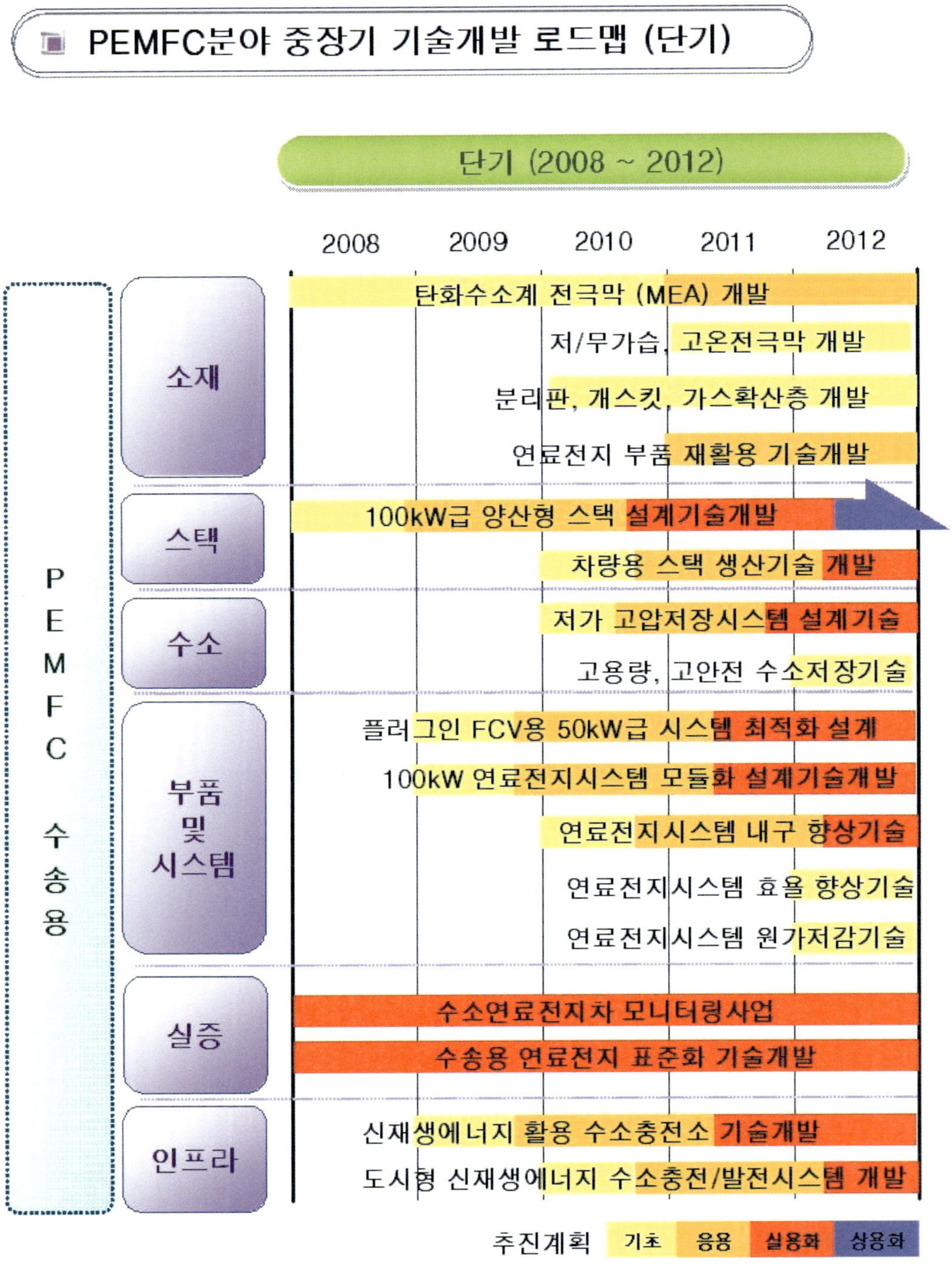

그림 1-18 단기 연차별 기술개발 Road Map

표 1-24 대분류-중분류-소분류에 따른 기술 분류(단기)

대분류	중분류	소분류	세분류
수송용 PEMFC	소재	- 탄화수소계 전극막개발 - 저/무가습, 고성능 전극막 개발 - 저가, 양산용 분리판, 가스 확산층, 개스킷 개발 - 연료전지 부품 재활용 기술 개발	- 탄화수소계 전해질막 개발 - 백금계 전극막 촉매 분산도향상기술 - 저/무가습, 고온용 전극막개발 - 전극촉매 활성향상기술 - 수송용 연료전지용 분리판, 가스확산층, 개스킷 소재 및 부품개발 - 금속분리판 재활용기술개발 - 전극촉매 재활용 기술개발
	스택	- 양산형 100kW급 스택설계 기술개발 - 차량용 연료전지 스택 생산 기술개발	- 금속분리판 설계기술개발 - 양산대비 냉시동성 및 고온 성능개선 - 실도로 운전조건에서 내구성 및 신뢰성 확보 기술 - 연료전지 스택 적층 자동화설비 설계기술 - 대용량 연료전지 스택 양산공정기술
	수소	- 저가 고압 수소저장 시스템 설계기술 - 고용량, 고안전 수소저장 기술개발	- 고압수소탱크 가격절감기술개발 - 저가용 탄소복합소재 개발 - 차량용 신개념 수소저장기술 개발 및 평가 - 수소저장물질 수소저장능 향상 및 평가기술 개발
	부품 및 시스템	- 플러그인 FCV용 50kW급 시스템최적화설계 - 100kW급 시스템 모듈화 설계기술개발 - 연료전지시스템 내구성 향상기술개발 - 연료전지시스템 효율향상 기술 - 연료전지시스템 원가저감 기술	- 플러그인 연료전지 차량용 50kW급 운전장치 부품개발 - 플러그인 연료전지 차량용 시스템 설계 및 운전기술 - 모듈형 APS/TMS/FPS 서브시스템 설계 및 생산기술개발 - 차량용 100kW급 시스템 모듈화 설계 기술 - 연료전시시스템 내구성, 신뢰성 향상 기술개발 - 연료전지시스템 효율 향상관련 저전력 부품 개발 및 최적화 운전기술개발 - 연료전지시스템 원가저감기술 개발
	실증	- 연료전지차 모니터링 사업 - 수송용 연료전지 표준화 기술개발	- 연료전지차 모니터링 사업 1, 2단계 - 수송용 연료전지 수소연료규격 및 평가 관련 표준화기술개발 - 국제 표준화대응 수송용 연료전지 기술개발
	인프라	- 신·재생에너지 활용 수소충전소 기술개발 - 도시형 신·재생에너지 수소충전/ 발전시스템 개발	- 신·재생에너지 활용 수소생산기술개발 - 신·재생에너지/수소충전소 연계기술개발 - 신·재생에너지 수소충전소 안전기술기준개발 - 국가 수소 인프라 기준안 설계

2. 중기(2013~2020)

가. 중기 목표

○ 수소연료전지차 초기시장 마련
○ 양산을 위한 기술개발 및 설비구축
○ 시스템 효율 60%, 내구성 5,000시간 이상, 일충전주행거리 600km
○ 연료전지차 53,000여 대, 연료전지버스 1,200대 보급

나. 중기 추진전략

○ 고성능 전극막 국산화를 통한 연료전지차량 국산화율 100% 달성
○ 차세대 연료전지시스템 개발 추진
○ 대량생산을 위한 스택 및 시스템 양산공정개발

다. 개발/실증/보급 정책 요구사항

○ 내구 품질확보, 가격절감, 관련산업 육성을 위해 필요한 대규모 보급사업 추진
○ 업체의 생산기술개발 및 시설구축에 필요한 지원정책 확대

라. 연차별 추진계획

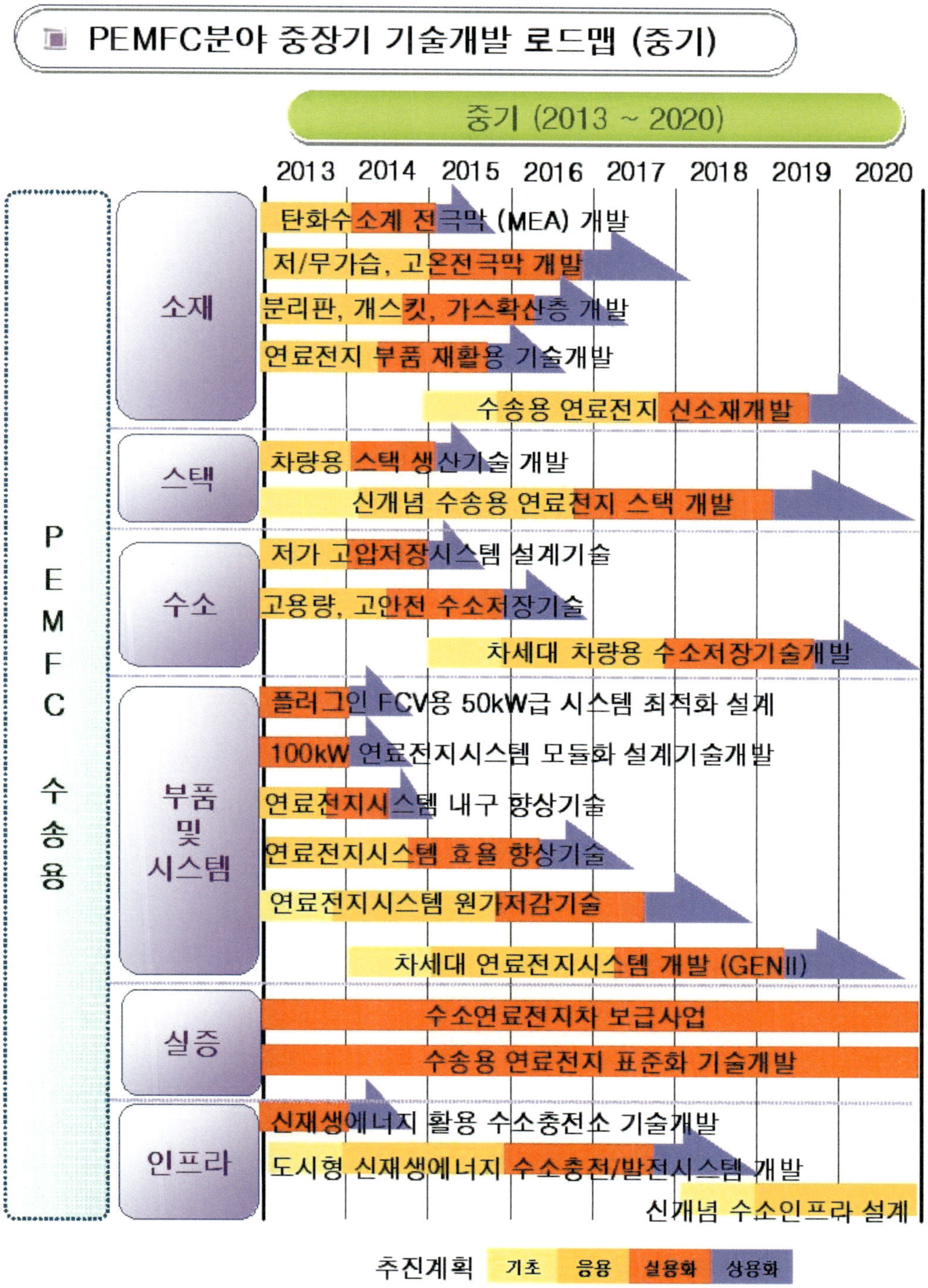

그림 1-19 중기 연차별 기술개발 Road Map

표 1-25 대분류-중분류-소분류에 따른 기술 분류(중기)

대분류	중분류	소분류	세분류
수송용 PEMFC	소재	- 탄화수소계 전극막개발 - 저/무가습, 고성능 전극막개발 - 저가, 양산용 분리판, 가스확산층, 개스킷 개발 - 연료전지 부품 재활용기술개발 - 수송용 연료전지 신소재개발	- 탄화수소계 전해질막 개발 - 백금계 전극막 촉매 분산도향상기술 - 저/무가습, 고온용 전극막개발 - 전극촉매 활성향상기술 - 수송용 연료전지용 분리판, 가스확산층, 개스킷 소재 및 부품개발 - 금속분리판 재활용기술개발 - 전극촉매 재활용 기술개발 - 고성능, 저가격 연료전지 부품 신소재기술개발
	스택	- 차량용 연료전지 스택 생산기술 개발 - 신개념 수송용 연료전지 스택설계 기술개발	- 연료전지 스택 적층 자동화설비 설계기술 - 대용량 연료전지 스택 양산공정기술 - 신개념 수송용 연료전지 스택 설계 및 평가 기술개발
	수소	- 저가 고압 수소저장 시스템 설계 기술 - 고용량, 고안전 수소저장기술개발 - 차세대 차량용 수소저장기술개발	- 고압수소탱크 가격절감기술개발 - 저가용 탄소복합소재 개발 - 차량용 신개념 수소저장기술 개발 및 평가 - 수소저장물질 수소저장기능 향상 및 평가기술 개발 - 차세대 차량용 수소저장기술 및 안전기술개발
	부품 및 시스템	- 플러그인 FCV용 50kW급 시스템 최적화설계 - 100kW급 시스템 모듈화 설계기술 개발 - 연료전지시스템 내구성 향상기술 개발 - 연료전지시스템 효율향상기술 - 연료전지시스템 원가저감기술 - 차세대연료전지시스템 설계기술 개발(GEN Ⅱ)	- 플러그인 연료전지 차량용 50kW급 운전 장치 부품개발 - 플러그인 연료전지 차량용 시스템 설계 및 운전기술 - 모듈형 APS/TMS/FPS 서브시스템 설계 및 생산 기술개발 - 차량용 100kW급 시스템 모듈화 설계 기술 - 연료전시시스템 내구성, 신뢰성 향상 기술 개발 - 연료전지시스템 효율 향상관련 저전력 부품 개발 및 최적화 운전기술개발 - 연료전지시스템 원가저감기술 개발 - 차세대 연료전지시스템(GEN Ⅱ 개발)
	실증	- 연료전지차 시범운행사업 - 수송용 연료전지 표준화기술개발	- 연료전지차 시범운행 사업 - 국제 표준화대응 수송용 연료전지 기술개발
	인프라	- 신 · 재생에너지 활용 수소충전소 기술개발 - 도시형 신 · 재생에너지 수소충전/발전시스템 개발 - 신개념 수소 인프라 설계기술개발	- 신 · 재생에너지 활용 수소생산기술개발 - 신 · 재생에너지/수소충전소 연계기술개발 - 신 · 재생에너지 수소충전소 안전기술기준개발 - 도시형 수소충전/발전시스템 구축 - 국가 수소 인프라 기준안 설계

3. 장기(2021~2030)

가. 장기 목표

○ 연료전지차 양산

나. 장기 추진전략

○ 연료전지차 양산에 따른 시장확보를 위한 품질경쟁력 확보

○ 연료전지차량의 지속적 개선을 통한 상품경쟁력 확보

다. 개발/실증/보급 정책 요구사항

○ 수소경제 실현을 위한 수소연료 인프라 확대

○ 수소연료전지차의 지속적 성장에 필요한 기술개발 지원

라. 연차별 추진계획

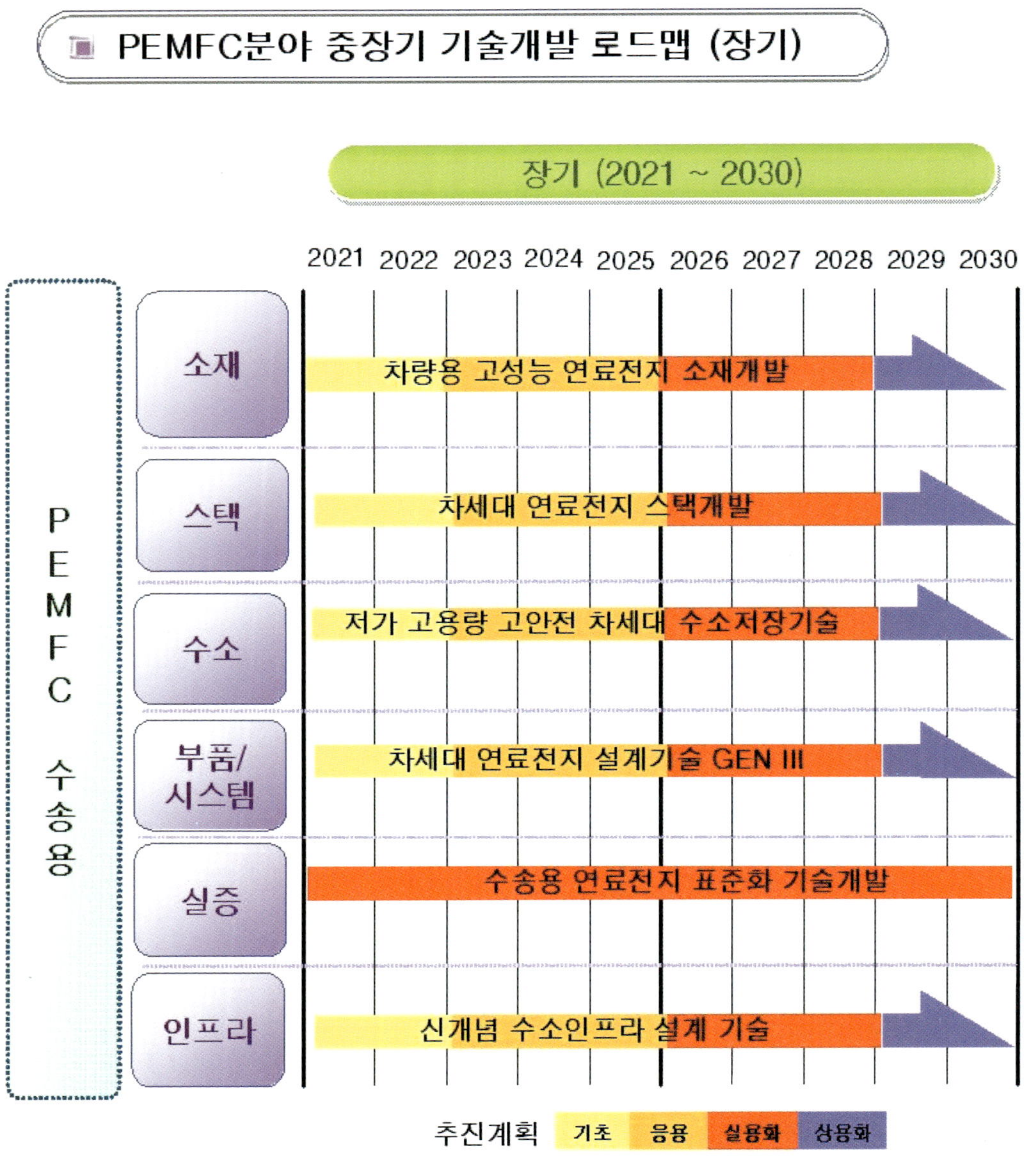

그림 1-20 장기 연차별 기술개발 Road Map

표 1-26 대분류-중분류-소분류에 따른 기술 분류(장기)

대분류	중분류	소분류	세분류
수송용 PEMFC	소재	- 차량용 연료전지 고성능 소재개발	- 차량용 연료전지용 고성능 차세대 소재개발
	스택	- 차세대 연료전지 스택개발	- 차량용 연료전지 스택 설계 및 평가 기술개발 - 내구성, 효율, 신뢰성 향상기술개발
	수소	- 저가, 고용량, 고안전 차세대 수소저장 시스템	- 신개념 차량용 수소저장 시스템 기술 개발
	부품 및 시스템	- 차세대연료전지시스템 설계 기술개발 (GEN III)	- 차세대 연료전지시스템 (GEN III 개발)
	실증	- 수송용 연료전지 표준화기술개발	- 국제 표준화대응 수송용 연료전지 기술개발
	인프라	- 신개념 수소 인프라 설계 기술개발	- 신개념 수소 인프라 설계 및 구축 - 국가 수소 인프라 기준안 설계

4. 기술개발 소요예산 예측

동 보고서의 Road Map 관련 예산은 전문가들의 의견을 반영한 것으로서 정부의 예산계획은 아님을 알려드립니다.

1. Road Map 구성은 범 부처(국가 전체) 차원으로 작성되었음.
2. Road Map 예산은 정부지원예산 기준으로 작성되었음.
3. 중기 및 장기 예산계획은 추후 동 보고서의 Up-date 시(매 2~3년 단위) 수정할 계획임.

가. 단기(2008~2012)

표 1-27 단기(2008~2012) 기술개발 소요예산(단위 : 억 원)

대분류	중분류	소분류	연도별 소요예산					총
			2008	2009	2010	2011	2012	
수송용	소재	탄화수소계 전극막개발	20	20	20	20	20	100
		저/무가습 고성능 전극막개발	-	-	-	30	30	60
		분리판, 개스킷, 가스확산층 등 소재 및 부품개발	-	-	15	15	15	45
		연료전지 부품 재활용기술개발	-	-	-	15	15	30
	스택	양산형 100kW급 스택설계기술개발	20	20	30	30	30	130
		차량용연료전지 스택 생산기술개발	-	-	15	15	15	45
	수소	저가 고압 수소저장 시스템설계기술개발	-	-	15	15	20	50
		고용량, 고안전 수소저장기술	-	-	-	-	15	15
	시스템	플러그인 FCV용 50kW급 시스템최적화설계	-	20	20	20	20	80
		100kW급 시스템 모듈화 설계기술개발	-	10	10	20	20	60
		연료전지시스템 내구성향상기술개발	-	-	10	10	10	30
		연료전지시스템 효율향상기술	-	-	-	-	10	10
		연료전지시스템 원가저감기술	-	-	-	-	10	10
	실증	수송용 연료전지 표준화기술개발	5	5	5	5	5	25
		연료전지차 모니터링사업	95	95	320	320	320	1,150
	인프라	신·재생에너지활용 수소충전소 기술개발	-	40	40	40	50	170
		도시형 신·재생에너지 수소충전/발전시스템 개발	-	-	30	30	30	90
총			140	210	530	585	635	2,100

나. 중기(2013~2020)

표 1-28 중기(2013~2020) 기술개발 소요예산*(단위 : 억 원)

대분류	중분류	소분류	연도별 소요예산								총
			2013	2014	2015	2016	2017	2018	2019	2020	
수송용	소재	탄화수소전극막 개발	15	15	-	-	-	-	-	-	30
		무가습 고성능 전극막개발	15	15	15	15	15	-	-	-	75
		분리판, 개스킷, 가스확산층 등 소재 및 부품개발	20	20	20	20	-	-	-	-	80
		연료전지 부품 재활용기술개발	20	20	20	-	-	-	-	-	60
		수송용 연료전지 신소재기술개발	-	-	30	30	30	30	30	30	180
	스택	차량용연료전지 스택 생산기술개발	20	20	-	-	-	-	-	-	40
		신개념 수송용 연료전지 스택설계기술	20	20	30	30	30	40	40	40	250
	수소	저가 고용량 수소저장 시스템설계기술개발	15	15	-	-	-	-	-	-	30
		고용량, 고안전 수소저장기술	20	20	20	20	-	-	-	-	80
		차세대 차량용 수소저장기술개발	-	-	30	30	30	30	30	30	180
	시스템	플러그인 FCV용 50kW급 시스템최적화설계	20	-	-	-	-	-	-	-	20
		100kW급 시스템 모듈화 설계기술 개발	20	-	-	-	-	-	-	-	20
		연료전지시스템 내구성향상기술개발	10	10	-	-	-	-	-	-	20
		연료전지시스템 효율향상기술	10	10	10	10	-	-	-	-	40
		연료전지시스템 원가저감기술	10	10	20	20	20	20	-	-	100
		차세대 연료전지시스템 설계기술(GEN II)	-	30	30	30	30	30	30	30	210
	인프라	신·재생에너지활용 수소충전소 기술개발	100	-	-	-	-	-	-	-	100
		도시형 신·재생에너지 수소충전/발전시스템 개발	100	200	200	200	200	-	-	-	900
		신개념 수소 인프라 기술	-	-	-	-	-	200	200	200	600
총			415	405	425	405	355	350	330	330	3,015

* 보급소요예산 불포함

다. 장기(2021~2030)

표 1-29 장기(2021~2030) 기술개발 소요예산(단위 : 억 원)

대분류	중분류	소분류	연도별 소요예산										총
			2021	2022	2023	2024	2025	2026	2027	2028	2029	2030	
수송용	소재	차량용 연료전지 고성능 재료개발	30	30	30	30	30	30	30	30	30	30	300
	스택	차세대 연료전지 스택개발	50	50	50	50	50	50	50	50	50	50	500
	수소	저가, 고용량 고안전 차세대 수소저장기술개발	50	50	50	50	50	50	50	50	50	50	500
	시스템	차세대 연료전지 시스템 설계기술 개발(GEN III)	100	100	100	100	100	100	100	100	100	100	1,000
	인프라	신개념 수소 인프라 설계기술	100	100	100	100	100	100	100	100	100	100	1,000
총			330	330	330	330	330	330	330	330	330	330	3,300

라. 소요예산 예측 총괄(2008~2030)

표 1-30 중장기(2008~2030) 기술개발 소요예산(단위 : 억 원)

대분류	중분류	연도별 소요예산			총
		단기('08~'12)	중기('13~'20)	장기('21~'30)	
수송용	소재	235	425	300	960
	스택	175	290	500	965
	수소	65	290	500	855
	시스템	190	410	1,000	1,600
	실증	1175			1,175
	인프라	260	1,600	1,000	2,860
총		2,100	3,015	3,300	8,415

2장

고분자 연료전지 (가정/상업용)

I. 기술개요 및 범위

1. 기술 개요 및 특성

○ 가정용/상업용 연료전지 시스템은 수소와 산소의 전기화학반응을 이용하여 생산된 전기 및 발생되는 열을 사용하여 온수와 난방을 공급하는 고효율, 청정에너지 시스템을 일컬음.

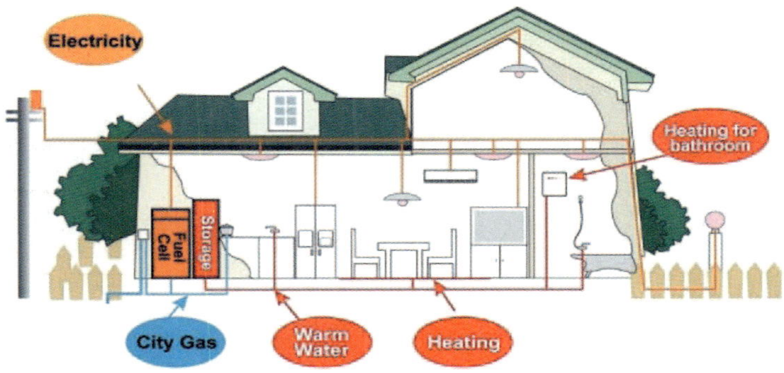

그림 2-1 가정용 연료전지 시스템 가상도

○ 고효율 열병합 발전(발전효율 35%, 종합효율 75% 이상)으로 에너지 절감에 유리하고, 마이크로 가스터빈이나 가스터빈에 비하여 시스템의 소음 및 환경오염 물질의 배출이 적음.

○ 가정용/상업용 연료전지 시스템의 연료로는 전국적인 배관망을 가지고 있는 천연가스가 주로 사용이 되고, 현재 한국가스공사가 주관하는 "가정용 연료전지 모니터링 사업"에서도 천연가스용 연료전지 시스템의 내구성 및 신뢰성을 평가하고 있음.

○ 가정용/상업용 연료전지는 가정이나 여러 형태의 상가 등에 사용하는 연료전지로서 고분자전해질 연료전지와 고체산화물 연료전지가 주로 사용되고 1kW급부터 50kW급 이하의 시스템을 일컬음.

○ 한국과 일본의 경우 가정용 연료전지 시스템인 1kW급의 연료전지 시스템을 주로 개발, 현재 모니터링 중에 있으며, 미국의 경우, 5W급의 연료전지 시스템 및 UPS 대체용 수소용 연료전지 시스템을 개발, 판매 중에 있음.

○ 가정용/상업용 연료전지 시스템은 고분자전해질 연료전지와 고체산화물 연료전지로 제작되고 있으며, 고분자 연료전지 시스템은 한국 및 일본에서 모니터링 사업이 진행 중이고, 고체산화물 연료전지 시스템은 개발 및 실증연구가 진행되고 있음.

표 2-1 가정용/상업용 연료전지의 종류 및 특징

종류	고분자전해질형 연료전지(PEMFC)	고체산화물형 연료전지(SOFC)
전해질	고분자 이온교환막	안정화 지르코니아
작동온도	60～80℃	750～1000℃
연료	H_2	H_2+CO
용도	가정용, 자동차용, 분산전원, IT용	가정용, 발전용, 자동차 보조전원

2. 개발 당위성

○ 고효율 열병합 발전(발전효율 35%, 종합효율 75% 이상)으로 기존의 발전설비와 보일러 대비 20% 이상의 에너지 절감 효과가 있음.

○ 전기화학반응에 의해 전기를 생산하기 때문에, NOx, SOx, 분진의 발생이 기존의 발전에 비하여 매우 적으며, 기존의 발전설비와 보일러 대비 40% 정도의 CO_2 절감효과가 있어, 환경보존에 이바지함.

○ 현재 전 세계적으로도 가정용/상업용 연료전지 시스템을 가장 활발하게 개발하고, 모니터링 사업이 진행되고 있으며, 상업화도 가장 먼저 이루어질 것으로 전망되지만 아직 내구성, 신뢰성과 가격 측면에서 더 개발이 필요.

○ 미래의 유력한 에너지 관련 신규 산업으로서 가정용/상업용 연료전지 시스템이 실용화되었을 때, 국가경제에 미치는 영향이 크고 신규산업의 태동으로 신규 일자리 창출이 가능해짐.

○ 그림 2-2는 LNG 화력발전과 일반 보일러를 사용하여 전기와 열을 생산하였을 때와 가정용 연료전지 시스템을 이용하여 전기와 열을 생산하였을 때의 비교한 그림으로, 소비되는 전기 및 가스비가 총 12% 정도 절약이 되고, 온실가스의 원인이 되는 CO_2는 약 40% 절감이 되고, 연료전지가 에너지 효율이 높기 때문에 약 26% 정도의 에너지가 절감되는 효과가 있음.

- 천연가스의 고위발열량(HHV) 값으로 계산.

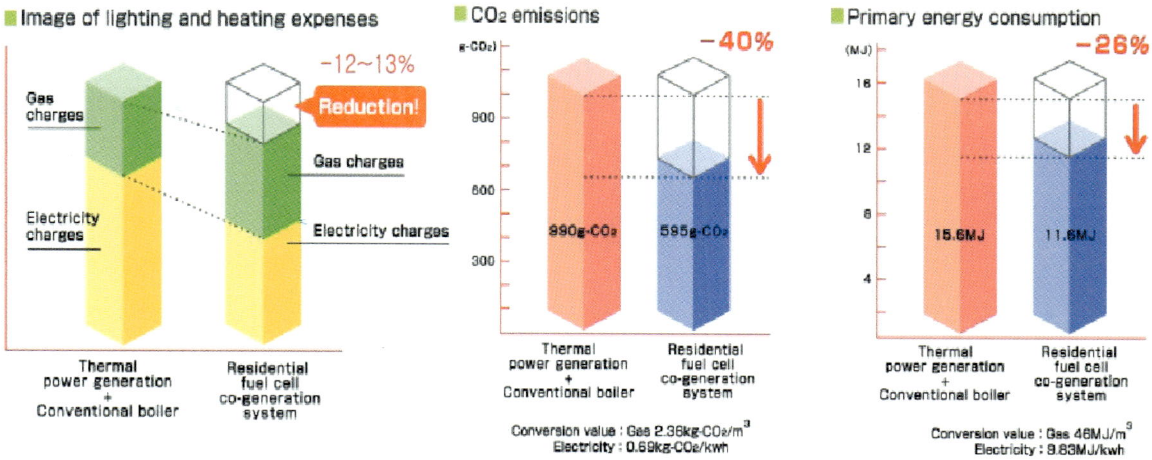

그림 2-2 가정용 연료전지 시스템의 발전효과 비교 - 출처 : 도쿄가스

일차에너지 감소율＝

$$\left[1-\frac{\text{연료전지연료공급량(MJ HHV)}}{\dfrac{\text{연료전지온수공급량(MJ)}}{\text{가스급탕기효율}}+\dfrac{\text{연료전지전력공급량(kWh)}\times 3.6^{1)}}{\text{전력환산계수}}}\right]\times 100$$

CO_2 감소율＝

$$\left[1-\frac{\text{연료전지연료공급량(MJ HHV)}\times\text{연료의 }CO_2\text{ 원단위}}{\dfrac{\text{연료전지온수공급량(MJ HHV)}}{\text{가스급탕기효율}}\times\text{연료의 }CO_2\text{원단위}+\text{연료전지전력공급량}\times\text{화력발전 }CO_2\text{ 원단위}}\right]\times 100$$

※ 주 : 1) kWh의 MJ 환산계수

가스급탕기 효율 : 0.78

전력환산계수 : 0.369(1kWh을 9760kJ로 환산)

연료(천연가스)의 CO_2 원단위(13A) : 0.05125kg-CO_2/MJ

화력발전 CO_2 원단위 : 0.69kg-CO_2/kWh

○ 도쿄가스의 결과는 연료전지 시스템 중 최고의 효율을 나타내는 시스템에 대하여 계산한 결과로, 일본에서의 2006년에 운영된 시스템의 전국 평균값을 결과로 계산된 값은 CO_2 감소율은 28%이고, 1차 에너지 감소율은 약 15% 정도임.

3. 세부기술 분류 및 범위

○ 가정용 연료전지 시스템을 구성하는 주요 부품으로는 천연가스나 탄화수소계의 연료가 공급되어 수소로 전환하는 연료처리장치, 생산된 수소와 공기의 화학반응으로 전기를 생산하는 스택, 스택에서 생산된 DC 전기를 AC 전기로 전환하는 전력변환기, 펌프, 센서류 등의 BOP, 시스템을 안정적으로 운영하는 시스템 제어기술 및 시스템에서 생산된 열을 저장하고 공급하는 열공급 모듈로 구성됨.

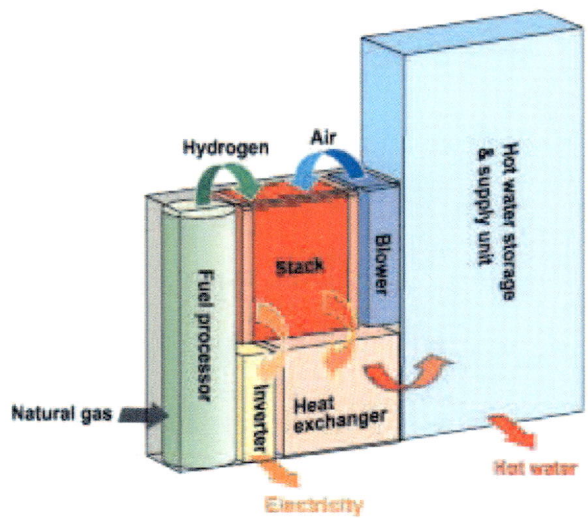

그림 2-3 가정용 연료전지 시스템의 구조

가. 시스템 기술

○ 가정용/상업용 연료전지 시스템은 전기를 발전시키는 연료전지 발전 모듈과 온수를 저장하고 발생시키는 열저장 모듈로 구분할 수 있음.

○ 시스템기술의 범위는 연료전지 시스템을 안정적으로 운영하게 하고 시스템에 문제가 발생하였을 때 비상정지를 하게 하는 시스템 제어와 시스템의 주요부품인 스택, 연료처리장치, 전력변환기 및 BOP를 구성하는 시스템 설계 그리고 시스템 제어 및 설계를 바탕으로 시스템을 제작하는 기술로 구성됨.

나. 스택 기술

○ 스택은 연료처리장치에서 발생한 수소와 대기중의 산소의 전기화학반응을 이용하여 DC 전력을 생산하는 부품임.

○ 스택기술의 범위는 전극과 전해질의 조합인 MEA(Membrane Electrode Assembly) 기술, 스택의 효율 및 내구성을 증진시키는 스택설계 기술, MEA와 분리판 그리고 실링제를 이용하여 스택을 제작하는 스택제작기술, 전극촉매와 전해질 재료, GDL(gas diffusion layer), 분리판, 실링제의 소재에 관련된 소재기술로 구성됨.

다. 연료처리장치 기술

○ 연료처리장치는 천연가스를 수소로 전환하는 기술로서, 연료처리장치는 부취제를 제거하는 탈황기, 천연가스에서 수소를 생산하는 개질기, CO를 제거하는 HTS/LTS 및 PROX로 구성됨.

○ 연료처리장치 기술의 범위는 연료처리장치의 효율 및 내구성을 증진시키고 부피를 줄이는 연료처리장치 설계 기술, 탈황촉매, 개질촉매, HTS/LTS, PROX 촉매에 관련된 소재기술, 연료처리장치를 제작하는 연료처리장치 제작기술로 구성됨.

라. 전력변환기 기술

○ 전력변환기는 스택에서 생산된 DC 전력을 AC전력으로 전환하는 부품임.

○ 전력변환기 기술의 범위는 전력변환기의 효율 및 내구성을 증진시키는 전력변환기 설계기술, 설계된 전력변환기를 제작하는 기술로 구성됨.

마. BOP 기술

○ BOP는 스택, 연료처리장치 등의 작동 및 유기적으로 연결을 하게 하는 펌프류, 열교환기, 유량계, 가습기, 기타센서, 밸브, 배관 및 열을 저장하고 공급하는 열저장 모듈 등의 부품임.

○ BOP 기술의 범위는 고효율, 소형화, 저소음화, 내구성이 향상된 펌프류 설계 및 제작기술, 효율 및 내구성이 향상된 열교환기 설계 및 제작기술, 내구성이 향상된 가습기 설계 및 제작기술, 효율 및 내구성이 향상된 열저장모듈의 설계 및 제작기술, 기타 기타 센서, 밸브, 배관 기술 등으로 구성됨.

II. 국내기술 수준 및 기술 동향 분석

1. 기술수준

○ “가정용 연료전지 모니터링 사업”에서 국내에서 제작되는 시스템의 요소부품의 기술을 증진시키기 위하여 국산화율 및 국산화 의무 품목을 설정하였음.

표 2-2 가정용 연료전지 모니터링 사업 국산화율 및 국산화 품목

구분	1단계	2단계	3단계
모니터링 대수	40대	70대	100대
국산화율	55%	70%	80%
국산화 품목	스택, 열공급 모듈	연료처리장치, 펌프 및 센서류	전력변환기, 필터

- “가정용 연료전지 모니터링 사업”에 1차년도 참여한 가정용 연료전지 시스템 제작사인 GS 퓨얼셀과 퓨얼셀 파워의 경우 1단계의 국산화율과 국산화 품목을 만족하였음.

○ 시스템 기술

- 국내의 시스템 제어와 시스템 설계/제작하는 기술은 선진국의 수준에 근접한 정도로 성장하였으며, 국내에서 운영되는 가정용 연료전지 시스템은 이 같은 시스템 기술을 바탕으로 목표 발전량인 3,000kWh을 초과 달성하였음.

○ 스택 기술

- 가정용 연료전지 모니터링 1단계 사업에서 스택이 국산화 품목으로 설정되어, 스택의 설계, 스택의 제작, MEA 제작 등은 국내기술을 기반으로 구축되었고, 이를 바탕으로 생산된 스택은 1차년도 가정용 연료전지 모니터링 사업에 공급되어 안정적으로 운영되고 있음.
- 가정용 연료전지 시스템의 소형화 및 내구성 증진을 위해, 스택의 소형화 및 단위 부피당 출력의 증가가 요구되고, 장기내구성 및 CO의 내구성 증진이 요구됨.
- 그러나 스택에 관련된 소재 부품인 전해질재료, 전극촉매, GDL, 분리판 등은 국외에서 공급되고 있는 실정이어서, 스택에 관련된 소재부품의 국산화가 요구됨.

○ 연료처리장치 기술

- 국내의 연료처리장치 기술은 스택 기술에 비하여 뒤떨어져 있으며, 국내에서 운영되는 40기의 가정용 연료전지 시스템의 경우 국외의 연료처리장치가 적용되었음.

- 일본 오사카가스에서 제작된 가정용 연료전지용 연료처리장치의 경우 90,000시간 정도의 내구성이 보장되어 연료전지 시스템의 내구성을 증진시키는 데 이바지를 하나, 국내의 연료처리장치의 경우 장기내구성 검증이 요구됨.
- 가정용 연료전지 모니터링 2단계 사업에서 연료처리장치가 국산화 품목으로 설정이 되어, 2008년에 운영되는 70기 시스템의 경우 국내의 연료처리장치가 적용될 예정임.

○ 전력변환기 기술

- 국내에서 전환 효율 90% 이상의 가정용 연료전지 시스템용 전력변환기를 개발하여 가정용 연료전지 시스템에 일부 적용 중이고, 현재 장기내구성의 검증이 요구됨.
- 일본의 경우 가정용 연료전지 시스템용 전력변환기의 효율이 92% 이상이고, 전국에 걸친 장기운전을 통하여 전력변환기의 내구성을 검증하였음.

○ BOP 기술

- BOP는 가정용 연료전지 시스템의 고장의 주요 원인이 되고, 현재 국내에서는 연료전지에 적합한 BOP를 판매하는 업체가 거의 없어, 수입에 의존하는 상황으로, 가정용 연료전지 시스템 관련 산업의 발전을 위해서 연료펌프, 블로워, 물 펌프류의 집중적인 개발이 요구됨.
- 가정용 연료전지 시스템의 세부기술 중에 BOP 관련 기술이 선진국 대비 가장 뒤떨어져 있어 국내 BOP 개발이 촉진이 시급한 상황으로, 국내의 BOP 개발이 이루어지지 않으면 일본과의 가격경쟁력 및 기술격차를 줄이는 것이 힘들 것으로 판단됨.

2. 기술개발 및 산업체 동향, SWOT 분석

가. 기술개발 동향

○ 1996년부터 고분자 연료전지 연구가 시작되었고 한국에너지기술연구원이 주축이 되어 2001년까지 가정용 5kW급 고분자 연료전지 스택과 시스템을 개발하였음.

○ 2002년부터 (주)세티가 주관이 되어 한국가스공사, 한국에너지기술연구원, 한국타이어 및 여러 대학과 함께 콤팩트하고 성능이 더욱 향상된 3kW급 열병합 고분자 연료전지 시스템 개발.

○ 2004년부터 GS 퓨얼셀, 퓨얼셀 파워, 대구도시가스가 가정용 고분자 연료전지 시스템을 개발하고 2006년까지 실증 연구를 진행하였음.

○ 한국가스공사가 주관하는 “가정용 연료전지 모티터링 사업”으로 2006년 1단계 사업에서 GS 퓨얼셀과 퓨얼셀 파워의 시스템 각각 20기를 전국에 걸쳐서 도시가스 10개사와 공동으로 설치, 운영 중으로 내구성과 신뢰성을 평가 중.

○ 고체산화물 연료전지 개발은 1989년부터 기초연구를 시작하였고 1994년 쌍용연구소가 주관하고 KIST, 서울대, 인하대가 참여하여 80W급 스택을 개발하던 중 참여기업의 구

조조정 등 내부사정으로 1단계 사업이 종료된 상태에서 중단됨.

○ 한전전력연구원은 2003년부터 평판형 고체산화물 연료전지를 이용한 1kW급 가정용 시스템 개발과제를 진행하여 2006년 시연을 한 바 있으며 현재 5kW급 열병합시스템 개발과제를 진행하고 있음.

○ 한국과학기술연구원은 2007년부터는 포스코파워, 포항산업과학원과 함께 분산전원시스템 개발과제를 수행하고 있음.

○ 2004년부터 KIST, 한국에너지기술연구원, 요업기술원 등의 정부출연연구소와 대학들을 중심으로 고체산화물 연료전지 스택구성에 필요한 여러 구성요소를 개발하기 위한 원천기술개발과제를 수행하여 2007년 1단계 사업을 종료하였으며 현재 2단계 사업을 진행 중임.

나. 산업체 동향

○ 한국가스공사는 "가정용 연료전지 모니터링 사업"의 주관기관으로 국내 가정용 연료전지 시스템의 내구성 및 신뢰성의 평가 및 국산화, 제도개선, 보급에 앞장서고 있으며, 1단계(2006~2008년)는 도시가스를 중심으로 40기, 2단계(2007~2009년)는 지방자치단체를 중심으로 70기, 3차년도(2008~2010년)는 사용자를 중심으로 100기를 모니터링 할 예정임.

- 2007년 5월 29일 국무총리 공관에 가정용 연료전지 시스템 2기를 설치하여 운영하고, 총리공관에서 행사를 개최.
- 일반 국민들이 가정용 연료전지 시스템이 운영되는 상황을 실시간으로 확인할 수 있도록, 홈페이지(www.cleanfc.co.kr)를 구축.

○ GS 퓨얼셀

- 2004년부터 "1.5/3kW급 가정용 연료전지 실증 연구"를 통하여 가정용 연료전지 시스템을 개발 및 실증 연구를 완료하였고, 현재 "가정용 연료전지 모니터링 사업"에서 전국적으로 20기의 시스템이 운영되고 있음.

○ 퓨얼셀 파워

- 2004년부터 "1kW급 가정용 고분자 연료전지 실증 연구"를 통하여 가정용 연료전지 시스템을 개발 및 실증연구를 완료하였고, 현재 "가정용 연료전지 모니터링 사업"에서 전국적으로 20기의 시스템이 운영되고 있음.

○ LG 전자

- 1kW급 가정용 연료전지 시스템을 개발하여 내부적으로 장기수명을 평가 중에 있음.

○ 효성중공업

- 2006년 1kW급 가정용 연료전지 시스템을 개발하여 자체적으로 평가 중이고, 연료전지용 1kW급 인버터를 개발하였음.

○ 일본의 경우, 스택, 연료처리장치, 인버터 같은 시스템의 주요 부품이외에 블로워, 펌프류 등의 BOP의 개발도 박차를 가하고 있으나, 국내의 경우 관련업체의 BOP 개발이 요구됨.

○ 한국전력연구원

- 전력 연구원의 경우 평판형 SOFC를 이용한 1kW급 가정용 시스템 개발을 완료하였으며 현재 5kW급 열병합시스템 개발과제를 수행 중임.

○ 포스코파워

- 2007년부터 포항산업과학원, 한국과학기술원과 함께 평판형 대면적 SOFC를 이용한 분산 발전용 SOFC 시스템 개발과제를 시작하였음.

○ 삼성전기

- 2007년부터 한국에너지기술연구원과 함께 원통형 SOFC 스택구성을 위한 핵심기술개발 사업을 시작하였음.

다. SWOT 분석

강점(Strength)	약점(Weakness)
- 연료전지는 천연가스를 직접 전기로 전환하는 시스템으로 우리나라는 안정적인 천연가스 공급망을 보유하고 있음 - 장기간 연료전지에 대한 연구를 수행하여 스택, 연료처리장치, 인버터의 제작 및 시스템 제작 기술을 보유하고 있음 - 에너지절약기기, 환경친화적, 에너지 공급의 다양화, 석유대체 효과, 분산형 전력에너지, 신규산업의 창출과 산업경쟁력 강화	- 연료전지 각 부품 및 시스템의 국외 기술과 비교하여 국내의 관련 기술의 격차가 있고, 실증 및 모니터링 관련 경험이 적음 - 가정용 연료전지 시스템의 설치 및 운전에 관련한 표준화가 확립되지 않았음 - 가정용 연료전지 시스템과 관련된 전기, 소방 등의 안정규정, 법규가 체계화되지 않았음 - 가정용 연료전지 시스템의 가격이 비쌈
기회(Opportunity)	**위기(Threat)**
- 환경문제로 인하여 연료전지의 중요성이 크게 부각되고 있고 산업발전 및 인구증가 등으로 세계에너지 수요가 증가하여 에너지 다변화에 대한 인식의 확대 - 정부는 세계3위의 연료전지 기술보유국진입 및 세계일류상품화 추진의 비전을 갖고 연료전지 관련 기술개발 및 보급목표를 설정 - 전력산업의 규제 해제, 전력수요의 증가에 따른 대응의 한계, 발전소 건설의 비용 · 건설기간 · 환경문제 및 원전의 입지난 등에 의한 분산형 전력시스템 신규 시장형성이 요구됨 - 신규 창출되는 시장으로서 기존 시장참여자의 저항 발생이 없음	- 국내와 국외의 기술력 격차로 인하여 연료전지가 상용화 될 경우 외국업체에서 국내시장을 잠식할 수 있음 - 가정용 연료전지 시스템의 가격이 너무 높아 실용화되기까지는 수년이 걸릴 전망 - 안전관련 법규가 명확히 규정되어 있지 않아 도입초기 대형 안전사고 발생우려

3. 국내 산업 현황 및 타 산업과의 연관성

가. 산업현황

- "가정용 연료전지 모니터링 사업"은 한국가스공사가 주관하고 도시가스 10개사가 가정용 연료전지 시스템 40기를 전국에 걸쳐 운영 중으로, 본 사업을 통하여 도시가스 업체가 가정용 연료전지 시스템의 가능성 및 보급에 관심을 갖게 되고, 차후 가정용 연료전지 시스템 보급에 중요한 발판이 될 것으로 예상됨.
- "가정용 연료전지 모니터링 사업"의 단계별 국산화 부품품목에 따라 1단계는 스택 및 열저장시스템, 2단계는 연료처리장치 및 일부 BOP, 3단계는 인버터, 일부 BOP를 국산화 품목으로 설정하여 가정용 연료전지 시스템의 국산화를 촉진시키고 있고, 2006년 가정용 연료전지 시스템의 경우 스택의 국산화가 이루어졌고, 2단계 사업을 통하여 국내 연료처리장치의 국산화가 이루어지고, "가정용 연료전지 모니터링 사업"이 종료되는 시점에서는 스택, 연료처리장치, 인버터 및 다양한 BOP의 국산화가 이루어지고 이에 따라, 관련 부품 산업이 육성이 되고 활성화될 것이라 예상됨.
- GS 퓨얼셀과 퓨얼셀 파워의 시스템은 각각 20기씩 전국적으로 평가를 진행 중으로, 다양한 환경에서 장기적 내구성을 평가하여 기술적 향상 및 내구성/신뢰성을 확인 중.
- LG 전자, 효성중공업, 삼성전자는 가정용 연료전지 시스템을 개발하여 내부에서 평가 중임.
- 한전전력연구원은 1kW급 가정용 SOFC 시스템을 개발하여 내구성 및 신뢰성을 평가 중이며 현재 5kW급 열병합시스템 개발을 추진 중임.

나. 타 산업과의 연관성

- 가정용/상업용 연료전지 시스템은 주요부품인 스택, 연료처리장치, 인버터뿐만 아니라, 열저장 시스템, 펌프, 블로워, 센서 등의 다양한 BOP로 구성되어 타 산업과 연관성을 가지고 있음.
- 연료전지 스택은 부품의 국산화가 진행 중으로, 스택의 바이폴라플레이트는 카본 관련 업체의 기술개발과 시장진출이 가능하고, 이온전도성물질인 고분자 전해질과 가스확산층(GDL)등은 화학 업체와 관련이 있어 가정용 연료전지가 보급이 확산될 경우, 새로운 시장의 창출이 가능.
- 연료처리장치는 연료처리장치의 설계 및 가공기술과 촉매기술이 주요한 부분으로 천연

가스의 황을 제거하는 탈황제, 개질 촉매, CO를 제거하는 촉매 등의 다양한 촉매가 연료처리장치에 사용이 되어, 촉매제작 관련 업체와 밀접한 관련이 있고, 또한 연료처리장치는 고온에서 작동하여 외부에 결함이 있으면 내구성에 문제가 발생하여 관련한 가공기술의 활성화가 요구됨.

- ○ 인버터는 기존의 전기관련 업체에서 연구를 하여, 연료전지용으로 고전류 저전압용의 고효율 인버터를 일부 업체에서 개발하여 왔고, 연료전지 시장이 활성화될 경우, 전기관련 업체의 활성화가 촉진될 것으로 예상됨.
- ○ 열저장모듈은 연료전지 시스템에서 발생한 온수를 저장할 뿐만 아니라 보조 보일러를 이용한 급탕을 하는 장치로, 보일러 관련업체의 연관성이 크고, 보일러 기술의 활용도가 클 것으로 예상됨.
- ○ BOP의 경우, 제어장치, 공기 블로워, 펌프류, 가스센서, 열교환기, 온도 및 압력 센서, 밸브, 배관 등 다양한 부품이 연료전지 시스템을 운영하기 위하여 요구되는데, 연료전지 시스템의 보급이 촉진되면 관련된 산업의 활성화가 예상됨.
- ○ 고온형 연료전지인 SOFC의 경우 국내의 자체 원천기술 확보 가능성이 높아 관련 소재 및 부품시장에 대한 해외진출이 용이할 것으로 기대되고, 특히 SOFC 분야에 적용되는 세라믹소재 및 공정기술들은 가스정제 및 분리, 그리고 수소제조와 같은 미래 에너지/환경기술에 필요한 멤브레인 기술로도 확대 가능함.

다. 기술인력 확보 및 수급현황

- ○ 가정용/상업용 연료전지 시스템은 스택, 연료처리장치, 인버터 등 다양한 부품으로 구성되기 때문에 화공, 재료, 기계, 전기 등 다양한 분야의 인력이 요구되는 실정임.
- ○ 가정용 연료전지 시스템의 주요한 부품인 스택, 연료처리장치, 인버터 등을 개발하는 인력에 비하여, 연료전지 시스템을 개발하고 인터그레이션 할 수 있는 인력은 부족하여 시스템 관련 인력이 요구되는 실정임.
- ○ 현재 연료전지관련 인력양성은 각 대학교 및 한국과학기술연구원, 한국에너지기술연구원 등 출연연구소에서 주관하고 있는 개발과제들을 통해 숙련도를 높이고 있고, 최근 들어 GS 퓨얼셀, 퓨얼셀 파워, 효성, LG 전자, 삼성 등의 시스템을 제작하는 회사에서 학교와 연구소에서 배출된 인력들이 배치되어 활동 중에 있음.

III. R&D 추진 성과 및 보급시장 분석

1. 과거('88~'07) R&D 추진 현황

가. 고분자 연료전지 관련 R&D 추진현황

○ 1996년부터 고분자 연료전지 연구가 시작되었고 한국에너지기술연구원이 주축이 되어 2001년까지 가정용 5kW급 고분자 연료전지 스택과 시스템을 개발하였음.

○ 2004년부터 2006년까지 GS 퓨얼셀, 퓨얼셀 파워, 대구도시가스가 주관이 되어 1kW급 가정용 연료전지 시스템을 개발하여 실증 연구를 완료하였음.

○ 2006년부터 2010년까지 한국가스공사가 주관이 되어, 도시가스 10개사와 210대의 "가정용 연료전지 시스템 모니터링 사업"을 진행하여, 국내 가정용 연료전지 시스템의 내구성, 신뢰성을 평가하고 있음.

표 2-3 가정용/상업용 연료전지 과제현황

구분	과제명	기간	비고
완료	주택용 5kW급 고분자 연료전지 시스템 실용화 개발	1999~2001	자체 개발
	3kW급 가정용 고분자 연료전지 열병합발전 시스템 개발	2002~2004	자체 개발
	5kW급 고분자 연료전지 시스템 실증 연구	2003~2006	선진기술도입, 실증연구
	1.5/3kW급 가정용 연료전지 시스템 실증연구	2004~2006	실증연구
	1kW급 가정용 고분자 연료전지 실증연구	2004~2006	실증연구
	2kW급 가정용 고분자 연료전지 실증연구	2004~2006	실증연구
	수소연료전지 표준화 사업	2004~2007	표준화
진행 중	가정용 연료전지 모니터링 사업	2006~2011	모니터링
	10kW급 상업용 고분자 전해질 연료전지 시스템 개발	2006~2009	자체 개발
	소형 열병합 연료전지 연계형 연료처리 시스템 개발	2006~2009	자체 개발
	수소연료전지 안전성 연구	2006~2009	안정성, 표준화

나. 고체 산화물 연료전지 관련 R&D 추진현황

- ○ 고체산화물 연료전지 개발은 1989년부터 기초연구를 시작하였고 1994년 쌍용연구소가 주관하고 KIST, 서울대, 인하대가 참여하여 80W급 스택을 개발하던 중 참여기업의 구조조정 등 내부사정으로 1단계 사업이 종료된 상태에서 중단됨.
- ○ 한전전력연구원은 2003년부터 평판형 고체산화물 연료전지를 이용한 1kW급 가정용 시스템 개발과제를 진행하여 2006년 시연을 한 바 있으며 현재 5kW급 열병합시스템 개발과제를 진행하고 있음.
- ○ 한국에너지기술연구원은 2004년부터 원통형 고체산화물 연료전지를 이용한 3kW급 보조전원용 시스템 개발과제를 진행 중임.
- ○ 한국과학기술연구원은 2002년부터 2004년까지 현대자동차와 kW급 자동차 보조전원용 스택개발과제를 수행하였으며 2007년부터는 포스코파워, 포항산업과학원과 함께 분산전원시스템 개발과제를 수행하고 있음.
- ○ 2004년부터 KIST, 한국에너지기술연구원, 요업기술원 등의 정부출연연구소와 대학들을 중심으로 고체산화물 연료전지 스택구성에 필요한 여러 구성요소를 개발하기 위한 원천기술개발과제를 수행하여 2007년 1단계 사업을 종료하였으며 현재 2단계 사업을 진행 중임.

2. 주요 R&D 성과

가. 기술적 성과

- ○ 2004년부터 2006년까지 가정용 연료전지 시스템 실증연구를 통하여 GS 퓨얼셀과 퓨얼셀파워에서 적용이 가능한 1kW급 가정용 연료전지 시스템을 개발하였고, 실증을 하였음.
- ○ 2003년부터 2006년까지 한국가스공사에서 주관한 “5kW급 고분자 연료전지 시스템 실증연구”로 국내의 연료전지 시스템과 국외 연료전지 시스템의 비교를 하였고, 국외 연료전지 시스템의 내구성 및 장점과 단점을 확인하였음.
- ○ 2006년부터 시작된 “가정용 연료전지 모니터링 사업”으로 국산화 목표인 스택, 열저장모듈과 1단계 사업의 목표인 3MWh의 목표를 설정하여, 시스템 제작업체의 스택기술향상과 시스템의 내구성 및 신뢰성 향상을 도모하여, 국내 연료전지 시스템 기술의 발전을 촉진하였음.
- ○ 2006년 한전전력연구원이 주축이 되어 국내 최초로 가정용 1kW급 SOFC 시스템이 개발되었으며 현재 5kW급 열병합시스템이 개발 중임.
- ○ 2007년 한국에너지기술연구원이 주축이 되어 3kW급 보조전원용 SOFC 시스템을 개발하였음.

나. 산업태동 성과

○ 1999년부터 연료전지 시스템관련 개발을 시작하여, 연료전지 시스템 관련 기술의 기반이 갖추어졌고, GS 퓨얼셀은 연료전지관련 전문업체로 태동하여 "3kW급 가정용 고분자 연료전지 시스템 열병합 발전 시스템 개발" 과제와 "1.5/3kW급 가정용 연료전지 시스템 실증연구" 과제의 성과로 1kW급 가정용 연료전지를 개발하였음.
퓨얼셀 파워는 연료전지 전문기업으로 스택관련 국가과제 및 "1kW급 가정용 고분자 연료전지 실증연구" 과제를 통하여 1kW급 가정용 연료전지 시스템을 개발하였음.

○ 국가과제인 "가정용 연료전지 모니터링 사업"으로, 연료전지 보급에 중요한 역할을 할 한국가스공사 및 도시가스가 연료전지 시스템을 직접 운영/평가하여 연료전지의 보급 관련 산업의 기반을 구축함.

○ 연료전지 관련 산업은 미래의 유력한 에너지 관련 신규 산업으로서 가정용/상업용 연료전지 시스템이 실용화되었을 때, 연료전지 시스템을 제작하는 업체, 스택관련 업체, 연료처리장치관련 업체, 인버터관련업체등 신규산업이 태동할 수 있고, 국가경제에 미치는 파급효과는 클 것이라 예상됨.

○ 그간 한국과학기술연구원 주축으로 개발되어온 SOFC 핵심원천기술개발을 기반으로 2007년 포스코파워에서 분산발전시스템을 자체개발하기 시작하였음.

다. 전문기업 육성

○ 일본의 경우, 대기업이 주도적으로 시스템을 제작하고 있고, 이를 기반으로 광범위한 연료전지 시스템 대규모 모니터링 및 시스템에 사용되는 BOP 관련 업체가 성장하고 있어, 연료전지 시스템 및 BOP 관련 전문기업이 육성되고 있음.

○ 국내의 경우, "가정용 연료전지 모니터링 사업"을 통하여 210기의 연료전지 시스템이 전국적으로 운영될 예정이고, 이를 통하여 연료전지 시스템을 전문적으로 생산하는 전문기업이 육성되고, 전문기업의 수가 확장될 것이라 예상됨.

○ 그러나, 국내의 시스템 제작사가 BOP를 국외에 의존하는 실정이어서, 국내에서 연료전지 시스템에 적합한 블로워나 펌프 등 BOP 관련 전문기업의 육성이 시급한 실정으로, 관련 국가과제의 발굴이 요구되는 상황임.

3. 국내 시장 동향

가. 보급현황

○ 국내에서 "가정용 연료전지 모니터링 사업"을 통하여 2007년 9월 현재 전국에 걸쳐 40

기가 보급되어 있으며, 주관기관인 한국가스공사 및 10개의 도시가스사에서 가정용 연료전지 시스템이 운영되고 있음.

표 2-4 가정용 연료전지 시스템 보급현황

구분		보급 수량	설치장소
주관기관	한국가스공사	14	연구개발원, 총리공관(2기), 대학(서울대학교, 한국산업기술대학교 각 1기)
참여기관 (10개 도시가스사)	대한도시가스	3	본사(서울)
	예스코	2	본사(서울)
	삼천리	3	부천 기술연구소(부천)
	중부도시가스	2	본사(천안)
	충남도시가스	3	본사(대전)
	부산도시가스	3	본사(부산)
	대구도시가스	3	서부지사(대구), 기계부품연구원(대구)
	해양도시가스	3	본사(광주), 나주동신대학교
	경남도시가스	2	본사(창원)
	경동도시가스	2	본사(울산)
	소계	26	
총계		40	최종목표 120,000kWh/3년

그림 2-4 가정용 연료전지 시스템 운영현황

나. 최근 시장 동향

○ 현재 국내에서 가정용/상업용 연료전지 시스템의 시장은 주로 한국가스공사에서 주관하는 "가정용 연료전지 모니터링 사업"과 관련하여 주도되고 있고, 현재 본 사업을 통하여 40기가 운영되고 있으며, 2007년부터 2단계 사업을 통하여 70기, 2008년부터 3단계 사업을 통하여 100기가 모니터링 될 예정으로, 2009년까지 국내에서 총 210기가 운영될 예정임.

○ "가정용 연료전지 모니터링 사업"에서 단계별로 1kW급 가정용 연료전지 시스템의 가격은 유지보수비를 포함하여 1단계 사업에서 1.3억 원, 2단계 사업에서 1억 원, 3단계 사업에서 8천만 원으로 설정하였으며, 생산대수의 증가 및 시스템 개선에 따른 원가절감 효과를 감안하여 이같이 산정하였음.

표 2-5 가정용 연료전지 모니터링 사업 단계별 대수

구분	1단계	2단계	3단계
모니터링 대수	40대	70대	100대
시스템 가격 (유지보수비 포함)	1.3억 원	1억 원	8천만 원
대상	도시가스	지자체 중심	사용자 중심

○ "가정용 연료전지 모니터링 사업"에 참여한 10개 도시가스사는 한국가스공사 및 에너지기술연구원에서 주최한 연료전지 교육 및 연료전지 시스템의 직접적 운영을 하여 가정용 연료전지에 관련된 기반이 형성이 되었고 이를 바탕으로 2단계 사업에서 서울시, 경기도, 대구시 등의 지방자치단체의 참여가 추진되어 국내의 연료전지 시스템의 저변이 확대될 예정임.

다. 장기 시장 전망

○ "가정용 연료전지 모니터링 사업"이 성공적으로 완료되면, 가정용 연료전지 시스템의 신뢰성 및 내구성 등의 대국민 홍보로 장기적으로 시장이 확대될 전망임.

○ 현재 모니터링 되는 가정용 연료전지 시스템은 국내에서 제작된 시스템이나 연료전지의 보급은 국외 연료전지 시스템의 도입도 예상되므로, 기술개발과 보급사업을 밀접히 연계하여 생산기술에 투자하고, 조기 상용화를 유도하는 것이 바람직함.

○ 일본의 경우 1kW급 연료전지 시스템의 보급이 추진되고 있으나, 국내의 경우 공공기관 이전에 따른 대체에너지 의무 설치로 인하여 1kW급뿐만 아니라 용량이 큰 5kW급 이상의 상업용 연료전지 시스템의 도입도 이루어질 전망임.

○ 연료전지 시스템의 초기시장은 대체에너지 의무 설치 규정에 의하여 창출이 되고, 2012년 까지 10,000대 보급 사업이 추진 중에 있음.

표 2-6 가정용 연료전지 보급 실행 계획

연도	보급(대)
2006	40
2007	70
2008	100
2009	290
2010	800
2011	2,000
2012	6,700

○ 다른 신·재생에너지와 마찬가지로 연료전지 시스템은 경제성이 부족하므로, 보조금 지원, 발전 차액 제도, 가스 요금 인하와 같은 부가적인 지원책이 장기시장의 활성화의 주요한 요인으로 작용할 전망임.

○ 가정용 연료전지 시스템이 연료로 사용하는 천연가스의 요금은 주택난방용, 일반용, 산업용, 가스 냉방용, 집단에너지용별로 다르고, 가정용 연료전지 시스템에 일반의 주거방식인 주택난방용 요금이 적용된다고 가정하면 전력 요금과 비교하여 누진제가 적용되지 않아 전력을 많이 사용하는 대형 주택의 경우 연료전지를 사용 시 장점이 있어 보급사업이 진행될 때 시장진입은 전력을 많이 소모하는 대형 아파트나 주택에 유리할 것으로 예상됨.

- 가정용 연료전지 시스템의 전기효율을 32% 정도로 산정하였을 때, 전력 생산 단가를 환산하면 163.2원/kWh(주택난방용/취사용 기준)임(표 2-7, 2-8 참조).
- 월간 발전 누적량이 600kWh인 대형주택일 경우, 전력으로만 계산하면 단위전력 요금이 285원/kWh으로 계산되나, 연료전지를 사용할 경우 163.2원/kWh(주택난방용/취사용 기준)으로 계산되어 1달에 73,200원 정도 소비자에게 경제적 이익을 줌.

표 2-7 천연가스 요금(2007. 7. 1 기준) (단위 : 원)

도매요금		소매요금(서울)		전력생산 단가계산
구분	전국동일	구분	서울	
시행일	2007.7.1	시행일	2007.7.1	
주택난방용	557.12	취사용	596.25	163.2
		난방(개별)	601.7	164.7
		난방(중앙)	601.7	164.7
		업무난방	613.26	167.9
일반용	506	영업용1	605.76	165.8
		영업용2	562.14	153.9
냉방용 (5~9월)	328.88	냉방용 (5~9월)	363.79	99.6
산업용	488.06	산업용	506.72	138.7
열병합용	484.54	열병합용	529.12	144.8
집단에너지용	534.71	동절기 (12, 1, 2, 3월)	555.95	152.2
	467.47	하절기 (5, 6, 7, 8월)	488.71	133.8
	488.06	기타월 (4, 9, 10, 11월)	509.3	139.4
평균	526.92	기본료	574.74	157.3

표 2-8 연료전지 전력생산단가 계산법(원/kWh)

항목	단위	값
유량	[LPM]	4.4
	[Nm^3/h]	0.264
전력량	[kWh]	0.964
전력생산량	[kWh/Nm^3]	3.653
전력생산단가	**[원/kWh]**	**99.6(가스냉방 기준 시)**

○ 5kW 연료전지 시스템을 가정하였을 때, 전력소비량이 빠르게 증가함에 따라 5kW 연료전지 시스템의 상용화 시점이 2015년 이후가 될 것으로 생각할 때, 주요시장은 소규모 사업장(종사자 1~19인)과 주택시장이 될 것으로 예상됨.

※ 아래의 수치는 한국전력의 시뮬레이션을 참고로 한 수치 제품별 업체와 용량 등에 따라서 사용량에 차이가 있음

주요 가전제품 전력 소비량

- 전화기 : 약 10W
- 냉온정수기 : 800W
- 식기건조기 : 2000W
- 형광등 : 24W ~38W
- 백열전구 : 60W ~ 100W
- 밥솥 : 취사시 1050W
- 선풍기 : 63W
- 드라이기 : 1200W
- 다리미 : 1650W
- TV : 120W
- 세탁기 : 550W
- 에어컨 : 2000~2500W
- 전자렌지 : 사용시 1400W
- 김치 냉장고 : 250W
- 냉장고 : 750W
- 컴퓨터 : 350W
- 비데 : 600W

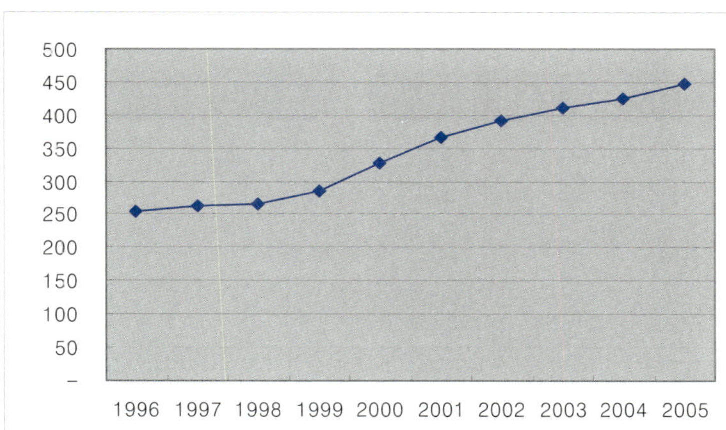

그림 2-5 전력사용량에 따른 목표시장 선정

○ 2005년 가구 수는 약 1,500만 가구로 약 1,900만 가구 내외에서 포화수준이 될 것으로 전망되고, 아파트의 보급이 빠르게 성장하는 반면 단독주택은 다소 감소하는 추세에 있음.
- 가구당 전력 사용량이 가전제품의 대용량화 및 사용증가로 빠르게 성장

일반 가구 수

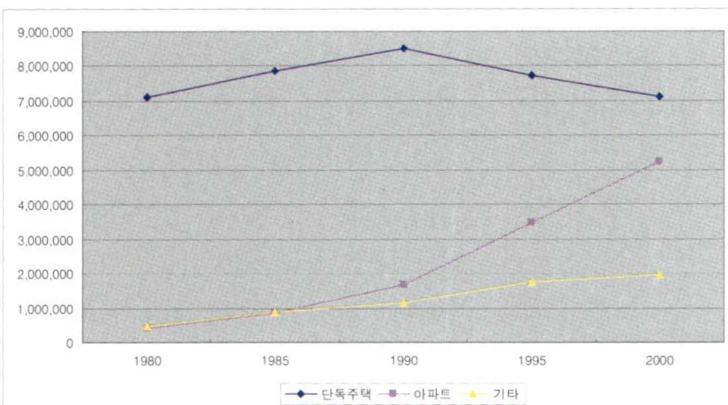

가정에서의 전력사용량

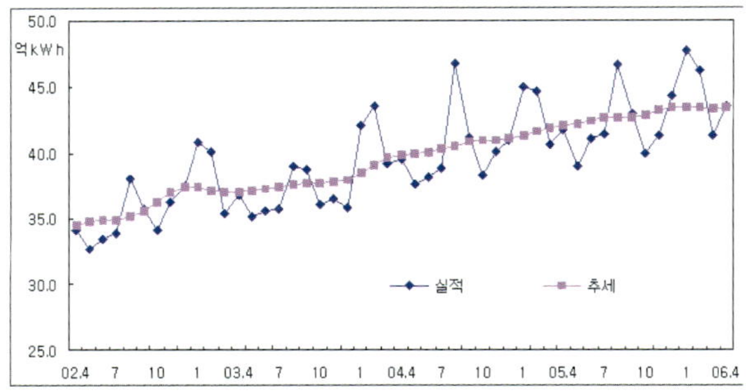

	1980	1985	1990	1995	2000
단독주택	7,107,312	7,837,682	8,506,026	7,716,186	7,102,765
아파트	390,574	862,770	1,678,095	3,478,430	5,237,582
기타	471,315	870,909	1,170,419	1,763,565	1,971,460
총계	7,969,201	9,571,361	11,354,540	12,958,181	14,311,807

	'04.4	'05.4	11	12	'06.1	2	3	4
전년 동월비%	7.4	5.7	3.0	8.1	6.2	3.4	1.8	4.1

<전력거래소 통계자료>

그림 2-6 주택시장의 변동 및 전력 사용량

○ 소규모 사업장(종사자 1~19인)은 도소매업, 서비스 업종을 대상으로 하였고, 소규모 사업장의 경우 도소매업은 성장이 다소 주춤한 상태에 있으나, 서비스 업종은 지속적인 성장을 유지하고 있음.

- 사업장의 전력사용량은 주택시장보다 전력사용량의 성장률이 더 빠르게 나타남.

소규모 사업장 수(종사자 1-19인 도소매, 서비스업)

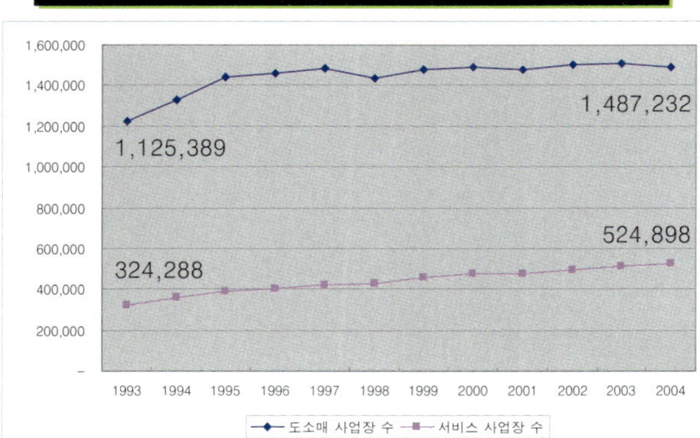

도매 및 소매업	도매 및 상품 중개업, 소매업-자동차제외, 숙박 및 음식점업
서비스업	정보처리 및 기타 컴퓨터 운영 관련업, 사업지원 서비스업, 교육서비스업, 보건업, 사회복지사업, 기타서비스 업

사업장에서의 전력사용량

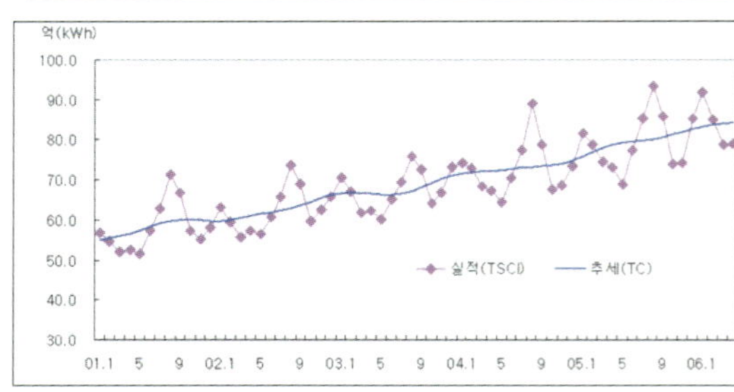

	'04.4	'05.4	11	12	'06.1	2	3	4
전년 동월비%	7.9	8.9	8.2	16.1	12.5	8.2	5.7	7.9

농업, 어업, 제조업체 및 서비스 업종 중 운수업체 등은 세부업종별 및 업체별 차이가 많기 때문에, 전력사용량 추정에 어려움이 있어, 본 분석에서는 제외하였음

그림 2-7 소규모 사업장의 변동 및 전력사용량

○ 주택시장의 도시가스 이용률은 2005년 1,150만 세대로 매우 높은 이용률을 보이고 있으며, 특히 수도권의 경우 이용률이 85%에 달하고 있음.

- 영업용 도시가스의 경우 2005년 약 38%의 보급률을 보이고 있음(2005 고압가스 통계).

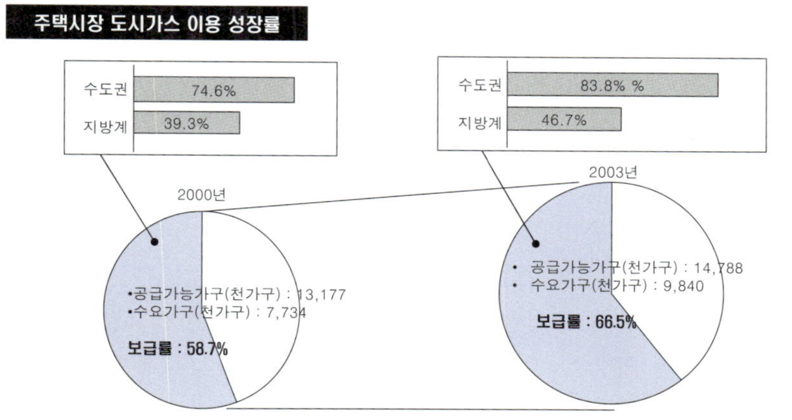

<자원/에너지 주요통계, 산자부 자원정책실, 2005.3>

그림 2-8 도시가스의 보급수준

- 태양열 주택 누적보급수 187,470가구(2005년 기준)로 전체 주택의 약 1.5% 수준으로 주택시장에서 5kW 연료전지 보급은 평형수가 큰 가정을 중심으로 일부 보급될 것으로 예상됨.
- 주택시장에 도시가스 보급률을 90%로 가정하여 5kW 연료전지 시스템의 보급률을 비관적, 중도적, 낙관적으로 가정하였을 때, 5kW 연료전지 시스템의 수요 예상 포화수준을 계산하였음.

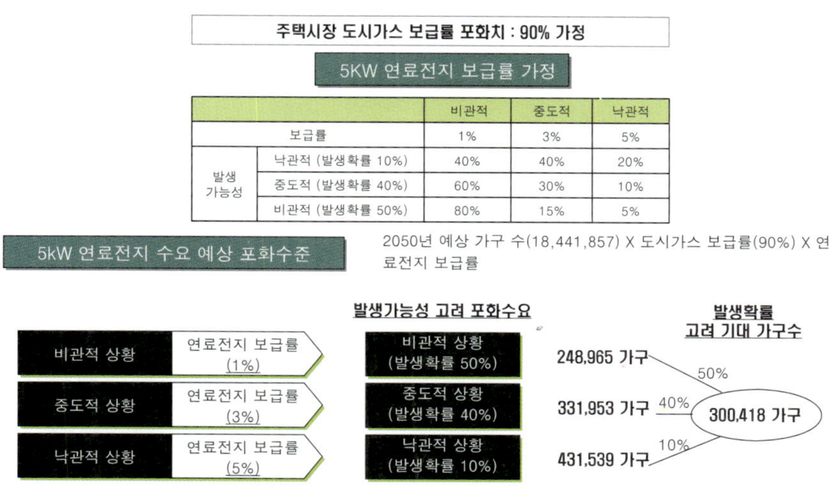

		비관적	중도적	낙관적
보급률		1%	3%	5%
발생 가능성	낙관적 (발생확률 10%)	40%	40%	20%
	중도적 (발생확률 40%)	60%	30%	10%
	비관적 (발생확률 50%)	80%	15%	5%

그림 2-9 연료전지 포화수준 측정

라. 주요 선도 기업 현황

- 한국가스공사가 주관하는 “가정용 연료전지 모니터링 사업” 2단계 사업(2007～2009)을 통하여, 1단계 사업에 비하여 향상된 연료전지 시스템을 모니터링하기 위하여 무질소 퍼지 운전, 부분 부하 운전, 효율의 향상, 보조보일러의 부착 등 향상된 시스템을 운영할 예정으로, 이 같은 시스템의 단계적 향상이 국내 주요 선도기업의 시스템 발전을 도모할 것이라 예상됨.
- GS 퓨얼셀은 “1.5/3kW급 가정용 연료전지 시스템 실증연구” 과제로 자체개발한 개질기를 탑재한 연료처리시스템의 실증평가를 완료하였으며, 2006년 8월에 추진된 “소형 열병합 연료전지 연계형 연료처리시스템 개발” 과제를 수행해 시스템용 개질기 개발을 진행 중이고 스택의 성능향상 및 내구성 향상을 위한 연구를 진행하고 있고, 이를 바탕으로 가정용 연료전지 모니터링 2단계 사업에도 참여할 예정임.
- 퓨얼셀 파워는 스택관련 국가과제 및 “1kW급 가정용 고분자 연료전지 실증연구” 과제를 통하여 1kW급 가정용 연료전지 시스템을 개발하였고, MEA 관련으로 3 layer, 5 layer, 7 layer MEA 개발 등 꾸준한 기술개발을 하고 있으며, 스택의 성능향상 및 내구성 향상을 위한 개발을 진행하고 있고, 이를 바탕으로 가정용 연료전지 모니터링 2단계 사업에 참여할 예정임.
- 0.7～10kW 범위의 가정용 및 상업용 시스템의 경우, 전 세계적으로 2005년 800여 대, 2006년에는 1,500여 대가 설치되어 누적으로는 2006년 현재까지 총 약 5,000여 대가 설치 운전되고 있으며, 2007년에는 약 3,000대가 신규로 설치될 것으로 예상됨.
- 나라별로는 가정용 연료전지를 정부 주도로 진행 중인 일본에 약 80%가 설치되었으며, 미국에서 15% 가량 설치되었음.
- 80% 이상에서 PEMFC 기술이 적용되었으며, 2006년에는 그 비율이 90%에 이르고 있으며, 나머지는 대부분 SOFC 기술이 사용되었음.
- 용량에서는 1kW급의 비율이 절반을 차지하며, 나머지는 거의 균일하게 분포되어 있음.
- 연료로서는 구하기가 쉽고 기존의 인프라가 잘 갖추어져 있는 천연가스를 사용하려는 경향이 강하여, 실제 설치된 연료전지 중 3/4 정도는 천연가스로 운전되고 있음.
- 가정용 연료전지는 도시가스를 이용해 전기를 발생하는 것을 기본 원리로 하기 때문에 가정용 연료전지의 경제성은 도시가스 요금과 전기요금의 차이에서 발생함. 한국은 전기요금의 누진제로 인해 전기사용량이 많아질수록 그 차이는 매우 커져 전 세계적으로 가정용 연료전지의 경제성이 가장 좋다고 할 수 있음.
- 예를 들어 월 540kWh의 전기를 사용하는 가정의 경우, 국가별 연료전지 도입 전과 후의 광열비를 계산하면 연료전지를 도입했을 때의 연간 광열비 절감액은 다음과 같음. 미국 $250 < 일본 $600 < 한국 $1,200

Ⅳ. 해외 주요 국가의 기술 현황 및 시장 동향

1. 미주

가. 미국

○ 미국은 뉴욕시와 같은 대도시를 제외하고는 도시가스 요금 대비 전기 요금이 저렴하여 가정용보다는 수소를 이용한 UPS 대체용 또는 Back-up power용으로 많이 개발되고 있음.

○ Acumentrics : 원통형 SOFC 스택을 이용한 UPS/CHP 시스템 개발 중이며, 특히 일본에서 10kW급 SOFC 시스템 실증 연구에 참여할 예정임.

○ Cummins와 Versa Power사는 평판형 SOFC 스택을 이용한 중소형 시스템 개발을 진행중이며 최근 3kW급 시스템을 개발하였음.

○ Delphi사는 평판형 SOFC 스택을 이용한 보조전원용 SOFC 시스템을 개발 중이며 최근 2.5kW급 시스템을 개발하였음.

○ Altergy Freedom : UPS 개발회사로, 수소를 이용한 1kW, 5kW급 Back-up power용 연료전지 시스템을 개발하고 있음.

○ Fuel Cell Technologies : Siemens Westinghouse사로부터 공급받은 SOFC 스택으로 5kW급 시스템을 제작하고 판매함.

○ Idatech : 1~15kW급 UPS용(ElectraGen 5) 및 가정용 시스템을 개발하고 있음.

○ Plug Power : 수소를 이용한 UPS 대체용 시스템인 5kW급 GenCore를 개발하여 Florida Department of Environmental Protection에 12대 판매하였으며, Long Island Power Authority(LIPA)와 진행하는 프로그램에서는 변전소에 75대의 시스템을 가동하였음. LPG를 연료로 하는 가정용 5kW급 GenSys 10대를 Robins Air Force Base에 설치하여 평가중임.

표 2-9 Plug Power에서 판매 중인 5kW급 GenSys 사양

Product Name	GenSys 5CS(Phase I)
Fuel	Natural Gas
Type of Fuel Cell	PEMFC
Type of Fuel Processor	Auto Thermal Reformer
Power Output	2.5~5kW
Unit Size	198L×81W×173H(cm)
Electrical Efficiency	26% @ 2.5kW 23.5% @ 5kW
Thermal Efficiency	34% @ 2.5kW 31.5% @ 5kW
System Start Time	90 min.
Installed Ambient Temp.	"-17" to 40 C
Noise	60 dB @ 1m
AC Output	120/240 VAC @ 60Hz
Certification	CSA, UL, FCC Class B

○ ReliOn : (구 Avista Labs) 수소 연료의 Independence 1000 PEM을 시작으로 12kW급까지 시스템을 개발하고 있음.

○ 미국에서 연료전지 실증 사업이 진행 중인 지역을 그림 2-10에 나타냄.

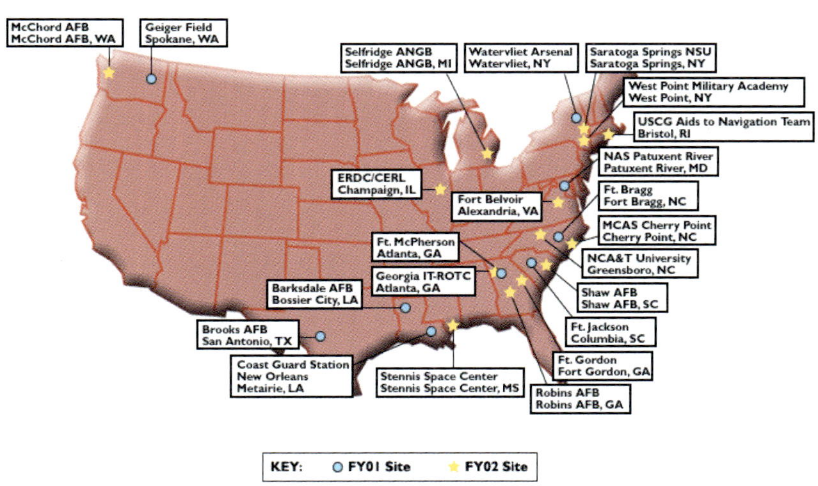

그림 2-10 미국 내 연료전지 실증 사업이 진행 중인 지역

나. 캐나다

- Ballard : 일본의 Ebara Ballard에 Mark 1030 V3 스택을 제공할 예정임(2008년, 4만 시간 운전 가능).
- Hydrogenics : 덴마크의 APC사에 HyPM XR10 스택을 공급하기도 하며, 시스템을 직접 integration하기도 함.

2. 아시아

가. 일본

1) 주요 기술개발 및 실증 Program

- 일본은 상대적으로 가정용 전기료가 비싸, 일찍부터 가스 엔진 등 가정용 소규모 발전 시스템에 대한 수요가 있어 왔음. 일본 정부에서는 가정용 연료전지 시스템을 자동차용 연료전지와 더불어 핵심 기술로 선정하여 기술개발과 보급에 많은 지원을 하고 있음.
- 2000년도부터 밀레니엄 프로젝트를 통해 연료전지 상품화 유인책, 표준 성능 테스트 방법 획득, 안전코드 및 표준 항목 개발, 규제완화를 위한 필요조건 등의 목적으로 도쿄와 오사카에 소위 "밀레니엄 플라자"를 개관하여 여러 시스템을 평가하였음.
- 신에너지 재단(NEF)은 일본 통산성의 하부조직이며 일본 내의 연료전지 산업에 대한 조사와 실증 프로젝트를 수립하는 역할을 수행해왔으며, 2002년에 12곳에서, 2003년에는 가정용 1kW, 상업용 5kW 용량의 31기의 고분자 연료전지 실증 유닛을 설치하는 것을 진행하였음.
  - 이 유닛들은 도시 가스, 액화석유가스(LPG), 석유, 납사를 연료로 사용하였고, 참여한 기업은 Ebara Ballard, 히다치, 마쓰시다 전기, Kurita Water Industries, 마루베니, 미쓰비시 중공업, 일본 석유, 산요 전기, 도시바와 도요다 자동차 등임.
- 2005년도부터는 대규모 실증 사업으로 확대하여 실제 가정에 설치 보급 중임. 2005년도에는 480대, 2006년도에는 777대, 2007년도에는 930대의 가정용 연료전지 시스템이 보급됨. 표 2-10에 2005~2006년도 일본의 가정용 연료전지 대규모 실증 사업 현황을 나타내었으며, 신일본석유(Nippon Oil)가 가장 많이 보급하였으며 산요의 제작품이 가장 많았음. 또한 도시가스보다 LPG용 시스템이 더 많았음.

표 2-10 2005~2006년도 일본의 가정용 연료전지 대규모 실증 사업 현황

실시자	대수	비율(%)
토교가스	310	24.7
신일본석유	435	34.6
오사카가스	143	11.4
이데미츠	73	5.8
재팬에너지	70	5.6
토호가스	52	4.1
사이부가스	20	1.6
이와타니	44	3.5
코스모오일	29	2.3
큐슈오일	18	1.4
타이요오일	21	1.7
카마타	6	0.5
쇼와덴코	16	1.3
홋카이도가스	10	0.8
재팬가스	10	0.8
합계	1,257	100.0

시스템 제작사	대수	비율(%)
마츠시타	162	12.9
에바라 발라드	285	22.7
토시바	341	27.1
산요	446	35.4
토요타	24	1.9
합계	1,257	100.0

연료	대수	비율(%)
도시가스	538	42.8
LPG	644	51.2
등유	75	6.0
합계	1,257	100.0

2) 기술개발 Road Map

○ 일본 NEDO에서 밝힌 “2006 Fuel Cell/Hydrogen Technology Development Road map”에 의하면(표 2-11), 가정용 연료전지 최종 목표는 전기효율 40%(LHV), 90,000시간의 내구성을 가지는 제품을 개발하는 것임.

표 2-11 2006 Fuel Cell/Hydrogen Technology Development Road map in Japan

	현재	2007년 (초기 모델)	2010년 (개선 모델)	2015년 (보급 모델)	2020~30년 (완전 보급)
발전효율 (LHV)	~35%	35%	35%	37%	40%
내구성 (hrs)	10,000	40,000	40,000	40,000~90,000	90,000
작동 온도 (℃)	70	70	70	70~90	90
시스템 Cost (¥/kW)	수백만	120만 (2008년 목표)	70만	50만	40만
회사당 연간 생산 댓수	-	수천 대	2만 대	1십만 대	5십만 대
개질기 개발 전략	20,000시간 내구성, S<0.05ppm	비귀금속 촉매 개발, 무질소 운전 확립	5만엔 목표 (10만 대 생산 시), 귀금속함량 저감	Cost 저감 및 내구성 향상	-
스택 개발 전략	열화 현상 규명	가속평가법, 장수명 스택	차세대기술 적용	고성능, 저비용 (8만 엔 목표)	-
차세대기술 (RH=상대습도)	고온, 저가습 MEA 개발 중 (막, 촉매 포함)	고온, 저가습 적용(단전지 레벨, >70℃, 65% RH, 20,000hrs)	고온, 저가습 적용(스택 레벨, ~90℃, 30% RH, 40,000hrs)	수소 연료 Power module 적용 (개질기 없음)	
장기해결과제	무가습 MEA, 백금 대체 촉매, 저산소분극촉매 개발				-

3) 주요 선도기업 현황

- Fuji Electric : 1989년 연료전지 스택 개발을 시작으로, 개질기, 열회수, 인버터 제어기를 비롯한 1kW급 가정용 고분자 연료전지 시스템을 개발하고 있으며, 10,000시간 운전한 실적으로 가지고 있음. 발전효율 35% (LHV), 배열효율 51%(LHV), 배열온도 60~65℃이며, 시스템의 크기는 약 293ℓ(910(W)×360(D)×895(H))임.
- Ishikawajima-Shibaura Machinery Co. : 2000년부터 가정용 1kW 고분자 연료전지 시스템을 개발해오고 있음. 2005년도에 개발된 제품의 발전 효율은 35%(LHV), 배열효율 47%(LHV), 배열온도 75℃이며, 시스템의 크기는 약 205ℓ (750(W)×350(D)×780(H))임.

- Ebara-Ballard : 1998년 자본금 4억 8천만 엔으로 설립(에바라 : 발라드 지분 = 51% : 49%). 2004년도에 Tokyo gas와 개발된 제품의 발전 효율은 37%(LHV), 배열효율 56%(LHV), 배열온도 60℃ 이상이며, 시스템의 크기는 약 224ℓ(800(W)×350(D)×800(H))임. 한편 모회사인 에바라에서는 고효율, 장수명의 펌프 및 블로워를 개발하고 있음. 신일본석유와는 등유를 연료로 하는 가정용 시스템을 개발하였으며, 2006년도에 개발된 제품의 발전 효율은 35%(LHV), 배열효율 46%(LHV), 시스템의 크기는 약 284ℓ(900(W)×350(D)×900(H))임.
- Nippon Oil (신일본석유) : 1986년부터 수소제조 및 촉매개발 기술을 개발해 오고 있으며, 등유를 연료로 하는 업무용 10kW급 고분자 연료전지 시스템을 미츠비시 중공업과 공동으로 개발하여 2005년도에는 호텔 및 편의점에 설치하고, 2006년에는 스포츠센터에 설치하여 실증운전을 하였음. 2006년도에 제작된 시스템의 발전출력은 AC 8.5kW급으로 발전 효율은 36%(LHV), 배열효율 36%(LHV), 시스템의 크기는 약 2,49ℓ(1900(W)×690(D)×1900(H))임.
- Idemisu Kosan : 열효율 75%(LHV)를 가지는 등유 개질기를 개발하여, 코로나와 공동으로 1kW급 등유형 가정용 연료전지 시스템을 개발하였음. 개발된 시스템의 발전출력은 AC 1kW급으로 발전 효율은 36%(LHV), 배열효율 40%(LHV), 시스템의 크기는 약 277ℓ(775(W)×468(D)×764(H))임.
- Ishikawajima-Harima Heavy Industries (IHI) : 2002년 프로토 I를 개발하고, 2004년에 프로토 II(표 2-12)를 개발하였으며 2010년 판매를 목적으로 하고 있음.

표 2-12 IHI에서 개발한 5kW급 상업용 시스템의 사양

Fuel	Natural Gas
Type of Fuel Cell	PEMFC
Type of Fuel Processor	Steam Reformer
Power Output	5.3kW
Unit Size	129W×74D×135H(cm)
Electrical Efficiency	34% LHV
Thermal Efficiency	52% HHV

- Sanyo Electric : 가정용 1kW 고분자 연료전지 시스템을 개발하여 대규모 실증 사업에 납품하고 있음.
- 고체산화물 연료전지는 범국가사업으로 1974년 개발 시작하였으며 sunshine, Moon-right 및 New sunshine으로 이어지면서 산학연공동연구로 평판형과 원통형 SOFC 개발을 병행하였음.

○ 일본의 Tokyo gas, Kyocera, Rinnai 등은 현재 2.5kW 가정용 SOFC 시스템을 개발하고 있으며 Osaka gas와 Toho gas는 각각 1kW급 가정용 SOFC 시스템을 개발하고 있음.
○ 일본의 Hittachi/TOTO는 20kW급 열병합시스템을 개발 중에 있으며 Kansai EPC/MMC와 NSC는 각각 10kW급 열병합시스템을 개발하고 있음.

나. 중국

○ Shanghai-Shen Li : 3, 10kW급 PEMFC 소형 고정형 연료전지 시스템을 개발하고 있음.

3. 유럽

가. 독일

○ Vaillant : 미국의 Plug Power사와의 합작을 통해 유럽연합이 지원하는 버츄얼 연료전지 플랜트 프로젝트를 선도하였음.
○ Baxi Innotech (European Fuel Cell) : 천연가스 사용 1.5kW 고분자 연료전지 시스템을 개발하여 필드 시험을 하고 있음. IRD Fuel Cell과 공동개발.
○ H. C. Starck, InDEC 그리고 Webasto는 보조전원용으로 활용할 5kW급 시스템을 개발 중이며 BMW의 경우도 자동차 보조전원용 SOFC 시스템을 개발 중임.
○ 그밖에 FZ-Julich, DLR, IKTS 등의 연구기관에서는 평판형 SOFC 스택개발 연구를 수행하여 현재 20kW급 스택을 제작할 수 있는 기술을 보유 중임.

나. 영국

○ Ceres Power : 다른 SOFC 스택보다 저온에서 작동하며 약 4kW까지 전력을 생산할 수 있도록 2008년 목표로 개발 중임.

다. 스위스

○ Hexis : 1㎾급 가정용 고체산화물 연료전지 시스템을 개발하여 판매하고 있음.

4. 호주

○ Ceramic Fuel Cells : 1kW급 SOFC 제작업체로서 80%의 총 효율을 가지는 NetGen을 개발하고 있음. 2007년 일본 NEDO에서 추진 중인 가정용 연료전지 시스템 실증 연구 예정임.

Ⅴ. 산업화 방안

1. 기술적 target

○ 가정용 고분자 연료전지의 기술적 목표는 한국과 일본의 가구당 전력사용량을 고려하여 적당한 용량으로 알려져 있는 1kW를 기준으로 설정하였음. 이것은 하루 24시간 시스템 운전 시 한 달에 약 720kWh로, 가구당 평균 전력량 350kWh를 충분히 만족시킬 수 있음.

○ 표 2-13에 고분자 연료전지의 주요 항목별 기술적 목표를 나타내었음.

표 2-13 가정용 고분자 연료전지 시스템 기술적 목표

구분	2004년	2007년	2010년	2020년
연료변환기 효율(LHV)	72%	76%	77%	78%
DC/AC 인버터 효율 (자체전력포함)	85%	89%	91%	92%
기생전력 효율	87%	88%	89%	90%
전해질막 내열성	70℃	70℃	70℃	90℃
배열 효율 (LHV)	40%	45%	47%	50%
시스템 효율 (LHV)	30%	35%	37%	40%
시스템 내구성	3천 시간	2만 시간	4만 시간	9만 시간

2. 가격 저감 Issue 및 목표달성 시나리오

○ 가정용 고분자 연료전지의 가격 목표는 한국과 일본 제작 업체의 예상 가격을 기준으로 설정하였음(표 2-14).

표 2-14 가정용 고분자 연료전지 시스템 가격 목표(단위 : 천 원)

구분	2004년	2007년	2010년*	2015년**
셀스택	30,000	18,000	8,000	1,500
연료변환기	25,000	14,000	5,000	1,000
DC/AC 인버터	10,000	5,000	2,000	500
보조기기(BOP)	33,000	28,000	11,000	1,000
조립비	12,000	8,000	3,000	500
배열 회수	10,000	7,000	1,000	500
합계	120,000	80,000	30,000	5,000

* 회사별로 1천 대 이상 생산 시 목표
** 회사별로 10만 대 양산 시 목표

○ 표 2-14의 목표를 달성하기 위해서는 우선 국가적 보급 목표 설정이 중요함. 일본 NEDO 자료에 의하면 현재 기술로도 연간 1만 대 생산할 때 207만 엔 제작이 가능하며, 2006년 현재 연간 수백 대 제작 시 시스템 제작비용은 400만 엔 수준임. 이러한 부품별 가격 분포는 한국 제품에서도 유사함. 특히 가격의 많은 부분을 차지하고 있는 보조기기류(BOP)의 가격절감이 중요하며 당시 시급히 국가과제 지원이 필요함.

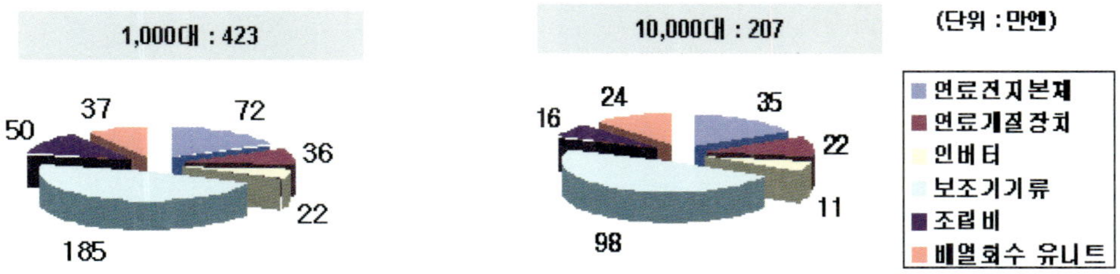

그림 2-11 현재 가격 및 연간 1만 대 생산 시 시스템 가격 예상치

○ 기술개발 및 대량생산을 통해 약 1천만 원대의 수준까지 제품 가격을 하락시킬 수 있으며, 추가로 가격을 낮추기 위해서는 저백금 사용 등 재료의 신규개발이 필요하며 이를 위해 추가적인 기술개발과제가 요구됨.

3. 문제점 / 장애요인

가. 기술적 장애요인

○ 표 2-15에 나타낸 것과 같이 고분자 연료전지는 각 구성요소별로 내구성이나 비용을 절

감하는 여러 가지 기술적 문제점이 있음.

표 2-15 고분자 연료전지 시스템의 기술적 문제점

기술개발방향	해결할 과제
신형 전해질막	내구성향상, 내열성향상, 저/무가습화, 고이온전도율화, 저코스트화
전극내 백금담지량 저감	저코스트화
백금대체촉매	저코스트화
내CO 피독성 애노드 촉매	내구성향상
고활성 캐소드 촉매	전지성능향상, 내구성향상
백금회수기술	백금회수, 폐기물처리대응
금속분리판	저코스트화, 박형화, 내부식성 향상
신형 촉매 (개질, CO shift, 선택산화)	고효율화, 기동성 및 부하응답성 향상, 내구성향상, 저코스트화
분리막형 CO 제거기	소형 및 경량화
고성능 펌프	고효율화, 소형화, 저소음화, 내구성향상
고성능 인버터	고효율화, 소형화, 내구성향상

나. 기술 외적 장애요인

○ 일본에서 가정용 연료전지 제품을 본격적으로 보급하기 위해, 표 2-16에서 보듯 2개법 6개 조항을 점검하여 2005년에 개정하였음. 국내에서는 "수소경제이행기반 구축을 위한 법제도 정비 방안" 과제 및 "제3차 신·재생에너지 기본 계획 수립" 과제를 통해 제도적 개선책을 강구하고 있음.

표 2-16 일본의 제도적 보완책

법규	문제점	개정
전기사업법	상시감시자가 필요함	상시감시자 제외
	가정용 연료전지의 운용자가 전기사업자에 해당되어 신고해야 함	일반 전기 공작물로 인정하도록 하여 신고하지 않음
	정지 시에 연료가스를 배출하기 위해 불활성 가스 상비	실증사업을 통해, 불활성가스가 불필요함을 검증하고 규정 개정
소방법	건축물과의 3m 거리 필요	가스보일러기와 동등한 이격거리 요망
	설치 신고 필요	설치 신고 불필요
	역화 방지 장치 설비 필요	역화 방지 장치 설비 불필요

4. 실행방안

가. R&D 및 실증 Program 보완

○ 상업화의 핵심인 가격 절감과 내구성 향상에 주력

- 단계적으로 생산 설비 구축을 통한 가격 절감 및 내구성 향상을 위한 모니터링 사업 진행
- 고분자 연료전지의 경우, 저가 및 내부식성 분리판, 백금 저담지 전극촉매, 비불소계 신형 전해질막 개발, 고성능, 장수명 및 저가형 MEA, 고효율 저가의 BOP 등 각각의 구성요소의 가격을 낮춤으로써 시스템 가격 절감에 기여
- 따라서 고성능, 장수명, 저가의 MEA 개발 과제를 착수시킴과 동시에 단기적으로는 해결하기 어려운 무가습 membrane 개발, 백금 대체 촉매 개발 및 저산소분극용 촉매 개발 과제를 지금부터 장기적인 플랜을 가지고 시작해야 할 것임.
- 금속분리판 개발의 경우, 자동차 과제에서 진행되고 있는 기술이 가정용 연료전지에도 이용될 수 있도록 유도해야 함.
- 백금회수기술 개발의 경우, 국내에서 일정 수준의 기술을 확보하고 있는 기업이 있으므로 약간의 지원만으로 성과를 올릴 것임.

○ 앞의 그림 2-11에서 보듯 일본의 경우 및 국내에서의 모니터링 사업의 경험으로 볼 때, 단기적인 코스트 절감에 가장 큰 어려움은 보조기기류(BOP)에 있음.

○ 현재 일본에서 정부 보조로 개발되고 있는 BOP는 해외 수출 금지 품목으로 지정되어, 2010년까지는 국내 반입이 어려울 것으로 예상됨. 국내 수입 가능품은, 일본 중소기업이 자체적으로 개발된 제품을 위주로 3~4년 전에 이미 개발된 제품이 될 것이며 따라서 국내 가정용 연료전지 시스템은 BOP 때문에 전체적인 가격 및 기술의 격차를 일본과 줄이기는 매우 힘들 것으로 보임.

○ 특히 국내에서는 BOP를 생산 판매하는 업체가 없어 거의 전량 수입에 의존하고 있는 상황이므로, BOP의 국산화를 이루지 않고는 2010년 목표 코스트 달성도 어려워 보임. 다만 국내 여건상 밸브와 센서 등을 포함하는 모든 보조기기류 개발을 지원하기에는 어려운 점이 많으므로 연료승압펌프, 공기 블로워(3종), 물펌프(3종) 및 인버터의 개발에 집중하는 것이 바람직함.

○ 시스템 메이커와 부품(막전극복합체, 분리판, 보조기기) 메이커와의 컨소시엄을 통한 협력

○ 글로벌 시대에 발맞추어 필요한 부분의 해외 선진 기술을 적극적으로 도입하고 조기에 상품화하여 해외 시장을 선점

표 2-17 가정용 및 상업용 고분자 연료전지 실행과제

구분	과제명	기간 (회계연도)	정부 지원금	비고
진행 중	가정용 고분자 연료전지 시스템 모니터링 사업	2006~2008	240억 원	국내 시스템 실증
	10kW급 상업용 고분자 연료전지 열병합시스템 개발	2006~2008	45억 원	기술개발
	소형 열병합용 연료처리시스템 개발	2006~2008	30억 원	기술개발
신규	고성능, 저가습 상용 막전극접합체(MEA) 개발	2008~2012	200억 원	가정용 및 자동차용 통합
	가정용 고분자 연료전지 시스템용 핵심부품 제조 기술(연료승압펌프, 공기 블로워 3종, 물펌프 3종)	2008~2010	90억 원	10여 업체 참여하여 경쟁 유도
	상업화를 위한 고분자 연료전지 핵심 기술 개발 (백금 저담지, 내CO, 백금 대체 촉매 개발 및 무가습, 신형 전해질막 등)	2009~2020	360억 원	연료전지 원천 기술의 Breakthrough를 통한 상업화
	신개념 연료처리 시스템 제조 기술	2010~2015	90억 원	연료처리 기술의 Breakthrough
	상업용 고분자 연료전지 열병합시스템 실증 연구	2009	10억 원	다양한 적용처 실증
	신개념 가정용 연료전지 실증 연구	2010~2012	30억 원	수소 및 도시가스 시스템을 사용하여 공동주택에 적용

나. 산업화 Road Map 및 경제성 분석

- 기술개발과 보급 사업을 밀접하게 연계하여 조기 상용화 유도
- 개발과 보급단계에서 생산기술에 집중 투자하여 세계적 수준의 경제성 확보
- 태양광, 풍력 같은 다른 신·재생에너지와 마찬가지로 연료전지는 경제성이 부족하므로, 제품 설치 보조금 지원뿐 아니라 발전 차액 제도 및 가스 요금 인하와 같은 부가적인 지원책이 마련되어야 함.
- 국내외 기술을 막론하고 우수한 기술을 채용하는 무한경쟁 체제 도입
- 초기 시장은 대체에너지 의무 설치 규정에 의해 창출
- 역송전에 의한 발전 차액 지원 및 의무 할당제 시행
- 2020년까지 누적 800,000기 달성을 위한 보급 실행 계획은 표 2-18과 같으며, 모니터링

사업이 진행 중인 2010년까지는 전액 정부에서 보조를 하며, 2020년 누적 80만 대 보급 사업에서는 40~20% 수준의 보조금을 지원하는 것으로 가정하였음.

○ 2008년까지 제1차 모니터링 사업에서는 KOGAS를 주관기업으로 하여, 기술개발과제의 일환으로 도시가스사나 지자체에서 매칭펀드를 조성하여 과제를 수행하고 있음(모니터링 사업은 제품에 대한 운전평가를 통해, 문제점을 제작사에 피드백하여 제품을 더욱 더 향상시킴과 동시에 핵심 부품에 대한 국산화를 진행하여 해외 제품과의 차별성을 확보함을 목적으로 함).

○ 2010년까지의 제2차 모니터링 사업에서는 제1차 실증결과를 바탕으로 좀 더 상업화가 가능한 제품으로 업그레이드하고 더 많은 대수를 제작하여 가격절감을 이루어내야 함.

○ 2011년부터는 1만 대 보급 사업을 시작하되 정부보조금은 70% 수준에서, 80만 대 보급 사업 목표 연도인 2020년에는 정부보조금 수준을 20%까지 떨어뜨리는 것을 목표로 함.

표 2-18 가정용 연료전지 보급 실행 계획

연도	보급(대)	목표가격 (백만 원/대)	정부보조금 (백만 원/대)	정부보조금 총액(백만 원)	개인부담금 (백만 원)	비고
2006	40	130	130	5,200	0	제1차 모니터링 사업
2007	70	100	100	7,000	0	
2008	100	80	80	8,000	0	
2009	290	50	50	14,500	0	제2차 모니터링 사업
2010	800	30	30	24,000	0	
2011	2,000	20	14	28,000	6	1만 대 보급사업 (정부보조금 70~60%)
2012	6,700	10	6	40,200	4	
2013	15,000	8	4.8	72,000	3.2	10만 대 보급사업 (정부보조금 60~40%)
2014	25,000	7	4	100,000	3	
2015	50,000	5	2	100,000	3	
2016	65,000	5	2	130,000	3	정부보조금 최소화
2017	70,000	5	2	140,000	3	
2018	125,000	4	-	-	2.8	
2019	140,000	4	-	-	2.8	
2020	300,000	3	-	-	2.4	
누적	800,000	-	-	668,900	-	

* 2011년부터는 보급 및 융자사업으로 지원되므로 기술개발 자금에서 제외

○ 2020년 이후의 누적 보급 목표는, 2030년 275만 대 및 2040년 620만 대임.

○ 제품 설치 보조금 70%를 적용했을 경우와 적용하지 않았을 경우, 1kW급 가정용 연료전지 시스템 가격에 따른 경제성 평가를 표 2-19에 예로서 나타내었음.

○ 가정용 연료전지 시스템의 경제성은 제품 가격에 매우 민감하게 반응하며 제품 가격이 500만 원 이하로 떨어질 때까지는 보조금 또는 발전차액/가스요금 인하와 같은 제도적인 지원책이 필수적임.

- 기본 가정
  - 시스템 효율 : 80%(발전효율 : 35%)
  - 설치 보조금 : 70%
  - 추가 유지 보수비용 : 없음
  - 시스템 수명 : 10년
- 전제 조건
  - 가구당 전기사용량 : 6,012kWh/년(147만 원/년)(501kWh/월)
  - 가스사용량 : 1,583Nm^3/년(101만 원/년)
  - 운전시간 : 24시간/일
  - 전력량 : 100% 대응(추가 전기 요금 없음)
  - 연료비(LNG) : 576.58원/Nm^3

표 2-19 1kW급 시스템 가격에 따른 경제성 평가(단위 : 만 원)

시스템가격 (만 원/kW)	이익/년	회수기간	
		설치보조금 70% 적용시	보조금 지원 없을 경우
1,000	103	2.4년	불가
500	103	1.0년	4.4년
300	103	0.4년	2.4년

○ 상업용 연료전지(5～30kW급)의 기술개발 흐름은 가정용과 유사하며 보급 실행 계획은 표 2-20과 같음. 상업용 연료전지에 대한 시장 분석은 가정용보다 더 복잡하여, 용량 또는 연료 종류에 따라 다양한 제품군이 형성될 것으로 예상됨. 일본의 경우 상업용 연료전지의 기준 용량은 5kW급임.

○ 2020년 이후의 누적 보급 목표는, 2030년 20만 대 및 2040년 60만 대임.

표 2-20 상업용 연료전지 보급 실행 계획

연도	보급(대)	목표가격 (백만 원/대)	정부보조금 (백만 원/대)	정부보조금 총액(백만 원)	개인부담금 (백만 원)	비고
2010	10	120	120	1,200	0	모니터링 사업
2011	20	80	80	1,600	0	
2012	50	50	50	2,500	0	
2013	200	32	22	4,400	10	2천 대 보급사업 (정부보조금 70%)
2014	600	26	18	10,800	8	
2015	1,120	20	14	15,680	6	
누적	2,000	-	-	36,180	-	-

* 5kW급 기준으로 계산된 것으로, 상업용은 다양한 용량의 제품이 필요하므로 5~30kW급의 용량에 따라 가격 및 대수는 변동됨.

5. 정책제언

○ 보급 초기에 제품의 설치를 유도할 수 있는 지원책이 너무 미약하므로 설치자 및 사업자가 이익을 내지는 못하더라도 손해는 보지 않도록 여러 가지 보조 정책이 실시되어야 할 것임.

○ 개인의 자발적 사용의 유도를 위하여서는 '개인'과 '대체에너지'의 개념이 추가로 삽입된 '발전사업자'의 새로운 규정이 도입되어야 할 것으로 생각됨.

○ 현재 발전차액 보전과 가스 요금 인하 혜택은 200kW급 이상의 규모의 연료전지 시스템에서만 적용되고 있지만, 가정용/상업용 연료전지 발전 시스템의 원활한 보급을 위해 용량의 한계를 없애도록 규정을 변경해야 할 것임.

○ 연료전지 보급 시 규제에 대해서 정확히 어떤 법률과 규정에 위배되는지에 대한 정리도 매우 어려운 상황이므로 가칭 "수소경제이행 촉진법"이라는 특별법을 구성하여 추진하는 것이 바람직한 것으로 판단됨.

○ 가정용 연료전지의 국산화 및 가격절감을 위해서는 1차 모니터링 사업에 이어 2차 모니터링 사업을 추진하는 것이 바람직함.

○ 가정용 및 상업용 연료전지의 보급 촉진을 위해 가칭 "연료전지 가스 요금제"를 신설하여 기존의 도시가스 요금보다 더 싼 요금을 책정할 필요가 있음.

Ⅵ. 기술개발 추진전략 및 목표 설정

1. 단기(2008~2012)

가. 단기 목표

- ○ 가정용 연료전지 1차 모니터링 사업
- ○ 가정용 연료전지 2차 모니터링 사업
- ○ 가정용 연료전지 1만 대 보급 사업
- ○ 신개념 가정용 연료전지 실증연구
- ○ 상업용 연료전지 모니터링 사업

나. 단기 추진전략

- ○ 가정용 연료전지 1, 2차 모니터링 사업을 통한 내구성 신뢰성 검증
- ○ 가정용 연료전지 1만 대 보급 사업을 통한 가격절감
- ○ 신개념 가정용 연료전지 실증연구를 통한 가정용 연료전지 적용 확대
- ○ 상업용 연료전지 모니터링 사업을 통한 내구성, 신뢰성 검증

다. 개발/실증/보급 정책 요구사항

- ○ 2006년부터 2008년까지 시행되는 가정용 연료전지 1차 모니터링 사업을 통하여 8천만 원까지 시스템 가격을 낮추고, 가정용 연료전지 2차 대규모 모니터링 사업을 통한 생산 대수의 증가로 시스템 가격을 3천만 원까지 낮춤.
- ○ 단계적인 모니터링 사업의 확대로, 시스템 제작업체 및 관련업체의 기술개발의 향상을 도모할 수 있도록 개발과 실증관련 지원을 하여, 보급사업 시행 시 국내 연료전지 시스템의 경쟁력을 강화할 수 있도록 함.
- ○ 가정용 연료전지 2차 대규모 모니터링 사업까지 연료전지 시스템의 가격에 비하여 상업성이 떨어지기 때문에, 정부에서 연료전지 시스템 가격을 지원해 주는 정책을 시행하는 것이 바람직함.
- ○ 가정용 연료전지 1차 모니터링 사업이 끝나는 시점에서 가정용 연료전지의 설치, 검사,

인증 관련 기준이 확립되어야 하고, 연료전지 시스템에 관련된 전기안전법, 소방법 등의 법규의 개선이 이루어져야함 함.

라. 연차별 추진계획

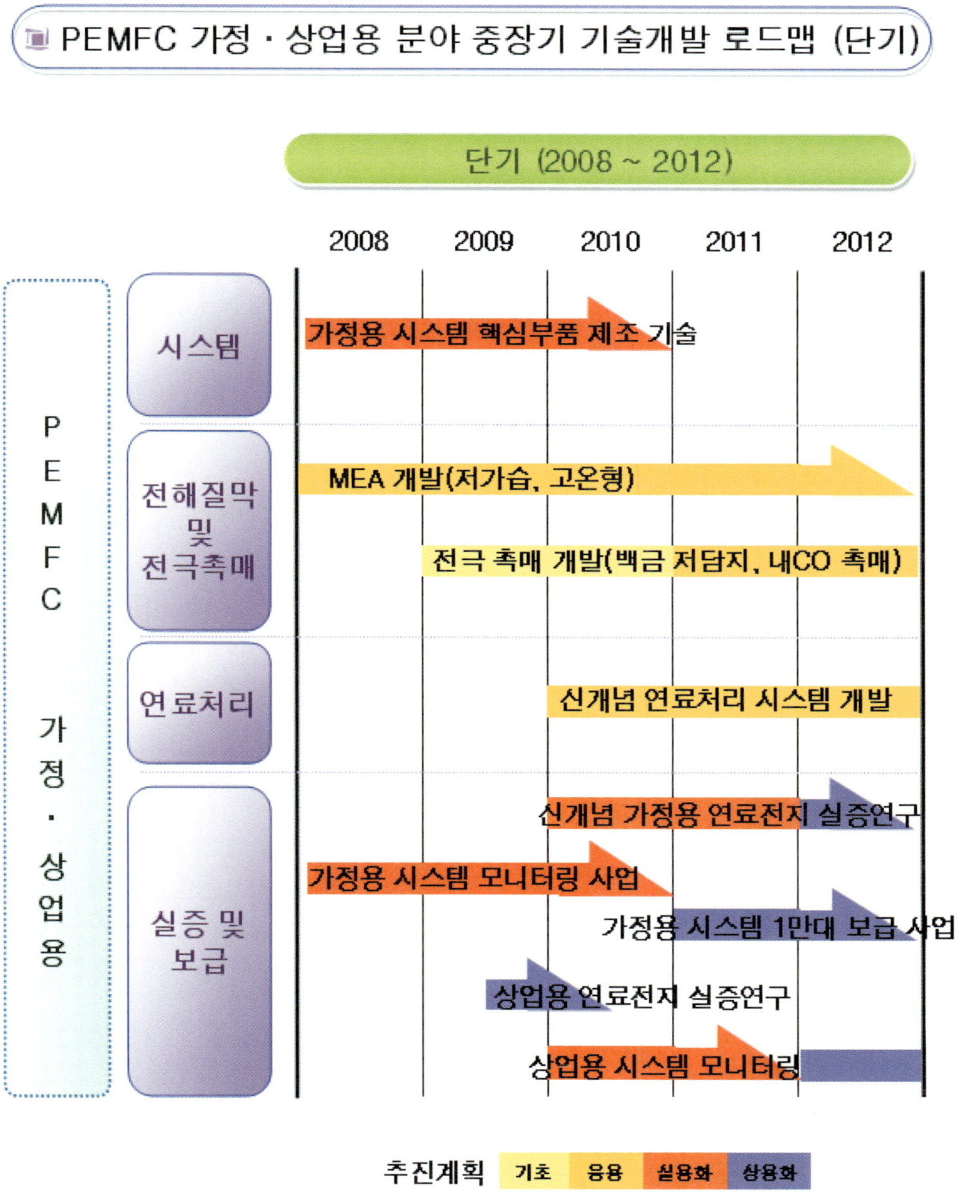

그림 2-12 단기 연차별 기술개발 Road Map

표 2-21 대분류-중분류-소분류에 따른 기술 분류(단기)

<table>
<tr><th>대분류</th><th>중분류</th><th>소분류</th><th>세분류</th></tr>
<tr><td rowspan="7">PEMFC
(가정/
상업용)</td><td>시스템</td><td>- 가정용 연료전지 시스템 핵심부품 제조 기술 개발</td><td>- 연료승압 블로워
- 캐소드 블로워
- 버너공기 블로워
- 선택산화공기 블로워
- 개질수펌프
- 냉각수펌프
- 배열회수펌프</td></tr>
<tr><td rowspan="2">전해질막
및
전극촉매</td><td>- 막전극접합체(MEA) 개발</td><td>- 저가습 전해질막 개발
- 고온형 전해질막 개발
- MEA 양산 기술개발
- 전해질막 성능 열화 기구 규명</td></tr>
<tr><td>- 전극촉매 개발</td><td>- 백금 저담지 촉매 개발
- 내CO 촉매 개발
- 촉매 성능 열화 기구 규명</td></tr>
<tr><td>연료처리
장치</td><td>- 신개념 연료처리 시스템 개발</td><td>- 고효율 신형 연료처리 장치 개발
- 수소투과막 기술 개발</td></tr>
<tr><td rowspan="2">실증 및
보급</td><td>- 가정용 연료전지 시스템 실증 및 보급 사업</td><td>- 가정용 연료전지 모니터링 사업
- 가정용 연료전지 1만 대 보급 사업
- 신개념 가정용 연료전지 실증연구</td></tr>
<tr><td>- 상업용 연료전지 시스템 실증 및 보급사업</td><td>- 상업용 연료전지 실증 연구
- 상업용 연료전지 모니터링 사업
- 상업용 연료전지 2천 대 보급사업</td></tr>
</table>

○ 2006년부터 2008년까지 시행되는 가정용 연료전지 1차 모니터링 사업을 통한 국내에서 생산된 가정용 연료전지 시스템의 내구성과 신뢰성을 검증하고, 국산화율을 80% 달성, 연도별 국산화 부품 항목에 따라 스택, 연료처리장치, 인버터의 국산화 달성 가능함.

○ 가정용 연료전지 1차 모니터링 사업의 결과인 국내환경에 적합한 가정용 연료전지 시스템의 개발 및 내구성 검증을 바탕으로 2차 대규모 모니터링 사업을 추진하여, 상업화 및 소비자가 이용 가능한 제품으로 기술개발을 하고 많은 수량의 시스템을 제작하여 가격절감을 유도함.

2. 중기(2013~2020)

가. 중기 목표

○ 가정용 연료전지 10만 대 보급사업

○ 가정용 연료전지 80만 대 보급사업

○ 상업용 연료전지 6만 대 보급사업

나. 중기 추진전략

○ 가정용 연료전지 1차, 2차 보급 사업을 통한 상업화 유도 및 가격절감

○ 상업용 연료전지 보급 사업을 통한 내구성 검증 및 상업화유도

다. 개발/실증/보급 정책 요구사항

○ 2015년까지 시행되는 가정용 연료전지 1차 보급을 통하여 5백만 원까지 시스템 가격을 낮추고, 가정용 연료전지 2차 보급 사업을 통한 생산 대수의 증가로 시스템 가격을 3백만 원까지 낮춤.

○ 가정용 연료전지 보급이 체계적으로 진행되고 상업화의 기반을 구축하기 위하여, 보급의 중심축이 되는 천연가스관련 업체나 에너지 관련 업체의 컨소시엄을 구성하여 가정용 연료전지 보급관련 기관을 설립하는 것이 바람직함.

○ 가정용 연료전지 보급 사업에서 도출된 자료를 바탕으로 연료전지 설치, 인증, 검사관련 기준을 재점검하여 법규의 재정비가 요구됨.

라. 연차별 추진계획

그림 2-13 중기 연차별 기술개발 Road Map

표 2-22 대분류-중분류-소분류에 따른 기술 분류(중기)

대분류	중분류	소분류	세분류
PEMFC (가정/상업용)	시스템	-	-
	전해질막 및 전극촉매	- 전해질막 개발	- 무가습 전해질막 개발 - 비불소계 신형 전해질막 개발 - 전해질막 성능 열화 기구 규명
		- 전극촉매 개발	- 고활성 전극 촉매 개발 - 백금 대체 촉매 개발 - 촉매 성능 열화 기구 규명
	연료처리 장치	- 신개념 연료처리 시스템 개발	- 초소형 신개념 연료처리 장치 개발
	실증 및 보급	- 가정용 연료전지 시스템 보급 사업	- 가정용 연료전지 10만 대 보급 사업 - 가정용 연료전지 80만 대 보급 사업
		- 상업용 연료전지 시스템 보급 사업	- 상업용 연료전지 4천 대 보급 사업 - 상업용 연료전지 6만 대 보급 사업

- ○ 2015까지의 1차, 2차 보급 사업을 통하여, 가정용 연료전지 시스템의 내구성, 신뢰성의 구축 및 상업화 달성으로 소비자가 일부 시스템 비용을 부담하도록 하고, 정부 보조금을 단계적으로 낮춤.
- ○ 보급사업을 통하여, 2020년까지 시스템 가격을 3백만 원으로 낮추고, 상업화의 기반을 조성함.
- ○ 상업용 연료전지의 보급사업을 통하여, 상업용 연료전지 시스템의 보급기반을 조성함.

3. 장기(2021~2030)

가. 장기 목표

○ 가정용 연료전지 275만 대 누적보급

○ 상업용 연료전지 20만 대 누적보급

나. 장기 추진전략

○ 가정용 연료전지 상업화

○ 국내 연료전지 제작업체의 자체 경쟁력 강화

다. 개발/실증/보급 정책 요구사항

○ 가정용 연료전지의 상업화가 되었을 때, 정부지원금이 없고, 소비자가 연료전지 시스템의 비용을 부담하기 때문에, 기존에 존재하는 소형 열병합 발전에 비하여 우수한 특성을 나타내는 것이 요구됨.

○ 국외 연료전지 제작업체와 국내 연료전지 제작업체의 경쟁으로 인하여, 상당한 부분의 시장이 외국 제작업체에 점유될 가능성이 때문에 있기 때문에, 국내 시스템 제작업체의 기술력 강화를 위한 정책을 추진.

라. 연차별 추진계획

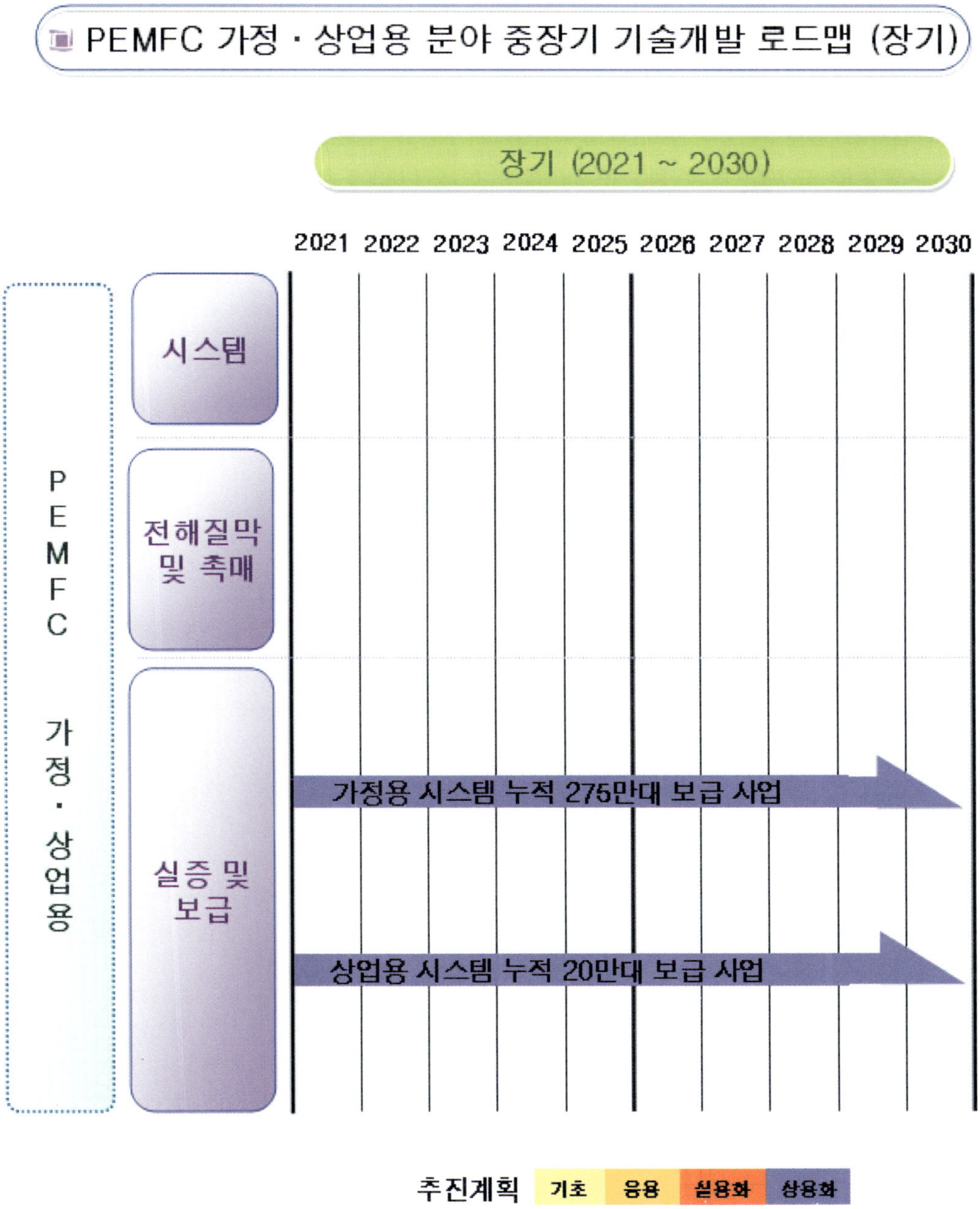

그림 2-14 장기 연차별 기술개발 Road Map

표 2-23 대분류-중분류-소분류에 따른 기술 분류(장기)

대분류	중분류	소분류	세분류
PEMFC (가정/ 상업용)	시스템	-	-
	전해질막 및 전극촉매	-	-
		-	-
	연료처리장치	-	-
	실증 및 보급	- 가정용 연료전지 시스템 보급 사업	- 가정용 연료전지 275만 대 보급 사업
		- 상업용 연료전지 시스템 보급 사업	- 상업용 연료전지 20만 대 보급 사업

○ 가정용 연료전지 상업화를 통한 2030년까지 275만 대 누적 보급, 상업용 연료전지 20만 대 누적 보급

○ 기존의 열병합시스템과의 경쟁에서 우위를 점함.

○ 연료전지 시스템의 상업화가 되었을 때, 국외 연료전지 제작업체와 국내 연료전지 제작업체의 경쟁이 심화될 것으로 예상되므로 국내 연료전지 제작업체의 경쟁력을 강화시키는 방안을 추진

4. 기술개발 소요예산 예측

동 보고서의 Road Map 관련 예산은 전문가들의 의견을 반영한 것으로서 정부의 예산계획은 아님을 알려드립니다.

1. Road Map 구성은 범부처(국가 전체) 차원으로 작성되었음.
2. Road Map 예산은 정부지원예산 기준으로 작성되었음.
3. 중기 및 장기 예산계획은 추후 동 보고서의 Update 시(매 2~3년 단위) 수정할 계획임.

가. 단기(2008~2012)

표 2-24 단기(2008~2012) 기술개발 소요예산*(단위 : 억 원)

<table>
<tr><th rowspan="2">대분류</th><th rowspan="2">중분류</th><th rowspan="2">소분류</th><th colspan="5">연도별 소요예산</th><th rowspan="2">총</th></tr>
<tr><th>2008</th><th>2009</th><th>2010</th><th>2011</th><th>2012</th></tr>
<tr><td rowspan="6">PEMFC (가정/상업용)</td><td>시스템</td><td>가정용 연료전지 시스템 핵심부품 제조 기술 개발</td><td>30</td><td>30</td><td>30</td><td>-</td><td>-</td><td>90</td></tr>
<tr><td rowspan="2">전해질막 및 전극촉매</td><td>막전극접합체(MEA) 개발</td><td>40</td><td>40</td><td>40</td><td>40</td><td>40</td><td>200</td></tr>
<tr><td>전극촉매 개발</td><td>-</td><td>15</td><td>15</td><td>15</td><td>15</td><td>60</td></tr>
<tr><td>연료처리장치</td><td>신개념 연료처리 시스템 개발</td><td>-</td><td>-</td><td>15</td><td>15</td><td>15</td><td>45</td></tr>
<tr><td rowspan="2">실증</td><td>가정용 연료전지 시스템 실증 및 보급 사업</td><td>80</td><td>145</td><td>240</td><td>-</td><td>-</td><td>465</td></tr>
<tr><td>상업용 연료전지 시스템 실증 및 보급사업</td><td>-</td><td>10</td><td>12</td><td>16</td><td>25</td><td>63</td></tr>
<tr><td colspan="3">총</td><td>150</td><td>240</td><td>352</td><td>86</td><td>95</td><td>**923**</td></tr>
</table>

* 보급소요예산 불포함

나. 중기(2013~2020)

표 2-25 중기(2013~2020) 기술개발 소요예산*(단위 : 억 원)

<table>
<tr><th rowspan="2">대분류</th><th rowspan="2">중분류</th><th rowspan="2">소분류</th><th colspan="8">연도별 소요예산</th><th rowspan="2">총</th></tr>
<tr><th>2013</th><th>2014</th><th>2015</th><th>2016</th><th>2017</th><th>2018</th><th>2019</th><th>2020</th></tr>
<tr><td rowspan="3">PEMFC (가정/상업용)</td><td rowspan="2">전해질막 및 전극촉매</td><td>전해질막 개발</td><td>15</td><td>15</td><td>15</td><td>15</td><td>15</td><td>-</td><td>-</td><td>-</td><td>75</td></tr>
<tr><td>전극촉매 개발</td><td>15</td><td>15</td><td>15</td><td>15</td><td>15</td><td>-</td><td>-</td><td>-</td><td>75</td></tr>
<tr><td>연료처리 장치</td><td>신개념 연료처리 시스템 개발</td><td>15</td><td>15</td><td>15</td><td>-</td><td>-</td><td>-</td><td>-</td><td>-</td><td>45</td></tr>
<tr><td colspan="3">총</td><td>45</td><td>45</td><td>45</td><td>30</td><td>30</td><td>-</td><td>-</td><td>-</td><td>**195**</td></tr>
</table>

* 보급소요예산 불포함

다. 소요예산 예측 총괄(2008~2030)

표 2-26 중장기(2008～2030) 기술개발 소요예산*(단위 : 억 원)

대분류	중분류	연도별 소요예산			총
		단기('08～'12)	중기('13～'20)	장기('21～'30)	
PEMFC (가정/상업용)	시스템	90	-	-	90
	전해질막 및 전극촉매	260	150	-	410
	연료처리장치	45	45	-	90
	실증	528	-	-	528
총		923	195	-	1,118

* 보급소요예산 불포함

3장

용융탄산염 연료전지 (발전용)

I. 기술의 개요 및 범위

1. 기술의 개요 및 특성

가. 기술의 정의

1) MCFC의 원리

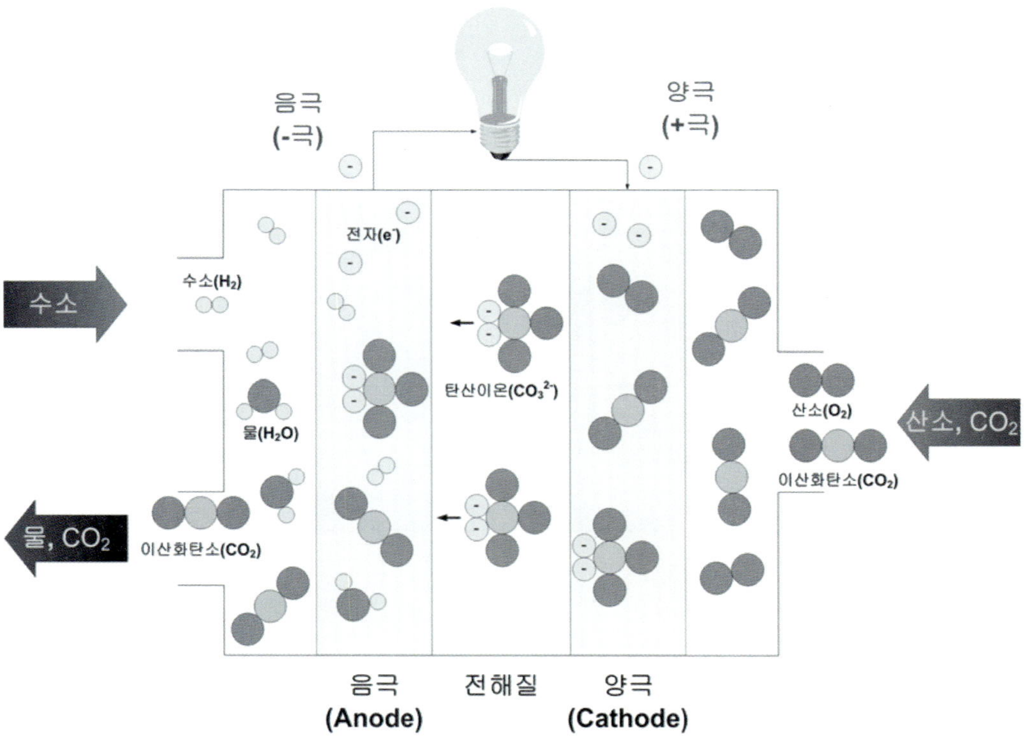

그림 3-1 MCFC의 작동 원리

○ MCFC는 공기극에서 산소 및 이산화탄소가 외부회로로부터 전달된 전자와 결합하여 탄산이온을 형성한 후 이 탄산이온이 용융탄산염으로 구성된 전해질을 통해 연료극으로 전달되어 연료극에서 연료전지의 연료인 수소와 결합하면서 물과 이산화탄소가 되고, 이때 유리된 전자가 외부 회로를 통해 흐르면서 전기를 생산하는 원리의 연료전지임.

○ MCFC의 공기극으로는 다공성의 리튬화된 산화니켈, 연료극으로는 다공성의 크롬, 혹은 알루미늄이 함유된 니켈이 쓰이며 전해질에는 리튬 탄산염과 포타슘 탄산염의 혼합물, 혹은 리튬 탄산염과 소듐 탄산염의 혼합물이 사용됨.

○ MCFC는 용융 탄산염을 전해질로 사용하므로 탄산염이 용융상태를 유지하는 600℃ 이상의 온도에서 작동하며, 리튬 알루미네이트 재질의 다공성 매트릭스를 이용하여 액상의 용융 탄산염을 고정시킴.

2) MCFC의 특징

표 3-1 여러 가지 연료전지의 특징 비교

구분	작동온도 (℃)	전해질		전력밀도 (KW/㎡)	발전효율 (%)	응용분야	비고
		물질	상태				
PEMFC	50~100	고체고분자	S	3.8~6.5	38~42	가정용, 자동차용	저온형
DMFC	50~200	고체고분자	S	-	~40	휴대용	
PAFC	160~210	인산	L	0.8~1.9	38~42	분산전원	
MCFC	580~700	용융탄산염	L	0.1~1.5	50~60	분산전원 중앙집중발전	고온형
SOFC	750~1000	고체산화물	S	1.5~2.6	50~60	가정용, APU, 분산전원, 중앙집중발전	

○ MCFC는 현 시점에서 볼 때 여러 종류의 연료전지들 중에서 기술적 성숙도와 경제성의 조화가 가장 잘 이루어져 있으므로 상용화에 가장 근접한 기술로 평가됨.

○ MCFC는 600℃ 이상의 고온에서 작동하기 때문에 백금 등 귀금속 전극물질을 사용하지 않고도 45% 이상의 발전 효율 달성이 가능할 뿐만 아니라 천연가스 외에도 석탄, 석유, 매립지 가스, 하수처리 부생가스 등 다양한 연료의 사용이 가능하며 양질의 폐열을 활용한 열병합이 용이함.

○ MCFC는 전력 밀도가 상대적으로 낮고 부하 추종 능력이 낮을 뿐만 아니라 고온에서 작동하기 때문에 초기 기동시간이 길고 작동 원리상 반드시 이산화탄소의 공급을 필요로 하므로 작은 규모의 시스템 구성에는 적합하지 않다는 단점이 있음.

나. 기술의 개요

1) MCFC 스택

○ MCFC는 전해질이 함침된 매트릭스를 사이에 둔 한 쌍의 전극으로 구성된 단전지를 기본 단위로 하지만 단전지 자체는 0.8V 가량의 매우 낮은 기전력을 갖기 때문에 실용성이 없으므로 일반적으로 여러 개의 단전지를 분리판을 사이에 두고 전기적으로 직렬 연결한 스택 구조를 구성하여 전기를 생산함.

○ 일반적으로 분리판은 용융탄산염과의 반응성을 고려하여 오스테나이트계의 스테인리스 스틸로 제작됨.

○ 스택을 구성하는 단전지를 단위전지라고 부르는데 MCFC 스택에서 분리판은 스택을 구성하는 단위전지를 전기적으로 직렬로 연결시키는 역할 이외에도 연료기체와 공기가 혼합되지 않도록 분리해 주고 이들 기체가 고르게 분배되도록 기체 유로를 제공해 주며 매트릭스와 기계적으로 밀착되어 기체가 새지 않도록 기체 밀봉을 형성함.

○ 또한 분리판은 스택을 구성하고 있는 각각의 단위전지에 기체를 고르게 분배시킬 수 있도록 매니폴드를 제공하는데 매니폴드가 분리판 외부에 위치하면 외부 매니폴드 구조, 내부에 위치하면 내부 매니폴드 구조라고 부름.

○ 스택의 성능은 기본적으로 스택을 구성하고 있는 단전지, 즉, 전해질 및 전극 등 구성요소의 물성에 의해서 좌우되므로 구성요소의 물리화학적 및 전기화학적 물성 향상이 MCFC 스택 기술의 기반이 됨.

○ 그러나 스택이 대면적화 및 고적층화 될수록 기체 분배가 스택의 성능에 미치는 영향이 확대되기 때문에 분리판의 형상과 매니폴드 구조 설계, 그리고 대면적 분리판 제작과 관련된 기술의 중요성이 대두됨.

○ 이외에도 스택의 장수명화를 위해서는 전해질이 함침된 매트릭스와 밀착된 부분 및 환원분위기에서 전해질 증기에 노출된 부분의 화학적 부식을 막기 위한 코팅 기술도 요구됨.

○ 마지막으로 스택 전체를 물리적으로 지지하고 스택에 필요한 기체를 매니폴드에 공급하는 한편 스택에서 나오는 기체를 외부로 배출하며 반응면에 일정한 면압을 제공할 뿐만 아니라 스택에서 생산된 전력을 외부에 연결시켜주는 스택 구조물도 중요한 기술 분야임.

2) 시스템 BOP

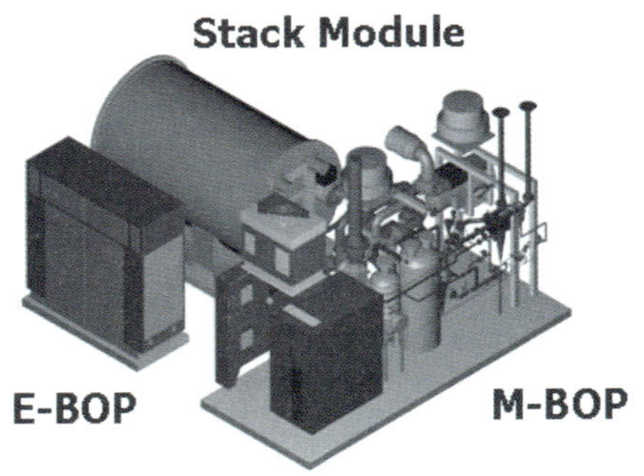

그림 3-2 MCFC 발전시스템의 구성

- MCFC 발전시스템은 연료기체의 화학적 에너지를 전기에너지로 변환시켜주는 스택 외에도 스택에 연료기체와 공기, 그리고 용수를 제공하는 MBOP(mechanical balance of power)와 스택에서 생산된 직류전기를 교류전기로 변환시켜주는 EBOP(electric balance of power)로 구성됨.
- MBOP는 연료 전처리장치와 정수장치, 공기 공급장치 및 촉매연소기 등으로 구성되며 시스템 구성에 따라 연료개질기가 별도로 설치되는 경우도 있음.
- EBOP는 직류전기를 교류전기로 변환시켜주는 인버터와 전기의 품질을 제어하는 PCU (power controlling unit)으로 구성됨.
- 이 외에도 스택의 폐열을 이용하는 터보 제네레이터(T/G), 보일러, 흡열기 냉각기 등 폐열회수장치(HRU, heat, recovery unit)가 추가되기도 함.

2. 세부 기술 분류 및 범위

가. 기술(산업)의 세 분류

1) 기술적 분류

① 개요

- MCFC는 기체분배구조에 따라 내부 매니폴드형과 외부 매니폴드형, 기체흐름 방향에 따라 크로스 플로우형, 코플로우형, 및 카운터 플로우형, 연료 개질 방식에 따라 외부개질형과 내부개질형으로 분류되나 시스템 전반적인 구조를 좌우하는 분류법은 연료 개질 방식임.

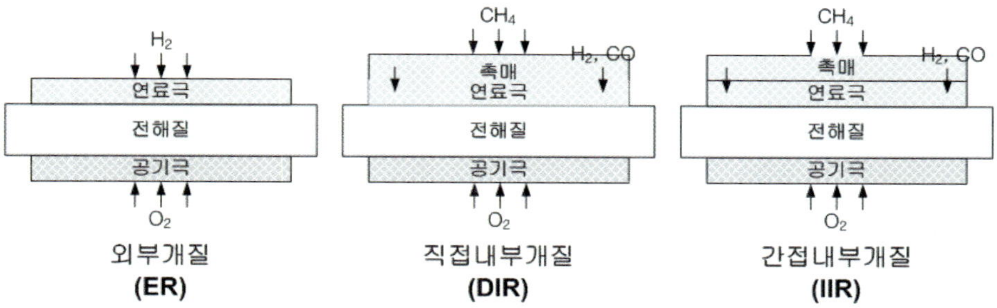

그림 3-3 연료개질 방식에 따른 MCFC의 분류

- ○ 연료 개질 방식이란 연료전지 스택의 연료로 사용되는 수소를 스택에 공급하는 방법을 의미하는 것으로 내부개질형 MCFC는 스택의 내부에 메탄가스를 개질할 수 있는 촉매를 설치하여 스택의 발열을 이용해 메탄가스를 개질하여 연료로 사용하는 방식이며 외부개질형 MCFC는 스택 외부에서 스택에 수소기체를 연료로 공급하여 사용하는 방식임.
- ○ 전 세계적으로 미국의 FCE와 GenCell, 독일의 CFC-Solution, 한국의 포스코 파워 및 두산중공업이 내부개질형 MCFC를 개발하고 있으며 일본의 IHI 중공업, 이탈리아의 Andaldo, 그리고 한국의 한국전력이 외부개질형 MCFC를 개발하고 있음.
- ○ 이 외에도 과거 미국의 MC Power, 네덜란드의 ECR, 일본의 Hitachi가 외부개질형 MCFC, 일본의 미쓰비시 중공업이 내부개질형 MCFC의 개발을 추진한 바 있음.

② 내부개질형 MCFC 발전시스템

- ○ 내부개질형 MCFC는 스택을 구성하고 있는 단위전지의 연료극에 설치된 직접내부개질(DIR) 촉매와 스택 중간 중간에 주기적으로 설치된 간접내부개질(IIR) 촉매를 이용해 스택에 공급되는 메탄가스와 수증기를 반응시켜 연료전지 운전에 필요한 수소기체를 생산하는 방식임.
- ○ 기본적으로 연료개질은 흡열반응이기 때문에 열에너지의 공급을 필요로 하지만 내부개질형은 스택에서 전기를 생산하면서 부생되는 발열량을 개질에 사용하기 때문에 연료개질에 별도의 에너지를 요구하지 않으므로 시스템 효율이 높고 개질반응을 이용해 스택의 온도구배를 제어할 수 있으므로 다양한 형태의 기체흐름 방향 및 기체분배 구조를 채택할 수 있다는 장점이 있음.
- ○ 또한 내부개질 방식은 별도의 개질설비를 필요로 하지 않기 때문에 시스템이 단순하고 250kW 수준의 상대적으로 작은 시스템에서도 높은 에너지전환효율을 제공할 뿐만 아니라 메탄가스가 주성분인 LNG를 연료로 사용할 수 있기 때문에 기존의 도시가스 인프라를 손쉽게 활용할 수 있으며, 메탄가스를 포함하고 있는 ADG 등 부생가스나 매립지가스도 연료로 사용할 수 있음.

- 그러나 내부개질 방식은 스택 발열을 내부개질반응에 수반되는 흡열량으로 제어하기 때문에 메탄이나 프로판을 제외한 알칸계 탄화수소와 메탄가스 함량이 상대적으로 낮은 부생수소, 특히 석탄가스를 전처리과정 없이 직접 연료로 사용할 수 없으며 시스템 규모 증대에 따른 경제성 확보 비율이 외부개질형에 비해 상대적으로 낮기 때문에 IGFC 발전시스템에는 상대적으로 적합하지 않음.
- 따라서 내부개질형 MCFC는 도시가스 인프라를 활용한 백업파워나 분산발전뿐만 아니라, 매립지나 하수처리장의 메탄을 주성분으로 하는 부생가스를 활용한 발전, LNG 선박의 보조전원 등 중소규모 독립발전 시장에 적합한 기술로 판단됨.
- 내부개질형 MCFC는 모든 형태의 발전용 연료전지 시스템 중에서 가장 기술 성숙도가 높고 상용화에 근접한 시스템으로 평가받고 있으며 지난 1999년부터 미국의 FCE와 독일의 CFC-Solution의 주도하에 백업파워와 분산발전 시장을 중심으로 판매를 시작하여 현재 전 세계적으로 초기 시장이 급격하게 확산되고 있음.

③ 외부개질형 MCFC 발전시스템

- 외부개질형 MCFC는 스택의 연료로 수소가 공급된다는 가정 아래 제작되며 LNG 등 탄화수소를 연료로 사용할 경우 별도의 외부개질기를 설치하여 연료개질반응을 통해 스택에 제공할 수소를 생산하는 방식임.
- 외부개질 방식은 스택의 연료로 수소를 사용하기 때문에 화학공장이나 제철소 등지의 부생수소를 별도의 공정을 거치지 않고 직접 연료로 사용할 수 있을 뿐만 아니라 특히 석탄가스를 연료로 사용하는 연료전지 발전 시스템에 적합하며, IGFC를 구성할 경우 시스템의 구조가 매우 단순해지기 때문에 규모가 커질수록 경제성 확보가 용이함.

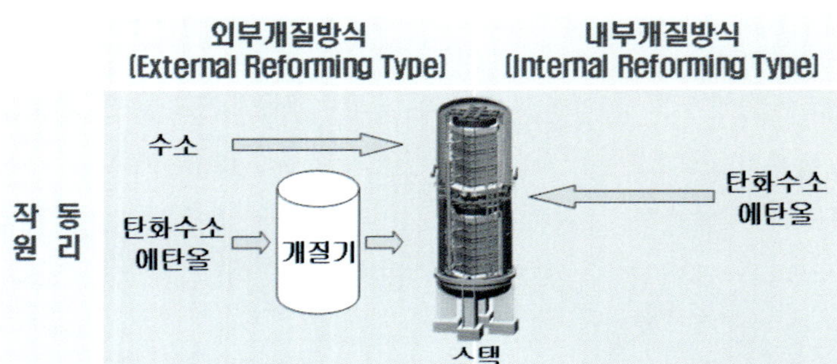

	외부개질방식 (External Reforming Type)	내부개질방식 (Internal Reforming Type)
효 율	낮음	높음
시스템	개질기 제외시 단순화 가능	개질기가 포함된 ER 보다 단순
연 료	다양한 연료 사용 가능	메탄/프로판으로 연료 제한
용 도	대용량 발전	분산 발전

그림 3-4 외부개질방식과 내부개질방식의 비교

○ 그러나 LNG 등 탄화수소를 주성분으로 하는 연료로 사용하는 경우에는 스택 외부에서 탄화수소로부터 수소를 분리해내는 외부개질기를 설치해야 하는데, 연료개질은 흡열반응이기 때문에 외부개질기에는 개질반응을 위하여 별도의 열원을 공급하여야 하므로 외부개질기를 필요로 하는 외부개질형 MCFC 시스템은 내부개질형에 비해 상대적으로 시스템 효율이 낮고 시스템이 복잡해져 경제성 확보가 어려움.

○ 또한 외부개질형 MCFC는 기체의 흐름을 이용해 스택의 온도구배를 제어할 필요가 있으므로 한정된 형태의 기체흐름 방향 및 기체분배 구조만이 채택 가능하며 경우에 따라서는 가압운전 등 고도의 기술력을 필요로 하는 기술을 적용할 필요가 있음

○ 다만 외부개질형 MCFC는 내부개질형에 비해 개질촉매의 선정이 상대적으로 자유롭기 때문에 넓은 범위의 알칸계 탄화수소를 연료로 사용하는 것이 보다 용이함.

○ 기본적으로 외부개질형 MCFC는 기존 화력발전소를 대체할 목적으로 IGFC와 연계하여 전력사업 적용을 위하여 대규모 발전시스템을 목표로 개발되는 것이 일반적이나 현재 일본의 IHI, 이탈리아의 Ansaldo, 그리고 한국전력 등은 기술 검증 및 분산발전에의 적용 가능성 타진을 위해 외부개질기를 적용한 수백 kW급 개발품을 제작하여 자체 실증운전 중에 있음.

○ 또한 외부개질기가 없을 경우 외부개질 방식 MCFC 발전시스템의 제작단가가 상대적으로 낮을 가능성이 있으므로 화학공장이나 제철소 등지의 부생수소를 활용한 수백 kW급 분산전원 시스템도 상용화가 가능할 것으로 예측됨.

2) 산업적 응용분야 분류

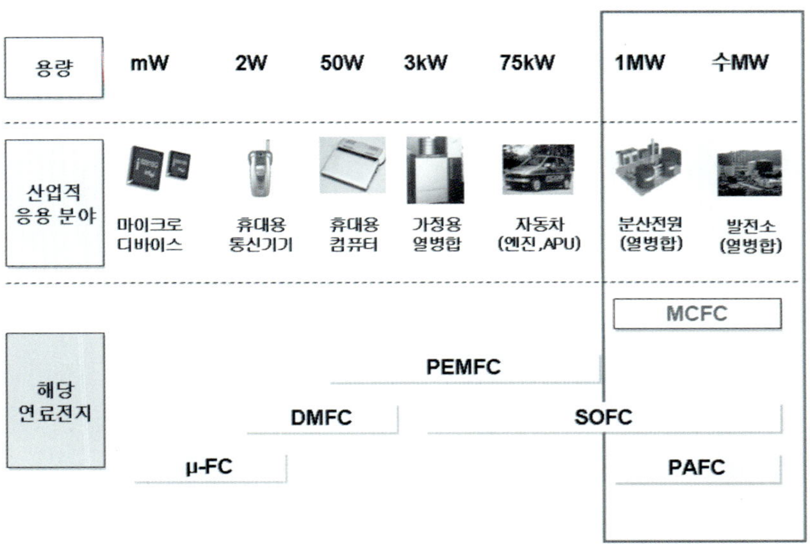

그림 3-5 연료전지의 산업적 응용분야 분류

출처 : RIST, 한국 국제전지 산업전시회, 서울, 대한민국, 2005.

○ MCFC는 초기 기동 시간이 길고 이산화탄소의 공급을 필요로 하므로 휴대용 기기 전원이나 자동차 동력 등 이동형(mobile) 보다는 정치형(stationary) 발전에 유리함.

표 3-2 정치형 연료전지의 산업적 응용분야 분류

시장	출력 (KW)	가격 ($/KW)	연료	발전효율 (%net AC)	스택수명 (khrs)	열화율 (%/khrs)	열병합	규모
가정용	1~10	<5000	H_2, NG, 프로판, 등유	>35	>40	<0.5	Y	가전제품
산업용 백업전원	100~1000	<2000	NG, ADG, LFG	>45	>60	<0.2	Y	도심설치
분산전원	2000~5000	<1200	NG	>48	>60	<0.2	Y/N	도심설치
중앙집중 발전	>100 MW	<600	Coal NG	>50 >58	>80	<0.1	N	교외설치

출처 : Siemens Power Generation Inc., European Fuel Cell Forum, Lucern, Swiss, 2006.

○ 현재의 기술 수준으로 볼 때 MCFC는 정치형 중에서도 수백 kW 이상의 백업전원이나 분산전원에 적합한 발전방식이며 규모 작고 기동 정지 주기가 짧은 가정용 발전에는 적합하지 않음.

○ 장기적으로 볼 때 MCFC는 석탄 가스화 기술(IGCC)과 연계하여 기존의 화력발전소를 대체하는 연료전지를 이용한 중앙집중발전에 가장 유력한 발전 방식으로 판단됨.

나. 기술의 범위

1) MCFC 스택

① 전해질

○ 전해질은 공기극에서 생성된 탄산이온을 연료극으로 이동시켜 전위차를 형성함으로써 연료전지 외부 회로로 전자가 흘러서 전기에너지를 생산하는 역할을 함.

○ 전해질 분야의 주된 기술개발 대상은 단전지 성능 향상과 전해질 고갈 억제, 그리고 공기극 용출 억제 등의 분야임.

○ 현재 사용되는 $(Li/K)_2\ CO_3$, 또는 $(Li/Na)_2\ CO_3$계 전해질의 혼합 비율을 조절하거나 첨가제를 첨가함으로써 이상의 목적을 달성하기 위한 시도들이 추진되고 있음.

○ 전해질 분야에서 특히 중요한 기술은 전해질 고갈 문제로서 MCFC 스택의 장수명화를 위해서는 전해질 고갈 억제, 혹은 전해질 보충과 관련된 기술 개발이 필수적인 것으로 판단됨.

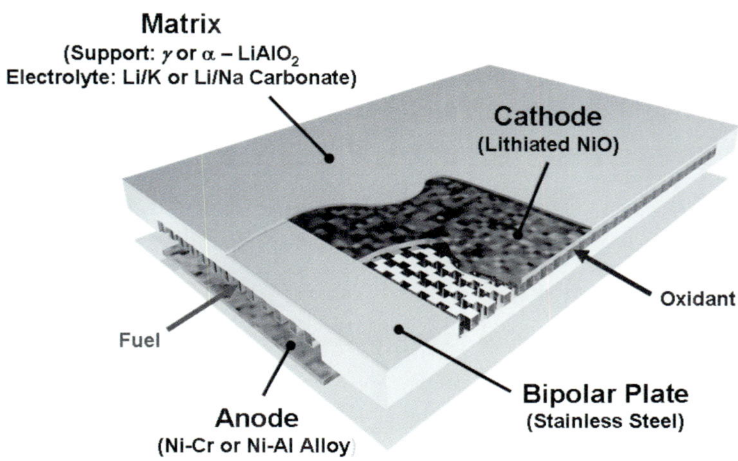

그림 3-6 MCFC의 구성요소 - 출처 : FCE, Fuel Cell Expo 2005, Tokyo, Japan, 2005.

② 매트릭스

○ 매트릭스는 다공성 구조를 갖고 있어서 액상의 전해질을 고정시켜주는 동시에 분리판과 분리판 사이에서 기체의 밀봉을 제공하는 역할을 수행함.

○ 매트릭스 분야의 주된 기술개발 대상은 매트릭스의 기계적 강도 증진과 thermal cycle, 그리고 미세구조 제어임.

○ 이 분야에 대한 기술개발은 현재 매트릭스 제조에 널리 사용되는 테이프 캐스팅 공정의 최적화를 통한 미세구조 제어와 첨가제 및 강화물질 투여를 통한 기계적 강도 증진 및 thermal cycle 향상 분야에 집중되고 있음.

○ 특히 MCFC 시스템의 신뢰성 향상을 위해서는 thermal cycle 성능이 우수한 매트릭스의 개발이 필수적이므로 이에 대한 집중적인 기술 개발이 요구됨.

③ 연료극

○ 연료극은 전해질에서 전달된 탄산이온과 연료기체를 반응시켜 물과 이산화탄소를 생성하면서 전자를 유리시켜 외부 회로로 전달해 주는 역할을 수행함.

○ 연료극 분야의 주된 기술개발 대상은 전해질 함침 전극 제조공정의 개발과 전극 미세구조 제어, 그리고 내크리이프 저항성 향상을 위한 합금 분말 제조공정 개발임.

○ 연료극 제조를 위한 합금 분말로는 주로 Ni-10wt.%Cr과 Ni-5wt.% Al이 쓰이고 있는데

내크리이프 저항성이 높은 Ni-5wt.% Al 합금은 분말 제조공정에 대한 적극적인 기술개발이 요구됨.

- 함침 전극 제조공정 및 전극 미세구조 제어 분야에 대해서는 지속적인 기술개발이 필요함.

④ 공기극

- 공기극은 외부에서 공급된 산소와 이산화탄소, 그리고 전자를 반응시켜 탄산이온을 형성해 전해질로 공급해주는 역할을 수행함.
- 공기극 분야의 주된 기술개발 대상은 전해질 함침 전극 제조공정의 개발과 전극 미세구조 제어, 그리고 공기극 용출임.
- 공기극 용출의 경우 첨가제를 이용한 기술 개발이 이루어지고 있으며 전해질 함침 전극과 전극 미세구조 제어는 제조공정 분야에서 지속적인 기술개발이 요구됨.

⑤ 분리판

- 분리판은 스택의 단위전지를 전기적으로 직렬로 연결시켜줌과 동시에 공기와 연료기체를 분리시켜주고 기체 밀봉과 매니폴드를 제공함.
- 코팅이나 신조성 합금 개발을 통한 현재 사용하고 있는 오스테나이트계 스테인리스 스틸의 용융탄산염에 대한 내부식성 증진이 분리판 분야의 가장 중요한 기술개발 주제임.
- 이 외에도 가공 정밀도 향상, 기체 분배구조 개선, 분리판 제조공정 개선을 통한 경제성 증진 등 다양한 분야에서 지속적인 기술개발이 요구되고 있음.

⑥ 스택 구조물

- 스택 구조물은 스택을 물리적으로 지지하면서 스택에 기체를 공급하고 스택에서 배출된 기체를 처리하며 스택에 면압을 제공하는 동시에 스택에서 생산된 전기를 외부에 연결시켜주는 중요한 역할을 함.
- 스택 구조물은 대량생산의 대상이 아니기 때문에 이상에서 기술된 여러 가지 기능을 효율적으로 수행하면서 단순한 구조를 갖도록 하는 디자인 기술이 요구됨.

2) 시스템 BOP

① MBOP

- MBOP는 MCFC 스택에 연료와 용수, 공기를 공급해 주고 스택에서 배출된 배기가스를 처리해주는 역할을 수행함.
- 연료 공급 장치와 용수 공급 장치는 연료기체의 황 성분을 제거하는 탈황기와 용수의

불순물을 제거하는 정수장치, 그리고 연료와 수증기를 혼합해 주는 수증기 발생장치로 구성되며 공기 공급 장치는 송풍기, 혹은 압축기로 구성됨.

- 스택의 배기가스는 미반응 연료를 연소시켜주는 촉매연소기와 공기극 배기가스 일부를 재순환하는 재순환 송풍기, 그리고 배기가스의 배열을 연료기체와 용수, 그리고 공기에 공급하는 다양한 열교환기를 거처 외부로 배출됨.
- 이 외에도 외부개질형 MCFC의 경우 탄화수소에 포함된 수소를 분리하여 스택에 공급해 주는 별도의 외부 연료개질기가 설치되기도 함.
- 이상의 MBOP 구성요소의 경우 개개의 구성품은 이미 다른 분야에서 상용화가 완료된 기술이지만 연료전지 시스템에 적용하기 위해서는 별도의 최적화 기술개발이 요구됨.

② EBOP

- EMBOP는 스택에서 생산된 직류전류의 전압을 일정하게 조절하는 컨버터와 직류전류를 교류전류로 전환해 주는 인버터, 그리고 교류전력의 물성을 제어하여 외부 계통 전력에 공급해주는 PCU로 구성됨.
- 이상의 EBOP 구성요소도 개개의 구성품은 이미 다른 분야에서 상용화가 완료된 기술이지만 연료전지 시스템에 적용하기 위해서는 별도의 최적화 기술개발이 요구되며, 특히 산업적 응용분야에 따라 특화되어 최적화될 필요성이 있음.

③ HRU

- HRU는 연료전지 발전시스템에서 배출되는 배기가스로부터 배열을 회수하여 전력을 생산하거나 냉난방에 활용하는 장치로서 이를 적용하면 시스템의 효율을 극대화할 수 있음.
- 가장 기본적인 HRU인 배열회수 보일러는 구조가 단순하기 때문에 경제적으로 활용할 수 있지만 온수나 난방 수요가 계절 및 시간에 따라 크게 변화하는 경우에는 기대한 효율 증가를 얻지 못할 수 있음.
- 흡열식 냉방 시스템은 배열을 이용하여 냉난방이 가능하기 때문에 온수나 난방 수요가 계절에 따라 크게 변화하는 경우에도 시스템 효율 증대를 기대할 수 있다는 장점이 있으나 시스템이 상대적으로 고가이고 충분한 신뢰성이 확보되지 않았다는 단점이 있음
- 터보 제네레이터(T/G)의 경우 폐열을 이용해 전기를 생산하기 때문에 시스템 효율을 가장 극대화할 수 있는 방안으로 손꼽히고 있으며 지속적인 기술개발을 통해 그동안 제기되었던 신뢰성 문제도 상당히 극복된 것으로 판단됨.
- HRU는 연료전지 발전시스템의 효율을 향상시켜 경제성 확보에 도움을 줌으로써 결과적으로 연료전지 발전시스템의 상용화에 중요한 역할을 하기 때문에 시스템의 용도에 따른 최적 HRU 기술개발도 중요한 이슈로 지적되고 있음.

Ⅱ. 국내기술 수준 및 기술 동향 분석

1. 기술 수준

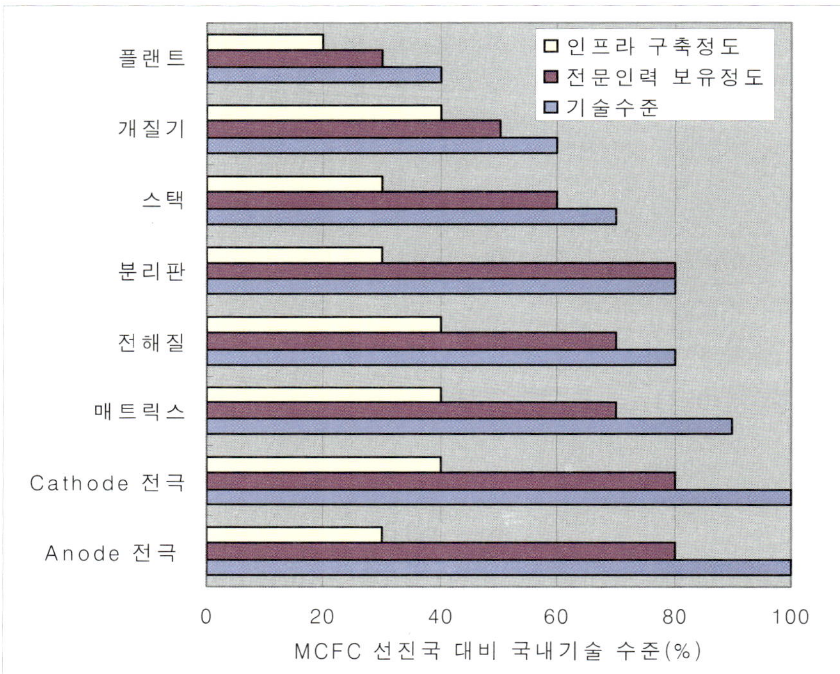

그림 3-7 MCFC의 선진국 대비 국내기술 수준
출처 : RIST, 한국 국제전지 산업전시회, 서울, 대한민국, 2005.

- 현재 국내 MCFC 기술은 1993년부터 진행된 국책 연구과제의 성과를 기반으로 스택의 구성요소에 대한 기술 수준은 선진국 대비 80% 이상에 도달하였으며 이에 대한 전문인력도 충분하지는 않지만 기술수준만큼 확보했다고 파악되나 이를 위한 인프라 구축은 선진국 대비 50%를 밑도는 것으로 분석됨
- 현재 스택과 달리 개질기를 포함한 연료전지 플랜트 전체를 포괄하는 시스템 분야에서는 선진국 대비 40~60% 정도의 기술수준을 보유하고 있으며 이와 관련된 인프라도 부족한 것으로 판단됨.

2. 기술개발 및 산업체 동향, SWOT 분석

가. 기술개발 동향

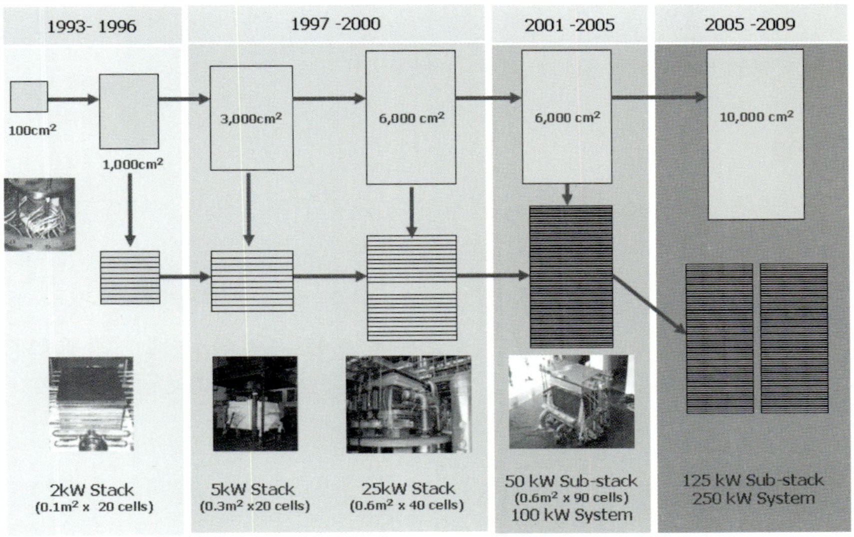

그림 3-8 대한민국의 MCFC 연구개발 역사
출처 : RIST, Fuel Cell Forum, Lucern, Swiss, 2006.

1) 전력연구원

- 국책 연구과제를 기반으로 1993년부터 외부개질형 MCFC 발전 시스템을 개발을 추진하였으며 2005년까지 100kW급 스택 및 시스템을 제작하고 성능평가를 완료함.
- 2005년부터 2009년을 목표로 437억 원의 예산으로 전력연구원 및 RIST의 주관하에 250kW급 열병합 MCFC 시스템 개발 연구 및 MCFC 스택 양산화 연구 착수
- 장기적으로 화력발전소를 대체할 규모의 중앙집중발전용 MCFC급 시스템 개발을 목표로 하고 있으며 이에 수반된 시스템 설계 및 제작 기술과 분리판 및 구성요소 생산기술 등 핵심 기술 국산화 추진

2) 포스코파워

- 2003년부터 FCE와 전략적 제휴를 맺고 FCE 시스템의 도입 및 기술제휴를 통한 국산화를 병행하여 MCFC 발전시장의 진입을 추진하였으며 2004년부터 FCE의 DFC300 시스템 2기를 도입하여 도시가스 및 하수처리장 부생가스를 이용한 실증 운전 실시
- 2007년 FCE와 기술제휴 협상을 완료하고 2009년을 목표로 포스콘과 함께 DFC300MA 시

스템의 국내 조립 생산 및 시스템 BOP 국산화를 추진하는 한편 6만여 평의 시스템 조립공장 부지 조성 중

- 한편 발전차액지원제도, 신·재생에너지 개발협약, 지역에너지사업, 대체에너지 개발 및 이용보급 촉진법 등 정부 및 지방자치단체의 신·재생에너지 분야 지원 대책을 활용한 MCFC 발전시스템의 보급에도 노력하여 2007년 말까지 총 10MW 이상의 시스템을 보급할 예정임.

3) 두산중공업

- FCE의 기술을 벤치마킹하여 내부개질형 300kW급 MCFC 시스템을 정부과제 형태로 추진 중
- 2010년까지 300kW급 내부개질형 MCFC 시스템을 순수 자체 기술로 독자 개발하여 MCFC 분산발전 시스템의 국산화 기술을 구축하며 이를 통하여 국내 및 세계의 발전형 연료전지 시장에서 경쟁력 확보추진

나. 산업체 동향

1) 산업용 백업파워

- 백업파워란 계통 전원에 문제가 발생하였을 때 사용되는 비상 전원을 말하는 것으로 연료전지는 부하변동이 적은 IDC(Internet Database Center)나 중대형 건물의 PC 보안 전원 등에 적합한 것으로 판단됨.

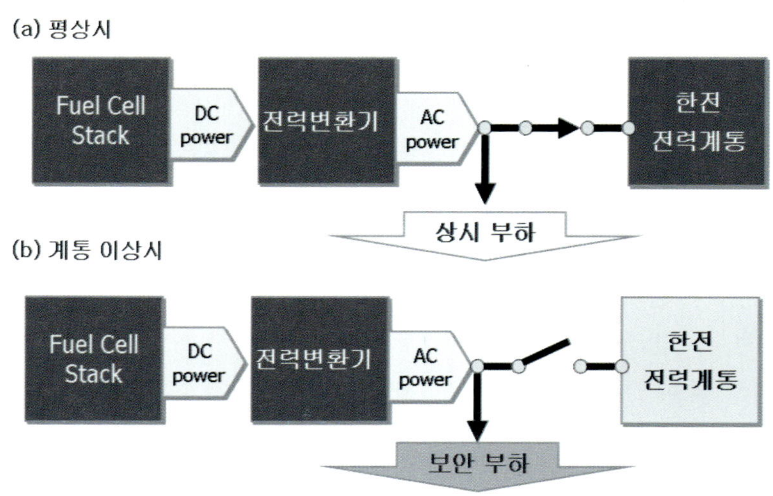

그림 3-9 연료전지 백업파워 구성

○ 우리나라의 경우 '02년 현재 IDC 시설의 백업파워 시장은 91.25MW 규모로 250kW급 연료전지 기준 365대의 보안전력을 사용 중이며 '00년 이후 매년 25% 이상 성장 실적으로 기록 중.

○ 연료전지 시스템은 배터리 UPS나 다이나믹 UPS과 비교해서는 부하추종 성능은 떨어지지만 지속성이 디젤 발전기 수준으로 우수하고 디젤 발전기보다 정전 시 응답성이 우수하므로 디젤 발전기와 마찬가지로 배터리 UPS와 결합하여 시스템을 구성하면 상호간의 단점을 보완하여 우수한 백업파워 시스템을 구성할 수 있음.

○ 백업파워 시장에서 디젤 발전기와 연료전지를 비교해 보면 MCFC는 100kW 미만의 소형 시스템을 제외하고는 디젤발전기가 사용되는 모든 백업파워 시장에 적용될 수 있음.

○ MCFC는 디젤 발전기에 비해 발전 효율이 높을 뿐만 아니라 시스템 효율이 규모와 부하율에 크게 좌우되는 디젤 발전기와 달리 소규모 시스템 및 저부하 상태에서도 높은 발전효율을 제공함.

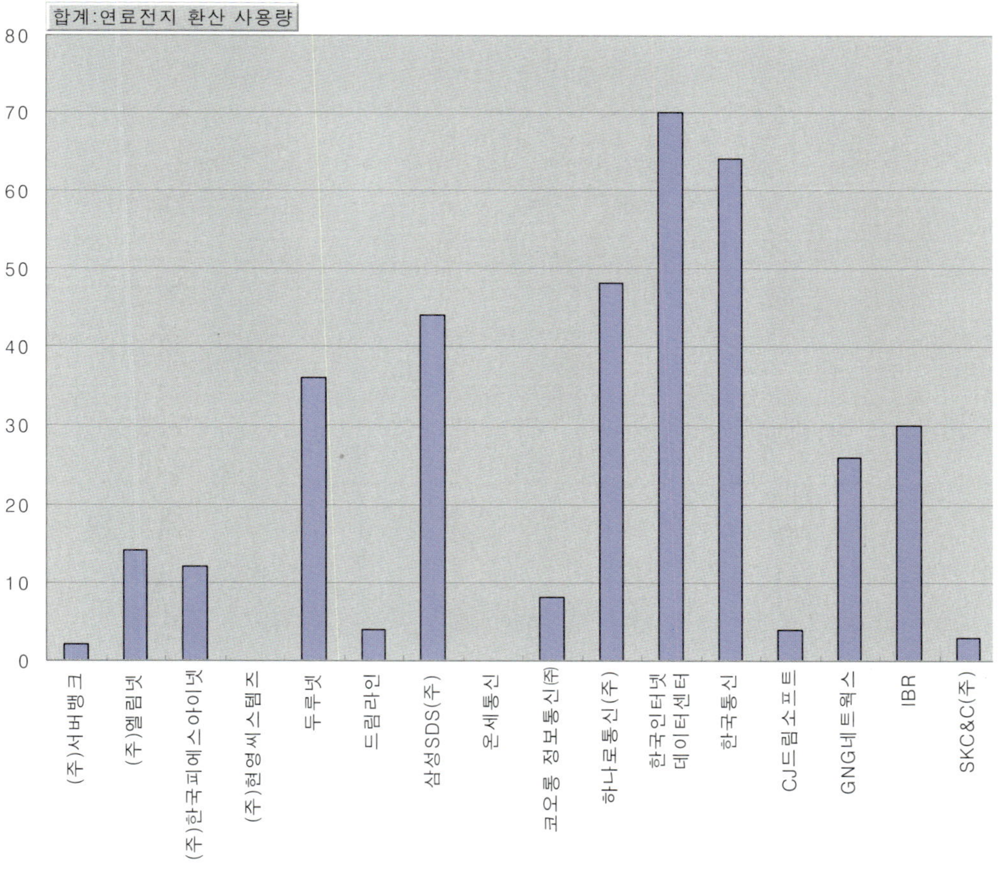

그림 3-10 IDC의 백업파워 시장 분석 - 출처 : 정보통신 정책연구원, 2002.

표 3-3 기종별 백업파워 성능 비교

기종	배터리 UPS	다이내믹 UPS	디젤 발전기	연료전지
정전시 응답성	◎	◎	▲	◎
지속성	▲	▲	◎	◎
부하 추종 성능	◎	◎	○	▲

○ MCFC의 설비 단가는 kW당 $3,000~5,000으로 디젤발전기의 kW당 $350~500에 비해 열배가량 높지만 연료전지는 발전효율이 디젤발전기에 비해 높고 디젤보다 단위 열량당 가격이 약 4분의 1가량 저렴한 천연가스를 연료로 사용할 뿐만 아니라 매립지가스(LFG)나 소화조가스(ADG) 같은 부생 가스도 연료로 사용할 수 있으므로 운영 비용이 절감됨.

표 3-4 백업파워로서 디젤 발전기와 연료전지의 경제성 비교

	디젤 발전기	MCFC
적용규모	15~10,000kW	40~10,000kW
발전효율	36~43%	~47%
발전기 가격	$350~500/kW	$3,000~5,000/kW
유지보수비	$0.005~0.01/kWh	$0.005~0.01/kWh
배열 회수	불가	가능
발전차액지원	불가	가능(₩283/kWh)
CO_2 절감	효과 없음	가능
사용연료	디젤(₵0.0174/㎉)	NG(₵0.00472/㎉), ADG, LFG

○ 연료전지는 신·재생에너지로 지정되어 발전차액지원제도 등 중앙정부, 혹은 지방정부의 지원을 받을 수 있으며, 특히 부생가스를 연료로 활용할 경우에는 CO_2 배출 절감에 따른 탄소배출권 판매 수익을 기대할 수 있음.

○ 현재 우리나라에서 시행 중인 최대 50MW까지 연료전지에 대한 ₩283/kWh의 발전차액지원제도를 활용할 경우 그림 3-9에서와 같이 평상시에는 연료전지에서 생산된 전기를 계통에 판매하여 발전차액지원을 받다가 계통에 문제가 발생하였을 때에는 연료전지에서 생산된 전기를 내부 보안 부하에 활용함으로써 사고 시에만 가동되는 디젤엔진과는 달리 상시 발전이 가능하며 연료전지의 초기 가동에 필요한 시간을 최대한 단축할 수 있음.

○ 또한 MCFC는 배열 회수를 통하여 건물의 냉난방이나 온수 공급이 가능하기 때문에 추가적인 경제성 확보가 가능함.

○ 미국 뉴욕주 롱아일랜드에 설치 예정인 Verizon Communications 의 연료전지 백업파워 시스템의 경우 3MW의 디젤 발전기와 1.4MW의 PAFC로 구성되어 있으며 이 시스템을 본격적으로 운전할 경우 30,000kWh의 폐열 회수와 50,000ton/year의 CO_2 감소를 포함하여 연간 약 $250,000의 수익이 발생하는 것으로 평가됨.

○ MCFC는 위 경우에서 채택된 PAFC보다 발전 효율이 높고 보다 양질의 폐열을 활용할 수 있으므로 연료전지 백업파워 시스템의 경제성 확보에 보다 유리할 것으로 판단됨.

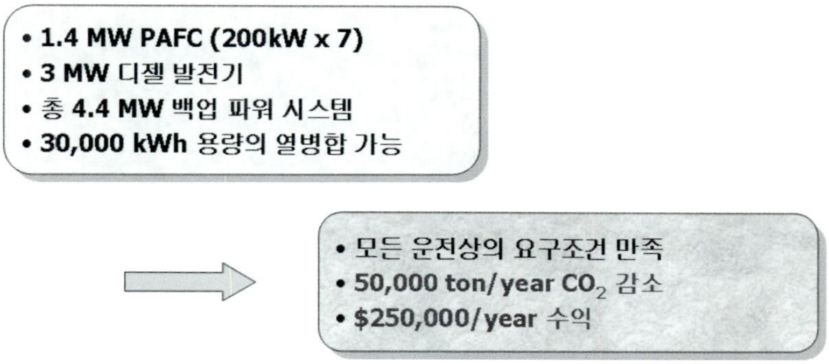

그림 3-11 Verizon Communications의 연료전지 백업파워 시스템 경제성 분석

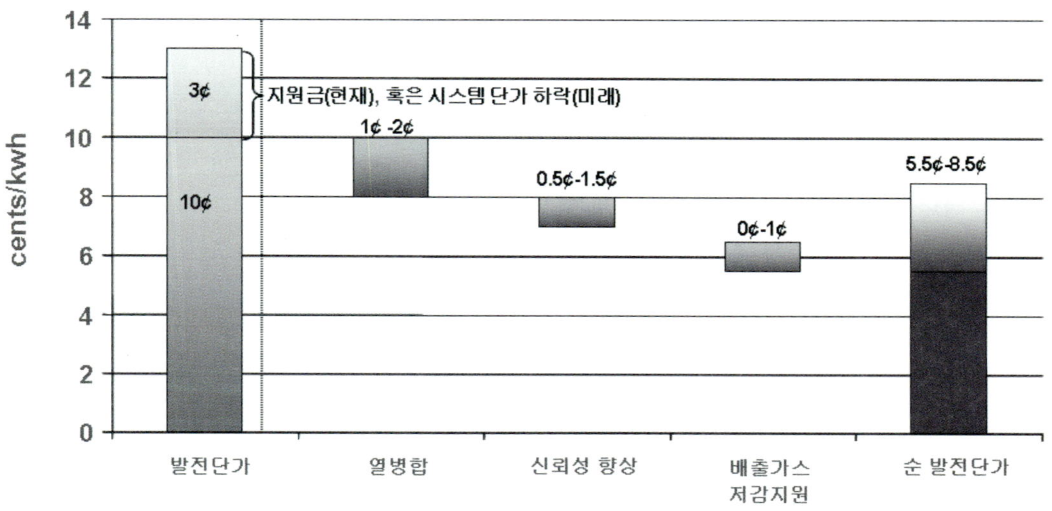

그림 3-12 FCE의 MCFC 발전 시스템 경제성 분석

출처 : Fuel Cell Energy, Inc., Fuel Cell Expo 2005, Tokyo, Japan, 2005.

○ MCFC 발전시스템 생산 업체인 미국의 FCE의 분석에 의하면 현 수준에서 MCFC 발전시스템의 총 발전단가는 ₵13/kWh로서 시장 경쟁력을 갖추기 위해서는 ₵3/kWh 수준의 정부 지원이나 시스템 단가 하락이 요구되나 열병합, 신뢰성 상승, 배출가스 저감 지원 등을 고려하면 발전단가를 ₵8.5/kWh(시스템 단가 하락이 반영되면 ₵5.5/kWh)로 낮게 볼 수 있으므로 현 시점에서도 백업파워 시장에서 충분한 경쟁력을 갖고 있는 것으로 판단됨.

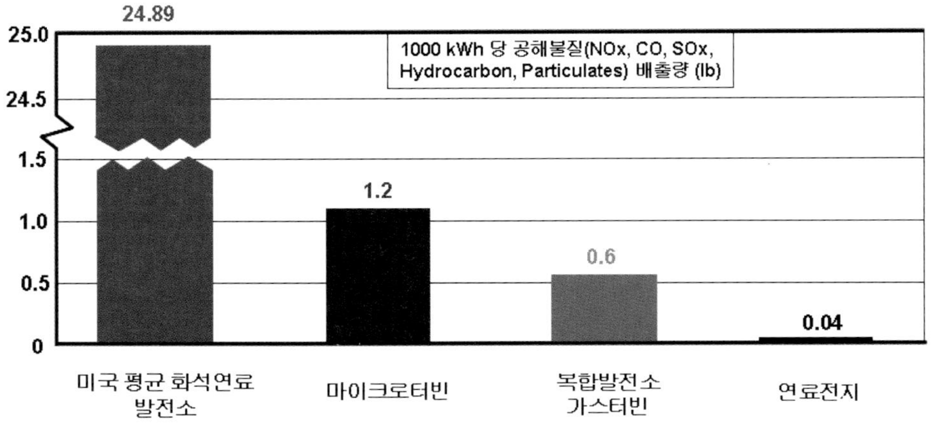

그림 3-13 연료전지와 다른 발전 시스템의 공해물질 배출량 비교

출처 : NETL(http://www.eren.doe.gov/der/pdfs/mid_atlantic_conf_02/ williams.pdf

○ 백업파워에서 가장 중요시하는 요소는 신뢰성이며 특히 IDC 시설의 경우 극도의 신뢰성을 요구하기 때문에 일반적으로 정전 시 응답성을 고려하여 일반적으로 디젤 발전기와 UPS를 이용하여 다단계로 백업파워를 구성하게 되는데 연료전지로 백업파워를 구성하면 상시운전이 가능하므로 백업파워의 구성 단계를 감소시킬 수 있음.

○ 신뢰성이란 시스템, 기기 및 부품 등이 정해진 사용조건 아래에서 의도하는 기간 동안 만족스럽게 동작하는 성질, 즉, 시간적 안정성을 의미하는데 연료전지 발전시스템에서는 성능편차, 수명편차, 시스템 안정성 등이 주요 신뢰성 인자로 지적됨.

○ CFC-Solution의 250kW급 MCFC 시스템인 MH300의 실증운전 결과를 살펴보면 2001년 이후 운전을 시작한 시스템 중 이미 운전이 종료된 7기의 평균 수명 및 표준편차는 각각 25,297시간 및 2,611(10.3%)시간이며 평균 출력 및 표준편차도 각각 128kW 및 28(21.875%)kW로 기기 수명 및 출력에 대한 신뢰도가 충분하지 않은 것으로 분석됨.

○ 천연가스를 연료로 사용하면서 2003년 이후 설치되어 현재 15,000시간 이상 운전된 4기에 대한 실증운전 결과를 살펴보면 평균 출력 및 표준편차가 각각 168kW 및 18(10.71%)로 기술 개발에 의하여 지속적인 신뢰성 향상이 진행되는 것으로 판단됨.

○ 이상의 내용을 판단해 볼 때 이미 백업파워시장에서 MCFC는 디젤발전기에 필적하는 충분한 경제성을 지니고 있는 것으로 보이나 백업파워시장에서 가장 중요한 요소인 신뢰성 분야에 대한 집중적인 제고가 요구됨.

표 3-5 CFC-Solution(舊 MTU)의 HM300 실증 운전 결과

위치	운전시작	운전종료	연료	운전시간 (h)	총출력 (kWh)	평균출력 (kW)
Ruhrgas, Dorsten	1997.08.05	1997.09.12	NG	-	-	-
LADWP, Los Angeles	1999.08.12	-	NG	-	-	-
SW Bielefeld, Bielefeld	1999.09.29	2002.02.21	NG	16,000	1,400,000	87.5
Mercedes Benz, Tuscaliisa	2000.10.06	-	NG	-	-	-
Rhönklinikum, Bad Neustadt	2001.04.23	2004.06.16	NG	21,585	2,519,700	116.7
RWE, Essen	2002.04.24	2005.09.01	NG	26,523	3,625,600	136.7
DeTelmmo, Müchen	2002.10.01	2006.01.09	NG	25,477	3,658,400	143.6
IZAR, Cartagene	2002.11.08	2005.11.15	NG	24,211	2,123,000	87.7
Michelin, Karlsruhe	2002.11.30	2005.11.29	NG	23,849	4,045,000	169.6
Guericke Uniklinik, Magdeburg	2002.12.02	2006.05.19	NG	30,018	3,065,000	102.1
Kreiskrankenhaus, Grünstadt	2003.07.07	2006.07.27	NG	25,415	3,554,300	139.9
Zentralklinik, Bad Berka	2003.10.17	운전 중	NG	25,600	4,667,500	182.3
Bewag Berlin, Berlin	2004.09.07	운전 중	NG/ MeOH	21,140	3,736,500	176.8
Fernwärme Niederrhein, Krefeld	2004.12.16	운전 중	NG	20,500	3,000,000	146.3
SW Ahlen, Ahlen	2005.06.08	운전 중	ADG	7,700	1,070,000	139.0
Festo, St Ingbert	2005.06.22	운전 중	NG	15,800	2,420,000	153.2
HafenCity, Hamburg	2006.02.23	운전 중	NG	5,200	810,000	155.8
Vergärungsanlage Leonberg, Leonberg	2006.08.31	운전 중	BioGas	3,800	485,000	127.6
OPAC, Paris	2007.03.30	운전 중	NG	550	38,600	70.2

출처 : http://cfc-solutions.com/en/down/pics/MTU-CFC_Productsheet_EN.pdf

2) 분산-열병합발전

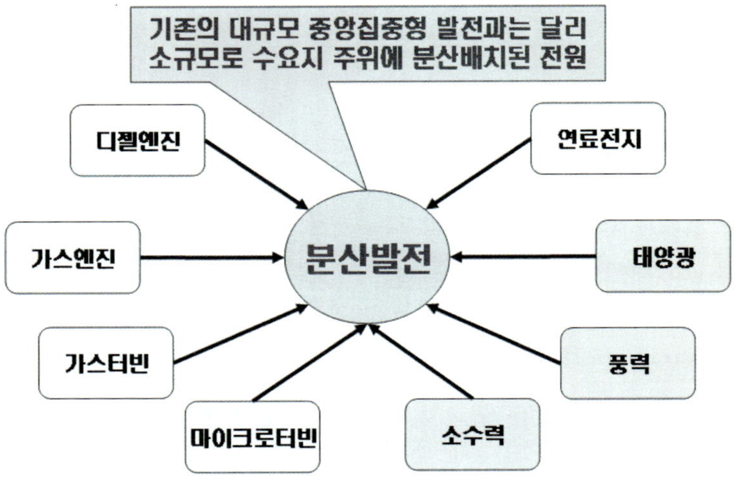

그림 3-14 분산발전의 개요

- 분산발전이란 기존의 대규모 중앙집중형 발전과는 달리 소규모로 수요지 주위에 분산배치된 전원을 말하며 디젤엔진, 가스엔진, 가스터빈, 마이크로터빈 등 화력발전뿐만 아니라 태양광, 풍력, 소수력 등 재생가능 에너지원과 연료전지도 적용 가능한 분야임.
- 한편 열병합발전시스템(Cogeneration System)이란 하나의 에너지원으로부터 전력과 열을 동시에 발생시키는 종합에너지 시스템으로 발전에 수반하여 발생되는 배열, 또는 폐열을 회수 이용하여 1차 에너지에서 연속적으로 2종류 이상의 2차 에너지를 발생시키는 시스템임.
- 분산 열병합발전시스템은 전력 부하 분산에 따른 발전소 건립 부담 경감으로 100만 kW 보급 시 원자력발전소 1기 건설비용 1조 6천억 원을 회피할 수 있고, 송배전 건설비 감소와 송배전 손실 저감을 가져올 뿐만 아니라 기존 화력이나 원자력 발전에 비해 건설기간이 짧아서 수요 변화에 신속하게 대처할 수 있음.
- 수요가 측면에서도 분산 열병합발전시스템은 동일한 전력 및 열량을 생산함에 있어서 에너지 소비를 38% 가량 절감할 수 있을 뿐만 아니라 이산화탄소 배출량을 25.0%까지 절감할 수 있다는 장점이 있음.
- 그러나 초기 투자비 및 유지보수 비용이 상대적으로 클 뿐만 아니라 계절적인 수요 변화로 인하여 전기와 열의 활용 비율이 적절하지 않거나 수요 변동의 불확실성이 클 경우 투자비 회수가 힘들다는 단점이 있음.

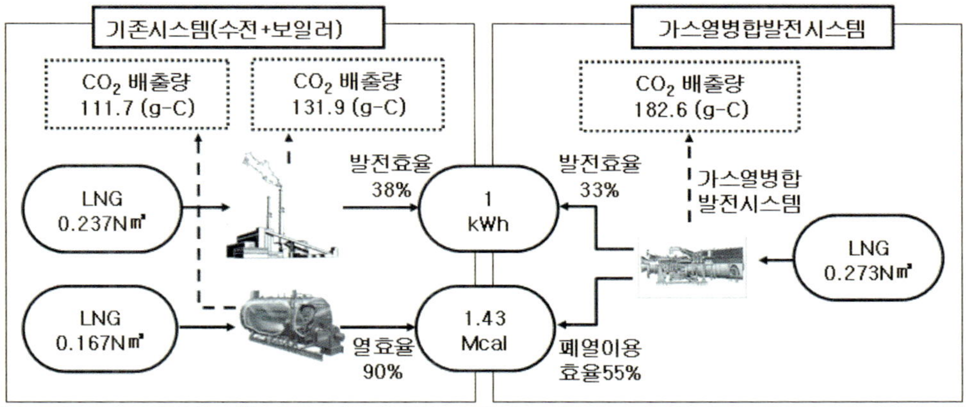

◆ 에너지 절감율 : 32%, CO_2 배출 감소율 : 25%

※ 산출기준
- CO_2 배출계수 : LNG 0.637 tC/toe, 전기 0.1319 tC/MWh
- 국내 발전 효율 : 38%, 가스열병합발전 시스템 효율 : 88%

그림 3-15 열병합발전 도입시의 에너지 절감 및 CO_2 배출 감소 효과

출처 : 에너지관리공단, 소형 가스 열병합발전 시스템 이해, 2004.

○ 분산발전은 상용전원과의 이중화를 통한 공급 신뢰성 제고와 배열 회수를 통한 에너지 이용률 증대로 경제성 확보가 가능하며 보급 초기에는 지방자치단체의 보급지원사업이나 발전차액지원제도를 통하여 추가적인 경제성 확보가 가능함.

○ 세계적으로 분산전원용 연료전지 시장은 2005년 0.11GW에서 2010년까지 20GW, 2020년까지 96GW로 성장하며, 이때 용량별 구성은 1~10GW 규모가 2010년에는 전체 시장의 50%, 2020년에는 46.9%를 차지할 것으로, 그리고 지역별 시장 구성은 유럽의 OECD 국가들이 2010년에는 7.5GW(37.5%), 2020년에는 32GW(33.3%) 등을 차지하며 북미지역이 각각 3.8GW(19%) 및 14GW(14.6%)로 그 뒤를 따를 것으로 예측됨.

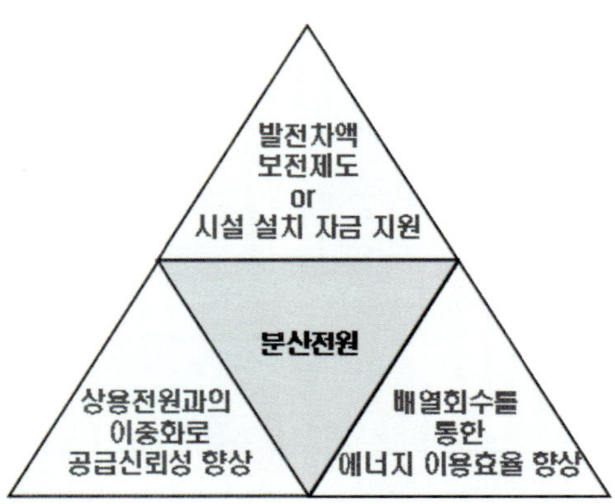

그림 3-16 분산전원 보급시장의 경제적 배경

○ 일본의 경우 1980년대 초반에 대규모 공장에서 가스 터빈을 이용한 대형 열병합발전을 중심으로 전력 공급을 우선으로 하는 분산전원시스템을 구축하기 시작하였으며 1980년대 후반에는 중소규모 공장에 가스터빈, 디젤엔진, 가스엔진 등을 이용한 중소형 열병합발전 시스템이 보급되었고 1990년대에는 열수요 증대에 따라 상가, 병원, 호텔 등 업무용 분야에서 디젤엔진, 가스엔진 등 소형 열병합발전 시스템을 설치하기 시작하여 2001년 말 기준으로 총 1,686대 244만 kW가 설치되어 있으며, 2010년 가스 열병합발전 설치 목표가 464만 kW로 조사되고 있음.

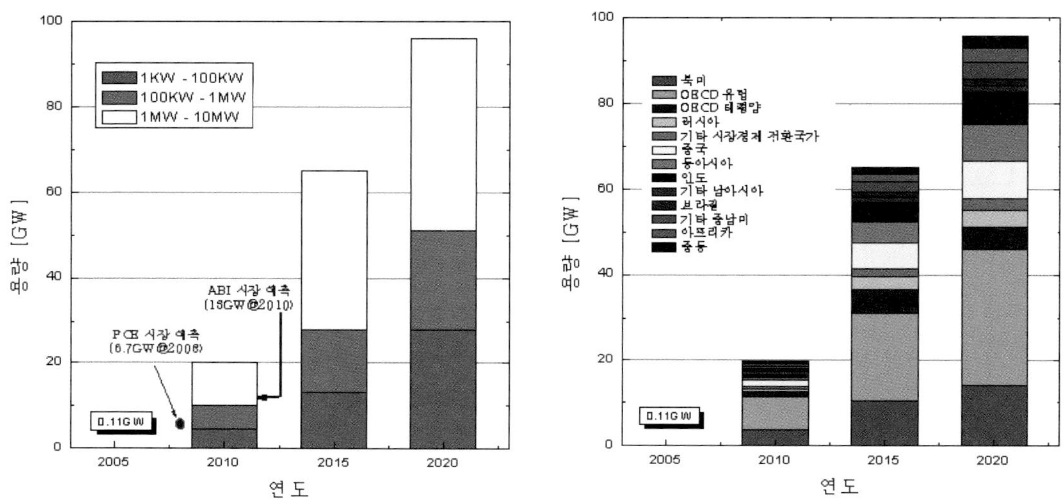

(a) 용량별 연료전지 분산발전 시장 성장 예측　　(b) 지역별 연료전지 분산발전 시장 성장 예측

그림 3-17 연료전지 분산전원 시장 성장 예측

출처 : ICCEPI & UNEP, Fuel Cell Market Prospects and Intervention Strategies, 2002.

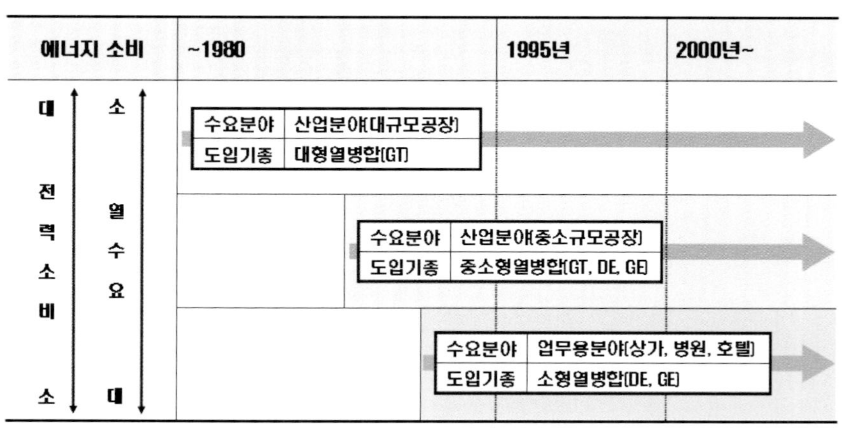

그림 3-18 일본의 분산전원 수요분야 및 도입기종 변화 추이

출처 : 富士經濟, 분산전원의 보급동향 및 전력시장에 대한 영향에 대해, 2003.

○ 유럽에서는 1993년 Cogen Europe(유럽 열병합발전 촉진협회)을 설립하여 열병합발전 보급을 추진한 이래 덴마크, 네덜란드, 핀란드 등 3국에서 가장 활발하게 보급이 이루어져 현재 이들 국가에서는 열병합발전이 총 발전용량의 9%를 차지하고 있으며 2010년까지 18% 보급을 목표로 함.

○ 우리나라는 2003년 현재 32개소에 일본의 4% 수준인 총 99,800kW 용량의 분산-열병합발전 시스템 60대가 설치되어 있었으나 2006년 9월에는 122개소에 총 145,072kW 용량의 시스템 176대가 설치되어 3년 동안 용량 대비 145%, 시스템 대비 293%의 시장 성장률을 보여줌.

표 3-6 한국과 일본의 열병합발전시스템 보급 현황 비교

구분		산업체	민생용	계	비고
일본	대수(대)	460	1,226	1,686	
	용량(kW)	1,894,000	545,000	2,439,000	
한국	대수(대)	2	58	60	일본의 4% 수준
	용량(kW)	18,000	81,800	99,800	

출처 : 에너지관리공단, 소형 가스 열병합발전 시스템 이해, 2004.

○ 우리나라의 공동주택용 열병합 공급설비 잠재시장은 기존주택 920만 호에 대한 약 3,800억 원의 기존 시장이 존재하며 연간 신규주택 50만 호를 대상으로 약 1,000억 원의 연간 시장 성장이 뒤따를 것으로 판단됨.

○ 분산-열병합 발전 시스템의 경제성을 분석해 보면 연료비는 22% 증가하나 전력요금이 75% 감소하여 전체적인 에너지 사용량 및 에너지 비용이 각각 20% 및 32% 감소하며 이 때 전체 에너지 사용량에 대한 폐열 이용 효율은 29%로서 이에 따른 투자 회수기간은 평균 4.6년임.

표 3-7 국내 분산형 열병합발전 운영 현황

구분	에너지 사용량			에너지 비용			1,000세대당 설비용량	대당 평균용량	투자 회수기간	발전폐열 담당률
	연료	전력	합계	연료	전력	합계				
내용	22% 증가	75% 감소	20% 절감	12% 증가	83% 감소	32% 절감	430kW	322kW	4.6년	29%

출처 : 에너지관리공단, 소형 가스 열병합발전 시스템 이해, 2004.

○ 현재 분산-열병합 발전 시스템 설치에 필요한 자금은 에너지 이용 합리화법에 의한 에너지절약시설 설치사업에서 조성한 에너지 이용 합리화 자금을 통해 절약시설 설치사업의 일환으로 소요자금의 100% 이내의 금액을 3% 대의 변동금리를 적용하여 3년 거치 5년 분할상환으로 지원받거나 ESCO 투자사업의 일환으로 소요자금의 100% 이내의 금액을 5.25%의 고정금리를 적용하여 5년 거치 5년 분할상환으로 지원받을 수 있으므로 4.6년의 평균 투자 회수기간을 고려해 볼 때 상환기간 내에 투자비용의 회수가 가능함.

표 3-8 열병합발전용 도시가스 요금 차등 적용('03. 7. 1일 시행기준) (단위 : 원/Nm^3)

도매		소매						
구분	전국동일	구분		서울	부산	광주	대전	기타 지역
주택 난방용	422.01	난방(개별)		463.35	519.37	518.02	522.56	
		난방(중앙)		463.35	508.11	518.02	486.47	
열병합 및 집단 에너지용	384.67	기타	동절기	417.83	408.12	402.89	449.13	미지정 (확대필요)
	317.83		하절기	350.99	341.28	336.05	382.29	
	347.34		기타월	380.50	370.79	365.56	411.80	

출처 : 에너지관리공단, 소형 가스 열병합발전 시스템 이해, 2004.

○ 또한 분산-열병합 발전 시스템을 설치하면 투자금액의 7%만큼 법인세 세액 공제가 가능하며 대도시 지역에서는 ₩422.01원/Nm^{3}의 주택난방용보다 저렴한 ₩317.83~384.67/Nm^{3}의 열병합용 도시가스요금을 적용받을 수 있음.

○ 분산-열병합발전 시스템은 공업단지, 상업지역, 혹은 주거지역에 설치되기 때문에 공해유발 요인이 많은 디젤엔진보다는 LNG를 연료로 하는 가스엔진이나 가스터빈을 중심으로 보급되고 있는데 이들 시스템을 MCFC와 비교해 보면 발전효율은 MCFC가 가스엔진보다는 5%, 가스터빈이나 마이크로가스터빈보다는 7~17% 가량 높은 장점이 있음.

○ 그러나 시스템 가격이 턴키 기준으로 가스엔진이나 가스터빈에 비해 5배 이상 높기 때문에 초기 시장 진입에 큰 장애물로 작용할 것으로 판단되며 표 3-4와 비교해 보더라도 최소한 $1,200~1,500/kW 이내의 경제성을 확보해야 될 것으로 판단됨.

표 3-9 발전 기술별 분산발전 시스템의 특징 비교

구분		디젤엔진	가스엔진	가스터빈	MCFC
상용화		기상용화	기상용화	기상용화	실증단계
적용규모		15～10,000kW	10～5,000kW	1,000～ kW(GT) 30～200kW(MGT)	250～24,000kW
발전효율		36～43%	28～42%	21～40%(GT) 25～30%(MGT)	～47%
종합효율		60～75%	65～80%	70～80%	60～80%
가격	발전기세트 (USD/kW)	125～300	250～600	300～600(GT) 500～700(MGT)	～3500
	턴키기준 (USD/kW)	350～500	600～1000	650～900(GT) 1000～1300(MGT)	～5000
	열회수기 (USD/kW)	N/A	75～150	100～200(GT) 200～600(MGT)	포함
유지보수비 (USD/kWh)		0.005～0.01	0.007～0.015	0.003～0.008(GT) 0.005～0.01(MGT)	0.005～0.01

출처 : 효성중공업, 열병합시스템의 개요 및 경제성 검토, 2003.

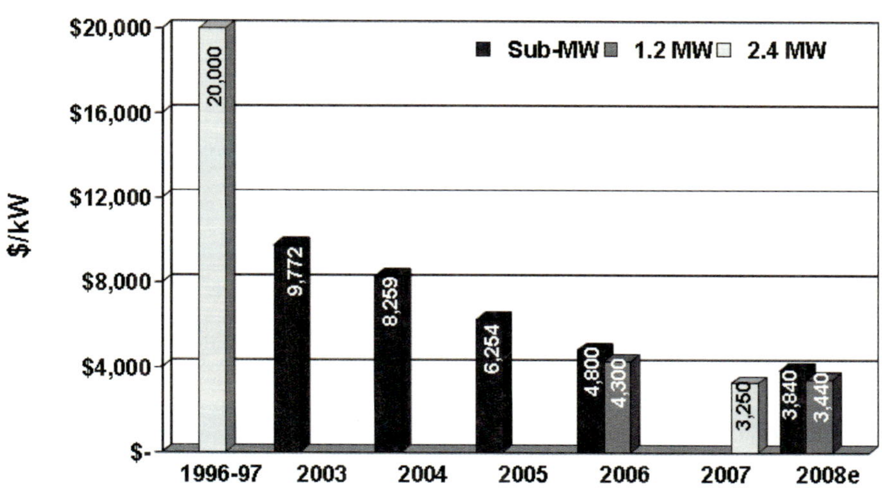

그림 3-19 FCE의 MCFC 발전 시스템 가격 변화 추이

출처 : Fuel Cell Energy, Inc., Company Overview, 2007.

○ FCE의 MCFC 발전 시스템 가격 변화 추이를 살펴보면 250kW급 시스템을 기준으로 볼 때 2006년 현재 시스템 가격은 2003년과 비교하여 약 48% 수준으로 낮아졌으며 연간 50MW의 대량생산이 수반될 경우 추가적으로 25~30%의 시스템 가격 저감이 가능하다고 보고됨에 따라 현재의 기술 수준으로도 대량생산 체제에 돌입할 경우 250kW급 시스템은 $3400/kW, 1MW 시스템은 $2700/kW의 경제성이 확보됨.

○ 그림 3-19는 지속적인 연구개발에 의하여 MCFC 발전 시스템의 경제성이 추가적으로 확보될 수 있는 가능성을 보여주는 것으로, 향후 분산 열병합발전 시장에서 MCFC가 가격 경쟁력을 갖기 위해서는 우선적으로 시스템 가격 저감을 위한 노력이 요구되어지는 것으로 판단됨.

3) 중앙집중발전

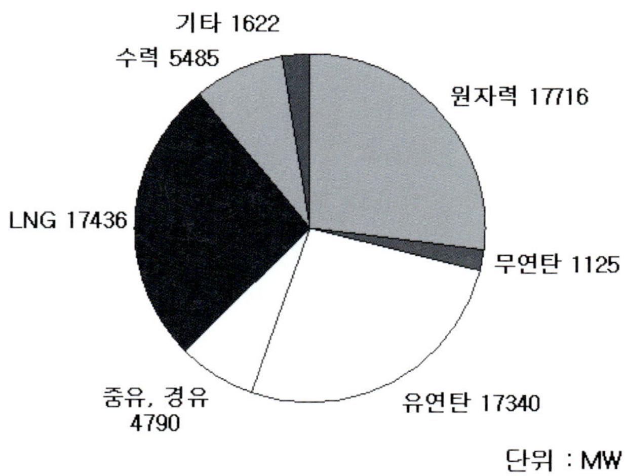

그림 3-20 2006년 우리나라의 발전 연료별 설비 통계

출처 : 전력통계 정보 시스템(http://epsis.kpx.or.kr/)

○ 발전설비 기준으로 우리나라의 중앙집중발전은 원자력이 17716MW, 유연탄이 17340MW, LNG가 17436MW를 차지하여 각각 전체 설비의 27.0%, 26.5%, 26.6%를 차지하고 있으며 유류와 무연탄이 각각 7.3% 및 1.7%임.

○ 2006년 현재 국내 중앙집중발전 시장은 총 354,864GWh 규모로 연료별로는 원자력이 40.0%, 유연탄이 36.4%로 이들 두 발전 방식이 전체 발전 시장의 76.4%를 차지하며 LNG 발전은 전체의 16.1%인 572,507GWh를 담당함.

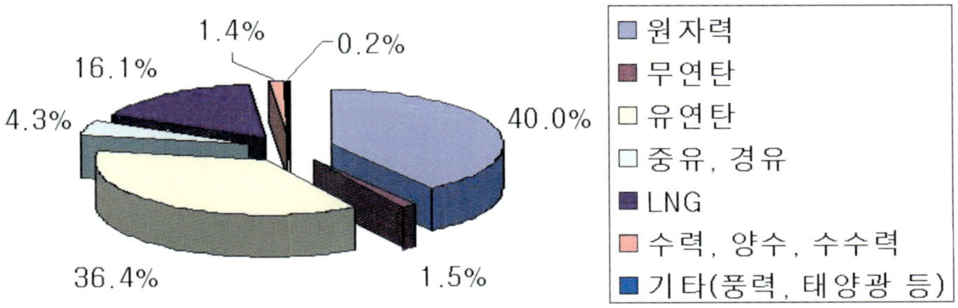

그림 3-21 2006년 우리나라의 발전 연료별 발전량 통계
출처 : 전력통계 정보 시스템(http://epsis.kpx.or.kr/)

○ 발전차액지원 대상이며 전체 발전량의 0.2%만을 차지하는 풍력, 바이오가스, 부생가스, 매립가스, 태양광 등을 제외하고 연료별 전력 매입단가를 살펴보면 가장 많은 발전량을 차지하는 원자력과 유연탄이 각각 ₩38/kWh 및 ₩55/kWh이며 LNG는 ₩103/kWh임.

○ 기저전력의 평균 구입 단가는 ₩38/kWh, 일반전력의 평균 구입 단가는 ₩105/kWh이며 평균 전력 구입 단가는 ₩53/kWh인데 연료별 전력 매입단가와 전력 구입 단가를 비교해 보면 원자력이 기저전력을 담당하고 나머지가 일반 전력을 담당하며 일반전력의 가격은 LNG 발전의 단가에 수렴하므로 LNG 발전은 주로 일반전력으로 활용되는 것으로 판단됨.

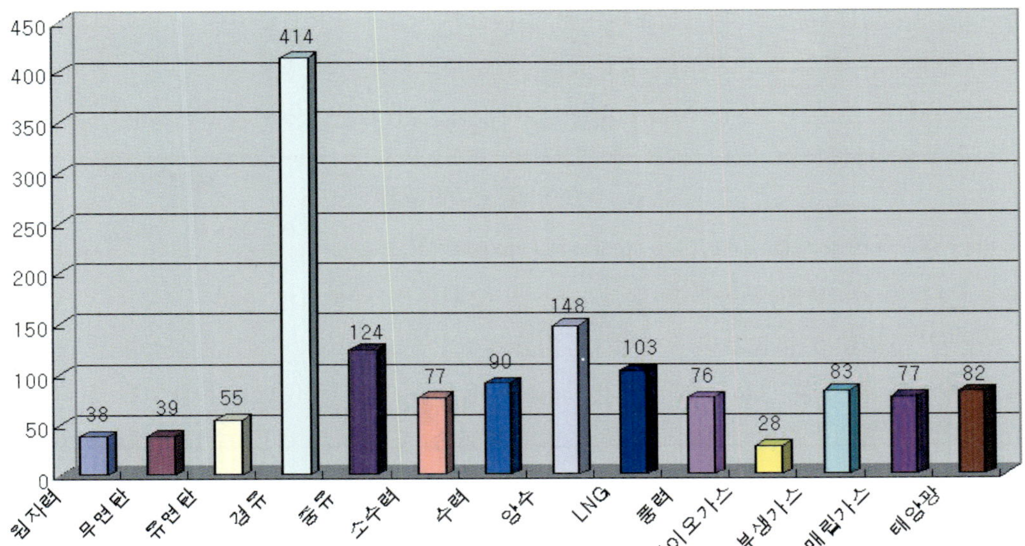

그림 3-22 2006년 우리나라의 발전 연료별 매입 단가(단위 : 원/kWh)
출처 : 전력통계 정보 시스템(http://epsis.kpx.or.kr/)

○ 연료별 발전 비율을 고려해 보았을 때 MCFC 발전 시스템이 중앙집중발전 시장에서 경제성 있는 규모의 시장을 확보하기 위해서는 시스템 가격을 포함한 MCFC 발전시스템의 발전 단가가 최소한 전체 발전의 16.1%를 차지하는 LNG 발전 수준으로 낮아져야 하며 발전 단가가 무연탄 수준으로 낮아진다면 유연탄과 무연탄의 발전 비율(37.94%)은 물론 경유와 중유 발전의 비율(4.3%)까지 시장 확보가 가능함.

○ MCFC는 기존 화력발전에 비해 에너지전환효율이 높기 때문에 시스템의 경제성만 확보된다면 동일한 연료를 사용하는 화력발전소에 비해 상대적으로 낮은 발전 비용으로 전력 생산이 가능함.

○ 그러나 원자력 및 수력 발전을 제외한 화력발전의 경우 발전 단가는 주로 연료 단가에 좌우되므로 MCFC 발전 시스템이 무연탄 수준으로 낮아지기 위해서는 시스템 가격 하락 외에도 LNG에 비해 상대적으로 저렴한 석탄을 연료로 사용할 수 있어야만 하는 것으로 판단됨.

○ 한편 세계 각국에서는 석탄가스화 복합발전(Integrated Coal Gasification Combined Cycle, IGCC)기술을 개발하고 있으며 이와 함께 석탄가스를 연료로 하여 연료전지 발전소를 운영하는 IGFC(IGCC + Fuel Cell) 기술 개발도 동시에 진행 중임.

○ 석탄은 석유에 비해 단가가 낮을 뿐만 아니라 2002년 가채매장량을 기준으로 190년간 사용할 수 있으므로 석유에 비해 자원 고갈의 위협이 낮지만 이산화탄소 및 오염물질을 상대적으로 많이 배출한다는 문제점이 있으나 대용량 가스화 기술을 적용하면 에너지 효율이 향상됨은 물론 이산화탄소 회수가 용이하고 오염물질 배출을 저감할 수 있으므로 석탄의 청정 에너지화가 가능함.

표 3-10 IGCC와 미분탄 화력의 비교

구분	연소형태	노내 평균온도 (℃)	열효율 (net%)	환경특성	
				SOx 제거율 (%)	NOx 제거율 (ppm)
IGCC (300MW)	석탄가스화	1500	40～43	99	25
영흥화력 (800MW)	석탄연소	1100～1200	39	95	40

출처 : 전력연구원, IGCC 실용화사업 추진계획, 2006.

○ 미국에서는 정부 주도하에 FutureGen 프로젝트를 통해 275MW급 IGCC 상용화 플랜트를 2020년을 목표로 개발 중이고 중국과 호주도 각각 정부 지원 프로그램인 GreenGen (200MW) 및 ZeroGen(100MW) 프로젝트를 통해 IGCC 상용화 시스템을 개발 중

○ 일본은 미쯔비시가 2012년을 목표로 420 MW급 상용 석탄 IGCC 발전소를 건술 중이고 인도는 BHEL사가 125MW급 IGCC 실증 프로젝트를 추진 중이며 유럽에서도 네덜란드, 독일, 스페인, 이탈리아를 중심으로 IGCC 실용 플랜트를 건설하고 실증 운전 중

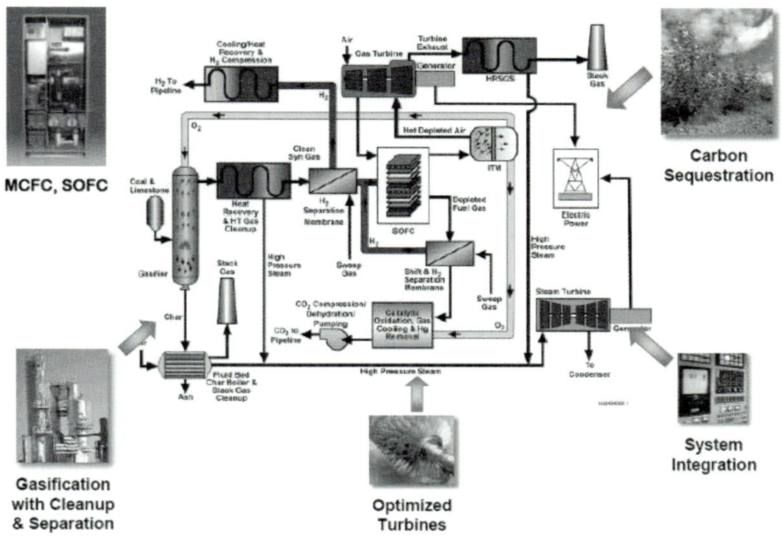

그림 3-23 석탄가스화 복합발전기술의 개요

출처 : DOE, Fuel Cell Seminar, Farm Springs, California, 2005.

표 3-11 세계의 IGCC 플랜트

발전소	이름	용량 (MW)	가스화기 공급자	가스화기 형태	가스 터빈	운전 시작	총효율 (HHV%)
Nuon Power Buggnum	Bugenum (Nethelands)	253	Shell	Entrained Flow	Siemens V94.2	1994	41.3
Global Energy	Wbash River (USA)	262	Conoco Phillps	Entrained Flow	GE 7FA	1995	39.7
Tampa Electric	Polk Power (USA)	250	GE Energy	Entrained Flow	GE 7FA	1996	36.5
Elcogas	Pertollano (Spain)	300	Prenflo	Entrained Flow	Siemens V94.3	1998	41.5
Sokolovska Uhelna, A.S.	Vresova (Czech)	350	Lurgi Dry Ash	Fixed Bed	GE 9E	1996	-
IBIL Energy Systems	Sanghi (India)	53	GTI(IGT) U-Gas	Fluidized Bed	GE 6B	2002	-

출처 : 전력연구원, IGCC 실용화사업 추진계획, 2006.

표 3-12 진행, 또는 계획 중인 미국의 IGCC 플랜트

소유회사	위치	용량 (MW)	연료	가스화기 공급자	준공 예정
Excelsir Energy	Hoyt Lake (MN)	531	Coal	Conoco Phillps	2009
Steelhead Energy	To be selected (IL)	530	Coal	Conoco Phillps	2010
Orlando Utility Commision	Orlando (FL)	285	Low Rank Coal	KBR	2010
American Electric Power	To be selected (WV)	600	-	GE Energy	2010
Cinergy/PSI	To be selected (IN)	600	-	GE Energy	-
Energy Northwest	To be selected (WA)	600	-	Conoco Phillps	2011
Tondu Corp	Crossroads Power Plant (IN)	600	-	Shell	-

출처 : 전력연구원, IGCC 실용화사업 추진계획, 2006.

- 우리나라도 2002년까지 기반기술 개발에 주력하면서 고등기술연구원과 에너지기술연구원에서 각각 건식 3ton/day 급 및 습식 1ton/day급 석탄 가스화 설비를 제작하여 운전한 바 있음.
- 2006년부터는 2014년을 목표로 300MW급 한국형 IGCC 실증 플랜트 건설 및 운전을 위한 연구개발을 한전 전력연구원을 중심으로 수행 중.
- MCFC가 IGCC에 적용되기 위해서는 건설 단가가 중앙집중발전에 사용되는 화력발전소 수준인 $400~600/kW 정도로 떨어져야 하지만, IGFC에서는 MCFC 발전시스템의 스택을 제외한 BOP 부분을 통합하여 운영할 뿐만 아니라 석탄가스에 MCFC 운전에 필수적인 일산화탄소나 이산화탄소가 이미 포함되어 있기 때문에 시스템 가격을 획기적으로 낮출 수 있을 것으로 기대됨.
- 또한 IGFC에 가스 터빈과 MCFC를 전력 수요에 맞춰 조합하여 설치함으로써 MCFC의 문제점인 부하변동에 대한 대응 능력을 보완할 수 있음.

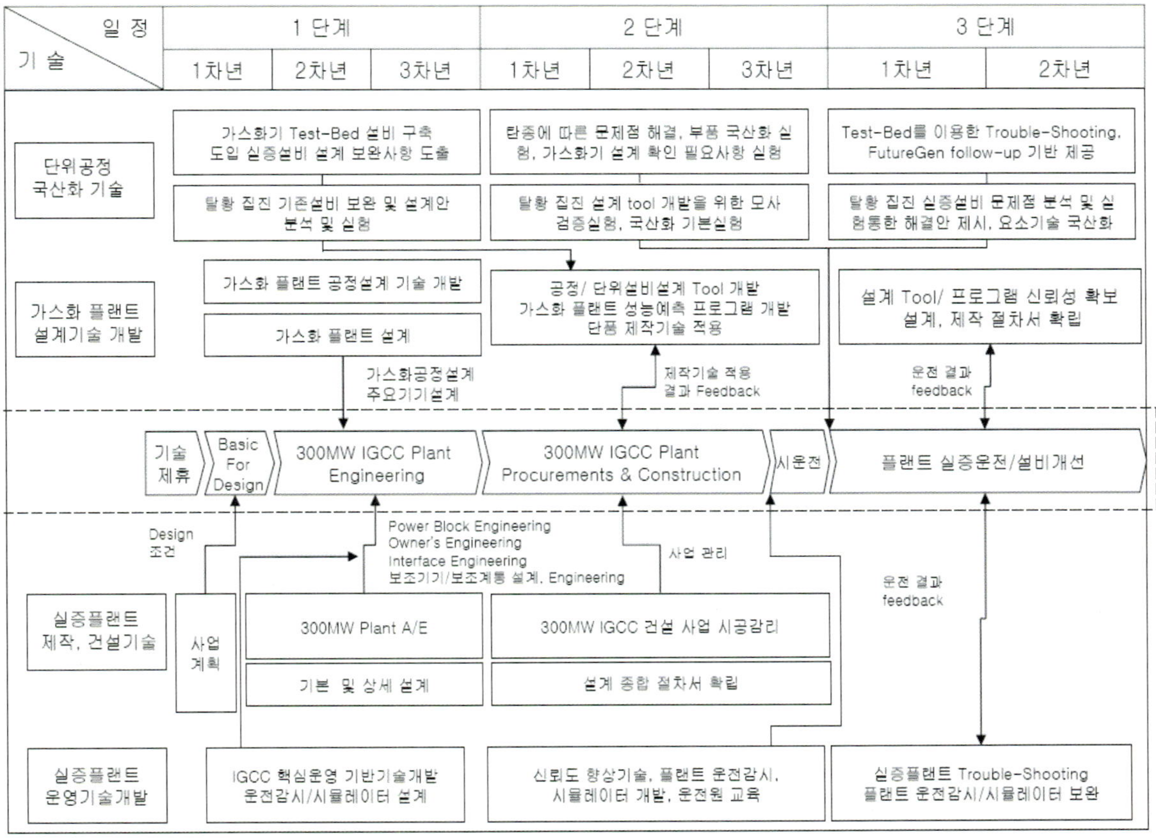

그림 3-24 전력연구원의 IGCC 실증연구사업 Road Map

출처 : 전력연구원, IGCC 실용화사업 추진계획, 2006.

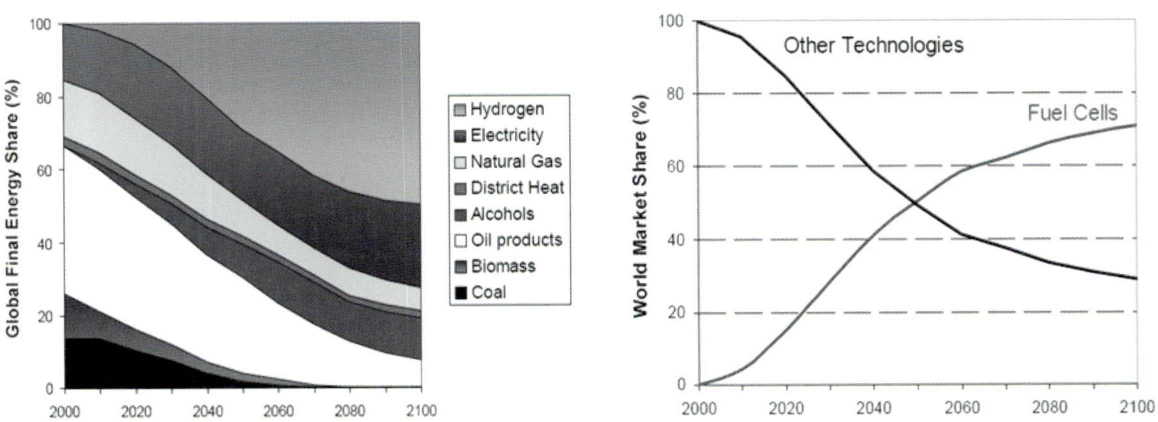

그림 3-25 수소경제의 도래에 따른 세계 에너지 구성 및 연료전지의 에너지 분담률 추이 예측

출처 : L. Barreto, et al., Int. J. Hydrogen Energy, 28, 267, 2003.

○ 장기적으로도 향후 수소경제의 도래를 위해서는 석탄이나 바이오매스로부터 생산된 수소를 연료로 전력을 생산하는 중앙집중발전 방식의 개발이 반드시 필요하며 여기에는 연료전지만이 유일한 해결책임.

○ 그러나 현재 MCFC 발전 시스템에서는 스택 가격만 $1200~1500/kW를 차지하고 있기 때문에 충분한 경제성을 갖춘 IGFC 시스템을 구성하기 위해서는 무엇보다도 MCFC 스택의 경제성 확보가 최우선적인 과제임.

○ 현재 세계 각국 정부에서 추진 중인 발전사업자의 총 발전량의 일정 비율을 신·재생에너지 전력으로 공급하도록 의무화하고 생산비용은 전기요금에 전가하는 신·재생에너지 발전의무 할당제(Renewable Portfolio Standard, RPS), 혹은 발전차액지원제도와 병행하여 발전사업자가 자발적으로 총 발전량의 일정 비율을 신·재생에너지 전력으로 공급하는 신·재생에너지 개발협약(Renewable Portfolio Agreement, RPA)이 본격적으로 도입될 경우 중앙집중발전 시장에서 연료전지가 차지하는 비율은 급격히 상승할 것으로 예측됨.

다. SWOT 분석

1) 포지셔닝 맵

○ MCFC 발전시스템을 산업적 응용분야별로 분류하여 정치형 발전시장에서의 위치를 파악한 결과 백업파워는 저출력-고비용 시장에, 중앙집중발전은 고출력-저비용 시장에 속하고 분산전원은 출력과 비용 면에서 모두 백업파워와 중앙집중발전의 중간에 위치하는 중출력-중비용 시장에 속하는 것으로 분석되며 작동온도가 높아 기동시간이 길고 부하추종능력이 낮으며 작동원리상 이산화탄소를 필요로 한다는 점에서 볼 때 저출력-저비용 시장의 가정용에는 적합하지 않음.

○ 현재의 기술수준 및 주변 여건들을 종합해 볼 때 MCFC 발전시스템은 신뢰성이 확보된 상태에서 백업파워 시장 침투를 시작으로 대량생산에 따른 시스템 경제성 제고를 통해 분산발전시장에 진입하는 한편, 장기적으로는 대규모 시스템 구성에 대비한 스택 가격 하락이 수반되고 IGCC 상용화 등 연료비용에 대한 주변 여건이 해결된다면 중앙집중발전시장에 진입할 수 있을 것으로 판단됨.

○ MCFC 발전시스템의 종류와 각 종류별 기술 성숙도, 그리고 발전단가를 고려하였을 때 중앙집중발전시장은 내부개질 기반의 MCFC 발전시스템을 적용하여 LNG를 연료로 하는 화력발전시장을 우선적으로 대체한 후 IGCC 기술의 발전과 연계하여 석탄가스를 연료로 하는 외부개질형 MCFC 발전 시스템으로 그 영역을 확대해 나가는 전략이 요구됨.

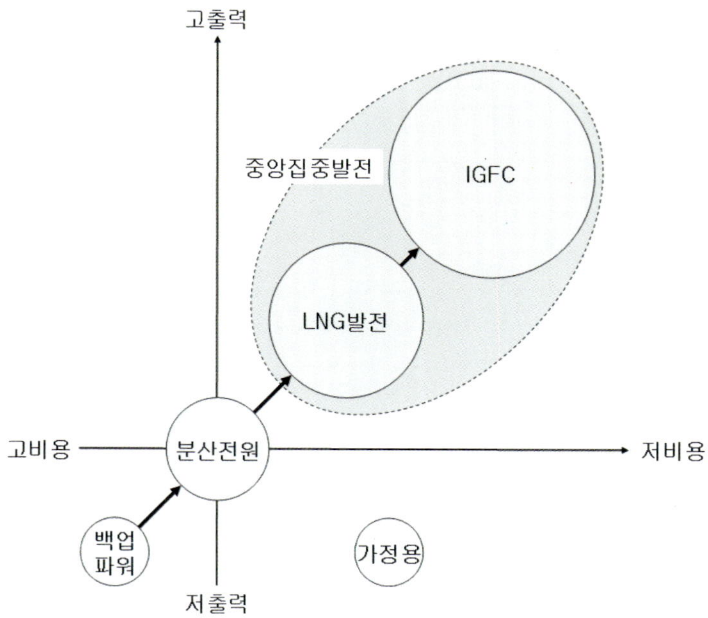

그림 3-26 산업적 응용분야별로 분류한 MCFC 발전시스템의 포지셔닝 맵

2) 포트폴리오 분석

○ 백업파워 시장의 경우 높은 발전효율 및 열병합의 장점을 적용하고 발전차액지원 등 지원책을 활용한다면 경쟁기술인 디젤발전기와는 달리 상시가동이 가능하므로 상대적으로 높은 시스템 가격에도 불구하고 MCFC 발전시스템의 시장경쟁력은 충분한 것으로 판단되나 현재의 시장보급 초기단계에서 시장 확대로 발전하기 위해서는 단기간 내에 신뢰성을 향상시키려는 노력이 필요하며 MCFC 발전시스템에 적합한 것으로 판단되는 IDT 등 부하변동이 크지 않은 백업파워의 연간 신규시장 규모는 약 25MW로 시스템 가격 하락을 유발할 수준의 양산 규모는 되지 않는 것으로 파악됨.

○ 분산전원시장은 연간 신규시장이 약 215MW 규모로 양산에 의한 경제성 확보를 유발할 만큼 충분히 크고 ADG나 LFG 같은 부생연료를 적용할 경우 신·재생에너지 지정을 받을 수 있다는 몇몇 장점은 있으나 현재의 기술수준으로는 기존 가스터빈이나 가스엔진에 비해 시스템의 가격이 5배 이상 높고 열병합이나 발전차액지원 및 설비투자지원 분야에서 기존 분산전원에 비해 큰 장점이 없기 때문에 본격적인 시장 진입을 위해서는 시스템 가격을 낮추는 것이 필수적인 요소임.

표 3-13 산업적 응용분야별 MCFC 발전 시스템 포트폴리오 분석

	시장규모* (MW/yr)	시스템 가격 ($/kW)	발전단가 (₩/kWh)	사용연료	기술수준 단계	기술적 진입장벽	지원정책
백업파워	25	<2000	-	NG	시장보급 초기	신뢰성 부족	발전차액 지원
분산전원	215	<1200	-	NG, ADG, LFG	실증보급 초기	시스템 가격	설비투자 추가지원
중앙집중 발전	218	<600	103	NG	개발 중	발전단가	RPA, RPS
IGFC	740		39	Coal	계획중	발전단가 관련기술 미성숙	

* 백업파워 : IDT 시장인 100MW를 기준으로 연 25% 시장규모 증가
분산전원 : 연 50만 가구의 신규 주택규모를 1,000가구당 430kW의 용량으로 환산
중앙집중발전 : LNG 발전설비의 25%(일반전력 가중치)의 5%(설비수명 20년)
LGFC : LNG 및 유류의 25%와 석탄의 50%(일반전력 가중치)의 합의 5%

- 분산전원의 경우 보급 초기에는 지방자치단체가 관할지역 내의 에너지수급안정, 또는 에너지 이용 합리화를 목적으로 추진하는 사업에 대하여 사업의 수립 및 시행을 지원하는 지역에너지사업이나 신·재생에너지의 기술개발 이용 보급 촉진과 에너지원의 다양화 및 에너지 구조의 환경친화를 목적으로 공공기관이 일정 면적 이상의 건축물 신축 시 건축공사비의 일부를 대체에너지 설비에 투자하도록 의무화한 대체에너지 개발 및 이용보급 촉진법을 활용하여 추가적인 설비투자를 지원받는 것도 가능함.
- 시스템의 단가가 매우 낮고 발전 단가가 연료 가격에 의해 좌우된다는 중앙집중발전시장의 특징을 고려해 보면 MCFC 발전시스템은 대용량 시스템 구성으로 시스템 가격에서 시스템 BOP의 비중을 낮추고 스택의 경제성을 획기적으로 개선함과 동시에 석탄가스 같은 경제적인 연료를 적용할 수 있는 기술의 개발이 요구되지만 초기시장에서는 신·재생에너지 개발협약(RPA)이나 신·재생에너지 발전의무 할당제(RPS) 등의 지원을 받아 일정 규모의 시장을 확보할 수 있으므로 상대적으로 기술 성숙도가 높은 내부개질형 MCFC 발전시스템을 중심으로 비교적 발전단가가 높은 LNG 화력발전 시장 진입이 가능함.
- 그러나 현재의 발전시장 구조상 LNG 발전은 기저전력보다는 일반전력으로 주로 활용되기 때문에 LNG 화력발전 시장에서 부하추종능력이 상대적으로 낮은 MCFC 발전시스템이 확보할 수 있는 시장은 제한적일 것으로 판단됨(전체 LNG 발전용량의 25% 가정).
- 중앙집중발전 시장에서 MCFC 발전시스템의 입지가 확대되기 위해서는 석탄가스화와 연계된 IGFC 발전시스템의 구성이 필수적이며 이 경우에는 시스템 및 스택의 경제성이 확보되었다는 전제로 발전 연료의 가격이 석탄 수준으로 낮아져서 LNG 이외에도 유류와

석탄 등 모든 기력발전 시장에서 MCFC 발전시스템이 적용 가능할 뿐만 아니라 가스터빈과 연계함으로써 MCFC 발전시스템의 약점인 부하추종능력을 보완할 수도 있지만 석탄가스를 연료로 사용하는데 적합한 것으로 판단되는 외부개질형 MCFC 발전시스템은 내부개질형에 비해 상대적으로 기술 완성도가 낮기 때문에 이에 대한 적극적인 보완책이 필요함.

3) 다세대 개발계획(Multi-Generation Project Plan, MGPP)

○ 기존의 MCFC 발전시스템에 대한 연구개발 추진체계는 산업적 응용분야에 대한 구분이 명확하지 않아서 고유의 특성을 가진 여러 기술들이 동일한 목표 시장을 놓고 경쟁관계에 놓이게 됨에 따라 연구 자원의 활용이 효율적이지 않았던 것으로 판단됨.

○ 여기서는 MCFC 발전시스템에 대한 연구개발 추진체계를 도출함에 있어서 앞에서 제시한 산업적 응용분야별 MCFC 발전 시스템 포트폴리오 분석을 활용하여 경쟁 기술과 사회 환경의 변화에 맞춰 유연하게 대처하고 비효율적인 자원의 배치와 활용을 최소한 기술개발 Road Map을 제시하고자 다음과 같이 MCFC 발전시스템의 다세대 개발계획을 작성하였음.

○ MCFC 발전 시스템의 다세대 개발계획 0세대는 스택 구성요소 소재의 개발이나 국산화, 혹은 시스템 BOP 구성품의 개발과 같이 산업적 응용분야 및 기술적 분류에 관계없이 모든 MCFC 발전시스템의 상용화에 공통적으로 필수적인 연구개발 내용이면서 특정 기업이 관심을 갖기 어려운 원천기술 관련 연구개발을 의미함.

표 3-14 MCFC 발전 시스템의 다세대 개발계획

항목	목적	대상기술	사용연료	Winning Point	목표시장	시장본격 진입시기
0세대	원천기술확보	전체	-	-	-	-
1세대	신뢰성 향상	내부개질형	LNG, ADG, LFG	시스템 신뢰성	백업파워	2007
2세대	시스템 경제성 확보	내부개질형	LNG, ADG, LFG	시스템 $1200/kW	분산전원	2010
2.5세대	시스템 경제성 확보	내부개질형	LNG	발전단가 ₩103/kWh	중앙집중발전 (LNG 발전)	2015
3세대	IGFC 시스템 개발	외부개질형	Coal Gas	발전단가 ₩39/kWh	IGFC	2018
3.5세대	실증운전 및 경제성/신뢰성 검증	외부개질형	Coal Gas	시스템 신뢰성		
4세대	대형화 및 상용화	외부개질형	Coal Gas	시스템 수백 MW	IGFC	2020 이후

- MCFC 발전 시스템의 다세대 개발계획 1세대는 경제성을 갖춘 것으로 판단되는 백업파워의 시장 공략을 위하여 MCFC 스택 및 시스템의 신뢰성 향상에 주력하는 연구개발 분야로서 주된 연구 대상은 내부개질형 MCFC 발전시스템이지만 스택의 신뢰성과 관련된 부분은 외부개질형 시스템과도 밀접하게 관련됨.
- 다세대 개발계획 2세대는 신뢰성이 확보된 상태에서 MCFC 발전시스템의 경제성을 확보하여 분산전원 시장에 본격적으로 참여하는 데 요구되는 연구개발 분야로서 1세대와 마찬가지로 주된 연구 대상은 내부개질형 MCFC 발전시스템이지만 시스템 BOP 개발과 관련된 부분 일부는 외부개질형 시스템과도 밀접하게 관련됨.
- 기존의 LNG 화력발전소를 내부개질형 MCFC 발전시스템이 대체하는 것을 지원하는 2.5세대 개발계획은 산업 응용분야별 측면에서는 3세대에 가까우나 대상 기술과 개발계획의 목적은 2세대와 유사함.
- 다세대 개발계획 3세대는 발전단가 측면에서 유리한 것으로 판단되는 외부개질형 MCFC 발전시스템을 활용하여 석탄 가스화와 연계하여 IGFC 시스템을 개발하고 3.5세대로 분류한 실증운전을 통하여 시스템의 신뢰성 및 경제성을 검증하는 연구개발 단계로 기술개발 단계에서 3세대와 3.5세대는 3세대로 간주함.
- 다세대 개발계획 4세대는 IGFC 발전시스템의 대형화를 통하여 수백 MW급 시스템을 개발하고 이를 본격적으로 상용화하는 기술을 지원하는 연구개발 단계임.
- 이상의 다세대 개발계획에 따라 각각의 산업적 응용분야에 대한 MCFC 발전시스템의 SWOT 분석을 통하여 기술적 장벽을 제거하기 위한 세부 연구개발 과제 및 사회적, 경제적 장벽을 환화하는데 필요한 지원정책을 도출하고자 하였음.

4) 산업적 응용분야에 따른 MCFC 발전 시스템의 SWOT 분석

① 백업파워

- SWOT 분석에서는 전체적으로 기회와 강점(SO)에서는 시장 확대 방안을, 기회와 단점(WO)에서는 연구개발 대상을, 위협과 강점(ST)에서는 정책적 지원 방안을, 그리고 위협과 단점(WT)에서는 회피를 위한 장기 전략을 도출하였음.
- 백업파워 시장에 대한 SWOT 분석을 실시한 결과 시장 확대 방안으로는 연료전지 발전시스템에 적합한 것으로 보이는 IDC 시장을 중심으로 시장에 진입하면서 ADG나 LFG 등 부생가스를 이용한 MCFC 발전은 경쟁기술 대비 경제성 확보에 특히 유리한 분야이므로 하수처리장 및 지방자치단체와 연계하여 해당 분야에 대한 적극적인 신수요 발굴 노력이 필요함.

표 3-15 백업파워 시장에서 MCFC 발전 시스템의 SWOT 분석

외부환경 / 내부역량		기회(O)	위협(T)
		1. IDC 백업파워 시장 확대 2. 유가인상 3. 발전차액 지원제도 실시	i. M/T 등 경쟁기술 발전 ii. 사회적 인식 부족 iii. 타 연료전지와의 경쟁 iv. 전체 시장 규모 협소 v. 표준안 및 규격 부재
강점(S)	A. 높은 발전효율 B. 높은 정전시 응답성 C. 우수한 지속성 D. LNG 연료 사용 E. 부생가스 사용가능 F. 열병합 가능 G. CO_2 배출 저감 가능 H. 낮은 공해물질 배출	1:B, C, H - IDC 백업파워 시장 조기진입 1:D, E, F, G, H - 설치 제약조건 감소 2, 3:A, D, E, F, G - 경쟁기술대비 경제성 확보 - 신규 시장 적극 발굴 3:C, D - 상시 발전 가능	i, iii:A, B, G, H - 비교 우위 역량 적극 홍보 ii:A, D, E, F, G, H - 주요 기관 중심 보급 지원 - 주요 수요처 홍보 강화 - 지원 프로그램 적극 활용 - 신규 지원정책 도출 v: - 표준안 및 정부규격 도출 - 세계 표준안 및 규격 대응 - 해당 분야 전문가집단 양성
약점(W)	a. 낮은 부하추종 성능 b. 신뢰성 미검증 c. 국내 기술 미성숙	1:a - 타 발전방식 연계기술 개발 1:b - 스택 신뢰성 향상 연구 - 시스템 신뢰성 향상 연구 1:c - 국내 원천기술 개발 - 선진업체와 기술개발 협력	iv:c - 해외시장 개척

○ 백업파워 시장에 대한 SWOT 분석을 실시한 결과 시장 확대 방안으로는 연료전지 발전 시스템에 적합한 것으로 보이는 IDC 시장을 중심으로 시장에 진입하면서 ADG나 LFG 등 부생가스를 이용한 MCFC 발전은 경쟁기술 대비 경제성 확보에 특히 유리한 분야이므로 하수처리장 및 지방자치단체와 연계하여 해당 분야에 대한 적극적인 신수요 발굴 노력이 필요함.

○ 기술개발 측면에서는 신뢰성 부족 문제를 극복하기 위한 국내 기술 개발 및 선진업체와의 기술개발 협력이 추진되어야 할 것으로 분석되는데, 이 분야는 제품의 보급 및 운전과 밀접한 관계가 있고, 또한 이미 경제적으로는 백업파워 시장에서 MCFC 발전 시스템이 경쟁기술 대비 경제성을 확보하고 있다는 분석 아래 몇몇 기업체들이 초기 시장에 뛰어든 만큼 현재 해당 분야에 참여하고 있는 기업체들을 적극 활용하여 현장과 밀착된 연구개발을 추진해야 할 것으로 판단됨.

○ 정책적으로는 마이크로터빈이나 타 연료전지 시스템 대비 비교 우위 역량에 대한 홍보

를 강화하고 발전차액 지원제도 등 지원 프로그램을 적극 활용하는 한편 CFC-Solution의 경우처럼 병원이나 IDC 등 홍보 효과가 뛰어난 시설을 중심으로 한 보급 확대 방안도 도입할 필요가 있으며 MCFC 발전시스템 중에서 가장 먼저 산업화에 진입할 것으로 예측되는 만큼 상용화 보급에 필수적인 표준화 및 정부규격 마련이 시급하고, 세계 표준 및 규격에 대한 긴밀한 대응이 요구되므로 국내 전문가집단 양성을 위한 지원도 필수적임.

○ 백업파워 시장은 MCFC 발전 시스템의 시장규모는 경제성 달성에 필수 요소인 양산 효과를 유발할 만큼 충분히 크지 않은 것으로 판단되므로 해외시장 공략에 대한 노력도 지속적으로 필요함.

② 분산전원

○ 분산전원 시장에서 MCFC 발전 시스템에 대한 SWOT 분석 결과를 살펴보면 우선 시장 확대 방안으로는 백업파워의 경우와 마찬가지로 ADG나 LFG 등 부생가스를 이용하면 추가적인 경제성 확보가 가능하므로 수 MW 이상 되는 분산발전 규모를 운영할 수 있는 부생가스 발생 시설이 밀집된 대도시 지역을 중심으로 한 정밀한 수요 조사가 요구됨.

표 3-16 분산전원 시장에서 MCFC 발전 시스템의 SWOT 분석

외부환경 / 내부역량		기회(O)	위협(T)
		1. 분산전원 시장 확대 **2. 관련 기업 관심 고조** **3. 설치자금 지원제도 실시** **4. 환경에 대한 관심 증대**	**i. G/T등 경쟁기술 발전** **ii. 사회적 인식 부족** **iii. 타 연료전지와의 경쟁**
강점(S)	**A. 높은 발전효율** **B. 부생가스 사용가능** **C. CO_2 배출 저감 가능** **D. 낮은 공해물질 배출**	1:A, C, D - 분산전원시장 조기 공략 1:A, B - 경쟁기술 대비 경제성 확보 2:A, B, 3:A, B, 4:C, D - 신규 시장 적극 발굴	I, ii, iii:A, B, C, D - 비교 우위 역량 적극 홍보 - 실증보급 확대 지원 - 주요 수요처 홍보 강화 - 지원 프로그램 적극 활용 - 배출가스저감 지원제도 도출
약점(W)	**a. 높은 시스템 가격** **b. 낮은 신뢰성** **c. 국내 기술 미성숙**	1:a, b, c - 국내 기술 개발 - 선진업체와 기술개발 협력 2:b, c - 연구개발 투자 유도	i:a, b, c - 장기적인 보급대책 마련

○ 기술적으로는 MCFC 발전 시스템의 경제성 향상이 최우선적인 요소이며 신뢰성 확보 또한 중요한 과제이므로 이들 문제를 해결하기 위해서는 스택 구성요소와 시스템 BOP 구성품에 대한 기초연구를 포함한 국내 기술 개발 및 선진업체와의 기술개발 협력이 추진되어야 하며 적절한 지원책을 마련하여 초기 시장에 투자하고 있는 기업체로 하여금 연구개발 투자를 유도해야 할 것으로 판단됨.

○ 정책적으로는 대체에너지 이용보급 촉진법이나 지역에너지 사업 등 정부나 지방자치단체의 지원 프로그램을 적극 활용하여 실증보급을 확대함으로써 경쟁 기술 대비 비교우위에 있는 역량을 적극 홍보하는 한편 연료전지만을 위한 신규 지원책을 도출하고 연구개발 Road Map과 연계된 중장기적인 시장진입 전략을 수립해야 할 것으로 분석됨.

③ 중앙집중발전

○ MCFC 발전 시스템에 대한 중앙집중발전 시장에서의 SWOT 분석을 실시한 결과 NIMBY 현상의 해소하는 방법으로서 RPS의 전단계인 RPA의 지원을 받아 내부개질형 MCFC 발전시스템으로 인구밀집지역의 LNG 화력발전소를 우선적으로 대체하면서 초기 중앙집중발전 시장에 진입하는 전략 추진도 가능할 뿐만 아니라 향후 CO_2 배출권 거래 등 지구온난화 방지협약 대응전략으로도 MCFC 발전시스템의 중앙집중발전 시장에서의 초기 시장 확보는 가능할 것으로 분석됨.

○ 그러나 기술개발적인 측면에서 볼 때 내부개질형 MCFC 발전시스템으로 진입 가능한 LNG와 일부 유류 화력발전 시장은 주로 변동부하를 담당하기 때문에 부하변동 대응력이 떨어진다는 연료전지 발전시스템의 특성상 시장의 한계가 존재하므로 안정적인 거대시장 확보를 위해서는 가스터빈과 연계된 IGFC 시스템에 적합하며 대규모 시스템의 경제성 확보에도 유리한 것으로 판단되는 대용량 외부개질형 MCFC 발전시스템의 개발이 필수적이나 외부개질형 MCFC 발전시스템은 내부개질형에 비해 기술 성숙도가 떨어지고 IGCC와의 연계를 고려할 경우 대규모의 개발사업 추진이 필수적이라는 점을 고려해 볼 때 이 분야에 대해서는 원천기술 개발을 포함한 국가 주도형 중장기 연구개발사업을 도출할 필요가 있으며 필요에 따라서는 해외 협력 연구과제를 포함한 선진 업체, 혹은 외국 정부와의 기술개발 협력도 요구됨.

○ 정책적으로는 백업파워나 분산발전 시장에 보급되는 MCFC 발전시스템의 신뢰성 및 경제성 발전 추이를 파악하여 점진적으로 신·재생에너지 지원정책의 중심축을 발전차액 지원제도에서 RPS 제도로 이동시킴으로써 연료전지 산업을 육성하는 동시에 신·재생에너지의 보급을 본격화하고 미래의 수소경제 도래에 대비하는 전략이 요구됨.

○ IGCC 기술 자체도 전 세계적으로 완전 상용화에 도달하지 못한 만큼 해당 기술의 전 세계적인 발전 추이에 면밀히 대처하고 향후 기술개발 일정 및 연구의 초점을 함께 공유하는 추진전략이 필요함.

표 3-17 중앙집중발전 시장에서 MCFC 발전 시스템의 SWOT 분석

내부역량 \ 외부환경		기회(O)	위협(T)
		1. 원유고갈 및 유가인상 2. NIMBY 현상 팽배 3. 지구 온난화 문제 대두 4. 에너지자원 안보화 추세 5. RPA/RPS 제도 도입 6. IGCC 기술 발전	i. 화력 발전 변동부하 집중 ii. LNG 시장 한계 iii. G/T등 경쟁기술 발전 iv. 높은 원자력 발전 비율
강점 (S)	A. 높은 발전효율 B. 석탄가스 사용 가능 C. CO_2 배출 저감 가능 D. 낮은 공해물질 배출	1:A, B - 노후 화력 대체 시장 공략 2:C, D - 인구밀집지역 시장 공략 3:A, C, D - CO_2 배출권 거래제도 활용 5:A, C, D - LNG 발전 시장 진입	iii:A, B, C, D - 비교 우위 역량 적극 홍보 iv: C, D - 인구밀집지역 시장 공략 iv. A - 지원 정책의 시기적 조절
약점 (W)	a. 높은 시스템 가격 b. 높은 발전단가 c. 핵심 기술 미성숙 d. 주변 기술 미성숙 e. 낮은 부하추종 능력	4:a, c - 국내 원천기술 개발 - 선진업체와 기술개발 협력 4:b, c, 6:c, d - IGFC 기술 개발 추진 6. e - 터빈 연계 IGFC 구성	iii:a, b, iv:a, b - 신규 장기 지원책 도출 ii:c, d iii:c, d - 국가 주도 연구과제 도출 - 해외 협력 연구과제 추진

3. 국내 산업 현황 및 타 산업과의 연관성

가. 산업의 현황

○ 현재 국내에서는 포스코에서 그룹 차원으로 발전용 연료전지의 상용화를 추진하여 계열사인 포스코파워에서 미국 FCE社와 상용화 및 기술개발에 대한 광범위한 업무협약을 체결하고 FCE사 제품을 국내에 보급함과 동시에 시스템 국산화를 위한 연구개발을 추진하고 있음.

○ 현재 포스코파워와 포스콘은 영일만항 배후 산업단지에 MCFC 발전시스템 생산 공장을 건설하기로 하고 20만여 ㎡의 부지조성 공사를 수행하고 있음.

○ 연료전지 시스템 생산을 맡게 될 포스콘은 2008년 5월부터 미국 FCE사로부터 기술인수를 통해 발전용 연료전지를 본격적으로 생산하는 한편 2008년 3월부터 연료전지 생산 공장과 연구소, 홍보관을 착공해 8월 말 1단계 준공에 이어 2010년까지 100KW 규모의 2단계 공장 건설을 마무리할 계획임.

○ 한편 한전에서는 전력연구원에서 개발 중인 외부개질형 시스템의 상용화에 주력하면서

포스코와 발전용 연료전지 사업을 위한 업무협약을 체결하여 이 분야에 대한 사업 다각화와 공동 연구개발을 추진할 예정임.

○ 두산중공업은 내부개질형 시스템 기술을 기반으로 한 발전용 MCFC 시스템을 순수 국내 기술로 개발하기로 하고 2007년부터 연구개발을 시작하였음.

나. 타 산업과의 연관성

1) 연료전지 관련 산업 분야

○ 발전용 연료전지는 주요 부품인 스택 외에도 스택에 연료와 공기를 제공하는 MBOP (Mechanical Balance of Plant)와 스택에서 생산된 전기를 계통에 공급하는 EBOP(Electric Balance of Plant)로 구성됨.

○ MBOP는 연료개질기나 촉매연소기 같은 주요 구성요소 이외에도 열교환기, 펌프, 송풍기, 센서, 정수장치, 필터 등 다양한 구성요소로 이루어지며 EBOP도 인버터뿐만 아니라 PLC 등 제어와 관련된 다양한 구성요소로 이루어져 있음.

○ 따라서 발전용 MCFC의 상용화는 연료전지 시스템 자체만의 문제가 아니라 산업 전체에 있어서 새로운 시장 창출이 가능한 하나의 새로운 산업체계 형성으로 파악하여야 함

○ 또한 이 분야는 전 세계적으로도 극히 일부 업체만이 핵심기술을 보유하고 있으므로 국내 기술개발 추이에 따라서는 막대한 해외시장을 조기 확보하여 국가 경제에 크게 기여할 수 있을 것으로 판단됨.

2) 사회경제적 측면

○ 우리나라 산업에서 중요한 역할을 하는 반도체, 자동차 등 정밀 산업의 발전은 고품질 전력을 요구하고 있어 현재와 같은 전력 송배전 구도로는 이와 같은 고급 수요에 대한 대처가 부족하므로 고품질 전력에 대한 분산전원 발전 시스템의 도입이 필수적임.

○ NIMBY 현상의 팽배로 인해 신규 입지 선정 및 폐기물 처리에 곤란을 겪고 있는 원자력발전을 대신해 연료전지 발전시스템이 기저부하를 담당할 경우 공해물질의 배출량이 매우 적고 규모에 따른 발전효율의 변화가 거의 없기 때문에 수요지 인근에 설치할 수 있으므로 송배전에 따른 손실을 감소시킬 수 있어서 전체적인 발전 에너지 사용 효율을 향상시킬 수 있음.

○ 경제적으로도 연료전지 발전시스템이 시장에 본격적으로 참여할 경우 국내에만 백업파워 연 500억, 분산전원 시장의 연 2,580억 원, 중앙집중발전 시장의 경우 연 5,750억 원 등 최소 연 8,830억 원 규모의 발전용 연료전지 산업이 새롭게 형성됨.

○ 백업파워, 분산전원, 그리고 중앙집중발전 시장으로의 단계적 접근은 향후 수소경제의 도래에 대비하여 연구개발 비용을 분산시키고 사회경제적 충격을 최소화할 수 있는 효율적인 방안임.

3) 환경 보호적 측면

○ 교토 의정서에 따르면 2008~2012년까지 이산화탄소를 1990년 대비 EU 회원국은 8%, 미국은 7%, 일본은 6%를 삭감하여야 하며, 최근에는 이를 더욱 강화하여야 한다는 주장이 강화되고 있는데 이산화탄소 발생량 세계 10위인 우리나라도 이에 대한 대비가 시급함.

○ 우리나라도 2018년으로 예상되었던 온실가스 감축 의무가 2013년경으로 앞당겨질 전망이어서 온실 가스 배출을 감축할 수 있는 연료전지 발전시스템의 기술 개발이 절실함.

○ 연료전지 발전시스템은 화력발전에 비해 에너지전환효율이 높기 때문에 백업파워나 분산전원, 그리고 중앙집중발전에 적용될 경우 에너지 사용량을 절약할 수 있을 뿐만 아니라 온실가스를 포함한 오염물의 배출도 저감할 수 있음.

4) 에너지 안보적 측면

○ 현대사회에 있어서 에너지원의 확보는 경제 및 산업 발달에 필수적인 핵심 요소로서 에너지 소비량의 급속한 증가와 화석연료의 가채매장량 한계로 인해 에너지자원의 확보는 국가안보적인 차원에서 다루어지고 있음.

그림 3-27 에너지 패러다임의 변화와 연료전지의 역할

○ 전 세계적으로도 현재 에너지 경제 구도가 화석에너지로부터 수소 경제로 전환하는 에너지 패러다임의 대변환 시대에 돌입하고 있으므로 이러한 변화 적응에 뒤떨어지면 지난 세기에 이어 앞으로도 에너지 측면에서 에너지 자원 빈국으로서 에너지 부국에 종속적인 구도가 유지될 것임.

○ 우리나라가 에너지 자원 빈국이라는 현실을 극복하고 제2의 경제도약을 이루기 위해서는 가채매장량 및 지역 편중성이 없는 수소에너지를 에너지원으로 하는 전력에너지 생산기술의 확보가 필수적임.

○ 에너지 소비 구조에서 중요한 역할을 하는 발전시장에서 수소를 에너지원으로 하는 연료전지 발전시스템이 보편화되면 에너지자원의 수입을 감소시킬 수 있으므로 고유가 시대를 능동적으로 대처할 수 있을 뿐만 아니라 국가적 에너지 안보를 강화시킬 수 있음.

다. 기술인력 확보 및 수급현황

○ 연료전지 발전시스템은 스택, MBOP, EBOP를 구성하는 다양한 재료 및 부품으로 이루어져있기 때문에 화공, 금속 및 세라믹재료, 기계, 전기 등 다양한 분야의 기술인력이 요구되는 분야임.

○ 지금까지 발전용 MCFC 시스템에서 기술인력 확보는 1993년부터 진행된 연구개발 사업에 중점을 두고 수행되어 왔으며, 그 결과 제한된 인원만이 양성되어 왔음.

○ 향후 발전용 MCFC 시스템이 본격적으로 상용화된다면 지금까지 확보된 기술인력으로는 턱없이 부족하기 때문에 체계적인 인력양성을 위한 방안이 반드시 마련되어야만 함

○ 가정용 연료전지나 자동차용 연료전지의 경우를 살펴보면 연료전지와 관련된 연구개발 과제에 참여하고 있는 각 대학이나 출연연구소 출신의 기술인력이 해당 업체에 진출하여 해당 기술의 기술개발 및 상용화에 크게 기여하고 있음.

○ 따라서 신규 인력 양성과 함께 지금까지 발전용 MCFC 시스템에 대한 연구개발에 참여해왔던 기술인력들에 대한 데이터베이스를 확보하여 이들이 보유하고 있는 기술과 지식을 효율적으로 활용하고자하는 노력도 동시에 필요하다고 판단됨.

○ 한편 지금까지의 발전용 MCFC에 대한 기술인력 양성은 주로 스택을 중심으로 추진되어 왔으며 시스템 각 분야와 시스템 통합 분야는 상대적으로 소홀하였으므로 이들 분야에 대한 인력이 절대적으로 부족한 상황이므로 이에 대한 대책 마련도 시급함.

III. R&D 추진 성과 및 보급시장 분석

1. 과거('88~'06) R&D 추진 현황

표 3-18 국내 MCFC 관련 연구과제 연혁 및 현황

기간	과제명	구분	수행기관(참여기업)	총 연구비	평가	활용
'89.09~ '91.12	용융탄산염 연료전지전극의 제작 및 부식특성연구	1	한양대	72,054	우수	기초자료
'90.04~ '91.12	용융탄산염연료전지용 Perovskite Type Cathode 개발 및 성능예측모델 연구	2	고려대	31,875	우수	품질향상중
'89.09~ '92.12	용융탄산염 연료전지 기본기술 개발	3	KIST	302,117	보통	사업성과 활용
'92.02~ '94.12	연료전지(MCFC)발전 시스템 개발	4	삼성전자(연) (삼성전자)	2,676,236	우수	후속연구 진행
'93.02~ '96.12	2kw급 용융탄산염형 연료전지 시스템 개발	5	전력연구원 (삼성중공업)	6,068,792	우수	기초자료
'95.07~ '96.12	2kw급 용융탄산염형 연료전지 스택제조기술 개발	6	삼성중공업 중앙연 (삼성중공업)	1,822,096	보통	기초자료
'96.12~ '99.12	100kw급 외부 개질형 용융탄산염형 연료전지 시스템 개발	7	전력연구원 (삼성중공업)	12,238,824	우수	후속연구 진행
'96.12~ '99.12	5kw급 내부 개질형 용융탄산염 연료전지 스택개발	8	KIST	1,554,750	우수	후속연구 진행
'00.01~ '00.12	용융탄산염 연료전지 발전시스템 운용기술 개발	9	전력연구원 (한국중공업)	2,657,000	3년 유예	후속연구 진행
'01.04~ '05.09	100kw급 외부개질형 용융탄산염형 연료전지 시스템 개발	10	전력연구원 (효성, 삼성eng.)	8,768,000	성공	후속연구 진행
'04.09~ '09.08	250kW급 열병합 MCFC Proto-Type 개발 및 평가기술 개발	11	전력연구원, RIST (한국전력, 포스코, 효성, 삼성 eng.)	24,157,000	-	진행 중
'04.09~ '07.08	250kW급 용융탄산염 연료전지 (MCFC) 발전시스템 실증연구	12	포스코 파워(효성, 포철산기)	8,198,000	-	
'07~'08	내부개질형 300kW급 MCFC 시스템 국산화 기술개발(기업내부과제)	13	포스콘	-	-	진행 중
'07.09~ '10.08	고효율 300kW급 내부개질형 MCFC 스택 및 시스템 국산화 기술개발	14	두산중공업	38,070,000	-	진행 중

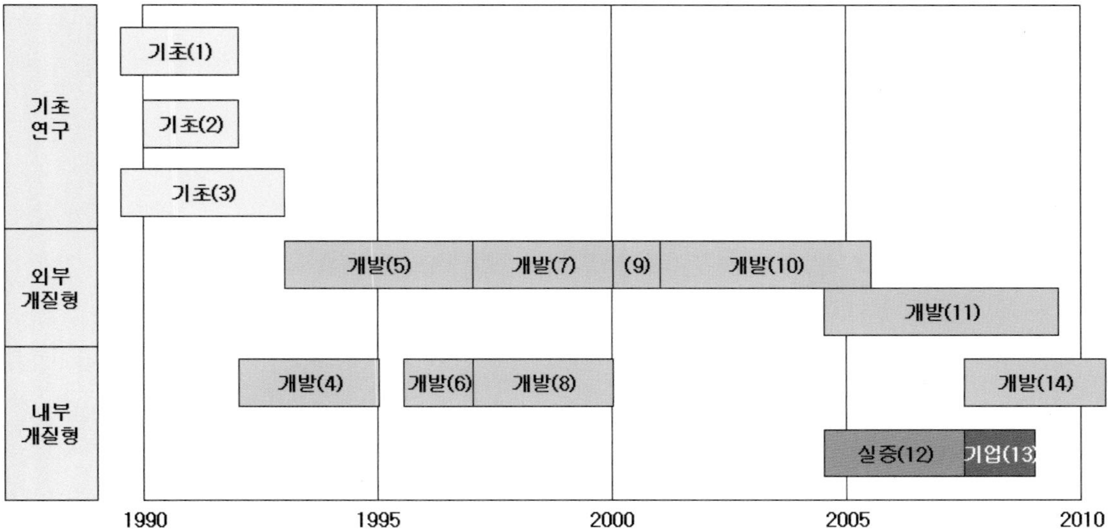

그림 3-28 국내 MCFC 연구개발 연혁 및 현황

가. 기초연구

○ 1989년부터 대학과 국책연구소를 중심으로 MCFC 개발에 대한 기초연구에 착수하였으나(1, 2, 3) 1992년 이후 스택, 혹은 시스템 개발과제가 수행되면서 각 과제의 위탁과제 형식으로 과제에서 요구되는 기반기술을 중심으로 연구하는 기초연구가 수행되었으며 전반적인 기반기술 확보를 위한 체계적인 접근이 전무하였음.

○ 또한 지금까지 독립과제로, 혹은 개발과제의 위탁과제로 수행된 기초연구들은 대부분 스택 구성요소 연구개발에 집중되었으며 시스템의 BOP 구성품에 대한 기초연구는 상대적으로 빈약하였음.

○ 향후 스택 구성요소뿐만 아니라 시스템의 BOP 구성품을 포함한 전반적인 기초기술에 관한 고유의 원천기술 확보 및 선진 기술 동향에 대한 기민한 대응을 위해서는 장기적인 비전을 가진 기초연구 지원 계획이 필요하다고 판단됨.

나. 외부개질형 MCFC

○ 우리나라의 외부개질형 MCFC 스택 및 시스템 개발 과제는 수소경제시대를 대비한 중앙집중발전시장을 목표로 1993년에 시작되어 모두 4단계로 나뉘어 한전 전력연구원의 주도하에 연구개발을 수행하였으며 그 과정에서 기반기술 확보, 스택의 대면적화 및 고적층화, 시스템 구성 및 운전 등의 연구 성과를 확보하였음.

○ 1992년에 정부의 21C 선도기술개발사업의 일환으로 MCFC 기술이 선정되어 1993년부터 연구개발을 시작하였으며 기반기술 확보를 목표로 1단계인 1996년까지 2kW급 스택을 개발하여 운전평가를 실시하였음(5).

○ 2단계인 2000년까지는 스택의 대면적화 및 고적층 기술, 시스템 종합 및 운영기술, 그리고 장수명화 기술을 중심으로 기술개발을 추진하여 25kW급 MCFC 스택을 개발하고 운전평가를 실시하였으며(7) 3단계인 2005년까지는 50kW급 스택 및 50kW급 스택 2기록 구성된 100kW급 시스템을 개발하여 운전평가를 실시하였음(9, 10).

○ 2004년에 시작된 4단계 연구개발에서는 전력산업기반기금의 지원하에 주관기관인 전력연구원과 포항산업과학연구원을 중심으로 발전6사와 효성중공업, 삼성엔지니어링, 한국과학기술연구원 및 다수의 대학이 참여한 연구개발 컨소시엄을 조직하여 250kW급 MCFC 시스템 개발을 목표로 연구개발사업을 진행 중이며 이를 통해 스택의 대면적 및 고적층 기술, 고효율 및 고신뢰성 시스템 개발 기술, 그리고 상업화를 전제로 한 시스템 운영기술을 확보하고자 함(11).

○ 이상의 연구개발 추진 과정에서 외국과의 기술제휴 없이 순수한 국내기술만으로 스택 구성요소를 개발하고 제조공정을 최적화하여 MCFC 스택 및 시스템 개발에 활용함으로써 MCFC 기술 개발에 크게 기여하였으나 과제 추진 과정에서 대학 등 참여기관이 해당 과제 수행에 필요한 기술 연구를 중심으로 기초연구를 수행함으로써 스택의 구성요소와 시스템의 BOP 구성품에 대한 원천기술의 선행연구가 미흡하였으며 개발품에 대한 실증연구가 병행되지 않음으로써 구조적으로 과제 수행 결과가 후속과제에 충분히 피드백 될 수 없었음.

다. 내부개질형 MCFC

○ 내부개질형 MCFC 기술은 외부개질형 MCFC 기술과 함께 1992년부터 삼성전자 연구소의 주관으로 연구가 수행되었으나 1995년 해당 연구의 주관이 삼성중공업 중앙연구소로 이관되고 IMF 등의 여파로 1996년 이후에는 KIST 주관으로 연구가 수행되는 과정에서 체계적인 기술개발이 진행되지 못하였으며 1999년 5kW급 내부개질형 MCFC 스택을 개발하여 운전평가를 실시한 이후 2000년 이후 참여기업 부재 등의 이유로 내부개질형 MCFC에 대한 연구개발이 중단되었음.

○ 2002년 이후 분산전원에 대한 관심 고조 및 FCE의 MCFC 상용화 성공 이후 국내에서도 내부개질형 MCFC에 대한 연구개발 필요성이 대두되어 국내에 분산전운용 MCFC 발전시스템을 소개하고 운전 현황 및 경제성 평가를 실시하며 발전용 연료전지 시스템 운

영에 대한 정부의 정책 결정에 필요한 자료를 제공하려는 목적으로 당시 포스코 주관 하에 FCE의 DFC300 시스템 2기를 도입하여 에너지관리공단에서 지원하는 실증연구사업의 일환으로 2004년부터 3년간 도시가스 및 하수처리장 부생가스를 이용한 실증운전을 실시하였음.

- 포스코파워에서는 FCE와 전략적 제휴를 맺고 FCE 시스템의 도입 및 기술제휴를 통한 국산화를 추진하여 포스콘과 함께 DFC300MA 시스템을 국내에서 조립 생산하기 위해 자체적으로 FCE로부터 시스템 기술을 인수하여 내부개질형 MCFC 시스템 개발과제를 자체적으로 시작함과 동시에 시스템 조립공장 부지를 조성함.
- 두산중공업에서도 한국과학기술연구원, 한국에너지기술연구원 등 연구기관과 다수의 대학이 참여하는 컨소시엄을 조직하여 FCE의 기술을 벤치마킹하여 2007년부터 2010년까지 스택을 포함한 내부개질형 300kW급 MCFC 스택 및 시스템을 순수 자체 기술로 독자 개발하는 과제를 에너지관리공단에서 지원받는 정부과제 형태로 추진 중.
- 포스코파워와 포스콘은 FCE로부터 시스템 기술을 인수받기 때문에 기술개발 기간이 짧고 개발품의 완성도가 높다는 장점이 있으나 스택에 대한 기술은 FCE에 지속적으로 의존해야 한다는 문제점이 있음. 두산중공업은 스택을 포함한 시스템 전부에 대한 독자개발을 추진함으로써 원천기술을 확보하여 기술 자립도를 높일 수 있다는 장점이 있으나 기초기술에 대한 선행연구가 거의 전무한 상태에서 스택의 구성요소와 시스템의 BOP 구성품에 대한 기초기술부터 연구를 시작하여 단기간에 시스템을 개발하고자 한다는 문제점이 있음.

2. 주요 R&D 성과

가. 기술적 성과

- MCFC 분야의 주요 기술적 R&D 성과는 외부개질형 MCFC 개발 분야에 집중되어 있음.
- 처음에는 $100cm^2$ 규모에서 시작하였으나 현재 순수 국내 개발 기술로 세계 최고 수준인 $10,000cm^2$급 구성요소 및 분리판을 설계 및 제작할 수 있는 기술을 확보하였고 이를 이용하여 100단 이상의 고적층을 통해 125kW급 스택을 제작하는 연구가 수행 되고 있음.
- 시스템 분야에서는 100kW급 플랜트 및 연료개질기, 촉매연소기 등 구성 부품의 설계 및 제작에 관한 연구개발이 순수 국내 기술만으로 완료되었고 현재 250kW급 플랜트에 대한 연구개발이 수행되고 있음.

나. 산업태동성과

- 포항산업과학연구원과 탄천환경에 내부개질형 MCFC 발전시스템 각각 1기씩의 실증운전을 실시함으로써 국내에 연료전지 발전시스템을 소개하고 이에 대한 관심을 이끌어내는데 성공하였으며 발전차액 지원제도 도출을 위한 기반 자료를 제공함으로써 MCFC 발전시스템의 상용화에 결정적으로 기여함.
- 또한 실증 시스템의 운전을 통하여 MCFC 발전시스템의 목표 시장을 파악하고 운전 및 정비 기술을 습득하였으며 그 과정에서 시스템에 대한 이해를 높임으로써 해당 분야의 기술인력 양성에도 크게 기여함.

다. 전문기업 육성

- 외부개질형 MCFC 개발을 통하여 MCFC 구성요소 및 분리판을 전문적으로 제작하는 벤처기업인 트윈에너지 주식회사와 주식회사 오토엔이 육성되었으며 시스템 개발을 통해서도 참여기업인 삼성엔지니어링이 MCFC 플랜트 설계기술을 확보하였음.
- 또한 포스코파워와 포스콘은 내부개질형 MCFC 시스템 실증과제 결과를 바탕으로 MCFC 발전시스템의 상용화와 국산화를 본격적으로 수행하고 있는데 이들 기업은 현재 시스템 국내 생산 및 국산화를 위한 공장을 건설하고 국내 시스템 구성요소 제조 업체 확보를 위한 실무를 추진하고 있으며 아울러 실증과제의 참여기업인 포철산기는 MCFC 발전시스템의 설치 및 유지보수에 대한 기술을 확보하여 이 분야에 대한 전문기업의 발전을 추진하고 있음.

3. 국내 시장 동향

- 지금까지 MCFC 발전시스템은 FCE社의 제품을 중심으로 국내 보급이 진행되어 왔는데 실증 연구를 위한 250kW급 시스템 2기가 포항산업과학연구원 및 서울 탄천환경에 설치되었고 그 외에도 광주 조선대학 부속병원 및 성남 분당 화력발전소에 각각 1기씩 보급되었음.
- MCFC 발전시스템의 보급을 주관하고 있는 포스코파워에 따르면 2007년 현재 5MW 규모의 시스템이 계약을 마치고 제작 중에 있음.
- 현재 포스코파워는 HS-Holdings 및 Octo-Partners & MPC와 각각 7.5MW 및 7.2MW의 발전시스템 판매 계약을 맺었으며 서울시 5개 하수처리장 및 한국전력의 발전 자회사에 각각 7.2MW 및 2.4MW 규모의 발전시스템 보급을 추진하는 등 수요 확대에 주력하고 있음.

4. 국내시장에 대한 장기 전망

- 앞서 자세히 고찰한 바와 같이 발전용 MCFC 시스템이 초기에 보급될 것으로 생각되는 백업파워 분야는 시장이 협소하기 때문에 대규모 양산을 유발할 수 없을 것으로 판단되고 분산발전 분야는 시장 규모는 충분하지만 다른 기술과 경제성 경쟁을 해야 하므로 이에 대한 기술개발이 반드시 이루어져야만 함.
- 또한 중앙집중발전 분야는 연료전지기술뿐만 아니라 IGCC 등 연관 기술의 발전이 반드시 전제되어야 함.
- 따라서 발전용 연료전지 시장에 대한 장기 전망을 제공하기란 매우 어려우나 포스코파워에 따르면 분산전원 시장에서 2008년에는 15MW, 2010년에는 60MW의 신규 수요가 창출될 것으로 판단됨.

Ⅳ. 해외 주요 국가의 기술 동향 분석

1. 미국

가. FCE

1) 기술수준 및 R&D 동향

- FCE(Fuel Cell Energy)는 1969년부터 정부 지원금을 포함해 $530,000,000 이상의 연구비를 투입하여 내부개질형 MCFC 발전 시스템을 개발해온 업체로 연구개발 단계를 넘어서 1996년부터 상업화를 추진하고 있으며 현재 300kW급 DFC300MA, 1.2MW급 DFC1500MA, 그리고 2.4MW급 DFC3000을 시판 중임.

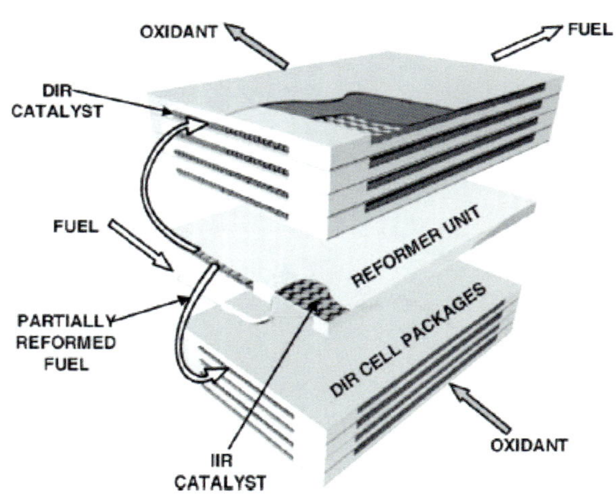

그림 3-29 FCE 시스템의 스택 작동 원리

출처 : J. Doyon, et al., Int. J. ower Sources, 118, 8, 2003.

- FCE 기술의 핵심은 직접 내부개질과 간접 내부개질을 동시에 채택한 스택 구조에 있으며 이를 통하여 높은 발전 효율을 구현하는 한편 스택의 온도구배를 제어하여 스택의 장수명화를 도모함.
- 스택 제작에 대한 핵심 기술만을 배타적으로 보유하고 시스템 기술을 아웃소싱하여 제

조단가 하향 및 신뢰성 향상을 추진할 목적으로 미국의 캐터필라, PPL 에너지 플러스, 쉐브론 에너지 솔루션스, 얼라이언스 파워, 엔브릿지, 로간에너지, 파워하우스 에너지, 노던 파워, 리뉴어블 테크놀러지, 실버우드 에너지뿐만 아니라 일본의 마루베니와 카와사키 중공업, 한국의 포스코파워, 유럽의 CFC-Solution 등과 생산 및 유통에 대한 전략적 제휴를 맺음으로써 글로벌 네트워킹을 구축하고 연구개발뿐만 아니라 제품 판매에도 주력하고 있음.

표 3-19 FCE의 MCFC 발전시스템 모델

시스템	DFC300MA	DFC1500MA	DFC3000
	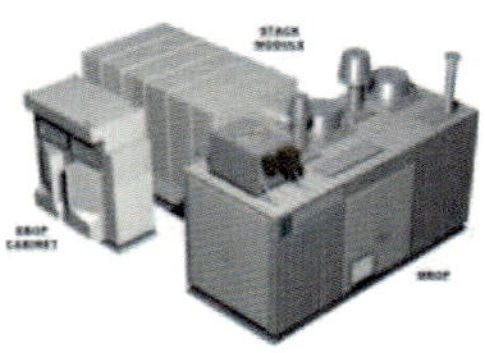	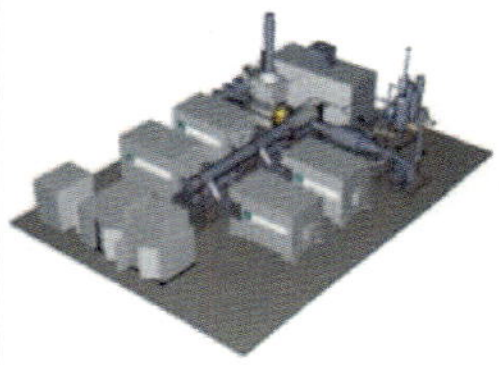	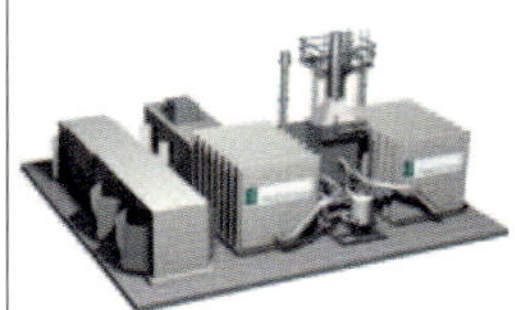
출력	300kW	1.2MW	2.4MW
발전효율	47±2%		
회수가능 배열량(kBtu/h)	480	1,900	3,800
공해물질 배출(lb/MWh)	NOx 0.02, SOx 0.001, CO 0.10		
설치면적(㎡)	11.1×8.8	15.2×21.3	18.3×16.8
주요 수요처(예상)	마켓, 소형호텔	대형호텔, 회의장	병원, 제조공장

출처 : http://www.fce.com

- FCE는 DFC300 및 DFC1500의 디자인을 DFC300MA 및 DFC1500MA로 교체하면서 스택 모듈의 구조를 개선하고 운송 및 조립의 간편화를 도모하여 경제성을 향상시키는 노력을 추구하고 있음.
- DFC3000의 경우 4개의 스택을 하나로 통합한 4-스택 모듈을 기본으로 시스템을 구성함으로써 향후 수 MW급 이상의 대형시스템 개발을 위한 기본기술을 확보하려 함.
- 기술개발 측면에서도 2002년에 비해 2005년의 가동률이 10% 가량 증가하였고 2007년에는 원자력발전소의 가동률에 근접하는 95%에 도달할 것으로 예측되는 등 경제성뿐만 아니라 시스템 신뢰성도 꾸준히 향상되고 있음. 현재 3년 미만인 스택의 수명을 5년으로 개선할 수 있는 기술을 개발하여 실용화를 추진하고 있으며 향후 스택 수명을 7년으로 연장시키는 연구를 수행 중임.

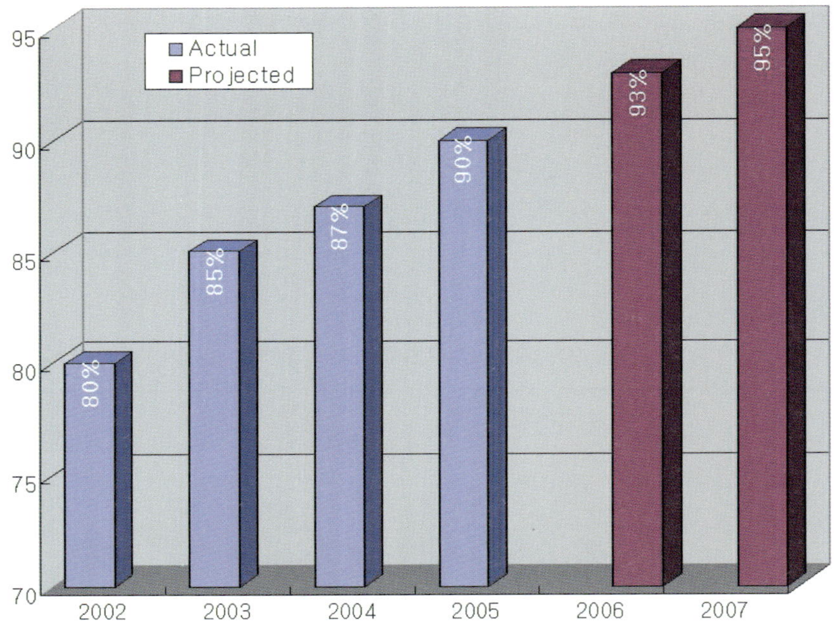

그림 3-30 MCFC 발전 시스템의 연도별 평균 가동률 변화 추이

출처 : Fuel Cell Energy, Fuel Cell Seminar, Honolulu, Hawaii, 2006.

- 뿐만 아니라 지금가지 약점으로 지적되어왔던 부하 추종 능력 부족에 대응하기 위해 계통의 일시적인 문제에 의한 시스템 정지 시 수초 안에 정상 운정 상태에 도달하도록 하는 운전 기법에 대한 연구도 성과를 얻고 있으며 하수처리장 부생가스를 이용하는 경우 연료의 조성 변화에 능동적으로 대처하기 위해 상황에 따라 시스템을 멈추지 않고 실시간으로 천연가스와 부생가스를 선택적으로 활용하여 운전하는 기술도 확보하였음.

2) 주요 기술개발 Project

- FCE는 현재 가스 터빈과 연계된 DFC/T, 수소와 전력을 동시에 생산할 수 있는 DFC/H_2, 비연소 가스 팽창 터빈(unfired gas expansion tubine)과 연계된 DFC-ERG 등 새로운 제품의 개발과 디젤유를 연료로 사용하는 선박용 MCFC 발전기에 대한 연구도 지속적으로 수행하고 있음.
- DFC300MA와 캡스톤사의 C60 마이크로 터빈을 결합한 DFC/T는 최근 몬타나주 Billings Clinic에서 8,000시간의 운전 실험을 수행하였는데 가동률은 91% 이상이었으며 LHV 기준으로 최대 56%의 발전 효율을 기록하였음.

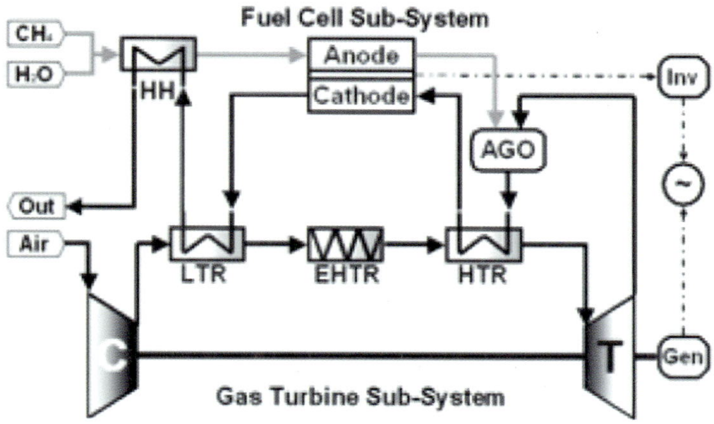

그림 3-31 DFC/T 시스템 구성도

출처 : Fuel Cell Energy, Fuel Cell Seminar, San Antonio, Texas, 2007.

그림 3-32 DFC/T의 설치 현황

출처 : Fuel Cell Energy, Fuel Cell Seminar, San Antonio, Texas, 2007.

○ 비연소 가스 팽창 터빈과 연계된 DFC-ERG는 고압의 도시가스 본선에서 저압의 도시가스 지선으로 가스를 운송할 때 단열팽창으로 인해 필요한 열량을 공급하는 별도의 보일러를 연료전지 발전시스템을 대체하고 연료전지의 폐열을 열원으로 사용하는 시스템으로서 이론적인 전기 효율이 65%에 달하며 CO_2, SO_X, 및 NO_X 등 오염물질의 배출을 획기적으로 저감할 수 있는 발전시스템임.

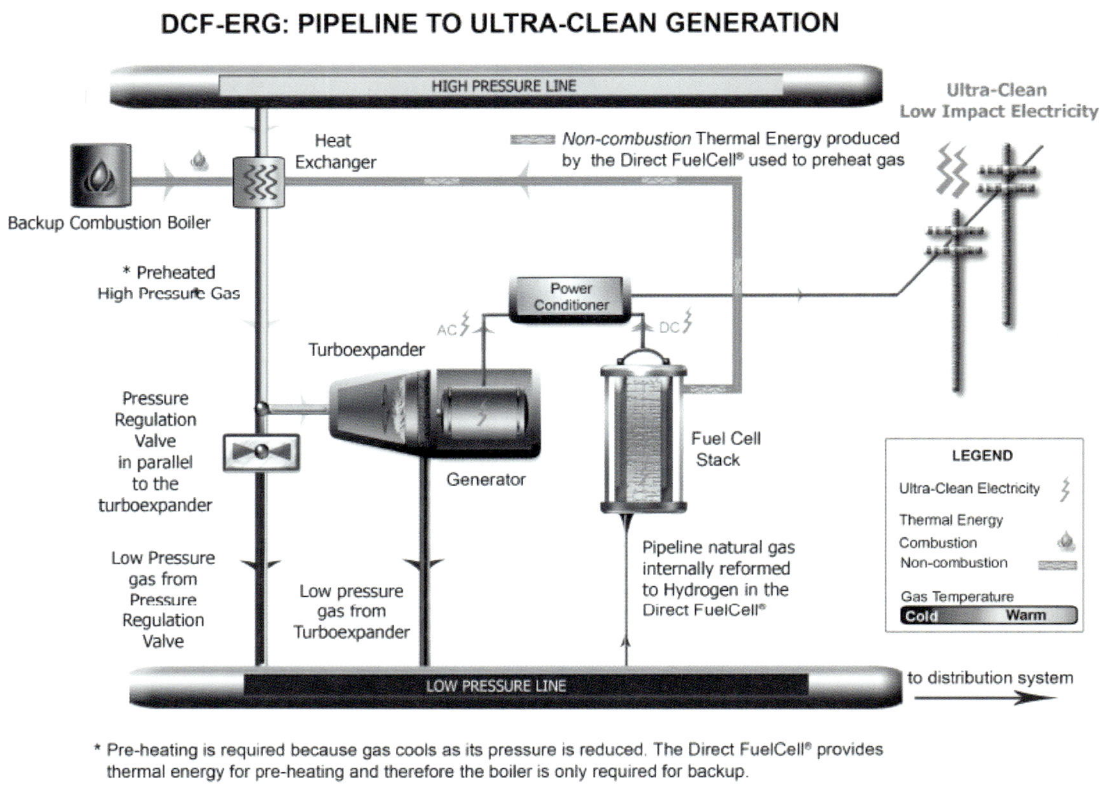

그림 3-33 DFC-ERG 발전시스템 - 출처 : http://www.fce.com

3) 기술개발 Road Map

- FCE는 2006년 이후 300kW급 DFC300MA의 양산품 개발을 성공적으로 완료하고 현재 2008년을 목표로 일본의 카와사키 중공업, 한국의 포스코파워 등 전략적 파트너의 BOP 생산을 통하여 시스템 경제성 확보에 주력하는 한편 동시에 375kW급 DFC300MA 개발을 위한 스택 및 시스템 디자인을 추진하고 있음.
- 또한 2007년에는 1.2MW급 DFC15000MW에 대한 기술평가를 마치고 양산품 생산에 돌입했으며 향후 2008년 양산품 상용화를 목표로 4-스택 모듈을 적용함으로써 시스템 경제성을 확보하기 위한 연구개발을 추진 중.
- DFC3000의 경우 4-스택 모듈을 적용한 시스템의 기술평가를 수행 중이며 2008년 안에 양산품을 상용화할 계획임.

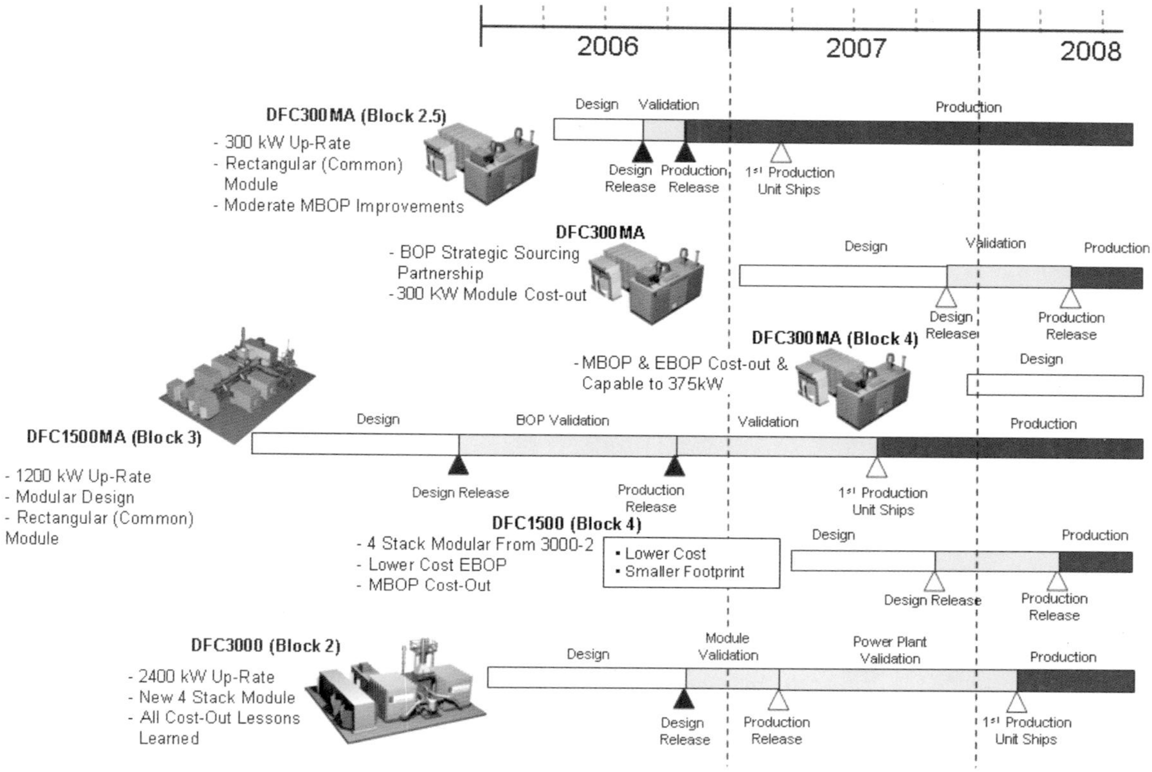

그림 3-34 FCE의 기술개발 Road Map

출처 : 포스코파워, 2007 대한민국 에너지대전, 서울, 대한민국, 2007.

나. GenCell

○ GenCell은 연료전지 개발 기업이던 앨런 엔지니어링과 퓨얼셀 테크널러지가 합병하면서 FCE에서 이탈한 기술진을 흡수해 2002년에 설립된 기업으로 듀얼 매니폴드라는 독특한 매니폴드 구조를 가지고 크기의 조절이 자유로우며 연속 생산이 가능한 고유의 분리판 기술에 기반을 두어 도시가스나 ADG 등 부생가스를 연료로 사용하는 40-125kW급 분산전원시장을 목표로 내부개질형 MCFC를 비롯해 PEMFC와 SOFC를 개발하고 있음.

○ GenCell은 내부 매니폴드 구조로 공급되는 연료를 분리판 내부에 형성된 공간에서 간접 내부개질만을 통하여 개질하는 방식을 채택하여 시스템을 제작함으로써 시스템의 부피를 감소시키는 한편 스택의 온도구배는 외부 매니폴드 구조로 공급되는 공기의 유동을 활용하여 조절함.

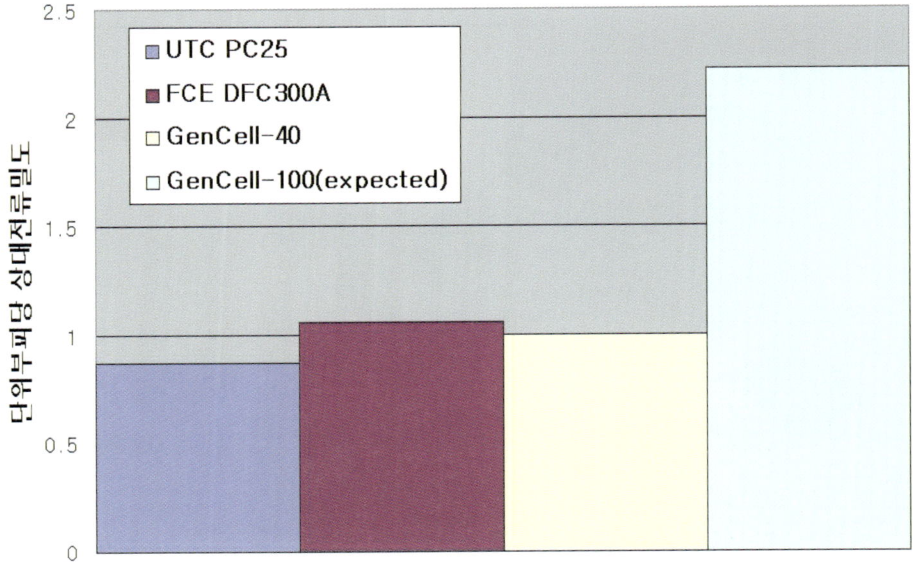

그림 3-35 GenCell 시스템의 단위부피당 상대전류밀도 비교

출처 : GenCell, International Conference on Fuel Cell Development and Deployment, Storrs, Conneticut, 2004.

그림 3-36 GenCell에서 개발한 40kW급 MCFC 스택 및 시스템

출처 : GenCell, Fuel Cell Seminar, Honolulu, Hawaii, 2006.

○ 2005년에 코네티컷대학의 글로벌 퓨얼셀 센터에 40kW급 시스템을 설치하여 4,000시간 동안 수차례의 열순환을 포함한 운전을 성공하였다고 발표하였으나 자세한 운전 자료는 공개하지 않고 있음.

2. 일본

가. IHI 중공업

그림 3-37 IHI 중공업의 300kW급 MCFC 발전 시스템
출처 : TOOI Masaaki, et al., IHI Engineering Review, 36[1], 5, 2003.

- IHI 중공업은 1993년부터 일본정부의 MCFC 개발 계획에 참여하여 외부개질형 MCFC 발전 시스템을 개발하였으며 초기에는 IGFC를 대비한 수 MW급 화력발전소 대체규모의 발전 시스템 개발을 최종 목표로 하여 1999년 1MW급 MCFC 발전소 건설에 250MW급 스택 2기를 공급하는 등 주도적으로 참여하기도 하였으나 2000년 이후 300kW급 분산전원용 시스템 개발에 연구역량 집중.
- 독자 개발한 외부연료개질기가 스택과는 별도로 설치되어 있으며 스택의 온도구배는 1.2MPa의 가압 운전과 과량의 공기를 이용한 공랭운전 방식으로 해결하였는데 외부연료개질기 사용으로 인한 시스템 효율 저하는 선택사양인 고온, 고압의 배기가스를 이용한 마이크로 터빈 발전기를 병합하여 상쇄 가능.
- 2005년 일본 AICHI 엑스포에서 IHI 중공업은 300kW급 시스템 2기를 추부(中部)전력과 토요다 자동차를 운영주체로 한 실증운전에 출품하였는데 추부전력은 식물 쓰레기 처리 가스를, 토요다 자동차는 폐목재 및 플라스틱을 처리하여 얻은 가스를 연료로 사용하였으며 추부전력의 시스템은 내부개질형 시스템인 FCE나 FCF-Solution의 발전 효율인 47%보다 상대적으로 낮은 41.5%의 발전효율을 보여준 반면, 토요다 자동차의 시스템은 마이크로 터빈과 병합하여 내부개질형 시스템보다 높은 51.0%의 발전 효율을 보여줌.

표 3-20 IHI 중공업의 MCFC 발전시스템 실증운전 결과

	연료	출력(kW)		총발전량 (kWh)	운전시간 (h)	효율 (%)	운전중지
		최대	평균				
목표	NG	300		-	5,000	43	-
추부전력	음식물 쓰레기 가스화	270	107	425	3,958	41.5	3
토요다 자동차	폐목재 및 플라스틱 가스화	303	123	546	4,439	51.0 /TG	3

출처 : IHI, Fuel Cell Seminar, Parm Springs, 2005.

- 현재 추부전력은 AICHI 엑스포 이후 MCFC 발전시스템을 나고야 인근 중부 일본 국제공항에 이전하고 스택을 교체하여 계속 운전하는 한편 IHI 중공업의 MCFC를 이용하여 화력발전소에서 배출되는 CO_2를 농축 및 재처리하는 방안을 연구 중.
- 한편 IHI 중공업은 회사 내부사정으로 인하여 2005년 이후 MCFC 연구개발에 대한 적극적인 투자를 자제하고 있음.

나. CRIEPI(일본 전력중앙 연구소)

- CRIEPI는 1981년부터 MCFC 기초기술 연구에 참여하면서 IHI 중공업 등 기업체의 연구개발을 지원하였으나 IHI 중공업이 연구개발 투자를 자제하면서 2005년 이후 독자적인 MCFC 발전시스템 개발 시작.
- CRIEPI의 신개념 MCFC 발전시스템은 내부개질형 스택을 기반으로 시스템 효율의 제고를 위하여 공기 대신 산소를 사용하고 스택 배기가스를 가스터빈에 직접 공급.
- 산소를 사용하면 운전 조건에 따라 스택의 출력이 두 배 이상 상승하기 때문에 350MW급 시스템의 경우 전력변환 효율이 61%를 넘어서며 가스터빈 병합 운전 시에는 전력변환 효율이 70%에 달하므로 산소 공급에 소비되는 에너지는 충분히 상쇄할 수 있다고 주장.

표 3-21 CRIEPI가 제안한 신개념 MCFC 발전시스템의 비교

시스템		300MW급	1MW급	
		상압운전	상압운전	가압운전(0.4MPa)
가스터빈 출력		74MW	-	105.6kW
MCFC 출력	DC	277MW	1254kW	1265kW
	AC	272MW	1184kW	1189kW
총 출력		346MW	1190kW	1295kW
입력 에너지	HHV	445MW	1883kW	1899kW
	LHV	401MW	1696kW	1710kW
총 효율	HHV	78%	63%	68%
	LHV	86%	70.0%	76%
소비량	펌프류	-0.05MW	-7.0kW	-0.3kW
	산소생산	-34MW	-146.4kW	-148.1kW
	기타	-3.5MW	-10.4kW	-10.4kW
	총계	-36.5MW	-163.8kW	-158.8kW
순 전력 출력		310MW	1033kW	1135.7kW
순효율	HHV	70%	55%	60%
	LHV	77%	61%	66%

출처 : CRIEPI, International Conference on Clean coal Technology and Fuel Cells, Yokosuka, Japan, 2006.

- 그러나 CRIEPI의 MCFC 연구는 IHI 중공업과의 협력관계가 해체된 후 스택 구성요소에 대한 개발연구 단계부터 다시 시작되고 있기 때문에 신개념 시스템의 구현을 위해서는 장기적인 대규모 연구개발 투자가 요구되는 것으로 판단됨.

3. 유럽

가. CFC-Solution(독일)

- CFC-Solution(舊 MTU)은 1989년부터 FCE의 스택을 도입하여 내부개질 기반의 독자 시스템 개발을 시작하여 1997년 Hot-Module 이라는 이름의 독자모델 시스템 개발을 완료하였으며 1999년부터 독일과 유럽을 중심으로 실증 보급 시작.

○ 2003년 RWE 퓨얼셀과 공동으로 MTU CFC-Solution이라는 조인트 벤처를 설립한 이래 독일 Tognum 그룹의 중공업 관련 기업인 MTU에서 운영하다가 2007년부터는 MTU가 지분을 매각하여 CFC-Solution으로 사명을 변경하면서 역시 Tognum 그룹의 에너지 관련 기업 부분으로 분류됨.

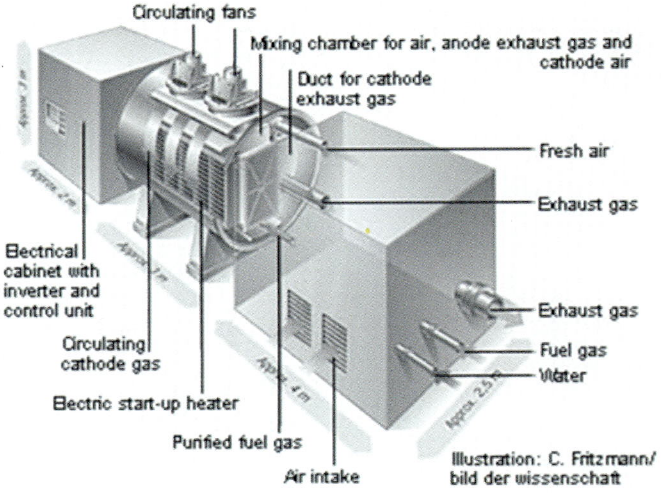

그림 3-38 CFC-Solution에서 개발한 250kW급 MCFC 발전 시스템

출처 : CFC-Solution, Fuel Cell Seminar, Honolulu, Hawaii, 2006.

표 3-22 CFC-Solution에서 개발한 hot-module의 제원

항목	사양
크기(W×H×L)	2.5×3.2×8
스택 효율	약 55%
시스템 효율	약 47%
열병합 효율(T_{min}=50℃)	약 90%
최대전력(직류)	280kW
최대전력(교류)	245kW
열병합 용량	180kW
폐열량(@ 400℃)	최대 1,500m^3/h
오염물질 배출	SO_2 <0.01ppm, NO_2 < 2ppm, CO < 9ppm

출처 : http://www.cfc-solution.com

○ 덴마크의 에네르기 E2S/A, 독일의 루르 가스 AG, 독일의 RWE 에네르기 AG 등과 MCFC 연구개발 컨소시엄을 조직하였으며 시스템 개발 외에도 유로셀이라는 이름의 독자적인 스택 개발 연구 병행.

○ 연료 배구 및 공기 입출구에 매니폴드가 없는 독특한 구조의 시스템을 채택함으로써 시스템 구조가 단순하고 폐열 회수량이 FCE 제품보다 상대적으로 높아 열병합에 특히 유리함.

○ 기술적으로는 고유의 핵심 시스템 기술을 배타적으로 보유하면서 스택을 아웃소싱하여 경제성 확보를 추진하는 전략을 추진하고 있으며 지금까지는 자체 보급망을 적극 활용하여 300kW급 중형 시스템 보급에 주력하고 있으나 향후 1000kW급 대형 시스템 개발을 추진 중.

○ 현재 250kW급인 시스템 출력을 2008년 및 2009년 까지 각각 330kW 및 415kW로 끌어올리고 최종적으로 2010년에는 500kW까지 향상시킨 다음 2기의 스택을 통합한 1MW시스템을 개발하고자 하는 Road Map을 보유하고 있음.

나. Ansaldo 퓨얼셀(이탈리아)

○ Ansaldo 퓨얼셀은 1986년부터의 연구개발 성과를 토대로 2001년에 설립된 회사로 2003년에는 스페인에서 100kW급 시스템인 Series 100을 준공하고 비공개로 운전한 바 있으며 2004년에 연산 최대 15MW급 MCFC 스택 제조 공장을 독자적으로 설립하고 현재 250kW급 외부개질형 스택 2기를 결합하여 운전하는 500kW급 Series 2TW 모델의 실증기 제작에 집중하고 있음.

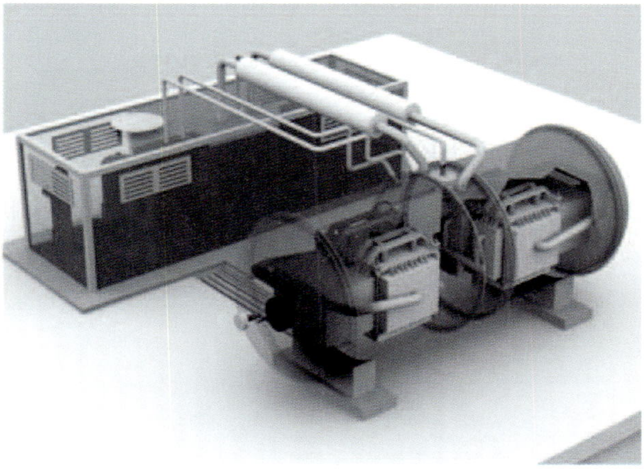

그림 3-39 Ansaldo 퓨얼셀에서 개발 중인 500kW급 Series 2TW MCFC 발전 시스템 - 출처 : http://www.ansaldofuelcells.com

○ Ansaldo 시스템의 핵심은 개질기와 촉매연소기가 결합되어 스택에 부착되는 MIR (Modular Intergrated Reformer)에 있는데 MIR은 촉매연소기뿐만 아니라 스택으로부터도 열에너지를 공급받기 때문에 이론적으로 외부개질형임에도 불구하고 내부개질형에 필적하는 에너지 효율을 얻을 수 있으며 스택의 온도구배는 가압운전을 통한 공랭 방식을 채택하여 해결함.

○ 현재 100kW급 및 500kW급 시스템뿐만 아니라 향후 개발을 계획 중인 MW급 시스템 10여기에 대하여 천연가스, 디젤, 바이오가스, 매립지가스, 하수처리 부생가스, 수소, 합성가스 등을 연료로 운전하는 실증 운전 계획을 유럽연합과 이탈리아 정부로부터 지원받아 진행, 혹은 추진 중에 있음.

표 3-23 Ansaldo 퓨얼셀의 MCFC 발전시스템 실증운전 계획

명칭	규모	연료	상태	대상 시장
First of a Kind	Series 2TW	NG	건설 중	분산전원
Tecnodemo	Series 100	NG	운전 중	분산전원
Hybrid Cycle	Series 100	NG	운전 중	분산전원
Naval Application	Series 2TW	Diesel	운전 예정	해군
Biomass Application	Series 100	Bio Gas	1단계 완료	부생가스활용
H_2/CO_2	Series 2TW	H_2	계약 완료	CO_2 분리
MC-WAP Naval APU	Series 2TW	Diesel	계약 완료	해군
BICEPS-1	MW-class	ADG	계약 중	부생가스활용
BICEPS-1	MW-class	LFG	계약 중	부생가스활용
PRIOLO	Series 100	Syngas	협상 중	부생가스활용
H_2 FILSTAT	Series 2TW	NG	협상 중	분산전원

출처 : ENEA, International Conference on Clean coal Technology and Fuel Cells, Yokosuka, Japan, 2006.

V. 해외 주요 국가의 시장동향 분석

1. 미국(FCE)

- 전략적 파트너인 CFC-Solution이 보급을 담당하고 있는 유럽 지역을 제외한 전 세계에 지금까지 약 30기 가량을 보급하는 등 2007년 6월 현재 총 31MW 규모의 MCFC 발전 시스템을 설치하였거나 수주해 놓은 상태이며 우리나라에도 현재 250~300kW급 시스템 4기가 설치되어 운전 중임.
- 지역별로는 캘리포니아에 50%, 미국 내에 73%를, 일본과 한국에 27%를 보급하였는데 최근에 판매한 40기 중 90%를 캘리포니아와 아시아에 설치하였으며 보급 대상별로는 제조공장의 백업파워와 호텔의 열병합용, 그리고 하수처리장이나 식료품 공장 등의 부생가스 활용 발전용으로 각각 21%씩, 병원 및 대학과 무정전시설(Mission Critical Facility) 전원용으로 각각 15%와 12%를 공급하였고 그리드 지원용은 9% 정도임.
- FCE는 미국 내 22개주에서 추진 중인 RPS 제도의 일환으로 코네티컷주와 67.7MW의 발전 시스템 계약을 맺고 그리드 지원 및 RPS에 본격적으로 대응하기 위해 10W 이상 급 시스템 개발을 추진하는 한편 연산 50MW급인 생산 능력을 150MW로 확충할 계획임.

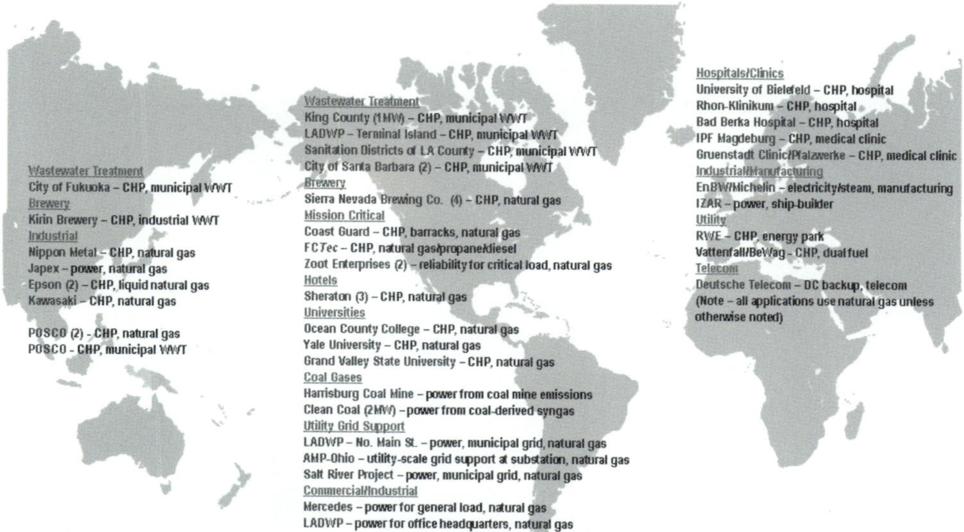

그림 3-40 2007년 1월 현재 FCE 및 CFC-Solution의 발전용 MCFC 시스템 보급 현황 - 출처 : http://www.fce.com

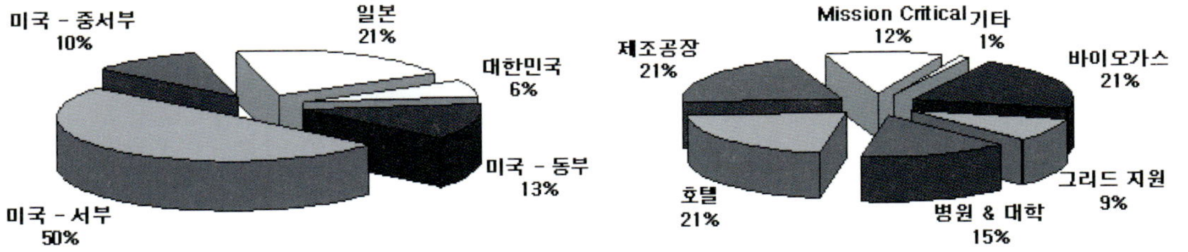

그림 3-41 FCE의 지역별 및 대상별 발전용 MCFC 시스템 보급 현황

출처 : Fuel Cell Energy, Fuel Cell Seminar, Honolulu, Hawaii, 2006.

표 3-24 FCE의 코네티컷주 보급계획(총 67.7MW)

위치	적용기술	규모(MW)
Milford	DFC-ERG	7.9
Danbury	FC-ORC	19.6
Stamford Hospital	FC-Heat Recovery	4.6
Waterbury Hospital	FC-Heat Recovery	2.3
Bridgeport	FC-ORC	19.6
Bridgeport	FC	13.7

출처 : Fuel Cell Energy, Fuel Cell Seminar, San Antonio, Texas, 2007.

2. 유럽(CFC-Solution)

- CFC-Solution은 현재의 발전용 MCFC 시장을 프리미엄 시장으로 해석하고 2009년 이후 본격적인 상용화 시장 진입을 목표로 시스템 신뢰성 증진 및 경제성 확보를 위한 노력을 기울이고 있음.

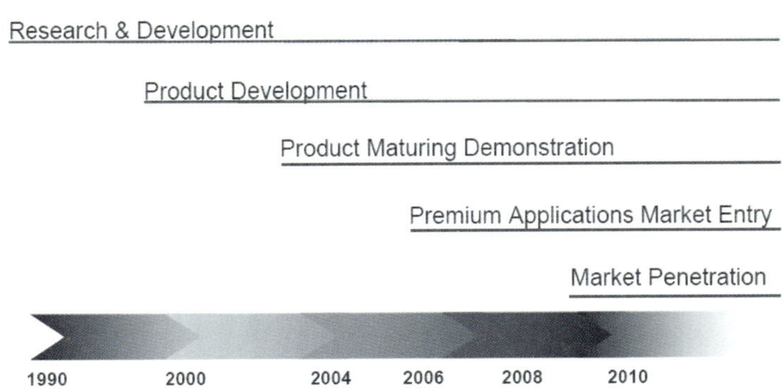

그림 3-42 CFC-Solution의 연구개발 및 상용화 Road Map

출처 : Fuel Cell Energy, Fuel Cell Seminar, Honolulu, Hawaii, 2006.

VI. 산업화 방안

1. 기술적 target

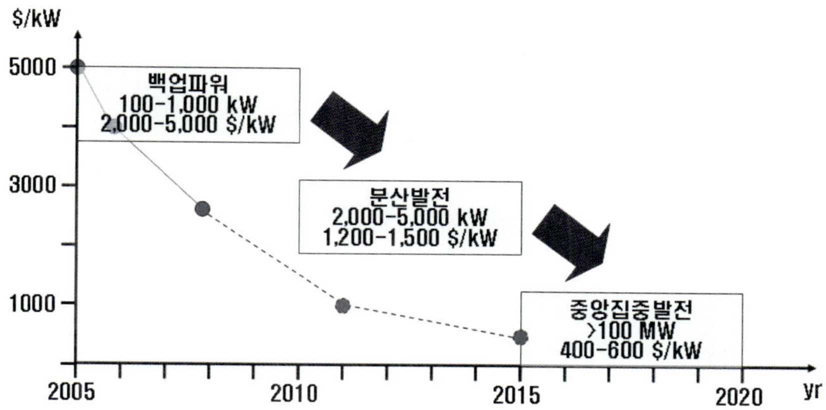

그림 3-43 발전용 MCFC 시스템의 시장 변화 추이 예측

○ 발전용 MCFC는 설비 단가는 디젤발전기에 비해 열 배가량 높지만 발전효율이 높고 LNG를 사용하므로 발전단가가 낮을 뿐만 아니라 열병합 운전이 가능하며, 추가적으로 발전차액지원제도 및 배출가스 저감 지원을 활용할 수 있고 이 경우에는 상시 가동을 통해 가동률을 높임으로써 추가적인 시스템 안정성을 제공함은 물론 투자비를 조기 회수할 수 있게 되므로 현재 이미 백업파워 시장에서 경제성을 확보하고 있는 것으로 판단되나 아직까지는 백업파워 시스템에서 가장 중요한 요소들 중 하나인 신뢰성에 대한 검증이 확실하게 이루어지지 않은 것으로 판단되므로 이에 대한 집중적인 연구개발이 요구됨.

○ 분산 열병합발전 분야에서 MCFC 발전시스템은 같은 LNG를 연료로 하는 가스엔진이나 가스터빈보다 발전효율은 높지만 시스템 가격이 턴키 기준으로 5배 이상 높을 뿐만 아니라 분산 열병합 발전의 경우 시설 설치 지원을 받게 되면 발전차액지원 대상에서 제외되고 분산 열병합발전에 대한 발전차액지원은 가스엔진/터빈과 동일한 자격을 갖기 때문에 발전차액지원에 있어서 MCFC 시스템만의 메리트가 없으므로 추가적인 시스템 경제성 확보를 위한 지속적인 노력이 요구됨.

○ 중앙집중발전의 경우 MCFC는 LNG 발전시장은 물론 IGCC와 연계하여 석탄가스를 연료

로 활용하게 된다면 유류 및 석탄발전 시장을 포함한 상당규모의 시장을 확보할 수 있을 것으로 판단되나, 중앙집중발전은 대용량 시스템 구성을 기반으로 하기 때문에 전체 가격에서 스택이 차지하는 비율이 높아지는 것이 문제임. 현재 MCFC 발전 시스템에서는 스택 가격만 $1,200～1,500/kW를 차지하고 있기 때문에 건설 단가가 중앙집중발전에 사용되는 화력발전소 수준인 $400～600/kW 수준으로 떨어지기 위해서는 스택의 경제성 확보가 최우선적인 과제로 판단됨.

- 분산발전의 세계 시장이 20GW를 넘어설 것으로 예측되는 2010년과 IGCC가 본격적으로 상용화될 것으로 예측되는 2015년을 각각 연료전지 발전 시스템이 분산발전 시장 및 중앙집중발전 시장에 돌입하는 시기로 가정하고 경제성을 확보할 수 있는 시스템 단가를 고려하였을 때 그림 3-43과 같이 발전용 MCFC 시스템의 시장 변화 추이를 예측할 수 있음.
- 이와 같은 시장 변화 추이와 앞서 살펴본 각각의 연료전지 발전 시장에서 요구되는 발전용 MCFC 시스템의 문제점을 연관 지어 개략적인 발전용 MCFC 시스템의 연구개발 Road Map을 추론해 보면 MCFC 발전시스템의 신뢰성 향상이 가장 우선적으로 수행되어야 할 연구개발 분야이며 그 결과를 통하여 백업시장에서 최소한의 양산성을 확보하게 되면 분산발전 시장을 목표로 양산 및 기술개발 효과를 통한 전체 시스템의 경제성 확보 노력이 진행되어야 하고 최종적으로는 주로 스택의 경제성 확보에 집중하여 중앙집중발전 시장 진입을 위한 연구개발이 수행되어야 할 것으로 판단됨.
- 한편 MCFC의 연료개질 방식과 연료전지 발전시장의 특징들을 비교해 보면 내부개질형 시스템은 메탄을 주성분으로 하는 연료를 필요로 하고 상대적으로 작은 규모에서 많은 장점이 있으므로 기존의 도시가스 유틸리티망을 활용할 수 있는 백업파워 및 분산발전 시장에 적합하며, 외부개질형 시스템은 대규모 시스템을 구성할 때 상대적으로 유리하므로 IGCC와 연계하여 중앙집중발전 시장에서 유리한 것으로 판단됨.

2. 가격 저감 Issue 및 목표달성 시나리오

- 발전용 연료전지 시스템의 가격 저감 issue는 앞서 살펴본 바와 같이 백업용 시장에서는 신뢰성 향상, 분산전원에서는 시스템 경제성 향상, 중앙집중발전에서는 스택 경제성 향상 및 저가 연료 활용으로 요약할 수 있음.
- 발전용 연료전지 시스템의 상용화 Road Map과 가격 저감 issue를 정리하면 현재는 초기 얼리 어댑터 시장을 벗어나서 고신뢰도를 요구하는 특정산업을 중심으로 백업파워 시장에 대한 침투가 진행되는 동시에 대량생산에 따른 단가 하락을 통한 빠른 시장 확대가 진행되는 시기임.

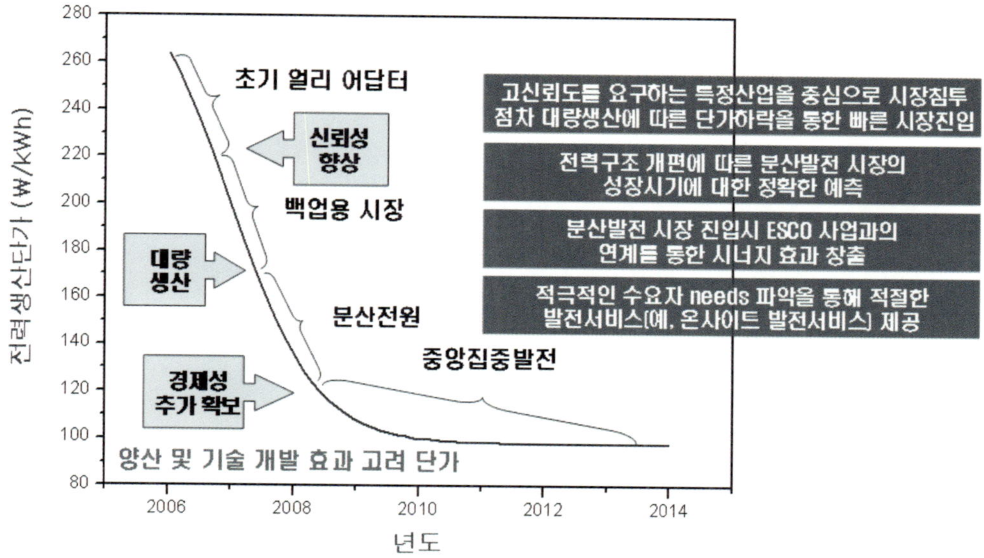

그림 3-44 발전용 MCFC 시스템의 상용화 Road Map 및 가격저감 issue

○ 발전용 연료전지로서, MCFC가 시장을 확대하기 위해서는 우선적으로는 지속적인 시스템 신뢰성 향상에 주력하는 한편 전력구조 개편에 따른 분산발전 시장의 성장시기에 대한 정확한 예측과 ESCO 사업과 연계된 시너지 효과 창출을 통해 백업용 파워 시장에서 대량생산에 따른 경제성 확보를 지속해 나가야 할 것으로 분석됨.

○ 분산전원 시장에서 발전용 MCFC가 자리를 잡게 되면 스택을 중심으로 한 추가적인 경제성 확보와 석탄가스 등 저가연료를 사용함으로써 전력생산단가를 낮추려는 노력이 경주되어야 하며 이를 달성할 경우 거대 시장인 중앙집중발전시장에 적용 가능할 것으로 예측됨.

3. 문제점 및 장애요인

○ 발전용 연료전지 시스템의 상용화 및 산업화를 위해서는 막대한 초기 연구개발 투자비가 소요될 것으로 예상되는 반면 시장 형성 시기와 규모 및 변화 추이에 대해서는 불확실성이 존재하는데 이는 경제적인 저해요인으로 작용함.

○ 연료전지와 관련된 많은 기술들이 아직 개발 단계에 있으며 일부 기술은 단시일에 해결되기 어려운 기술도 있는데 이러한 기술 개발의 장기성과 불확실성이 발전용 연료전지의 산업화 실현에 또 다른 주요 저해요인으로 작용함.

○ 연료전지의 중요성 및 장점에 대한 인식 부재도 연료전지 발전시스템의 상용화에 저해요인으로 작용하므로 이를 해결하기 위한 홍보 및 교육도 필수적인 것으로 판단됨.

○ 이들 저해요인을 구체적으로 정리하면 다음 표와 같음.

표 3-25 수소 · 연료전지 분야 기술개발 저해요인

요인	내용
투자경제성	- 기술개발 기간 장기 - 기술개발 성공의 불확실성 - 초기 투자비 규모 : 기존 기술 대비 약 2~10배 - 민간 투자 미흡 : 발전차액보전 제도 도입 필요
보급정책 및 지원 인프라	- 보급 지원비 확대 필요 - 초기시장 창출 및 신뢰성 검증 시책 부족 - 보급 전담기관 육성 시급 - 교육, 홍보 부족
기술개발 투자 규모	- 경쟁국에 비해 투자 규모 소규모 : 선택과 집중 - 과감한 투자 확대 정책 필요 : 민간 투자 유도 - 핵심역량 육성 정책 부재

출처 : 수소 · 연료전지사업단, 수소경제 지향 국가 Vision 및 보급목표 달성을 위한 실행방안, 2004.

○ 이상과 같은 저해요인들은 범국가적인 동의를 얻기 어려운 점이 있으며 국가적으로도 투자규모의 절대적 크기, 또는 전문가 확보 측면에서 선진국과 동등한 입장에서 경쟁하기 어려우므로 우리가 가진 핵심 역량을 정확히 파악하고 이를 집중 개발함으로써 경쟁력을 확보하는 선택과 집중 전략의 구체적인 실행이 요구됨.

○ 다른 분야에 비해 발전용 연료전지 분야에 있어서 국내 전문가 집단의 규모는 절대적으로 취약한 것으로 평가받고 있으며 이 문제를 해결하기 위해서 인력 양성 및 교육제도 수립을 위한 국가적 지원이 절실함.

○ 연료전지 발전시스템이 최종적으로 지향하는 수소경제를 대응하기 위해서는 석탄 가스나 바이오매스 가스를 연료로 사용하는 중앙집중발전 시장에 진입하여야 하는데 이들 관련 기술 역시 기술개발이 수행 중에 있기 때문에 기술적인 저해요인으로 작용함.

4. 실행방안

가. R&D Program 보완

○ 발전용 연료전지 기술은 선진국의 예에서 알 수 있듯이 막대한 투자와 장기간의 기술개발이 필요한 기술로서 기술후발국인 국내 실정을 고려하여 선진국과의 기술 격차를 빠른 시간 내에 극복하기 위해서는 보다 적극적이면서도 효율적인 연구개발 투자와 전문 인력 및 관련 산업 인프라 구축을 위한 투자의 병행이 절실함.

○ 발전용 연료전지 기술은 기간산업인 에너지산업의 패러다임을 변화시킬 수 있는 전략적 기반기술이므로 정부의 범부처적 지원체계 수렴을 통한 기술개발 및 보급에 대한 지원이 필요한데, 특히 정책적 지원 제도의 수립 및 수행과 아울러 실용보급 대비 계통연계, 기술 표준화, 규격 제정 등에 대한 범국가적인 가이드라인 제시가 시급히 요구됨.

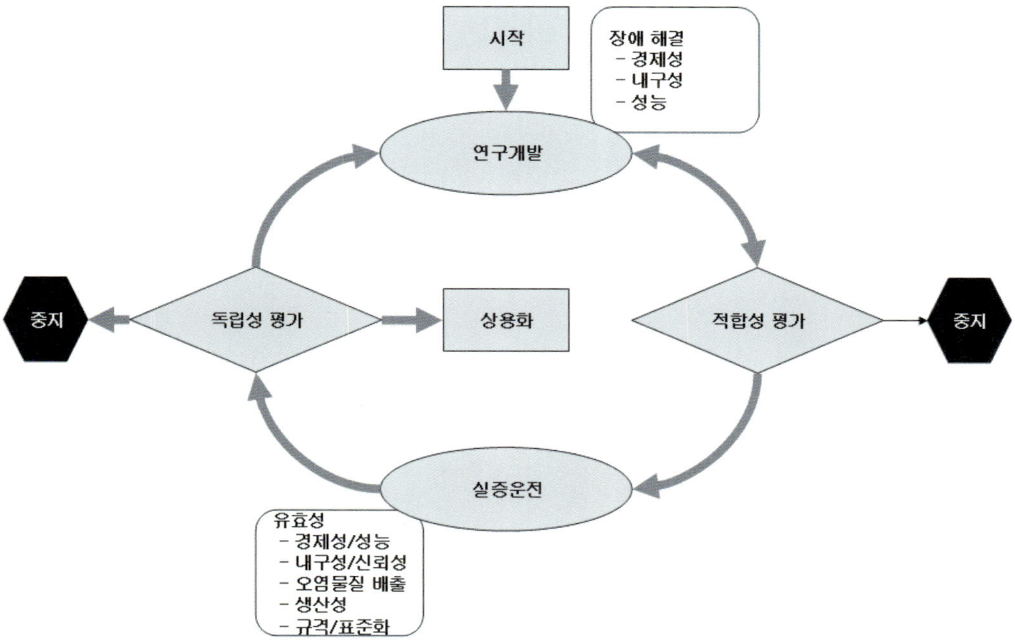

그림 3-45 연료전지의 연구개발-실증실험 순환 - 출처 : DoE, Fuel Cell Report, 2003.

○ 연료전지 발전시스템은 장기간에 걸쳐 대규모 연구개발 사업이 요구되는 분야이니만큼 산업적 응용분야별 분류에 따라 체계적인 다세대 개발계획을 수립하고 선택과 집중이라는 원리에 입각하여 단계별로 핵심 분야에 대해 정부의 재정지원을 우선 지원하는

방식으로 연구개발을 추진할 필요가 있음.

○ 연료전지 발전시스템의 연구개발은 기업과 산업체 간의 연계 구조를 지속적으로 유지해야 하지만 산업적 응용분야별로 살펴보면 장기적이고 대규모인 연구개발을 필요로 하는 IGFC 분야에 대해서는 연구개발 자금에 대한 정부의 재정적 지원이 지속적 및 적극적으로 필요한 반면 백업파워나 분산전원 분야의 경우에는 이미 해당 분야에 관심을 갖고 투자 중인 기업이 있으므로 RPA나 대체에너지 개발 및 이용보급 촉진법 시행에 있어서 연료전지 발전시스템을 우선적으로 배정하는 등 간접적인 연구개발 장려 지원책이 필요한 것으로 판단됨.

○ 해외 선진 기업들의 사례와 우리의 연구 역량을 참조해 볼 때 모든 기술을 처음부터 국내 개발한다는 것은 재정적, 시간적으로 비합리적이라고 판단되며, 따라서 핵심 기술은 국내 개발을 원칙으로 하되 범용 기술의 경우에는 선진 업체로부터의 도입이 가능한 기술의 경우 기술 도입을 추진하는 것이 전반적인 연구개발의 효율을 향상시킬 수 있는 방안이라고 판단됨.

○ 발전용 연료전지의 연구개발에 있어서 매우 핵심적인 내용인 연구개발품에 대한 실증운전은 시스템의 신뢰성 및 경제성 평가뿐만 아니라 정부 정책 결정에 있어서도 매우 중요한 의미를 갖고 있으므로 이 분야에 대한 별도의 지원책 수립도 필수적이라고 판단됨.

나. 실증 및 보급방안

○ 연료전지 발전시스템의 조기 상용화를 위해서는 대량생산에 따른 효과로 경제성을 확보하는 것이 필수적인데 이를 위해서는 초기 시장에 대한 보급 지원이 필수적임.

○ 전 세계적으로 시행중인 신·재생에너지 보급 촉진책을 공급 측면과 수요 측면에서 발전용량과 발전량을 고려해 구분해 보면 다음과 같이 한 측면에만 적용되는 경쟁 입찰제도, 요금상계제도, 생산세 감면제 등과 여러 측면에 적용되는 기준가격제도, 제3자 금융제도 등이 있음.

○ 현재 우리나라에서는 기준가격우선구매에 해당하는 발전차액지원제도와 투자비보조에 해당하는 지역에너지사업 및 대체에너지 개발 및 이용보급 촉진법, 그리고 일부 투자세액공제와 ESCO 사업 등을 통한 제3자 금융이 시행되고 있는데 이는 주로 공급 분야에 관련된 지원책이며 수요 분야와 관련된 것으로 자발적 프로그램에 해당하는 RPA는 현재 시행 초기에 있고 요금상계에 해당하는 RPS는 2011년 시행을 계획 중에 있음.

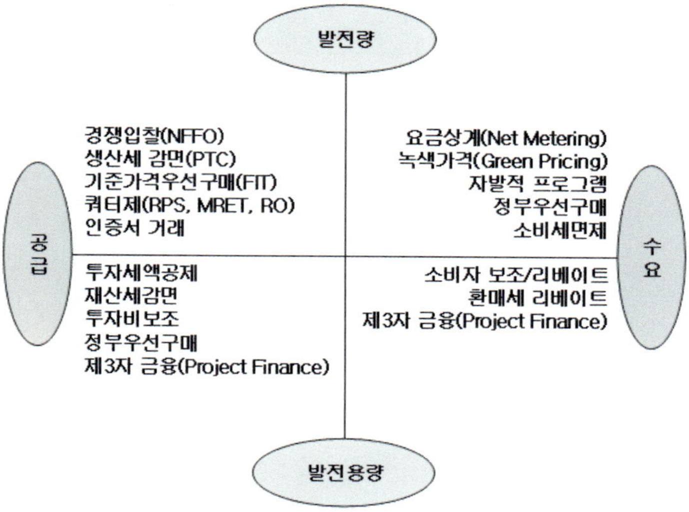

그림 3-46 신 · 재생에너지 시장 확대 정책

출처 : 산업자원부 신 · 재생에너지 센터, 2005년 신 · 재생에너지 백서, 2005.

○ 초기 시장 창출 및 연료전지의 홍보를 통한 보급 확대를 위해서는 공급 측면에서의 지원뿐만 아니라 수요 측면에서의 지원도 요구됨.

○ 발전량 및 발전용량 측면에서는 기준가격 우선구매만이 발전량 분야의 지원책이고 투자비 보조와 투자세액 공제, 그리고 제3자 금융은 발전용량 분야의 지원책인데, 연료전지 발전 시스템의 최종 목표인 중앙집중발전 시장 진출을 위해서는 자발적 프로그램과 요금상계, 혹은 녹색가격 같은 발전량 분야에 대한 지원책을 점진적으로 확대할 필요가 있는 것으로 분석됨.

○ 연료전지 발전시스템의 조기 보급 및 상용화를 위해 요구되는 지원책을 보다 구체적으로 살펴보면 직접적으로는 녹색가격 같은 부생가스 활용에 대한 추가 지원제도 도출 및 정부 우선구매에 해당하는 신축 공공건물 우선 보급 등 그동안 상대적으로 부족했던 수요 및 발전량 측면에서의 지원에 대한 제도화가 필요함.

○ 간접적으로는 표준화 및 규격화에 대한 지원과 전문가 집단 양성을 위한 교육 프로그램의 지원이 추가적으로 필수적인 것으로 판단됨.

표 3-26 우리나라의 신 · 재생에너지 관련 지원제도

제도	내역
발전차액 지원제도	신 · 재생에너지 설비의 투자 경제성 확보를 위해 신 · 재생에너지 발전에 의하여 공급한 전기의 전력거래가격이 산업자원부 장관이 정하여 고시한 기준가격보다 낮은 경우, 기준가격과 전력거래가격과의 차액(발전차액)을 지원해주는 제도
지역에너지사업	지방자치단체가 관할지역 내의 에너지수급안정 또는 에너지 이용합리화를 목적으로 추진하는 사업에 대하여 사업의 수립, 시행을 지원하는 사업
대체에너지 개발 및 이용보급 촉진법	신에너지 및 재생에너지의 기술개발 · 이용 · 보급촉진과 에너지원의 다양화 및 에너지 구조의 환경친화를 목적으로 공공기관이 건축 연면적 3천m^2 이상의 건축물 신축 시 건축공사비의 5% 이상을 대체에너지 설비 투자 하도록 의무화
에너지이용 합리화 자금	에너지이용 합리화법에 의한 에너지절약시설 설치 사업에 의해 절약시설설치사업의 경우 소요자금의 100% 이내를 변동금리를 적용해 3년 거치 5년 분할 상환하거나 ESCO 투자사업의 경우 소요자금의 100% 이내를 5.25%의 고정금리 또는 변동금리로 고년거치 5년 분할상환
세액공제	조세특례제한법 제25조의 2에 의거 투자금액의 7%를 접인세 또는 소득세에서 공제
신 · 재생에너지 개발협약(RPA)	발전 자회사별로 중장기 신 · 재생에너지 개발 · 공급계획을 수립하여 정부와 협의 후, 자발적 협약 체결 · 시행하며 그 비용의 일부를 정부가 보조하는 제도
신 · 재생에너지 의무할당제(RPS)	발전사업자의 총 발전량, 판매사업자의 총 판매량의 일정비율을 신 · 재생 에너지원으로 공급 · 판매하도록 의무화하고 그 비용을 전력요금에 부과하는 제도

5. 정책제언

○ 다음은 앞서 분석한 백업파워, 분산전원, 그리고 중앙집중발전 시장에서 MCFC 발전시스템에 대해 실시한 SWOT 분석 결과에서 위협과 장점으로 분류된 내용들을 정책적 관

점에서 정리하여 연구개발에 요구되는 지원책과 함께 향후 MCFC 발전시스템의 보급에 요구되는 정책적 지원 프로그램을 전개한 결과임.

표 3-27 MCFC 발전시스템 보급에 요구되는 지원 프로그램 전개

지원 프로그램	세부내용	필요시기
재정지원 - 현 지원프로그램 확대 실시 - 신규 지원프로그램 도출	- 발전차액지원 한계 상향조정 - 배출가스 저감 지원 - 부생가스 활용시 추가지원 - 추가설치 지원제도 도출	2008 2008 2008 2009
실증보급 확대 - 지역에너지사업 활용 - 대체에너지 이용보급 촉진법 활용	- 지역에너지사업 확대 적극 추진 - 신축 공공건물 보급 우선 검토 - 부생가스 발생지 우선 도입 지원	2008 2008 2008
연구개발 프로그램 지원 - 정부 연구과제 추진 - 관련기업 연구개발 장려 - 해외 협력연구 지원	- 스택 및 시스템 원천기술 연구 지원 - 원료분말 국산화 지원 - IGFC 관련연구 지원 - 관련기업 연구개발 장려 제도 마련 - 국제적 협력연구 도출 지원	2009 2010 2009 2008 -
RPA/RPS - RPA/RPS 도입	- RPA 도입 - RPA 도입	2008 2011
규격 및 표준화 지원 - 연료전지 발전시스템 표준화 지원 - 연료전지 발전시스템 정부규격 마련	- 표준화 추진 프로그램 구성 - 산업화 대비 정부규격 마련 - 세계 표준 및 규격 대응 지원 - 국내 전문가집단 양성	2008 2008 2008 2008

○ 시기적으로는 재정지원과 실증보급 확대, 그리고 특히 세계 규격 및 표준안 대응을 포함하는 발전용 연료전지에 대한 규격 및 표준화 분야에 대한 지원 프로그램 마련이 시급한 것으로 나타났으며 RPA 및 RPS 도입 계획은 현재 정부에서 추진하고 있는 2011년까지는 RPA를 장려하여 신·재생에너지를 7% 수준까지 확대 보급하고 향후 RPS로 전환한다는 계획이 MCFC 발전시스템의 보급계획과 부합하는 것으로 분석됨.

○ 연구개발 프로그램의 경우 원천기술 및 원료 국산화 분야에 대해서는 정부의 지속적인 지원과 IGFC 관련연구와 국제적 협력연구 도출에 대한 지원도 요구되며 현재 백업파워 및 분산전원 시장에 MCFC 발전시스템을 초기 보급하고 있는 기업에 대해서는 연구개발 장려 제도를 마련하여 자발적인 연구개발 참여를 유도할 필요가 있는 것으로 판단됨.

Ⅶ. 기술개발 추진전략 및 목표 설정

1. 기술개발 추진전략

가. 기술개발 계획전개

표 3-28 MCFC 발전시스템의 기술개발계획 전개

개발계획 전개	세부내용	추진방안
1. 스택 신뢰성 향상 연구		
가. 고신뢰성 구성요소 개발	a. 구성요소 신뢰성저하 메커니즘 규명 b. 고신뢰성 구성요소 재료 개발	원천기술 원천기술
나. 고신뢰성 구성요소 생산	a. 고신뢰성 구성요소 양산공정 개발 b. 구성요소 양산공정 Q/C 기술 개발	상용화기술 상용화기술
2. 스택 경제성 향상 연구		
가. 고성능 장수명 스택 구조 개발	a. 스택 성능저하 메커니즘 규명 b. 스택 고성능화 연구 c. 스택 장수명화 연구	원천기술 상용화기술 상용화기술
나. 원료분말 국산화	a. 구성요소 원료분말 국산화 b. 구성요소 경제성 향상	실용화기술 상용화기술
3. 시스템 신뢰성 향상 연구		
가. 고신뢰성 시스템 설계/제작	a. 연료전지 발전시스템 설계기술 개발 b. 고신뢰성 BOP 구성품 개발	상용화기술 원천기술
나. 수백 kW급 시스템 운전/평가	a. 다연료 활용기술 개발 b. 시스템 운전 및 평가기술 확보	실용화기술 상용화기술
4. 시스템 경제성 향상 연구		
가. 저가형 고성능 시스템 개발	a. 시스템 성능 개선 연구 b. 시스템 장수명화 연구	상용화기술 상용화기술
나. 국산화 & 글로벌 소싱	a. BOP 구성품 국산화 & 글로벌 소싱 b. BOP 구성품 진단기술 개발	상용화기술 상용화기술
다. 표준화/모듈화/네트워크 구성	a. BOP 표준화 b. BOP 모듈화 c. 정비관리 네트워크 구성 d. 시스템 진단기술 개발	실용화기술 상용화기술 상용화기술 상용화기술

개발계획 전개	세부내용	추진방안
5. IR-MCFC 시스템 활용 연구		
가. 백업파워용 시스템 개발	a. 연료전지-UPS 시스템 EBOP 개발 b. 운전 최적화 기술 개발 c. 시스템 정비 기술 개발 d. 백업파워용 연료전지 시스템 실증	원천기술 상용화기술 상용화기술 실용화기술
나. 분산전원용 시스템 개발	a. 분산전원용 최적화 시스템 개발 b. 부하추종성능 개선 연구 c. 운전 최적화 기술 개발 d. 시스템 정비 기술 개발 e. 백업파워용 연료전지 시스템 실증	상용화기술 상용화기술 상용화기술 상용화기술 실용화기술
다. 열회수 기술 개발	a. 열병합 보일러 기술 및 보일러 개발 b. T/G 기술 및 T/G 개발 c. 흡열식 냉각기 기술 및 흡열식 냉각기 개발	상용화기술 상용화기술 상용화기술
6. 석탄가스 대응 스택 개발		
가. 대용량 ER 스택 설계/제작	a. 대용량 ER 스택 설계기술 개발 b. 대용량 ER 스택 제작기술 개발	실용화기술 실용화기술
나. 대용량 ER 스택 운전/평가	a. 대용량 ER 스택 운전기술 개발 b. 대용량 ER 스택 평가기술 개발	실용화기술 실용화기술
다. 대용량 ER 스택 실증운전	a. 대용량 ER 스택 운전 시스템 제작 b. 대용량 ER 스택 실증운전	실용화기술 실용화기술
7. 석탄가스 대응 시스템 개발		
가. IGFC 발전시스템 설계/제작/운전	a. IGFC 발전시스템 설계기술 개발 b. IGFC 발전시스템 BOP 구성품 개발 c. IGFC 발전시스템 제작 d. IGFC 발전시스템 운전 및 평가	실용화기술 실용화기술 실용화기술 실용화기술
나. IGFC 발전시스템 실증운전	a. IGFC 발전시스템 실증기 제작 b. IGFC 발전시스템 실증운전	실용화기술 실용화기술
8. 대용량 IGFC 시스템 개발/보급		
가. 수백 MW급 IGFC 설계/제작	a. 수백 MW급 IGFC 설계기술 개발 b. 수백 MW급 IGFC 제작기술 개발	실용화기술 실용화기술
나. 수백 MW급 IGFC 실증/보급	a. 수백 MW급 IGFC 운전기술 개발 b. 수백 MW급 IGFC 평가기술 개발 c. 수백 MW급 IGFC 실증운전 d. IGFC 상용화 시스템 보급	실용화기술 실용화기술 실용화기술 상용화기술

○ 표 3-28은 앞서 분석한 백업파워, 분산전원, 그리고 중앙집중발전 시장에서 MCFC 발전시스템에 대해 실시한 SWOT 분석 결과를 정리하여 기회와 약점으로 분류된 내용들을 중심으로 기술적 측면에서 향후 MCFC 발전시스템의 기술개발계획을 전개한 결과임.

○ 산업적 응용분야 및 기술적 분류에 관계없이 모든 MCFC 발전시스템의 상용화에 필수적인 연구개발 내용이면서 특정 기업이 관심을 갖기에는 어려운 것으로 판단되는 구성요소의 신뢰성 저하 메커니즘 규명(1-가-a)과 고신뢰성 구성요소 재료 개발(1-가-b), 스택 성능저하 메커니즘 규명(2-가-a), 고신뢰성 BOP 구성품 개발(3-가-b), 그리고 연료전지-UPS 시스템 EBOP 개발 계획은 원천기술과제에 적합한 것으로 분류하였음.

○ 관심을 갖는 기업이 존재할 것으로 판단되지만 연구개발의 위험이 높다고 판단되는 원료분말 국산화(2-나-a), 다연료 활용기술(3-나-a), 중재 및 조정을 필요로 하는 BOP 표준화(4-다-a), 시스템 실증(5-가-d, 5-나-e), 그리고 장기적인 대규모 투자가 요구되는 석탄가스 대응 스택 및 시스템 개발(6, 7), 그리고 IGFC 발전시스템 실증 및 보급(8)은 상용화 대상인 IGFC 상용화 시스템 보급(8-나-d)를 제외하고는 실용화기술과제로 분류하였음.

○ 관심을 갖는 기업이 존재할 것으로 판단되는 구성요소 양산공정 및 Q/C 개발(1-나), BOP 구성품 관련 기술(4-나, 4-다-b), 열회수 관련 기술(5-다)을 비롯해 현재 사업화를 시도하고 있는 기업이 계획하고 있는 것으로 판단되는 연료전지 발전시스템 설계기술(3-가-a), 시스템 운전 및 평가기술(3-나-b, 4-다-d, 5-가-b, 5-나-c), 정비관리 관련기술(5-가-c, 5-나-d) 그리고 구성요소 경제성 향상 및 스택 고성능화(2-가-b, 2-가-c, 2-나-b)와 시스템 성능 최적화 관련 과제(4-가-a, 5-가-b, 5-나-a, 5-나-b, 5-나-c)는 상용화기술과제로 분류하였음.

나. 단기(2008~2012)

1) 단기 추진전략

○ 이 시기는 MCFC 발전시스템의 원천 기술에 해당하는 스택 분야와 시스템 분야의 신뢰성 향상과 경제성 향상에 대한 기초연구 및 응용연구 관련 기술 개발이 주된 기술 개발 전략임.

○ 스택 분야의 기술개발 계획은 현재 전력연구원 등에서 수행중인 외부개질형 MCFC 시스템의 연구개발 추진 일정을, 시스템 분야의 연구는 현재 두산중공업에서 수행 중인 내부개질형 MCFC 시스템의 연구개발 추진 일정과 포스콘에서 추진 중인 내부개질형 MCFC 시스템의 국산화 사업 추진 일정을 기초 기술개발 단계로 가정하여 설정하였음.

○ 한편 내부개질형 MCFC 발전시스템의 조기 상용화가 가능할 것으로 예측되는 백업파워

및 분산전원 분야에 대한 상용화 기술 및 열회수 기술도 이 시기 동안에 실용화 단계에 이를 수 있도록 집중적인 기술 개발이 추진되어야 할 것으로 판단됨.

○ 스택 분야의 원천기술에서 얻어진 연구 결과로부터 2010년부터 대용량 ER 스택의 설계/제작/운전에 대한 기초 연구를 수행함으로써 기술 개발의 시너지 효과를 기대할 수 있음.

2) 산업화 추진 방향

○ 스택 및 시스템 분야의 원천기술은 직접 산업화가 가능한 분야는 아니지만 향후 응용시스템의 상용화에 밑바탕이 되는 기술로 꾸준한 연구 개발이 필요한 분야임.

○ 대규모 장치산업에 해당하는 발전용 연료전지 발전시스템은 어느 정도 생산 규모가 유지되어야만 경제성을 확보할 수 있기 때문에 초기 수요 확보가 조기 상용화에 결정적인 요인인데 MCFC 발전시스템의 경우 백업파워와 분산전원 시장에서 조기 상용화 가능성이 매우 높은 것으로 판단되므로 단기적인 산업화 목표로는 이들 시장에 적합한 시스템 개발이 필수적인 것으로 분석됨.

○ 이러한 분석으로부터 기업개발과제는 2012년까지는 백업파워 및 분산전원용 MCFC 발전시스템의 신뢰성 향상을 주요 목표로 삼고 있으며 주된 개발 대상은 내부개질형 시스템이 될 것으로 예상됨.

3) 개발 및 보급 정책 요구사항

○ 원천기술과제로 분류된 스택 및 시스템 기술개발에 대한 내용은 장기간 동안 지속적으로 수행되면서 상용화과제, 혹은 실용화과제에 요구되는 원천기술을 지원해야 될 것으로 판단됨.

○ 다만 현재 백업파워 및 분산전원 시장에 MCFC 발전시스템을 초기 보급하고 있는 기업들로 하여금 적극적인 연구개발 투자를 유도하기 위해서는 지역에너지사업이나 대체에너지 개발 및 이용보급 촉진법을 활용하여 이들 기업에게 일정 규모 이상의 시장을 확보해 주는 등의 연구개발 장려 제도가 필요하다고 판단됨.

다. 중기(2013~2020)

1) 중기 추진전략

○ 이 시기에는 스택 및 시스템 분야의 기술 개발이 상용화에 도달하여 내부개질형 MCFC 발전시스템이 본격적으로 상용화되는 한편 IGFC의 기반의 중앙집중발전 시장을 목표로 한 MCFC 발전시스템이 본격적으로 개발되기 시작하는 단계로 구성됨.

○ 백업파워 및 분산전원용 IR-MCFC 시스템은 조기 상용화에 진입했지만 추가적인 신뢰성

및 경제성 확보를 위하여 스택 및 시스템 분야의 기술개발 결과를 지속적으로 적용하여야 할 것으로 판단됨.

○ 중앙집중발전의 경우 이 시기는 석탄가스를 연료로 하는 대용량 외부개질형 스택 개발이 중점적으로 수행되는 시기이며 석탄가스 관련 시스템 BOP에 대한 기초 및 응용 기술 개발이 함께 추진됨.

2) 산업화 추진 방향

○ 이 시기는 상용화가 완료되어 백업파워 시장 및 분산전원 시장에 보급된 MCFC 발전시스템의 운전 결과를 바탕으로 시스템의 신뢰성 및 경제성을 제고하여 시장 영역을 넓히는 시기임.

○ 또한 스택 및 시스템 BOP의 구성요소가 상용화되어 본격적인 연료전지 산업이 구체화되기 시작할 것으로 예측됨.

3) 개발 및 보급 정책 요구사항

○ 단기(2008～2012)의 경우와 마찬가지로 스택 및 시스템 기술개발에 대한 내용은 2017년까지 지속적으로 수행되면서 기업개발과제, 혹은 정부지원과제에 요구되는 원천기술을 지원해야 될 것으로 판단됨.

○ ER-MCFC(IGFC)의 경우 시스템 규모가 매우 크기 때문에 막대한 초기 연구자금이 요구될 것으로 예측되므로 이를 지원하기 위한 정책 마련 및 참여 기업에 대한 적절한 보상 방안이 필요할 것으로 판단됨.

라. 장기(2021~2030)

1) 장기 추진전략

○ 이 시기의 기술개발은 중앙집중발전을 목표로 한 ER-MCFC(IGFC) 스택 및 시스템의 개발 및 보급에 집중됨.

○ 대용량 IGFC 시스템의 응용기술 개발이 완료되어 상용화가 시작되는 시기는 2025～2027년 정도가 될 것으로 분석됨.

2) 산업화 추진 방향

○ 중기(2013～2020)에 상용화가 완료된 백업파워 및 분산전원용 MCFC 발전시스템과 이에 따른 스택 및 시스템 구성요소 분야의 산업화가 이루어지면 중앙집중발전용 MCFC 스택

및 시스템의 경제성이 확보되어 전반적인 산업 규모의 확대가 수반될 것으로 예측됨.

3) 개발 및 보급 정책 요구사항

- 대용량 ER-MCFC(IGFC) 시스템은 상용화에 이르기까지 막대한 기술개발 자금이 소요되므로 장기적이고 안정적인 정부의 지원이 필요할 것으로 판단됨.
- IGFC 초기 보급 단계에서는 양산에 따른 경제성이 확보될 때까지 RPA/RPS 등 지원제도가 필수적일 것으로 예측되므로 이에 대한 검토가 요구됨.

2. 기술개발 목표설정 및 추진계획(Road Map)

가. 단기(2008~2012)

1) 단기 목표

- 스택 및 시스템 분야에서 신뢰성 및 경제성 향상을 위한 기초 및 응용기술개발 수행
- IR-MCFC 시스템을 대상으로 한 백업파워용 시스템 및 분산발전용 시스템과 해당 열회수 기술 개발 완료.
- 대용량 ER 스택의 설계 및 제작을 위한 기초기술 개발 수행.

2) 주요 추진계획

- 표 3-28 참고.
- 스택 분야의 고신뢰성 구성요소 개발(1-가)과 스택 성능저하 메커니즘 규명(2-가-a), 고신뢰성 시스템 설계/제작 분야의 고신뢰성 BOP 구성품 개발(3-가-b), 백업파워용 시스템 개발 분야의 연료전지-UPS 시스템 EBOP 개발(5-가-a)은 원천기술 과제로 추진함.
- 스택 분야의 구성요소 원료분말 국산화(2-나-a), 시스템 신뢰성 향상 분야의 다연료 활용기술 개발(3-나-a), 시스템 경제성 향상 분야의 BOP 표준화(4-다-a), IR-MCFC 시스템 활용 분야의 연료전지 시스템 실증(5-가-d, 5-나-e), 석탄가스 대응 스택 개발 분야(6)은 실용화기술과제로 추진함.
- 스택 분야의 고신뢰성 구성요소 생산(1-나), 스택 경제성 향상 분야의 스택 고성능화/장수명화(2-가-b, 2-가-c) 및 구성요소 경제성 향상(2-나-b), 시스템 신뢰성 향상 분야의 시스템 설계기술 개발 및 시스템 운전/평가기술 개발(3-가-a, 3-나-b), BOP 표준화를 제외한 시스템 경제성 향상 분야(4), 그리고 연료전지 UPS 시스템 EBOP 개발 및 연료전지 시스템 실증을 제외한 IR-MCFC 시스템 활용 분야(5)는 상용화개발과제로 추진함.

3) 연차별 추진계획(Road Map)

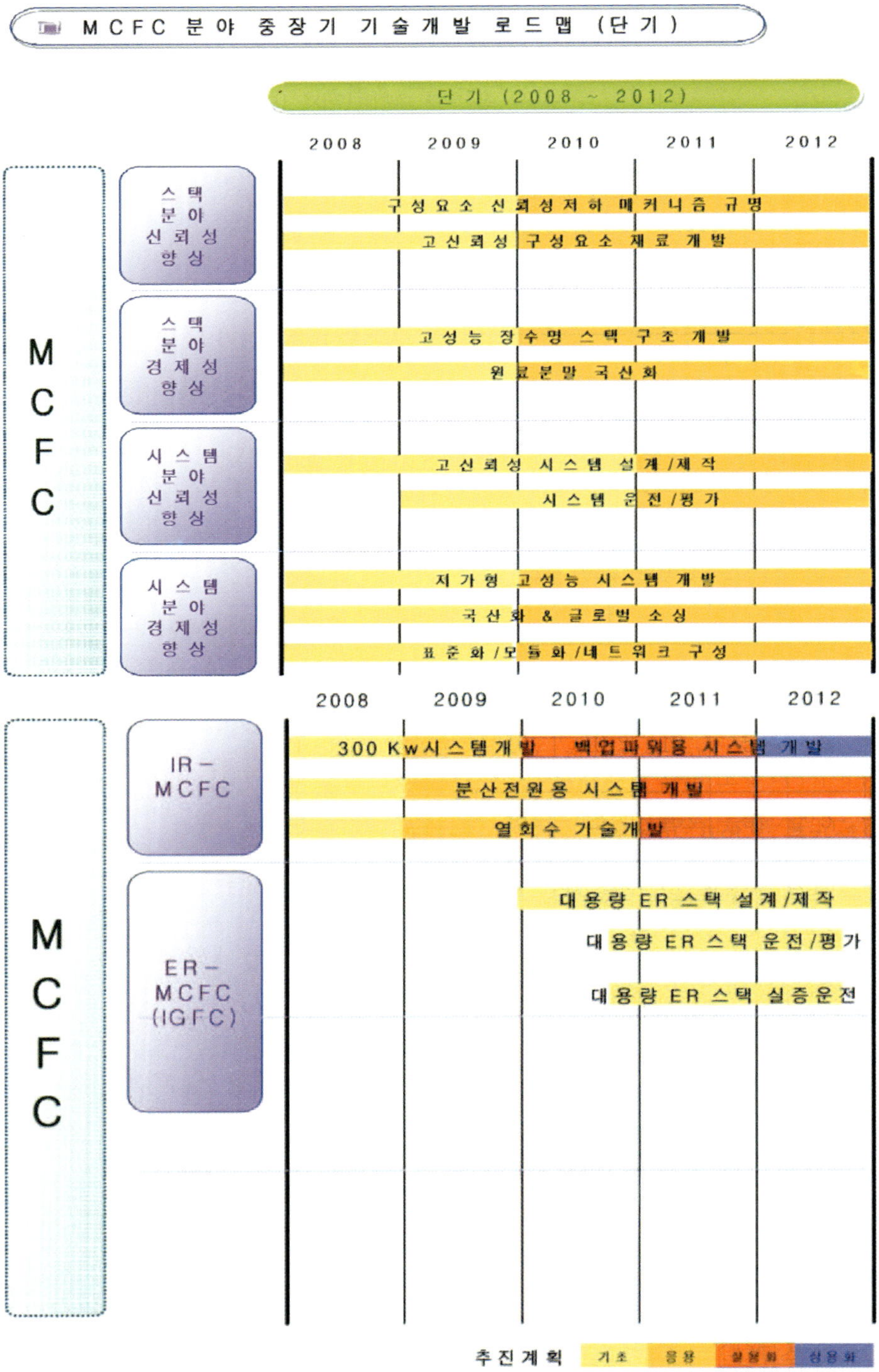

그림 3-47 단기 연차별 기술개발 Road Map

표 3-29 대분류-중분류-소분류에 따른 기술 분류(단기)

대분류	중분류	소분류	세분류
MCFC	스택	- 고신뢰성 구성요소 개발 - 고신뢰성 구성요소 생산	구성요소 신뢰성 저하 메커니즘 규명 고신뢰성 구성요소 재료 개발 고신뢰성 구성요소 양산공정 개발 구성요소 양산공정 Q/C기술 개발
		- 고성능 장수명 스택 개발 - 원료분말 국산화	스택 성능저하 메커니즘 규명 스택 고성능화 연구 스택 장수명화 연구 구성요소 원료분말 국산화 구성요소 경제성 향상
	시스템	- 고신뢰성 시스템 설계/제작 - 시스템 운전/평가	연료전지 발전시스템 설계기술 개발 고신뢰성 BOP 구성품 개발 다연료 활용기술 개발 시스템 운전 및 평가기술 개발
		- 저가형 고성능 시스템 개발 - 국산화 & 글로벌 소싱 - 표준화/모듈화/네트워크 구성	시스템 성능 개선 연구 시스템 장수명화 연구 BOP 구성품 국산화 & 글로벌 소싱 BOP 구성품 진단기술 개발 BOP 표준화 BOP 모듈화 정비관리 네트워크 구성 시스템 진단기술 개발
	IR-MCFC	- 백업파워용 시스템 개발 - 분산전원용 시스템 개발 - 열회수 기술 개발	연료전지 UPS 시스템 EBOP 개발 운전 최적화 기술 개발 시스템 정비 기술 개발 백업파워용 연료전지 시스템 실증 분산전원용 최적화 시스템 개발 부하추종성능 개선연구 운전 최적화 기술 개발 시스템 정비 기술 개발 백업파워용 연료전지 시스템 실증 열병합 보일러 기술 및 보일러 개발 T/G 기술 및 T/G 개발 흡열식 냉각기 기술 및 냉각기 개발
	ER-MCFC (IGFC)	- 대용량 ER 스택 설계/제작 - 대용량 ER 스택 운전/평가 - 대용량 ER 스택 실증운전	대용량 ER 스택 설계기술 개발 대용량 ER 스택 제작기술 개발 대용량 ER 스택 운전기술 개발 대용량 ER 스택 평가기술 개발 대용량 ER 스택 운전 시스템 제작 대용량 ER 스택 실증운전

나. 중기(2013~2020)

1) 중기 목표

- 스택 및 시스템 분야에서 신뢰성 및 경제성 향상을 위한 실용화 및 상용화 기술개발 완료
- IR-MCFC 분야에서 백업파워용 시스템과 분산전원용 시스템, 그리고 열회수 기술의 상용화 기술개발 완료
- ER-MCFC (IGFC) 스택 및 시스템 개발 분야에서 대용량 ER 스택 설계/제작 및 대용량 ER 스택 운전/평가, 그리고 IGFC 발전시스템 설계/제작/운전의 실용화 기술 개발 수행
- IGFC 실증운전의 기초 및 응용기술과 수백 MW급 IGFC 설계/제작의 기초기술 분야의 기술개발 수행

2) 주요 추진계획

- 단기의 경우와 동일

3) 연차별 추진계획(Road Map)

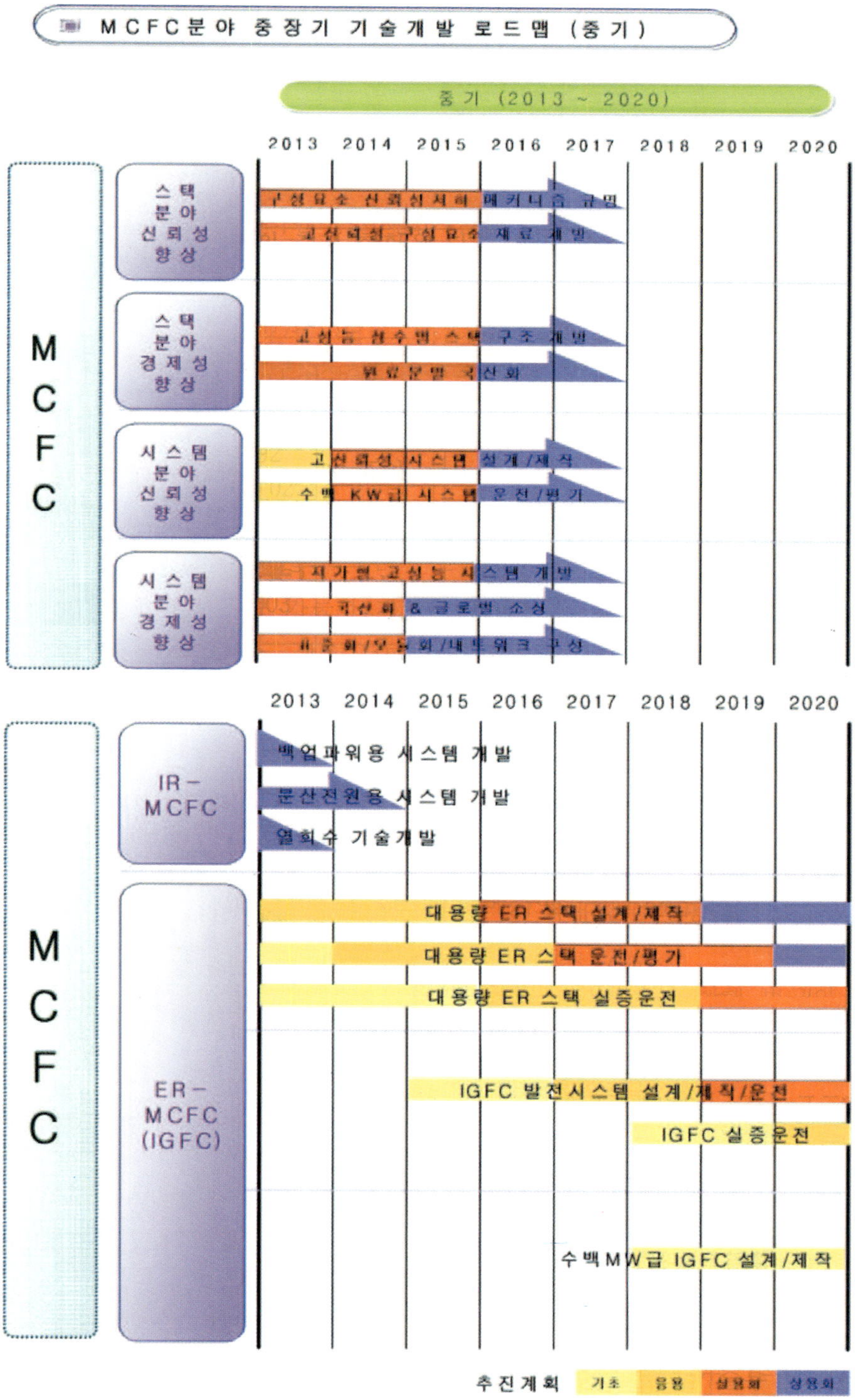

그림 3-48 중기 연차별 기술개발 Road Map

표 3-30 대분류-중분류-소분류에 따른 기술 분류(중기)

<table>
<tr><th>대분류</th><th>중분류</th><th>소분류</th><th>세분류</th></tr>
<tr><td rowspan="6">MCFC</td><td rowspan="2">스택</td><td>- 고신뢰성 구성요소 개발
- 고신뢰성 구성요소 생산</td><td>구성요소 신뢰성 저하 메커니즘 규명
고신뢰성 구성요소 재료 개발
고신뢰성 구성요소 양산공정 개발
구성요소 양산공정 Q/C기술 개발</td></tr>
<tr><td>- 고성능 장수명 스택 개발
- 원료분말 국산화</td><td>스택 성능저하 메커니즘 규명
스택 고성능화 연구
스택 장수명화 연구
구성요소 원료분말 국산화
구성요소 경제성 향상</td></tr>
<tr><td rowspan="2">시스템</td><td>- 고신뢰성 시스템 설계/제작
- 시스템 운전/평가</td><td>연료전지 발전시스템 설계기술 개발
고신뢰성 BOP 구성품 개발
다연료 활용기술 개발
시스템 운전 및 평가기술 개발</td></tr>
<tr><td>- 저가형 고성능 시스템 개발
- 국산화 & 글로벌 소싱
- 표준화/모듈화/네트워크 구성</td><td>시스템 성능 개선 연구
시스템 장수명화 연구
BOP 구성품 국산화 & 글로벌 소싱
BOP 구성품 진단기술 개발
BOP 표준화
BOP 모듈화
정비관리 네트워크 구성
시스템 진단기술 개발</td></tr>
<tr><td>IR-MCFC</td><td>- 백업파워용 시스템 개발
- 분산전원용 시스템 개발
- 열회수 기술 개발</td><td>연료전지 UPS 시스템 EBOP 개발
운전 최적화 기술 개발
시스템 정비 기술 개발
백업파워용 연료전지 시스템 실증
분산전원용 최적화 시스템 개발
부하추종성능 개선연구
운전 최적화 기술 개발
시스템 정비 기술 개발
백업파워용 연료전지 시스템 실증
열병합 보일러 기술 및 보일러 개발
T/G 기술 및 T/G 개발
흡열식 냉각기 기술 및 냉각기 개발</td></tr>
<tr><td>ER-MCFC
(IGFC)</td><td>- 대용량 ER 스택 설계/제작
- 대용량 ER 스택 운전/평가
- 대용량 ER 스택 실증운전
- IGFC 발전시스템 설계/제작/운전
- IGFC 발전시스템 실증운전
- 수백 MW급 IGFC 설계/제작</td><td>대용량 ER 스택 설계기술 개발
대용량 ER 스택 제작기술 개발
대용량 ER 스택 운전기술 개발
대용량 ER 스택 평가기술 개발
대용량 ER 스택 운전 시스템 제작
대용량 ER 스택 실증운전
IGFC 발전시스템 설계기술 개발
IGFC 발전시스템 BOP 구성품 개발
IGFC 발전시스템 제작
IGFC 발전시스템 운전 및 평가
IGFC 발전시스템 실증기 제작
IGFC 발전시스템 실증운전
수백 MW급 IGFC 설계기술 개발
수백 MW급 IGFC 제작기술 개발</td></tr>
</table>

다. 장기(2020~2030)

1) 장기 목표

○ IGFC 발전시스템의 설계/제작/운전 및 실증을 상용화 수준에서 완료함.

○ IGFC 상용화 시스템 보급을 위한 실용화 및 상용화 기술을 확보함.

2) 주요 추진계획

○ IGFC 시스템 개발은 막대한 자금이 소요되므로 IGFC 상용화 시스템 보급사업을 제외한 나머지 기술개발은 정부지원과제로 수행함.

3) 연차별 추진계획(Road Map)

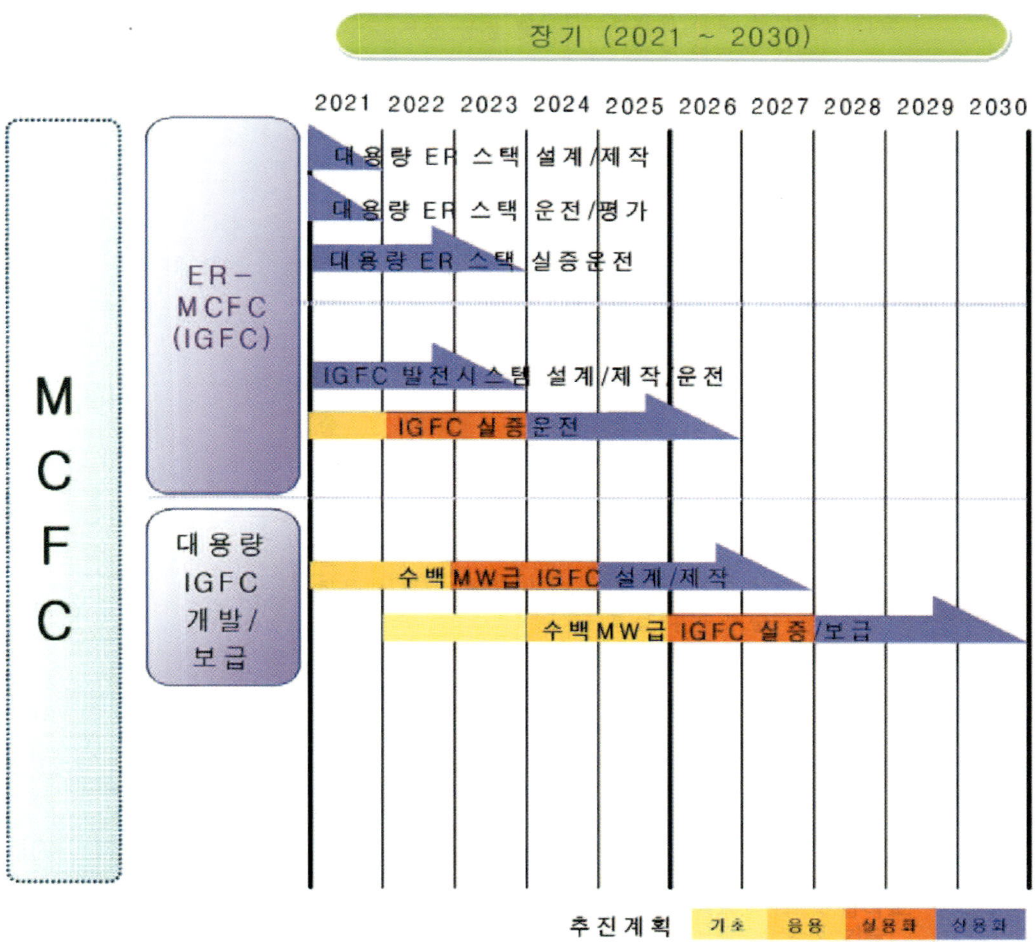

그림 3-49 장기 연차별 기술개발 Road Map

표 3-31 대분류-중분류-소분류에 따른 기술 분류(장기)

<table>
<tr><th>대분류</th><th>중분류</th><th>소분류</th><th>세분류</th></tr>
<tr><td rowspan="2">MCFC</td><td>ER
-MCFC
(IGFC)</td><td>- 대용량 ER 스택 설계/제작
- 대용량 ER 스택 운전/평가
- 대용량 ER 스택 실증운전
- IGFC 발전시스템 설계/제작/운전
- IGFC 발전시스템 실증운전</td><td>대용량 ER 스택 설계기술 개발
대용량 ER 스택 제작기술 개발
대용량 ER 스택 운전기술 개발
대용량 ER 스택 평가기술 개발
대용량 ER 스택 운전 시스템 제작
대용량 ER 스택 실증운전
IGFC 발전시스템 설계기술 개발
IGFC 발전시스템 BOP 구성품 개발
IGFC 발전시스템 제작
IGFC 발전시스템 운전 및 평가
IGFC 발전시스템 실증기 제작
IGFC 발전시스템 실증운전</td></tr>
<tr><td>대용량
IGFC
시스템
개발/보급</td><td>- 수백 MW급 IGFC 설계/제작
- 수백 MW급 IGFC 실증/보급</td><td>수백 MW급 IGFC 설계기술 개발
수백 MW급 IGFC 제작기술 개발
수백 MW급 IGFC 운전기술 개발
수백 MW급 IGFC 평가기술 개발
수백 MW급 IGFC 실증운전
IGFC 상용화 시스템 보급</td></tr>
</table>

3. 기술개발 소요예산 예측

동 보고서의 Road Map 관련 예산은 전문가들의 의견을 반영한 것으로서 정부의 예산 계획은 아님을 알려드립니다.

1. Road Map 구성은 범부처(국가 전체) 차원으로 작성되었음.
2. Road Map 예산은 총 사업비(정부+민간) 개념으로 작성되었음.
3. 중기 및 장기 예산계획은 추후 동 보고서의 Update 시(매 2~3년 단위) 수정할 계획임.

가. 단기(2008~2012)

표 3-32 단기(2008～2012) 기술개발 소요예산(단위 : 억 원)

대분류	중분류	소분류	연도별 소요예산					총
			2008	2009	2010	2011	2012	
MCFC	스택	고신뢰성 구성요소 개발	5	5	5	5	5	25
		고신뢰성 구성요소 생산	5	5	5	5	5	25
		고성능 장수명 스택 개발	5	5	5	5	5	25
		원료분말 국산화	5	5	5	5	5	25
	시스템	고신뢰성 시스템 설계/제작	20	20	20	20	20	100
		시스템 운전/평가	-	20	20	20	20	80
		저가형 고성능 시스템 개발	20	20	30	30	30	130
		국산화 & 글로벌 소싱	10	10	10	10	10	50
		표준화/모듈화/네트워크 구성	10	10	15	15	15	65
	IR-MCFC	백업파워용 시스템 개발	10	10	15	15	15	65
		분산전원용 시스템 개발	10	10	15	15	15	65
		열회수 기술 개발	5	5	5	10	10	35
	ER-MCFC (IGFC)	대용량 ER 스택 설계/제작	-	-	50	50	50	150
		대용량 ER 스택 운전/평가	-	-	-	50	50	100
총			105	125	200	255	255	**940**

나. 중기(2013~2020)

표 3-33 중기(2013~2020) 기술개발 소요예산(단위 : 억 원)

대분류	중분류	소분류	연도별 소요예산								총
			2013	2014	2015	2016	2017	2018	2019	2020	
MCFC	스택	고신뢰성 구성요소 개발	10	10	10	10	10	-	-	-	50
		고신뢰성 구성요소 생산	10	10	10	10	10	-	-	-	50
		고성능 장수명 스택 개발	10	10	10	10	10	-	-	-	50
		원료분말 국산화	10	10	10	20	20	-	-	-	70
	시스템	고신뢰성 시스템 설계/제작	50	50	50	50	50	-	-	-	250
		시스템 운전/평가	30	30	30	30	30	-	-	-	150
		저가형 고성능 시스템 개발	30	30	30	30	30	-	-	-	150
		국산화 & 글로벌 소싱	20	20	20	20	20	-	-	-	100
		표준화/모듈화/네트워크 구성	10	10	15	15	15	-	-	-	65
	IR-MCFC	백업파워용 시스템 개발	30	-	-	-	-	-	-	-	30
		분산전원용 시스템 개발	30	30	-	-	-	-	-	-	60
		열회수 기술 개발	20	-	-	-	-	-	-	-	20
	ER-MCFC (IGFC)	대용량 ER 스택 설계/제작	30	30	30	50	50	50	50	50	340
		대용량 ER 스택 운전/평가	30	30	30	30	30	30	30	30	240
		대용량 ER 스택 실증운전	30	30	30	30	30	30	30	30	240
		IGFC 발전시스템 설계/제작/운전	-	-	30	30	30	30	30	30	180
		IGFC 발전시스템 실증운전	-	-	-	-	-	30	30	30	90
		대용량 IGFC 개발/보급	-	-	-	-	-	30	30	30	90
총			350	300	305	335	335	200	200	200	**2,225**

다. 장기(2021~2030)

표 3-34 장기(2021~2030) 기술개발 소요예산(단위 : 억 원)

대분류	중분류	소분류	연도별 소요예산										총
			2021	2022	2023	2024	2025	2026	2027	2028	2029	2030	
MCFC	ER-MCFC (IGFC) 석탄가스 대응 스택 개발	대용량 ER 스택 설계/제작	50	-	-	-	-	-	-	-	-	-	50
		대용량 ER 스택 운전/평가	50	-	-	-	-	-	-	-	-	-	50
		대용량 ER 스택 실증운전	75	75	75	-	-	-	-	-	-	-	225
	ER-MCFC (IGFC) 석탄가스 대응 시스템 개발	IGFC 발전시스템 설계/제작 /운전	100	100	100	-	-	-	-	-	-	-	300
		IGFC 발전시스템 실증운전	45	70	70	70	70		-	-	-	-	325
	ER-MCFC (IGFC) 대용량 IGFC 개발/보급	수백 MW급 IGFC 설계/제작	150	150	150	150	150	150		-	-	-	900
		수백 MW급 IGFC 실증/보급	-	50	50	75	75	100	100	100	100	100	750
총			470	445	445	295	295	250	100	200	100	100	2,600

라. 소요예산 예측 총괄(2008~2030)

표 3-35 중장기(2008~2030) 기술개발 소요예산(단위 : 억 원)

대분류	중분류	연도별 소요예산			총
		단기('08~'12)	중기('13~'20)	장기('21~'30)	
MCFC	스택	100	220	-	320
	시스템	425	715	-	1,140
	IR-MCFC	165	110	-	275
	ER-MCFC(IGFC)	250	1,180	2,600	4,030
총		**940**	**2,225**	**2,600**	**5,765**

4장

직접메탄올 연료전지/ 고분자 연료전지(휴대용)

I. 기술개요 및 범위

1. 기술 개요 및 특성

가. 개요

○ 휴대용 연료전지(portable fuel cell)는 휴대가 가능한 수 W에서 수백 W급의 소형 전자기기용, 휴대용 비상전원 등에 사용하는 것을 목적으로 개발되고 있는 연료전지 시스템과 관련기술을 포괄함. 활용분야는 휴대폰, PDA, 캠코더, 노트북 PC, 비상전원, 군사용 이동전원, 소형 전동차 등이 있음.

○ 휴대용 전원으로는 여러 가지 연료전지가 개발되고 있으며, 연료의 운반 및 공급의 용이성, 사용의 편리성 및 안전성 등에 차이가 있음. 유형별로는 직접 메탄올 연료전지(DMFC, Direct Methanol Fuel Cell), 저장 수소형 고분자 연료전지(H_2-PEMFC, Hydrogen Polymer Electrolyte Membrane Fuel Cell) 혹은 개질가스형 고분자 연료전지(Reformer-PEMFC, Reformer Polymer Electrolyte Membrane Fuel Cell) 등을 개발하고 있음. 최근에는 마이크로 고체산화물 연료전지(Micro-SOFC, Micro Solid Oxide Fuel Cell)에 대한 연구결과도 발표되고 있음.

○ 응용 제품별: 노트북용, 휴대기기용, 이동전원용.

- 소형 휴대기기용 제품(기술)군 : PDA, DMB 휴대단말기 등.
- 노트북용 제품(기술)군 : 노트북PC, Hand-Held PC 등.
- 이동전원용 제품군 : 비상용 발전기, 레저용 휴대전원, 군사용, 소형 전동차용 전원 등.

○ 활용 기술별 : 촉매, 전극, 전해질막, 전기전자 회로, 소형 기계 장치, 출력제어, 시스템 제어 등

○ 필요 기술별 : 재료, 화학, 화공, 기계, 전기전자 등.

나. 특성

○ 그림 4-1은 직접메탄올 연료전지와 고분자 연료전지 시스템의 비교.

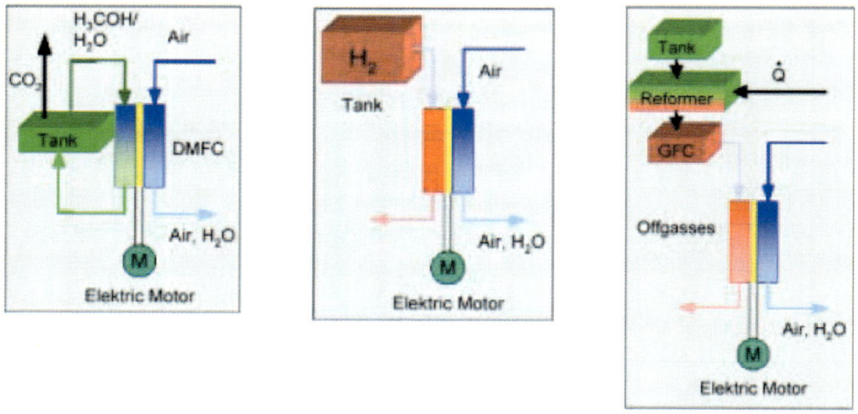

(a) DMFC형　　(b) 저장수소형 PEMFC　　(c) 개질기형 PEMFC

그림 4-1 고분자 연료전지와 직접메탄올 연료전지의 비교

- DMFC(그림 4-1a)는 액체인 메탄올을 연료로 직접 사용하기 때문에 수소를 연료로 사용하는 연료전지에 비해 주변 장치(BOP)가 단순하고, 시스템이 간단하며, 경량화와 소형화가 가능하고 연료의 공급, 운반, 교체가 편리한 장점이 있어 휴대용 연료전지로 가장 적합함. 또한, 2차 전지에 비해 높은 에너지 밀도를 갖고 있고, 충전이 매우 빠르고 간편함.
- 저장 수소형 H_2-PEMFC(그림 4-1b)는 탱크에 저장된 고압수소를 연료전지에 공급하는 시스템으로, 구조가 간단하지만 수소를 고압(최고 700기압)으로 압축 저장하여야 하므로 저장탱크의 개발과 안전성 확보에 대한 기술 개발이 요구됨.
- 개질기형 Reformer-PEMFC(그림 4-1c)는 연료로 메탄올, LNG, 가솔린 혹은 디젤을 사용할 수 있다는 장점이 있으나, 이들 연료를 개질하여 고순도 수소를 제조하기 위한 개질기의 개발이 선행되어야 함.

2. 개발 당위성

○ 다양한 휴대용 전자기기의 발달로 고용량의 전원이 요구되고 있으나, 2차 전지는 에너지밀도를 향상시키는 데 한계가 있기 때문에 이러한 수요에 맞추기 위해서는 휴대용 연료전지가 필요함(그림 4-2).

○ 휴대용 연료전지는 다양한 응용분야가 있으며, 노트북 PC나 휴대전화 그리고 이외의 다양한 분야에서 매우 큰 시장을 가질 수 있으므로 경제적 잠재성이 매우 큰 기술임.

○ 휴대용 연료전지는 아직도 전 세계적으로 연구개발 단계에 있고, 국내의 기술도 세계적인 수준에 도달에 있으므로 적극적인 연구개발을 통해 국제 경쟁력을 확보해야 함.

○ 휴대용 연료전지 분야는 IT 강국인 우리나라의 위상을 유지하고 관련 산업의 발전을 이끌 수 있기 때문에 미래형 휴대 전자기기의 전원으로서 국가적 차원의 기술 개발이 요구됨.

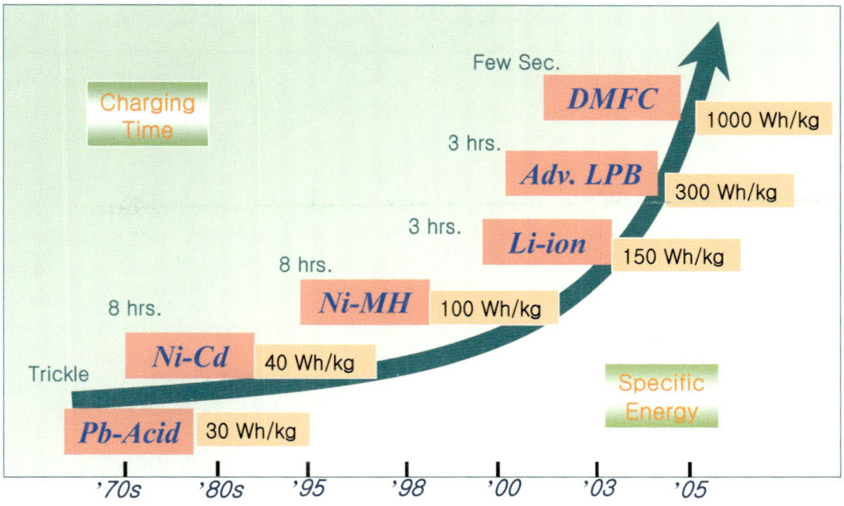

그림 4-2 휴대용 전원 유형에 따른 충전시간 및 에너지 밀도 비교

3. 세부기술 분류 및 범위

○ 휴대용 연료전지로는 DMFC가 가장 유망하며, 개질기가 장착된 PEMFC에 대한 개발도 동시에 추진되고 있음. 일부기업은 휴대용 고체산화물 연료전지(SOFC)를 개발하고 있지만 기술적으로 매우 어려움.

○ DMFC와 PEMFC의 요소기술로는 MEA(Membrane Electrode Assembly), 촉매, 전해질막, 스택(Stack) 제조기술 등이 있으며, 주변기술로는 시스템 구성에 필요한 BOP(Balance of Plant) 그리고 시스템 운전 제어 기술 등이 있음(표 4-1).

○ DMFC는 메탄올 저투과성 전해질막, 고성능 메탄올 산화 촉매, 메탄올 공급장치, BOP의 소형화 및 효율향상 등의 기술개발을 통해 가격 저감 및 경박단소화를 이루어야 함.

○ PEMFC는 마이크로 개질기를 장착한 형태(Reformer-PEMFC)를 중심으로 개발되고 있으며, 스택관련 부품들은 자동차용이나 가정용 PEMFC 분야에서 개발된 기술을 활용하면 됨.

- 마이크로 개질기는 메탄올을 개질하여 수소를 만드는 형태가 주를 이루고 있으며, 내부에 2가지 이상의 반응기가 내장되어 있음. 200℃ 이상의 고온에서 작동되고, 생성기체 중에서 일산화탄소 농도의 저감이 난제임.
- 수소저장형 H_2-PEMFC는 주로 수소저장합금(metal hybride)으로 만들어진 수소통을 사용하나, 저장용량이 작고, 가격이 비싸며, 수소 공급 인프라 구축이 어려운 문제점이 있음.

표 4-1 DMFC 실용화를 위해 확보해야 할 요소 기술

<table>
<tr><td rowspan="13">DMFC 시스템</td><td rowspan="7">MEA
(발전의
핵심요소)</td><td rowspan="5">소재 기술</td><td rowspan="2">전해질막</td><td>소재 및 요소기술</td></tr>
<tr><td>대량생산기술</td></tr>
<tr><td rowspan="3">촉매 전극</td><td>소재 및 요소기술</td></tr>
<tr><td>복합기술</td></tr>
<tr><td>대량생산기술</td></tr>
<tr><td colspan="3">제조기술 및 성능</td></tr>
<tr><td colspan="3">대량생산기술</td></tr>
<tr><td rowspan="2">스택</td><td colspan="3">분리판, 엔드플레이트 소재 및 제조 기술</td></tr>
<tr><td colspan="3">스택 제작 기술</td></tr>
<tr><td colspan="4">BOP 관련기술
(공기 블로워, 액체펌프, 연료농도제어기, 출력제어기,
열교환기, 액체연료 혼합기, 출력제어기, 메탄올센서 등)</td></tr>
<tr><td colspan="4">실용화 기술</td></tr>
<tr><td colspan="4">경박 단소화</td></tr>
<tr><td colspan="4">운전 최적화</td></tr>
</table>

II. 국내기술 수준 및 기술 동향 분석

1. 기술 수준

가. 세부 요소기술별 기술 수준

○ DMFC에서 발전의 기본 구성요소인 MEA 관련 세부기술의 정량적 수준은 표 4-2와 같음.

○ 촉매, 전해질막, MEA에 대한 성능개선과 가격 저감을 위한 제조기술 최적화 및 새로운 소재 개발이 요구됨.

표 4-2 DMFC의 MEA 관련 세부기술의 정량적 수준

평가항목 (주요성능 Spec)	단위	세계최고 수준, (보유국/보유기업) 성능수준	국내수준	비고
MEA 성능 (전력밀도)	mW/cm^2	140(영국/J-M) * Nafion 전해질막	120	60℃, 공기
		120(미국/폴리퓨얼) *탄화수소계 전해질막	80	60℃, 공기
MEA 연속운전 (장기성능)	시간	4,000(한국/KIER)	4,000	LG화학 MEA, 5-cell
		2,000(미국/폴리퓨얼) *탄화수소계 전해질막	500 미만	단위전지
백금함량	mg/cm^2	2(영국/J-M)	3~5	60℃, 공기
대량생산	g/batch	자료없음	-	-
전해질막 이온전도도	S/cm	0.09S/cm(미국/Maxdem)	0.07 미만	전도도 실측
전해질막 메탄올 투과도	%	1/3 (미국/PolyFuel)	<50	메탄올투과도 측정

나. 선진국 대비 기술 수준

○ 삼성 SDI, 삼성종합기술원, LG화학 등이 휴대폰용, 노트북PC용, 또는 휴대용 전원 충전

용 연료전지의 시제품을 선보였으나, 아직 상용화에는 이르지 못하고, 소재 및 부품 등에서도 국내에서는 대부분 수입에 의존하는 실정임.

○ 선진기술국 대비 연료전지의 핵심기술 분야에서의 경쟁력을 보면 일부 부품기술 및 제조기술을 제외한 전 분야에서 열세에 처해 있어 이에 대한 시급한 보완이 필요한 상황임(표 4-3, 4-4).

표 4-3 PEMFC 선진국 대비 국내기술, 인력 및 인프라 비교

항목	기술수준 (%)	전문인력 보유(%)	인프라 구축(%)	비고
고성능, 저가의 MEA 개발	80	50	30	
이온전도도 및 내구성이 뛰어난 막 개발	50	20	20	국내 양산 기술 전무
장기 운전이 가능한 MEA 개발	60	50	30	
분리판 유로의 최적 설계	80	50	50	
분리판 자동화 제조 기술	40	20	20	
고효율, 저가의 탈황기술	70	30	30	
고효율 인버터 개발	90	40	20	소용량 인버터 개발
초기기동성과 부하추종성 우수 개질기 개발	50	50	40	
무가습 및 상온 운전이 가능한 소형 스택	50	10	10	

표 4-4 DMFC 선진국 대비 국내기술, 인력 및 인프라 비교

항목	기술수준 (%)	전문인력 보유정도(%)	인프라 구축정도(%)	비고
전극촉매 기술	60	50	30	
전극제조 기술	70	50	40	
전해질막 제조기술	50	50	20	
MEA제조기술	80	60	70	
스택 제조기술	60	40	30	
시스템 구성기술	50	40	40	
신뢰성 확보기술	60	40	50	

2. 기술개발 및 산업체 동향, SWOT 분석

가. 기술개발 동향

○ 현재 시장에서 구할 수 있는 재료를 사용하여 시스템을 구성하는 경우 가격과 부피, 내구성 등에 있어서 상용화 수준에 이르지 못함. 따라서, 가격 저감과 성능향상, 내구성 향상, 경박단소화를 위해서 구성요소 개발을 위한 연구가 이루어지고 있음.

○ 연료전지 분야의 국제경쟁력 확보를 위하여 국제적으로 추진되고 있는 표준화 규격에 맞는 기술개발을 유도하고, 국제경쟁력이 가능한 기술 분야는 국제 표준화와 연계하여 국제규격을 적극 반영하는 것이 필요함.

○ MEA 기술 : 고분자막/전극 접합체(MEA)는 연료(Methanol 수용액)와 공기의 전기화학 촉매 반응이 일어나는 전극과 수소이온의 전달이 일어나는 고분자막의 접합체로 정의됨. 기술적인 목표는 다음과 같음.

- • 140mW/cm^2(DMFC, MeOH/Air, 80℃),
- • 80mW/cm^2(DMFC, 공기호흡형 MeOH/Air, 상온)

- 휴대용 연료전지에 쓰이는 MEA와 스택의 요소별 가격은 촉매의 비중이 가장 크며, 바이폴라 판, 전극 순서임(표 4-5). 또한 고분자막은 휴대용 연료전지의 성능을 좌우하는 중요한 요소이기 때문에 필수적으로 개발되어야 할 품목 중의 하나임. MEA 전체 비용의 약 50～85%는 재료비가 차지함.

표 4-5 휴대용 연료전지 MEA와 스택 구성 요소의 가격 비율

구성 요소	가격 비율(%)
촉매	30～5
고분자막	2～10
전극	15～30
바이폴라판	15～25
냉각판	10～12
어셈블리	5～7

- DMFC의 성능과 가격을 좌우하는 가장 중요한 요소 중의 하나는 촉매임. 메탄올 산화반응에는 PtRu 합금 촉매가, 산소 환원반응에는 순수 백금 촉매가 주로 사용되고 있으나, 현재에는 가격저감과 성능 및 내구성 향상을 위해 다양한 합금촉매와 카본담지체에 대한 개발이 진행되고 있음.
  • 촉매를 신속하게 시험할 수 있는 콤비내토리알 방법(combinatorial method)이 개발되어 PtRuOsIr, RuSnMoSe 등의 메탄올 산화성이 우수한 4성분계 촉매를 비롯하여, 메탄올에 대한 저항력이 우수한 비백금계인 RuSnSe 계통의 산소 환원 촉매 등의 개발이 이루어지고 있음.
  • 촉매의 담지 능력과 분산성을 향상시키기 위해 CNT(Carbon Nanotube), CNH(Carbon Nano-horn), 메조기공 탄소(mesoporous carbon)를 사용한 새로운 촉매의 개발도 진행되고 있음.

- 고분자 전해질막은 수소이온전도성이 우수하고, 반응물의 투과도가 적어야 하고, 형상안정성, 화학적 안정성 및 기계적 강도가 높아야 함. 이온전도도(Ionic Conductivity)와 면저항은 각각 $5 \sim 10 \times 10^{-2} S \cdot cm^{-1}$와 $0.2 \sim 2 \Omega \cdot cm^{-2}$가 되어야 하며, 80~120℃에서 안정하고, 값싸고 양산화가 가능해야 함.
  • Nafion 멤브레인은 이온 전도도가 우수하고 안정하여 현재 분리막으로 가장 널리 사용되고 있으나, 메탄올의 투과도가 높은 단점이 있음. 따라서 메탄올 투과도가 낮고 이온 전도도가 높은 새로운 탄화수소계 및 복합 분리막의 개발이 진행되고 있음.
  • Polyfuel사 등에서는 메탄올의 투과도를 Nafion에 비해 50% 이하로 감소시킨 탄화수소계 분리막을 시판 중에 있으며, MEA의 성능과 내구성이 상당히 우수한 것으로 보고되고 있음.
  • 이외에도 메탄올 투과도가 작고 물이 없어도 수소이온의 전달이 가능한 플러렌계의 수소이온전도체나 상온 용융염을 전해질로 응용하려는 연구도 진행되고 있음. 또한, 촉매의 활성을 높이기 위한 고온 작동용 분리막의 개발도 이루어지고 있음.

○ 스택 기술 : 스택이란 단위전지를 수직 수평으로 연결하여 원하는 용량과 크기로 적층 또는 연결시킨 것으로 기술적 목표(DMFC)는 다음과 같음.
  • 경량 고강도 고전도성 Bipolar Plate 기술 개발
  • 바이폴라형 스택 제조기술 개발
  • 모노폴라형 스택 제조기술 개발
  • 경박단소화를 통한 출력밀도 향상 기술 개발

- 스택 구성 부품은 분리판(Bipolar plate), MEA, GDL(Gas Diffusion Layer), Packaging, End Plates, Gaskets와 Seals 등이며, 스택용 재료 개발은 연료전지의 상용화에 매우 중요한 요소임. MEA가 스택 비용의 60% 이상을 차지하며, 촉매는 MEA 비용의 41~74%를 차지하고, 연료전지 전체 비용의 약 30% 이상을 차지하고 있음.
- 일반적인 연료전지 스택은 bipolar plate를 사용하지만, 수 W급의 소형 연료전지 스택은 monopolar plate를 사용하여 개발하고 있음(그림 4-3).

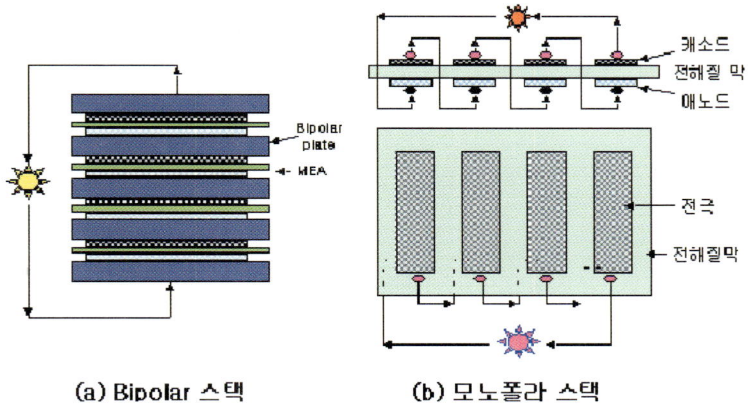

그림 4-3 Bipolar형 스택(a)과 monopolar형 스택(b)의 개념도

○ 시스템 구성과 주변 장치(BOP) : 주변 장치는 제조된 스택의 최적 운전을 위한 시스템 설계, 제조, 운전 및 전력변환 기술 등을 포함하는 기술로 정의함. 연료전지 발전시스템에서 스택을 제외한 구성장치를 BOP라 하며, BOP의 구성은 다음과 같음(그림 4-4, 4-5, 표 4-6).

- 고효율 DC/DC 컨버터(효율 90% 이상)
- 연료 및 공기 공급용 팬, 펌프
- 연료 공급용 연료 탱크(Cartridge)
- 연료 순환 및 물 회수 기술(연료혼합기 포함)
- 연료 농도 제어용 센서
- 열교환기(애노드용 및 캐소드용)
- 시스템 운전 및 제어용 Micro-Processor

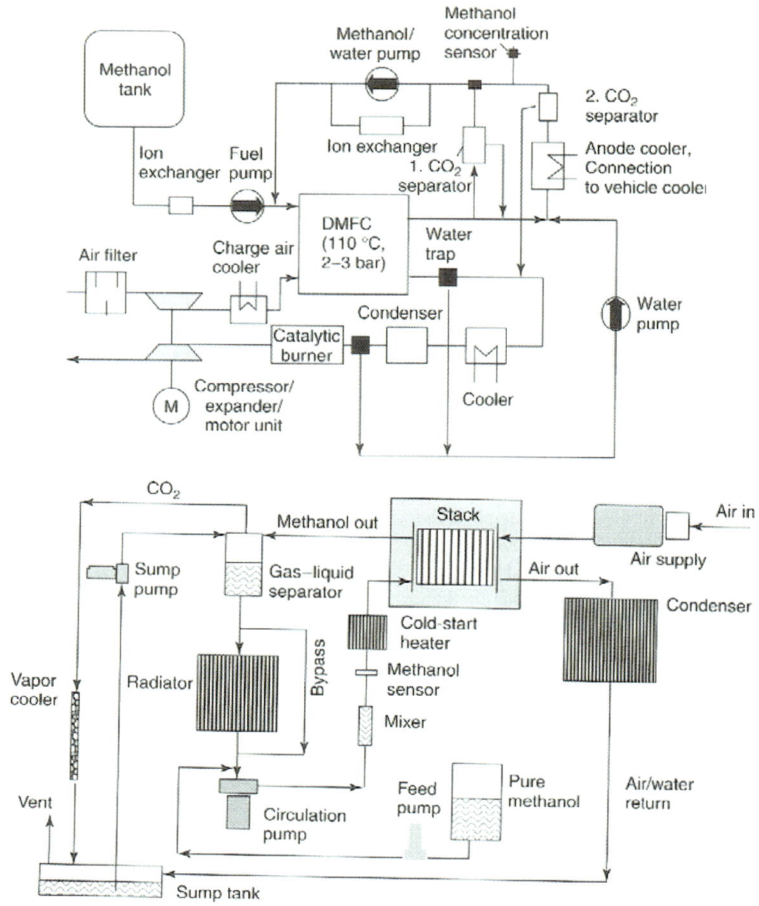

그림 4-4 휴대용 DMFC 시스템 개략도의 예

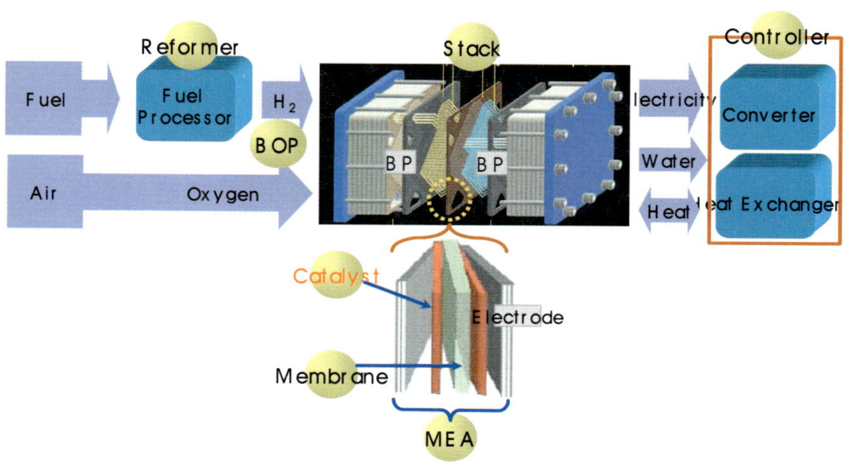

그림 4-5 휴대용 PEMFC 시스템의 개략도 예

표 4-6 휴대용 연료전지 시스템의 부품 목록

장치	가격	수입가능 여부	국내조달 여부	개발 필요성
전력 변환기	1만 원 이하	가능	국내개발 가능	DSC/DC 컨버터 에너지 변환효율 95% 이상 요구 휴대용에 적합한 소형화 및 규격화 필요
마이크로 펌프	수만 원	제한적 가능	어려움	휴대용에 적합한 펌프 개발 필요
공기 블로워	수만 원	제한적 가능	어려움	휴대용에 적합한 블로워 개발 필요
연료 카트리지	2천 원/ea (200cc)	가능	개발 가능	leakage free의 기술 개발 필요
연료혼합기	수천 원	가능	개발 가능	소형화 필요 엎어져도 작동되어야 함
메탄올 센서	수천 원	제한적 가능	개발 가능	휴대용에 적합한 저가격 소형 센서 개발 필요
PMS		가능	가능	Power management system 운전제어기 포함 휴대용에 적합한 제품개발 필요
Liquid level sensor	수천 원	가능	개발 가능	개발 필요성 미약
열교환기	수천 원	가능	개발 가능	압력저하가 작은 효율적인 열교환기 개발 필요

- 소형 휴대용 연료전지운전 시스템은 Active형과 Passive형으로 구분되어 개발되고 있음.
  - Active형은 중,대형 시스템용으로 개발되고 있으며, 메탄올 수용액 순환용 펌프, 공기 공급용 blower, 메탄올 수용액 농도 제어용 센서 등의 active 소자들이 설치됨. 연료는 에너지밀도가 높은 순수 메탄올을 탑재하고, 내부에서 메탄올을 적정 농도(3~10wt%)로 희석하여 스택에 공급하고, 공기극에서 발생하는 물은 회수하여 재사용하며, 공기는 펌프 등으로 강제 공급함. 단위부피당의 출력밀도가 높은 것이 장점임.
  - Passive형은 펌프, Blower, 밸브 등의 Active BOP를 사용하지 않음. 메탄올은 카트리지로 연료극에 공급하며, 공기극에서는 자연 대류의 공기를 이용하고, 공기극 생성수는 대기중으로 자연 배출되도록 함. Passive형은 시스템이 단순하고 소형이지만, 출력밀도가 낮음. 연료는 약 10~20wt%의 메탄올 수용액을 사용함. 현재 Passive형은 휴대전화 외부 부착 충전기 형태와 휴대전화의 내장전원 형태로 개발되고 있음.

- PEMFC를 휴대용 연료전지에 응용하기 위해서는 수소공급 및 저장 기술이 해결되어야 하며, 에너지 밀도, 안전성, 충전 시간, 전극피독 물질 제거, 충전 수소의 인프라 구조와 가격 등을 고려해야 함.
  - 메탄올을 원료로 하는 소형 개질기(그림 4-6)는 이론적으로는 높은 에너지 밀도를 가지며, 마이크로 가공기술을 이용하여 초소형개질기를 제작함. 그러나, 단열, 일산화탄소 제거, 부피, 기동시간 등을 해결해야 함.

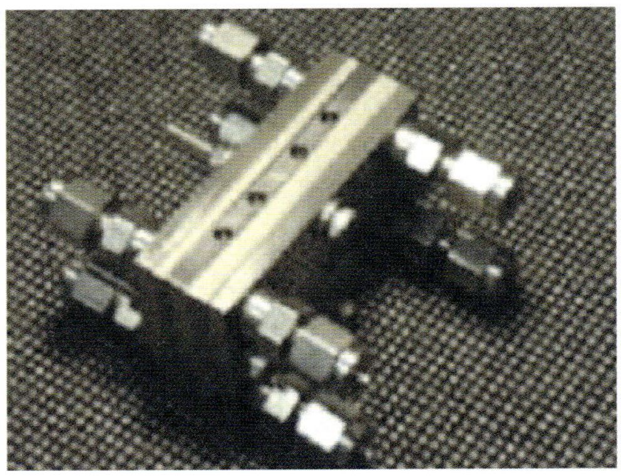

그림 4-6 KIER에서 2005년에 개발한 마이크로 개질기

  - 수소저장합금의 경우는 이미 기술적으로 상용화에 가까운 수준에 올라 있으나 중량기준 에너지 밀도와 가격 측면에서는 상당히 불리하며, 또한 수 기압 이상의 기체상태의 수소를 사용하므로 안전성의 확보 문제도 있음.
  - Chemical hydride를 이용하는 기술은 세계적으로도 연구 개발의 초기 단계이며 화합물 자체의 에너지 밀도는 상당히 높지만 수소를 발생시키기 위해 필요한 기타 반응 장치를 포함시키면 실제적으로 전체 부피 당 에너지 밀도가 낮은 단점이 있음.

- 휴대용 연료전지는 5,000시간 이상 내구성이 보장되는 핵심 요소기술 개발이 중요하며, BOP를 소형 저가격 경량화 하면서 성능 목표를 맞추는 것이 중요함.
- 휴대용 연료전지 시스템의 양산 상용화를 위해서는 DMFC와 PEMFC에서 공통적으로 저소비전력의 소형 BOP(펌프, 콤프레서, 밸브, 센서, 열교환기 등), 연료전지와 적용기기의 인터페이스(시스템 제어 기술, 회로설계 기술) 기술이 개발되어야 함.
- DMFC 분야에서는 고농도 메탄올 사용 가능한 고분자막 개발, 촉매량 감소, CO 저항성 고효율 촉매를 비롯하여 MEA의 출력과 내구성 향상이 이루어져야 함. PEMFC 분야에서는 수소 공급방법과 스택 온도 제어 방법이 해결되어야 함. 특히 마이크로 개질기와 무가습 멤브레인의 개발이 우선적으로 요구됨.

나. 산업체 동향

○ 상업화를 목적으로 한 휴대용 연료전지의 개발은 DMFC 분야가 가장 활발하며, 마이크로 개질기 또는 화학적수소화물($NaBH_4$) 등을 이용한 수소형 PEMFC를 개발되고 있음, 주로 휴대전화, 충전기, 노트북 PC 등의 전원으로 개발 중임.

○ 국내의 수백 W급 DMFC 개발 결과로는 LG화학과 KIER 등이 공동으로 개발한 진공청소기용 200W급 시스템(그림 4-7)과 KIST에서 개발한 인간형 로봇에 장착한 700W급 시스템, 삼성종합기술원이 개발한 100W급의 휴대 전원용 연료전지 시스템이 있음.

(a) 200W급 DMFC 청소기

(b) 400W급 DMFC 인간형 로봇

그림 4-7 수백 W급 DMFC 시스템

○ 국내의 삼성종합기술원(SAIT)은 1997년부터 휴대용 연료전지 개발을 시작하여, 2000년에 2W급 DMFC를 장착한 휴대폰 시스템(그림 4-8a), 2005년에 PDA용 Hybrid 전원(그림 4-8b), 2006년 11월에는 하나의 연료 카트리지로 1.5W급 PMP(portable multimedia player)를 4시간 동안 작동할 수 있는 2W급 DMFC를 개발하였음(그림 4-8c). 삼성은 2004년부터 2007년까지 390만 불을 연료전지에 투자하였음.

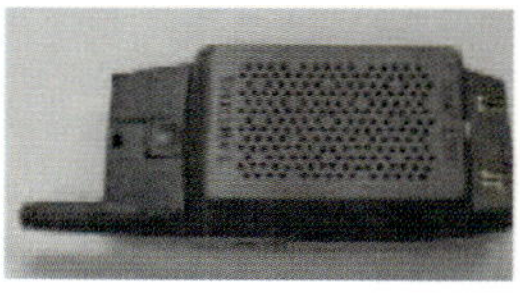

(a) 휴대폰용 DMFC(2000년)

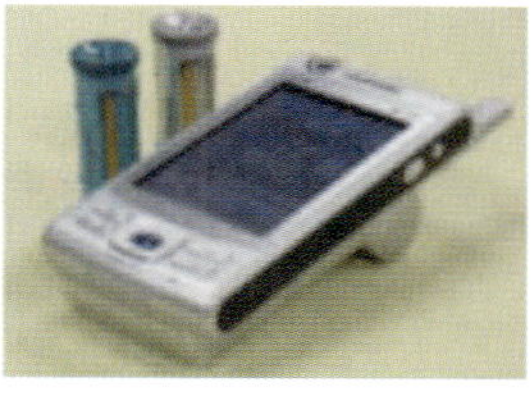

(b) PDA용 DMFC 하이브리드 전원

(c) 코바일 연료전지 충전기

그림 4-8 삼성종합기술원에서 개발한 여러 가지 DMFC 프로토타입 제품들:

○ 국내의 노트북 PC용 DMFC 기술 분야의 괄목할 만한 연구 성과로는 삼성종합기술원과 LG화학이 각각 2004년과 2005년에 개발한 노트북용 PC용 DMFC 시스템임.

- 삼성SDI는 2005년 11월에 노트북 PC용 DMFC를 개발하였으며(그림 4-9a), 크기는 가로 23cm×세로 8.2㎝×높이 5.3㎝(부피 0.99L)이고 평균출력과 최대 출력은 각각 20W와 50W이며, 에너지 밀도가 200Wh/ℓ이며 연료탱크는 100cc임. 시스템 소음은 38dB 정도임. 또한 2006년 12월에는 노트북 PC에 장착한 1,200Wh급 대용량 DMFC 시스템을 발표하였음. 출력 20W, 에너지밀도 650Wh/ℓ, 연료 100cc로 노트북 PC를 15시간, 대형 연료 카트리지(약 1ℓ)로 노트북을 약 1달간 사용(주 5회, 8시간/일 기준) 가능함.

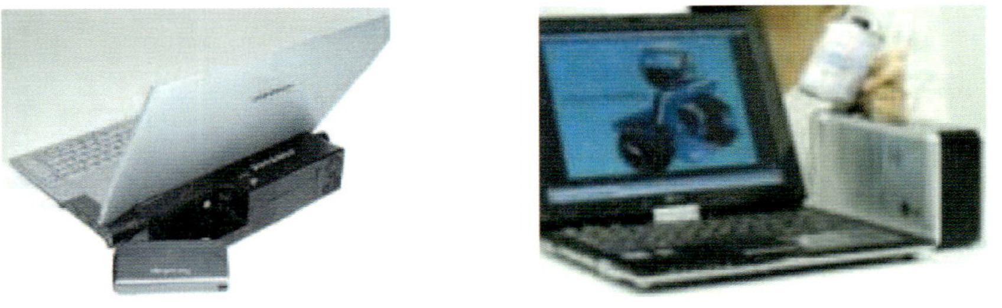

(a) (b)

그림 4-9 삼성종합기술원(a)과 LG 화학(b)의 노트북 PC용 DMFC 시스템

- LG화학이 개발한 노트북용 DMFC 시스템은 출력이 25W이고 중량이 1kg 이하이며, 200cc 연료 카트리지로 10시간 이상 작동이 가능함(그림 4-9b).

○ 국내의 진우 엔지니어링(주)은 2007년 1월 일본의 Fuel Cell Expo 2007 전시회에서 140W급 DMFC 시스템을 적용한 배터리 하이브리드 휠체어를 선보였음(그림 4-10)(Fuel Cell Today, FC Expo 2007-Event Overview, 2007). 또한 진우는 휴대용 연료전지의 핵심부품인 GDE와 GDL을 개발하여 상품화하였음.

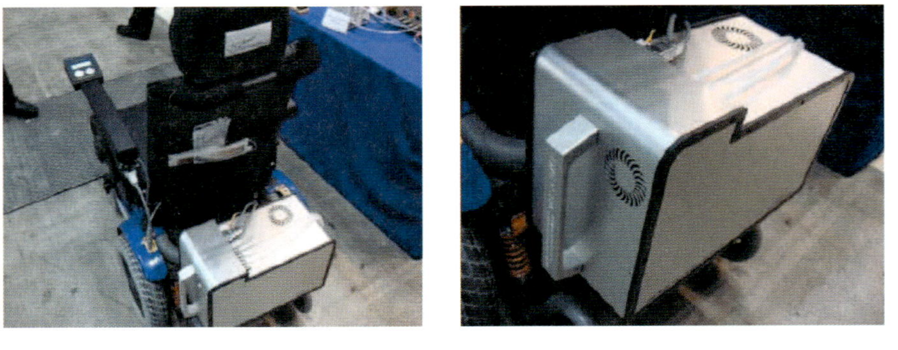

그림 4-10 진우 엔지니어링사의 DMFC 휠체어 시스템

○ 협진, 대주전자재료, 동진세미켐 등의 회사에서는 촉매 및 MEA 등의 소재 관련 연구를 수행 중이고, 프로파워 등의 중소기업에서 연료전지-배터리 하이브리드 시스템을 장착한 제품을 모색하고 있으며, 동부한농, 대우일렉트로닉스 등 대기업과 나노테크닉스, 나노카본, 디지털텍 등 다수의 부품 소재 기업에서 휴대용 연료전지에 대한 높은 참여 의지를 갖고 기술 평가 진행 중.

○ DMFC 시스템의 기술 개발과 상용화를 위해서는 부품 생산, 시스템 제작, 응용 분야 개발 및 마케팅 등 다양한 분야의 노력이 요구됨. 소형 자동차, 노트북 PC, 휴대폰 등에 필요한 연료전지 시스템은 대량 생산 기술이 필요하므로 대기업 위주로 개발되고 있으며, 군용 전원, 배터리 충전기, 소형 특수용 전원(스쿠터, 자전거, 레저용 등) 등의 소량 생산기술에는 중소기업의 역할이 기대됨.

○ 연료전지에 필요한 주변기기 부품(BOP)은 종류가 아주 다양하고, 특히 스택과 시스템에 필요한 부품 개발에 대응하기 위해서는 부품 소재 분야의 중소기업 육성을 위한 다각적 노력이 필요함.

다. SWOT 분석

○ 휴대용 연료전지 분야의 강점, 약점, 기회요인, 위협요인을 정리하여 SWOT 분석을 해보면 아래 표 4-7과 같음.

표 4-7 휴대용 연료전지 SWOT 분석

강점(Strength)	약점(Weakness)
- 연료전지 MEA, 스택, 시스템 분야의 기반 기술 확보 - 다양한 시제품 제작 경험의 축적 - 세계 기술경쟁력을 가진 IT관련 대기업의 참여 - MEA, 스택, 촉매, 전해질막 등의 재료 관련 분야에서 대학과 연구소의 연구능력 우수	- 원천기술 확보 미흡 - 원소재 해외 의존도 과다 - 전문가 pool 취약 - 미래기술에 대한 투자 의지 열악 - 독창적 아이템 창출 부족
기회요인(Opportunity)	**위협요인(Threat)**
- 휴대용 기기의 전원 요구사양 확대 - 기존 2차 전지 성능의 한계에 이름 - 관련 부문의 규제 완화 - 민간 투자 의지 확대 - IT 강국으로서의 위상 및 시장성 확보	- 혁신적 소재 기술개발 지연 - 경제성 확보 실패 - 귀금속 가격 불안 및 시장 종속성 - 대량 생산 체제 미흡

3. 국내 산업 현황 및 타 산업과의 연관성

가. 산업현황

- 다양한 형태의 휴대형 전자기기 제품이 급증하면서 2차 전지보다 전기용량이 크고 사용이 편리한 휴대전원에 요구가 커지고 있는 상황에서, 휴대용 연료전지의 상품화 가능성이 높게 평가되고 있음.
- 신에너지 부문에서 세계시장 공략과 에너지산업 선진화를 위한 노력으로 국내에서도 2004년 5월 정부 주도로 연평균 20~30%씩 성장하는 대체에너지 분야의 개발을 위해 오는 2008년까지 약 2500억 원을 투자 예정.
- 세계적으로는 북미, 유럽, 그리고 일본 순으로 연료전지 개발에 연구 투자를 하고 있으며 그 외 국가에서는 15% 정도 연구가 행해지는 중.
- 전 세계적으로 연료전지용 핵심신소재의 시장규모는 정확하게 예측할 수는 없지만 향후 3년 이내에 고분자 전해질막을 이용하는 DMFC와 PEMFC가 상업화되면, 핵심 구성요소인 MEA가 전체 연료전지 제조비용 중 45~55%를 차지할 것으로 예측됨(그림 4-11).

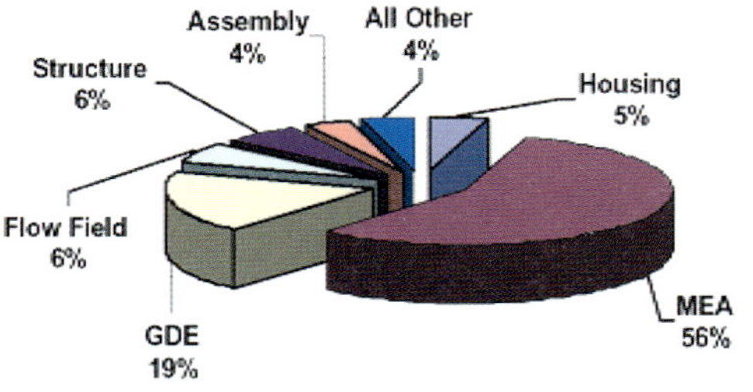

그림 4-11 연료전지 제조비용 중 MEA의 비중

- 현재 전 세계 기업에서의 휴대용 연료전지의 제조 활동은 DMFC와 PEMFC가 약 90%를 차지하고 있음(그림 4-12).

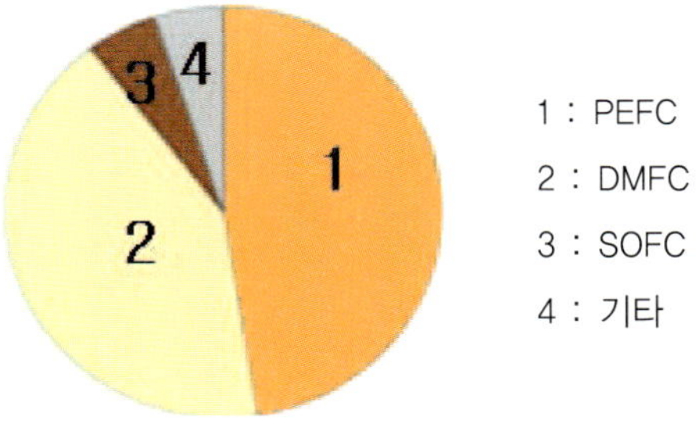

그림 4-12 기술별 관련 개발 기업수

○ 기존의 기술적 한계를 극복을 위한 새로운 소재의 개발은 필수 불가결하며, 선진국에서는 이들 신소재개발은 국가경쟁력과 직결된다는 판단 아래 막대한 투자와 연구개발에 총력을 기울이고 있음.

○ 나노 구조제어 기술 및 분자수준 제어기술을 이용한 연료전지용 핵심신소재 개발을 위한 연구는 향후 국가의 기술 경쟁력 확보차원에서도 매우 중요한 위치를 점하고 있음.

○ 정부의 정책과 다른 형태의 국가/국제 전략은 휴대용 연료전지 개발기업에 대해 영향을 주게 되며, 법규와 규제는 연료전지 상용화 초기의 길을 열어주는 역할을 하게 됨.

- 예를 들면, 2007년 1월 1일부터 국제민간항공기관(ICAO)이 민간 항공기에 메탄올 카트리지(다른 일부 연료)의 소지를 허용하였으며, 메탄올 사용 연료전지를 기내 수화물로 항공기에 휴대, 탑승하여 사용하는 것이 가능해짐(현재는 일시적으로 모든 액체의 항공기 휴대가 금지됨).
- 2006년 초에 국제전기표준협회(IEC)가 연료전지를 전원으로 하는 개인용 전자장치의 안전 규격을 제정하였음. 이 규격의 대상 연료는 메탄올, 개미산, 수소화붕소, 부탄 및 수소임.
- 휴대용 연료전지에 관련된 다수의 기업은 정부의 규제에 대한 인식을 높이고 있음(특히 북미). 미국 정부가 시행하는 대체에너지 관련 입법조치에 대해 기업들은 규제 프로세스에 대한 견해와 가이드라인을 제공하기도 함.
- 세계의 각 국가와 조직은 수소 저장, DMFC, PEMFC 등과 같은 시스템의 Road Map, 규정과 표준을 정하고 있음.

나. 타 산업과의 연관성

○ 휴대용 연료전지가 상용화될 경우에 기존의 2차 전지를 점진적으로 대체할 뿐만 아니라, 휴대용 전자기기의 고성능화에 따라서 연료전지 시장이 2차 전지 시장과 동반 성장할 것으로 예상되므로, 세계의 휴대용 연료전지 시장은 세계의 2차 전지 시장의 추이에 따를 것으로 예상.

- 2차 전지의 세계 시장규모는 리튬이온전지와 리튬 폴리머 전지를 합하여 2005년에 총 1,040,000천개에 이르며, 리튬 이온전지를 비롯하여 리튬폴리머전지도 시장규모가 매년 증가하고 있음(표 4-8).

표 4-8 세계 2차 전지 시장 현황(단위: 천 개)

연도	2000년	2001년	2002년	2005년
리튬이온전지	560,000	527,000	658,000	1,040,000
리튬폴리머전지	25,000	47,500	63,000	115,700

- 국내 2차 전지의 산업 동향과 시장규모는 표 4-9와 표 4-10과 같음. 세계시장 점유율은 2005년에 28.8%를 차지하고 수출도 계속적으로 증가하고, 국내 2차 전지 시장규모는 2005년에 총 11,052억 원에 이르며, 국내에서도 리튬 이온을 비롯하여 리튬 폴리머 전지의 시장이 성장하는 것을 알 수 있음.

표 4-9 국내 2차 전지 산업동향(산업자원부)

구분	1999	2000	2001	2002	2003	2005
세계시장점유율(%)	-	2.5	9.6	15.8	19.4	28.8
수출(백만 달러)	37	35	46	118	-	-
수입(백만 달러)	435	407	341	216	-	-
설비투자(억 원)	2520	1750	2600	-	-	-

표 4-10 국내 2차 전지 시장 규모(전자신문 2004. 11. 1) (단위 : 억 원)

종류	2000	2001	2002	2003	2004	2005
리튬이온	4,156	4,719	5,206	6,835	8,282	9,564
리튬폴리머	156	432	672	1,008	1,248	1,488
계	4,312	5,151	5,878	7,843	9,530	11,052

- 이와 같이 소형 전자기기의 사용은 나날이 증가하고, 제품의 발달로 인해 전원 요구 사양도 점차 확대되고 있음. PDA, 휴대전화 등은 기기의 성능향상과 더불어 소비전력이 높아져서 현재의 Li-이온 2차 전지로는 보통 3~4시간 정도만 작동이 가능하여 성능의 한계에 도달하고 있으며, 이들 기기에 기능이 계속 추가되고 있어 필요 용량이 더욱 높아질 것으로 예측됨(표 4-11).
- 노트북 PC는 Li-이온 2차 전지로는 보통 2~3시간 정도만 작동이 가능하여 현재의 용량이 부족한 상황임. 또한 노트북 PC는 데스크톱 기능으로 사용하는 경우가 많아져서 연료전지와 같은 장시간 가동 전원이 절실하게 필요한 분야임.

표 4-11 휴대용 전자기기의 예상 전원사양

	Runtime (hours)	Energy Requirements (Batteries)	Power Requirement (Fuel Cell)
Mobile Phone	4	5.5Wh	2W
Convergence Device			
PDA/Handheld	3	7.5Wh	3W
Notebook Computer	3	38Wh	16W
Digital Camera	2	9Wh	6W
Camcorder	2	15Wh	9W
Battery Charger	-	-	1W ~ 50W
Portable Power Unit	-	-	15W ~ 1kW
Two-way Radio & Portable Audio Device	4	9Wh	3W

- DMB, 텔레매틱스 등 새로운 이동형 서비스의 출현과 디지털 기기의 컨버전스가 휴대기기를 중심으로 가속화됨에 따라 지속적 수요 증가 예상.
- 또한, 휴대용 전자기기는 신모델의 출시주기가 1년 미만이고, 소비자들의 제품 교환주기도 2년 내외로 짧기 때문에 휴대용 연료전지의 보급속도 또한 매우 빠를 것으로 전망됨.
- 국방용으로는 유무선 통신용 발전 전원, 군작전용 이동용 전원(디젤발전 대체), 비상발전(이동상황실 등), 군사용 장비 배터리 대체용(KNN/PRC-77, PRC-99K/VRC-946K 등 무전기 및 주변 장비), 2차 전지 충전용 전원으로 활용이 가능함.

○ 휴대용 연료전지가 상용화될 경우, 무엇보다도 소형 전자기기 산업 전반에 막대한 영향을 끼치고, 새로운 제품의 개발을 촉진함으로써 세계적으로 IT 산업의 우위를 점할 수 있음.

○ 소재 및 부품의 국산화 요구가 증대되어 화학공업 계열, 소재 산업 발전에 기여.

○ 군사용으로 이용될 경우 고성능 휴대용 전원의 활용으로 군사 장비 현대화에 기여.

○ DMFC에 기초한 휴대용 연료전지의 실용화에 의해서 연료인 메탄올 시장을 활성화할 것임.

- 2007년 세계 메탄올 수요는 약 4천만 톤이며 연평균 3~4%의 완만한 성장 지속
- 현재 메탄올 생산의 주원료는 천연가스 또는 석탄임.

- 미국의 부시 대통령은 2007년 연두교서에서 향후 10년간 미국의 가솔린 소비를 20% 감축하고 대체 연료의 공급을 대폭 늘릴 것을 밝힘. 중국의 경우, 2006년 말 메탄올을 대체 연료로 선정하고 관련 규정 정비 등의 구체적인 작업에 착수.
- 전 세계 환경 규제의 분위기와도 맞물려, 메탄올 사용에 대한 요구가 급증하고 있고, 그에 따른 생산 설비도 보강되는 실정이므로, 메탄올의 공급량 및 가격 경쟁력이 점차 향상되고 있음.

다. 기술인력 확보 및 수급현황

○ 현재 본격적인 생산체제에 돌입한 기업이 없기 때문에 산업계 인력 산정은 어려움. 단, DMFC 관련의 산학연 연구 인력을 기준으로 대략적인 추정을 한 결과, 표 4-12는 DMFC 분야의 기업규모 현황, 표 4-13은 제조업체의 인력분포, 표 4-14는 연구소 보유 현황을 나타냄.

표 4-12 기업규모 현황(DMFC 분야) (단위 : 업체 수)

구분	2003년	2004년	2005년	2006년	2007년	비고
1~50인 미만	0	0	0	0	0	
50~100인 미만	1	2	2	2	2	
100~200인 미만	1	2	2	2	2	
200~300인 미만	0	1	1	1	1	
300인 이상	3	4	4	5	6	
계	5	9	9	10	11	

표 4-13 제조업체의 인력분포(DMFC 분야)

구분	전체	해당산업	비중(%)
박사, 기술사	18,127	64	0.35
석사	42,296	55	0.13
학사	1,026,359	33	0.003
전문대	898,064	39	0.004
고졸	513,179	26	0.005
기타	128,294	0	0
계	2,626,320	217	0.0083

표 4-14 연구소 보유 현황(DMFC 분야) (단위 : 연구소 수)

구분		'05	'06	'07
전체산업	기업 부설연구소	8,900	9,300	9,570
해당산업	기업 부설연구소	9	10	11
비중(%)		0.1	0.1	0.11

III. R&D 추진 성과 및 보급시장 분석

1. 과거('88~'07) R&D 추진 현황

○ 80년대 중반부터 연료전지에 대한 기초연구를 실행해왔으며 88년도 대체에너지개발촉진법에 따라 산업자원부/에너지관리공단의 지원하에 본격적인 기술개발이 수행되고 있음.

표 4-15 국내의 휴대용 연료전지 연구과제 현황

과제명	기간	연구비	주관	주요 Activity (지원부처 또는 Program)	성과분석
첨단연료전지 기술개발	1994~1999	10억	에너지기술 연구원	DMFC 원천기술확보 (과기부/기관고유사업)	원천기술 확보
휴대전원용 직접메탄올 연료전지 개발	2000	1억	에너지기술 연구원	DMFC 원천 탐색	핵심기술 개발
소형 이동전원용 연료전지 개발	1999~2004	15억	에너지기술 연구원	PEMFC 소형화 기반기술 (과기부)	핵심기술 개발
100W급 직접메탄올 연료전지 스택개발	2001~2004	46억	LG화학	100W급 이동용 연료전지 기술 확보 (산자부)	응용기반 기술확보
마이크로연료전지 기반기술개발	2000~2002	15억	과학기술 연구원	소형 DMFC 재료, 전극, 스택 개발 (기초기술연구회)	원천기술 확보
박막MEA를 이용한 실리콘 연료전지개발	2002~2003	3억	과학기술 연구원	실리콘 박막 연료전지 기반기술 확보 (과기부)	원천기술 확보
미래형 로봇 구동용 연료전지 전원시스템 개발	2005~2006	14억	과학기술 연구원	로봇 전원용 연료전지 시스템 실증(산자부)	실증사업
휴대용 50W급 DMFC 시스템 개발	2004~2007	89억	(주) LG화학	고효율, 고성능 휴대용 DMFC 시스템 개발 (산자부)	응용기반 기술확보
노트북 PC용 50W급 PEMFC 시스템 개발	2004~2007	55억	(주) 삼성SDI	1회 충전 10시간 운전 50W급 휴대용 PEMFC 개발 (산자부)	진행 중
모바일기기용 마이크로 연료전지 시스템 개발	2005~2008	75억	삼성전기	5W급 모바일 기기용 연료전지 시스템 기술 확보 (산자부)	진행 중
소형카트용 연료전지 하이브리드 시스템 개발	2006~2009	56억	(주) 프로파워	800W급 연료전지/1.6kWh 리튬이온이차전지 하이브리드 시스템 기술 확보 (산자부)	진행 중
연료전지 핵심 원천기술 개발 사업	2004~2009	216억 (추정)	에너지기술 연구원	PEMFC, DMFC, SOFC, 신개념 연료전지의 원천소재 및 기술을 확보하기 위한 사업 (산자부)	진행 중

○ 국내의 휴대용 연료전지 연구 개발은 DMFC를 중심으로 이루어지고 있으며, 5W급에서 800W급까지, 소형 모바일용, 노트북 PC용, 로봇용 그리고 소형카트용 등 다양한 용도와 용량의 연료전지 개발 과제가 진행되고 있으며, 핵심요소기술을 개발하기 위한 연구 과제도 일부 진행되고 있음(표 4-15).

○ PEMFC는 마이크로 개질기를 포함한 형태로 진행되고 있으며, 이외에도 화학적수소화물이나 개미산, DME(디메틸에테르) 등을 연료로 사용하는 연료전지의 개발도 진행되고 있음.

○ 참여기업과 기관들로는 엘지화학, 삼성전기, 대주전자재료, 동진세미켐 등의 기업과 KIER, KIST, 화학연 등의 국가 출연 연구기관과 서울대, KAIST, 성균관대, 한양대 등의 대학 등이 있음.

○ 휴대용 전원으로 유망한 DMFC 기술의 보급 확산을 위하여 2005년 산자부 지원하에 DMFC 핵심기술연구센터를 설립하고 인력양성, 기술표준화, 교육자료 제작 등의 사업도 추진되고 있음.

2. 주요 R&D 성과

가. 기술적 성과

○ 90년대부터 대학 및 국립연구소에서 기초적인 연구를 수행한 결과, 현재 휴대용 연료전지 시스템의 성능 면에서 세계적인 수준에 이름.

○ 특히, 촉매전극 기술, MEA 제조 기술, 스택 제작 기술 등에 괄목할 만한 성과를 거둠.

○ 노트북 PC, PDA, 휴대폰, 휠체어, 로봇 등에 적용한 다양한 시제품 출시.

○ 특히, 삼성과 엘지화학에서는 노트북 PC용과 PDA 등에 사용할 수 있는 고성능 시제품을 선보여 국제적인 주목을 받고 있음.

나. 산업태동 성과

○ 휴대용 연료전지의 실용화 사례는 국내에서 현재 없으나, 삼성전자, 삼성SDI, 삼성종합기술원이 공동으로 개발한 노트북 PC용 1200Wh급 대용량 DMFC를 제반 안전규격 제정이 예상되는 2007년 말에 상품화할 계획 중. 소음 문제 해결, 규격 외 메탄올 카트리지 장착 방지를 위한 메카니컬 키의 내장, 사용중 전력상태와 연료 잔량을 실시간으로 관측할 수 있는 FMS(Fuel Monitoring System) 소프트웨어의 개발(그림 4-13) 등의 실질적인 상품성 부여의 노력으로 실용화 첫 사례의 가능성이 높음.

그림 4-13 FMS 소프트웨어

○ 휴대용 연료전지의 실용화가 가시화되면서 촉매 생산, MEA 생산, GDL 생산, 관련 부품 BOP 생산, 배터리 하이브리드 시스템 개발 등으로 특화한 중소기업체의 적극적 참여 움직임이 있음.

다. 전문기업 육성

○ 휴대용 연료전지의 적용 대상 제품은 대부분 IT관련 소형 전자기기이므로, 삼성전자, 삼성 SDI, LG 화학 등의 대기업이 연료전지 시스템을 장착한 최종 제품의 상용화를 주도 해야함.

○ 현재 촉매, 전해질막, 기체확산층, 마이크로펌프, 소형 공기 블로워, 메탄올센서 등과 같은 연료전지의 원천 소재 및 부품은 대부분 수입에 의존하고 있기 때문에, 궁극적인 산업화의 방향은 핵심 원천소재 및 기술의 국산화에 있음.

○ 이러한 소재 및 부품 분야의 국산화는 규모면에서 중소기업이 담당해야 하고, 현재 괄목할 만한 성과를 거두고 있는 업체를 중심으로 정부의 보호 육성이 요구됨.

3. 국내 시장 동향

가. 보급현황

○ 전 세계적으로 2006년에 휴대용 연료전지 신규 제작품의 수는 3천대를 넘었으며, 2005년의 수량에 비하여 8%가 증가하였음. Idatech사, Protonex사, Smart Fuel Cell사, Voller

사 등과 같은 기업들은 생산능력을 높여 앞으로의 수요에 대응하고 있음. 현재는 전문기업이나 연구기관들이 제품을 구매하고 있는 상태임.

○ 국내의 경우 휴대용 연료전지가 상업용으로 생산, 판매된 사례는 없고, 삼성SDI나 LG화학에서 제작한 DMFC 장착 노트PC, 휴대폰, PDA, DMB가 있고, PEMFC를 장착한 노트북PC 등의 시제품만 있음.

나. 최근 시장 동향

○ 휴대폰과 소형 전자기기 등 IT 관련 제품의 수요증대에 따라 휴대용 전원에 대한 수요가 증가하고 있기 때문에 고성능 휴대전원의 잠재시장은 매우 크며, 따라서 여러 기업들이 연료전지 사업 참여를 모색 중임.

○ 삼성종합기술원, LG화학, 삼성SDI, SKC 등 대기업에서 상품화를 목표로 개발 진행 중이며, 중소기업에서도 연료전지 부품개발을 위한 연구를 진행 중임. 2008년경부터 휴대용 연료전지 제품의 상품화를 목표로 현재 기술 개발, 인력확보, 및 해외 기술 제휴 등을 통한 개발 투자 중임.

○ 대주엔지니어링, 동진세미켐 등에서는 촉매, 진우엔지니어링에서는 GDL 및 MEA, LG화학에서는 MEA 시제품을 개발하였으며, 샘플 제공 또는 주문 생산 방식의 판매가 있음. 규모는 크지 않음.

○ 휴대용 연료전지의 촉매, 전해질막, 전해질용액, 기체확산층용 carbon paper 및 carbon felt, MEA, 분리판 등의 기본 구성요소는 일부 자체제작 또는 일부 가공을 하는 경우도 있지만, 시제품용 연료전지 시스템 제작에 이용하는 경우 실질적으로 대부분 수입한 소재 및 부품을 이용하고 있음.

다. 장기 시장 전망

○ 연료전지 기술이 차세대 성장동력 산업으로 선정되면서 휴대용 연료전지에 대한 우호적 분위기가 조성되고 있으며, 따라서 정부와 기업의 적극적인 연구개발 투자에 힘입어 휴대용 연료전지의 상품화가 앞당겨질 것으로 예상됨.

○ 또한, 휴대용 연료전지는 시장동인, 인프라 의존도, 규제 등에서 타 연료전지에 비해 매우 유리한 시장 환경을 가지고 있기 때문에, 비록 연료전지의 연구개발은 자동차용 → 분산전원용 → 휴대용으로 확산되었지만, 시장의 확대는 그 반대로 이루어질 가능성이 매우 높음.

○ 현재 휴대용 소형 전자제품의 전원은 리튬이온 2차 전지, 리튬폴리머 2차 전지, 니켈수소화물 전지 등 2차 전지에 전적으로 의존하고 있으므로, 향후 휴대용 연료전지가 실용화되면 2차 전지를 대체하거나 2차 전지 충전용 전원으로 사용되어 동반 성장할 것으로 예상.

○ 국외의 휴대용 연료전지의 경우 독일의 Smart Fuel Cell사에서는 50W급 DMFC를 여가용으로 상품화하여 판매 중에 있으나, 아직 본격적인 시장 형성이 이루어졌다고 볼 수는 없는 상태임.

○ The Estimation of Merrill Lynch Report에 따르면 휴대용 연료전지 국내 시장규모는 2010년에 5,600억 원에서 9,400억 원 정도가 될 것으로 전망하고 있음.

- 특히, Lap-top PC용의 경우, 상용 연료전지 개발 및 내구성 확보가 이루어지면 일부 전략 모델을 위주로 점차 수요가 확대되어 2010년에는 국내 잠재시장규모가 3,600억 원 정도에 달할 것으로 전망하고 있음.

○ 2004년의 Yano 조사연구원에 따르면 소형 휴대전자기기용 연료전지의 세계 수요를 전자기기 유형별로 다음과 같이 예측함(표 4-16).

표 4-16 소형 휴대전자기기용 연료전지 세계수요 예측(단위 : 천 개)

기기종류	2005	2006	2007	2008	2009	2010	2015	2020
노트북 PC	12	40	237	586	968	1,410	3,570	7,208
PDA	4	10	114	347	736	1,311	4,135	12,100
휴대전화	14	49	610	2,177	5,578	8,640	15,750	30,800
캠코더	0	0	13	72	143	305	698	1,466
디지털카메라	0	0	9	90	237	530	1,565	3,524
MD 핸디 플레이어	0	0	4	8	21	46	103	422
업무용 핸디 터미널	0	7	34	79	97	151	359	739
합계	30	106	1,021	3,359	7,780	12,393	26,180	56,259

* 자료: Yano Research Ins., "先端燃料電池システム市場の徹底研究", 2004.

○ 노트북 PC, PDA, 휴대전화용 연료전지의 세계 수요는 지역별로 표 4-17과 같이 예측할 수 있음. 일본이 선도하고 있으며, 북미는 2007년부터, 유럽은 2008년부터, 한국, 대만 등의 아시아는 휴대전화로부터 시작하여 2008년부터 실용화가 시작될 것으로 전망.

○ 소형 휴대 전자기기용 연료전지의 출하 예측은 표 4-18과 같음. 2005년경에는 5만 엔/대 전후의 가격이 수량의 증가와 더불어 낮아져서 2010년경에는 보급 가격에 근접할 것으로 예산됨. 휴대전화용의 출력이 수 W이고 노트북 PC용은 20W 정도로 사양이 서로 다름.

○ 국내의 소형 휴대 전자기기용 연료전지 시장은 세계의 경향과 동일한 경향을 보이며, 노트북 PC, PDA, 휴대전화의 수요가 주된 시장을 형성할 것으로 예측됨.

○ 이러한 경우 DMB 서비스의 대중화를 통해 창출되는 부가가치뿐만 아니라 휴대용 DMFC가 노리는 휴대용 전화기와 노트북 시장에서 연간 약 20억 달러의 국내외 시장을 창출할 것으로 기대되고 있음.

표 4-17 주요 휴대기기용 연료전지의 수요예측(단위 : 천 대)

기기종류	지역	2005	2006	2007	2008	2009	2010	2011	2012
노트북 PC	일본	12	40	74	162	362	406	454	506
	북미	0	0	163	365	409	690	776	1,162
	유럽	0	0	0	59	133	225	254	380
	아시아	0	0	0	0	64	89	172	199
	계	12	40	237	586	968	1,410	1,655	2,247
PDA	일본	4	10	29	68	162	288	339	399
	북미	0	0	52	150	344	600	696	807
	유럽	0	0	33	129	230	360	422	741
	아시아	0	0	0	0	0	63	116	216
	계	4	10	114	347	736	1,311	1,573	2,163
휴대전화	일본	14	49	156	276	585	1,240	1,316	1,330
	북미	0	0	196	463	912	1,428	1,736	2,040
	유럽	0	0	258	564	1,180	1,848	2,240	2,640
	아시아	0	0	0	901	2,901	4,124	4,400	5,600
	계	14	49	610	2,177	5,578	8,640	9,692	11,610

* 자료: Yano Research Ins., "先端燃料電池システム市場の徹低研究", 2004.

표 4-18 소형 휴대 전자기기용 연료전지 스택과 시스템 예측

항목(단위)	2005	2006	2007	2008	2009	2010	2015	2020
출하량(천 대)	13	50	130	260	620	1,100	1,980	3,050
스택 출하액 (백만 엔)	434	1,470	3,780	5,950	11,900	15,400	21,700	29,400
시스템 출하액 (백만 엔)	620	2,100	5,400	8,500	17,000	22,000	31,000	42,000
스택 평균단가 (천 엔/대)	33	29	29	23	19	14	11	10
시스템 평균단가 (천 엔/대)	48	42	42	33	27	20	16	14

* 자료 : Yano Research Ins., "先端燃料電池システム市場の徹低研究", 2004
* 주 : 시스템은 스택에 연료저장장치 등의 주변장치(BOP)가 포함

라. 주요 선도 기업 현황

○ 국내 주요 업체의 대표적인 연구 개발 인력은 앞의 표 4-12에 있음.

○ 표 4-19는 국내 DMFC 분야의 주요 생산업체 및 생산품목을 정리한 것.

표 4-19 국내 주요 생산업체(DMFC 분야)

업체명	주생산품목과 특징	비고
삼성SDI	MEA 및 DMFC 시스템 개발 연구 중	시제품 생산 단계
삼성종합기술원	촉매, 전해질막, MEA, 소형 DMFC 시스템 개발 연구 중	연구단계
LG화학	촉매, 전해질막, MEA 개발 연구 중	소량 주문 생산 단계
LG마이크론	분리판 관련 연구	연구단계
대주전자재로	촉매 생산, MEA 연구 중	촉매는 시제품 생산단계
진우엔지니어링	GDL, GDE 개발 중	GDL 시제품 생산단계, 전극은 연구단계
프로파워	스택 및 스쿠터용 시스템 개발 중	연구단계
한화	전해질막	연구단계
동진세미켐	촉매, MEA 연구 중	연구단계
넥스콘	DC/DC 컨버터, power management system	연구단계
삼성전기	소형 DMFC 팩	연구단계

○ 세계의 휴대용 연료전지의 개발 활동은 북미가 약 절반을 차지하고, 개발 기업 수도 가장 많음. 이러한 이유 중에는 미국이 군사 분야에 투자를 많이 하고 이에 관련된 기업의 활동이 높기 때문임.

- 유럽에서는 프랑스, 이태리, 독일의 기업이 많으며, 핀란드와 영국에서도 어느 정도 활동이 이루어지고 있음. 유럽에서는 전반적으로 양산화를 위한 노력이 이루어지고 있으며, 특히 Smart Fuel Cell사와 Voller사의 활약이 두드러짐.
- 일본에서는 Sony, Casio, Fujitsu, Hitachi, NEC와 Toshiba 등 많은 기업이 개발과 시험을 계속 진행하고 있음. 최근 1년간 소형화 면에서 큰 진전이 이루어졌으며, 각 기업은 2007년부터 2010년 사이에 양산화하는 것을 목표로 하고 있음.
- 기타 아시아 지역에서는 한국의 삼성이 주요 기업 중의 하나이며, 중국에서는 소규모 기업이 몇 개 정도 됨. 대만에서는 Antig Technology사가 대표적인 기업임. Taipei의 대만원자력위원회(Atomic Energy Council)가 DVD player 전원용으로 설계한 프로토타입을 2006년에 발표하였음.

○ 미국 및 유럽의 휴대용 연료전지 선도 기관을 표 4-20에 정리하였음.

표 4-20 북미 및 유럽의 휴대용 연료전지의 개발 선도 기업체 및 연구기관

국가	개발기관	용량	용도
미국, 캐나다	Jet Propulsion Lab. Ballard Giner Co. Manhattan scientifics Motorola MTI Polyfuel Vectrix Los Alamos National Lab.	수 W～1kW 3kW 50W～150W 수 W 미만 수 W 미만 수 W～수십 W 수 W 800W 수 W～수십 W	배터리대체 독립전원 1인용 승용차 배터리대체 독립전원 휴대폰 전원, 충전기 휴대용 전원 휴대용, 군용 전원 휴대용 전원 스쿠터용 전원 개발 군용, 휴대용 전원
독일	Smart fuel cell Research Centre Juelich Daimler-Chrysler TUHH, MST Fraunhofer IZM	수 W～수십 W 수백 W～수 kW 3kW 수 W 수 W～수십 W	휴대용, 군용 전원 스쿠터, 지게차 전원 1인용 승용차 전원 휴대용 전원(박막기술) 휴대용 전원(미세가공)
영국	Johnson Matthey Newcastle Univ.		촉매, MEA 개발 단위전지, 촉매개발
이태리	CNR-TAE DeNora	수 W～수 kW	소형 시스템개발 이동전원용
이스라엘	Medis EI Ltd.	수 W	전자기용 배터리 대체

Ⅳ. 해외 주요 국가의 기술 현황 및 시장 동향

1. 미주

가. 미국

○ 미국의 Motorola사는 수 W급의 소형 DMFC 시스템을 개발하고 있음. 응용 분야로는 PDA, 노트 PC, Cell phone 등의 휴대용 전자기기용과 연료전지 충전기임.

- 2001년에 200mW급의 passive 및 active system을 개발하였으며, 2002년에는 1W급 배터리 충전기(IMPRESS), 2003년도에는 2W급을 개발하였음(그림 4-14). 이 제품의 특징은 LTCC 기술을 적용한 3D ceramic substrate를 사용한다는 것임.

(a) (b)

그림 4-14 Motorola사의 DMFC 충전기 전체 시스템(a)과 연료전지 구동 시스템(b)

- IMPRESS라고 명명된 1W급 배터리 충전기 시스템(내부 전체 구성부(그림 4-14a), 스택 및 연료/공기 공급부(그림 4-14b)에 사용된 스택은 4셀×4 layer의 16셀이고, 작동전압은 5~7V이며, 정격 출력은 1.53W이고 BOP 소비전력은 약 0.53W임. 100cc 순수 메탄올로는 전기용량이 62Wh에 상당하며 에너지밀도는 76Wh/ℓ(102Wh/kg)이므로 리튬이온 전지와 경쟁하기 위해서는 경량화와 소형화가 필요함.

○ 미국의 MTI MicroFuelcell 사는 미국 에너지성(Department of Energy, DOE) 및 국방성(Department of Defense, DOD)의 재정 지원 하에 소형 DMFC를 개발하고 있음.

- passive형 DMFC에서 모세관을 이용한 물 재활용 및 이산화탄소 제거 기술을 적용하였음. 2002년에 cell phone과 PDA용 Micro Fuel Cell 파워팩의 시제품을 개발하였음(그림 4-15).

(a)

(b)

그림 4-15 MTI사의 PDA용 Micro Fuel Cell

- MTI사는 Mobion Fuel Cell 기술로 기존 배터리팩보다 출력이 2~10배인 휴대용 마이크로 연료전지를 개발 중임. Air Force Research Laboratory 지원으로 Mobion-30M 시스템을 시운전함. Mobion 기술은 펌프 없이 생성수를 재사용하여 부피, 중량, 비용을 줄이고 에너지밀도를 향상시킬 수 있음. 2006년 6월에 1.3W/cm^{3}의 에너지밀도를 달성함.
- 2004년도에 휴대용 Smart-phone이나 게임기에 사용이 가능한 소형 연료전지 시제품을 발표하였으며, Gillette/Duracell과 공동 연구개발을 진행하고 있음.
- MTI사는 국내의 삼성전자와 기술협약으로 모바일폰용 전원을 개발하고 있음. 이 100만불 규모의 공동개발 협약은 2007년 2/4분기 말까지 약 18개월간 이루어지며, 모바일폰용 DMFC 기술의 공동 연구, 개발, 시험 및 평가가 이루어질 것임.

○ 미국의 Altek사는 주로 군사용으로 설계한 신형 휴대용 알칼리 연료전지 시스템을 발표함. 이 시스템의 출력은 20~500W이며, 군사용으로 적합하지만 노트북 전원으로도 가능.

○ 미국의 Ardica Technologies사는 군용 및 민수용으로 사용 가능한 시스템을 개발하고 있으며, 최초의 제품은 2007년 말에 발표할 예정이며 2015년에는 대량 생산을 계획하고 있음.

○ 미국의 Carbon Nanotechnologies 사의 자회사인 Carbon Nanotube Acceleration Project (CNAP)는 연료전지 출력향상을 위한 단일벽 카본 나노튜브의 설계 기술을 개발하고 있으며, 주정부 및 미국 상무성으로부터 지원을 받아 총 270만 불 이상을 기술 개발에 투입하고 있음.

○ 미국 Viaspace사의 자회사인 DMFCC(Direct Methanol Fuel Cell Corporation)사는 액체 연료 카트리지(그림 4-16)를 개발하고 소형 카트리지 밸브와 카트리지 디자인의 특허를 신청하여 미국의 Nypro사와 한국의 Hyun Won사와 연료전지용 메탄올 카트리지 제조 계약 등을 발표함. 또한 한국의 Elentec사와도 현재의 메탄올 연료 카트리지 제조 계약을 2011년까지 연장하여 양산을 계획하고 있음.

- 이 장치는 수소연료 1회 충전으로 휴대전화기를 3회 재충전하며, 현재 일본의 DoCoMo의

3G 전화기의 설계에 적용함. 메탄올 카트리지는 한국의 SMC사와 공동 개발하였으며, 100% 메탄올 $50cm^3$을 충전하여 노트북을 5~10시간 운전할 수 있음. DMFCC사는 Caltech(California Institute of Technology)과 USC(University of Southern California)와도 특허권 계약을 체결하고 있음.

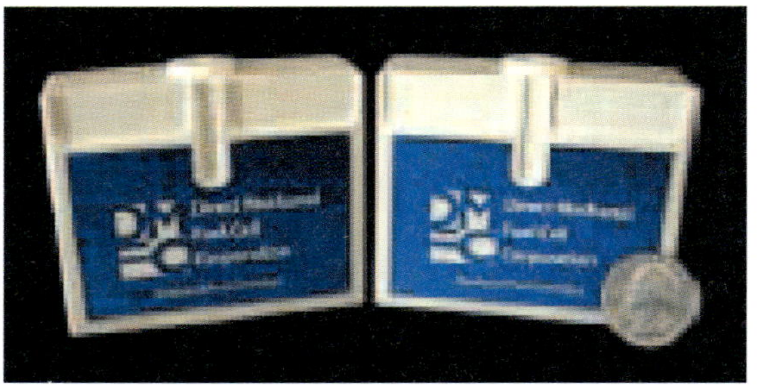

그림 4-16 DMFCC사의 프로토타입 연료 카트리지

○ 미국에서는 군사용 휴대형 연료전지의 개발에 많은 투자가 이루어지고 또한 이에 참여하는 기업 수도 많음.
- 미국의 Hydrogen Power사는 병사용 휴대 전원으로 30W급 시스템을 개발함.
- 미국의 가스연구소(GTI)는 2006년 1월에 고출력밀도 SOFC의 작동 실증을 하였으며, 이 실증에는 군용연료(JP8)를 사용함. GTI는 육군연구소(ARL)와 공동으로 PEFC용 신형 전해질막을 개발함.
- 미국의 Genesis Fueltech사는 2006년초에 원격지에서 배터리를 충전하는 휴대용 250W 연료전지 시스템을 미국 육군에 제공하는 계약을 체결하였으며, 이 시스템의 중량은 11.3kg 미만이고 시작품은 2006년에 제작될 예정임.
- 미국의 Idatech사는 군사용 연료전지를 개발하고 있으며, 미육군 통신용 전자기기 연구개발센터(CERDEC)에 3kW급 군전술용 연료전지 발전기를 개발하고 있음(그림 4-17).

그림 4-17 Idatech사의 250W 휴대용 연료전지 시스템(iGen)

- 미국의 Gecko Energy Technologies사는 Millennium Cell사와 공동으로 군용, 의료, 산업용 일반 전자기기용 휴대용 연료전지 시스템의 개발과 상품화를 하고 있음. Gecko사의 thin planar PEFC는 노트북, 리모트 감시 카메라, 장시간 작동 시간 센서, 무선 네트워크 장치, 데이터 수집 장치용에 초점을 두고 있음.
- Northrop Grumman사와 Protonex사는 미공군용 전투, 통신 및 센서 장비용 신형 연료전지 시스템을 개발하고 있음.

○ Neah Power사는 노트북 PC와 전자기기용 연료전지를 개발하고 있음. 이 회사는 신형 다공성 실리콘 연료전지기술에 대한 미국 특허권을 보유하고, 이에 대한 연구 개발을 추진하고 있음.

○ Nuvera Fuel Cells사는 이동용 시스템을 중점적으로 개발하고 또한 통신 및 원격지 백업파워용 PEMFC 시스템에도 관심을 보이고 있음.

○ Sandia National Laboratories는 Sharp사와 노트북, 모바일폰, PDA와 같은 휴대용 DMFC의 공동 연구개발 협약을 채결하였음. Sandia 연구소는 전해질막, 촉매 재료 및 MEA 설계 기술을 사용하여 Sharp사가 필요한 연료전지를 제작 및 시험할 예정임.

○ UltraCell사는 Ohio주에 연료전지 대량생산 라인을 설치하는 계획을 2006년에 발표하였음. 이 회사는 마이크로 연료전지 시스템 생산을 위하여 7400만 불 규모를 투자할 예정임. 군용 메탄올 연료 마이크로 연료전지를 공급하였으며 XX25 기종을 설계하였음.

○ Mesoscopic Devices사와 TOTO사는 신형 SOFC 발전기를 공동 개발하고 있음(그림 4-18). TOTO사는 소형 튜브형 SOFC를 제공하고 Mesoscopic사는 신형 MesoGen Orion 휴대형 발전기를 개발하고 있음. 이 시스템에는 프로판과 등유 같은 연료를 사용하고 상용, 공업용 및 군용 시장을 목표로 하고 있음.

그림 4-18 Mesoscopic Devices사의 75W SOFC 시스템(MesoGen)

○ 미국의 NanoDynamic사는 현장 병사용 휴대형 고체산화물 연료전지(SOFC) 개발을 위하여 약 200만 불 규모의 정부 지원을 받고 있음. 이 회사는 SOFC 구조에 대한 특허권을

보유하고 있음.

○ 미국에서는 촉매, 전해질막, ionomer, 분리판 등 기본 구성요소의 대부분이 생산 가능하고 전 세계의 공급원으로 소재 및 부품 분야에서 이미 막대한 시장이 형성되어 있음. Dupont은 고분자전해질막 및 전해질용액(ionomer)을 생산하는 독보적인 글로벌 기업이며, 3M, Polyfuel 등의 소재 기업체들도 개발된 제품을 판매 중임.

○ 휴대용 연료전지 시스템의 시장은 우선 군사용 연료전지에서 본격적으로 시작됨.
- 미국의 Dupont사는 군사용 메탄올 연료전지의 부품 생산을 개시함. 연료전지용 MEA(막전극접합체)를 통신기기와 병기 시스템의 전원으로 사용하는 미육군이 주 고객임.
- 미국의 Giner Electrochemical Systems사는 미육군 통신용전자기기 연구개발센터(CERDEC)와 83만 불을 계약하고 250W급 야외용 DMFC 유닛을 야외 시험용으로 개발, 납품할 계획임.
- Millennium Cell사는 2006년에 170만 불 규모의 병사용 전원 개발 프로그램을 시작하여, Protonex 30W급 휴대용 병사용 발전 시스템의 현장 시험을 할 예정임. 또한 Air Force Research Laboratory와 TACOM (U.S. Army Tank-automotive and Armaments Command) 지원으로 sodium borohydride 연료 카트리지 개발을 하고 있음. 또한 이 카트리지는 Jadoo사의 N-Gen 연료전지에 사용될 것이며, 2006년에는 Air Force Research Laboratory로부터 400만 불 규모의 주문을 받음

○ 미국의 위생 및 건강관련 제품 메이커인 Ecolab사는 2006년에 수소연료전지를 사용하는 공기 청정기를 발표함. 이 신제품은 60일간 연속 작동하도록 설계함. 병원, 건강관리, 산업용 분야를 주요 시장으로 하고 있음.

○ 미국의 Jadoo사는 2006년 4월에 휴대 전자기기용 장수명 연료전지를 2천 불에 판매 개시할 계획을 발표함. 이 제품은 비디오카메라(그림 4-19)와 군용 감시장치를 비롯하여 사무용 기기, 경찰 무전기, 소방용 등의 열센서, 아마추어 무전기 등에 응용하는 것을 목표로 하고 있음.

그림 4-19 Jadoo사의 연료전지가 장착된 연료전지 캠코더(미국 Bush 대통령)

- Millennium Cell 사와 연료용기를 개발하는 군사 프로그램을 진행 중이며, 군사용 휴대형 연료전지 개발을 위한 Socom Power 프로그램의 지원을 받고 있음. IFS 24 군사용 시스템 개발에도 참여하고 있음. 통신 및 노트북용 전원으로 사용 가능한 XRT 100W 시스템을 공개하였음.

○ PolyFuel사는 연료전지용 탄화수소계의 전해질막을 개발하고 있음. 이 회사는 20~65 ㎛ 두께의 전해질막을 개발하였으며, 200mW/cm^{2}의 최고 출력(70℃)을 얻을 수 있다고 발표함. 2006년 6월까지 약 1,000장 이상의 전해질막을 판매하였으며, 주요 고객으로는 Sanyo Electric과 NEC를 비롯하여 군용 및 산업용 연료 전지 개발회사임. 또한 Johnson Matthey사에서는 PolyFuel사 전해질막을 사용한 촉매 코팅 전해질막(CCM)과 막전극 접합체(MEA)를 생산하는 계약을 발표함.

○ 그림 4-20은 DOE Hydrogen Program의 2007년도 신청된 전체 과제의 정부출연금 분포를 나타내고, 그림 4-21은 2006년도 과제 수행 현황과 2007년도 과제 신청 현황을 연구 분야별로 나타냄.
- 연료전지 분야는 약 5천8백만 불 가량의 규모이고, 보조전원/휴대전원 분야는 7백만 불 정도의 규모임.
- 2006년에 비하여 2007년에 보조전원/휴대전원 분야가 급증함.
- 전해질막 분야의 개발 과제에 가장 많은 투자가 집행되고 있으며, 그 다음으로 촉매 분야, 분리판 등의 기본 구성요소의 개발에 투자가 이루어지고 있음. 핵심 원천기술의 확보와 기존 소재기술의 획기적 향상 등을 모색하는 것으로 보임.

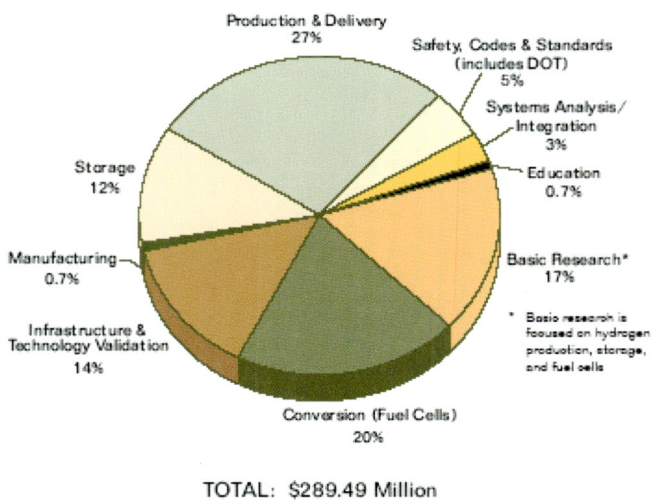

그림 4-20 2007 DOE Hydrogen Program의 정부 출연금 신청 분포

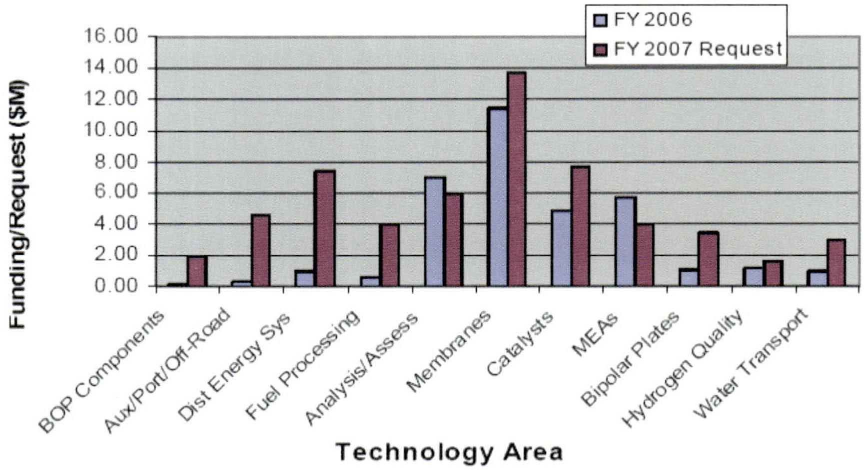

그림 4-21 미국 DOE Hydrogen Program의 연료전지 분야 과제 수행(2006년) 및 신청(2007년) 현황

나. 캐나다

○ 캐나다의 Angstrom Power사는 2006년에 A2 마이크로 수소연료전지 손전등을 발표함(그림 4-22). 1W LED 손전등은 수소연료와 공기를 사용하며, 수소 1회 충전으로 24시간 연속작동이 됨. A2는 시판되고 있으며, 조사구조팀, 군, 재해대책반, 공개 전시용으로 적합하며, A2의 대형 버전은 양방향 무전기, 휴대 스캐너, 조명장치 등으로 사용가능함.

그림 4-22 Angstrom Power사의 A2 마이크로 수소연료전지 손전등

○ Ballard Power Systems는 PEMFC를 개발하고 있으며, 텔레비전과 VCR의 구동에 이용된 100W 시스템을 포함하여 많은 수의 휴대용 연료전지 시스템을 시험 운전함. 현재 1.2kW Nexa 시스템의 상업화에 집중하고 있는데 이것은 다양한 수요자의 요구에 따라 OEM 방식으로 공급됨.

2. 아시아

가. 일본

○ 일본에서는 1990년대 후반부터 휴대 전자기기용 전원을 본격적으로 개발하여 일부 분야에는 미국을 앞서나가고 있음. 노트북용의 경우에는 국제 표준화를 위하여 2007년까지 특정 기종에 의존하지 않는 외장형 타입을 제품화할 예정으로 개발하고 있음.

- 일본의 NEC는 카본나노혼을 이용한 휴대기기용 DMFC를 개발하여 종래의 연료전지에 비해 출력이 약 20% 정도 향상되었으며, 이를 이용하여 노트북 시장의 선점을 기획하고 있음. 2006년에는 모바일폰에 투명한 측면을 만들어 연료 충전이 필요한 것이 보이도록 설계한 모바일을 선보였음.
- Toshiba사도 소형 DMFC를 이용하여 IT용 전원을 개발하여 노트북 PC 시제품을 선보였음(그림 4-23a).
- Hitachi에서는 CEATEC 2004 전시회에서 휴대용 연료전지 시제품을 선보인바 있는데 1W급 휴대전화용 외장용(그림 4-23b), 2W급 휴대정보기기(PDA) 내장형, 10W급 노트북형 외장형의 3 종류를 출품하였음.

(a) Toshiba 노트북 PC

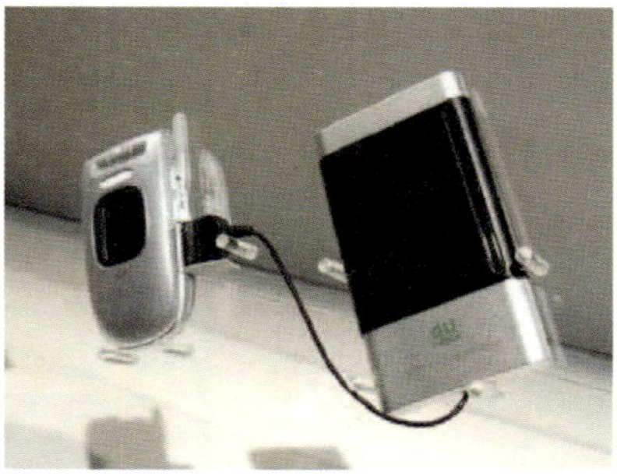

(b) Hitachi 1W급 휴대폰용 전원

그림 4-23 일본에서 개발된 소형 DMFC 시제품

○ 일본의 Casio사는 휴대용 소형 고출력 연료전지의 개발을 2006년에 발표함(그림 4-24). 이 시스템은 메탄올을 개질하여 얻은 수소를 연료로 사용하여 노트북 PC를 20시간 구동하는 것을 목표로 하고 있으며, 2010년도에 양산 예정임.

○ 일본의 DoCoMo는 2006년 6월에 제3세대 FOMA 휴대전화기용 마이크로 연료전지를 Aquafairy사와 공동 개발하여 발표함. 충전기는 폭과 두께가 24mm, 높이가 70mm이고 출력은 2W로 세계 최소의 연료전지이며, 2년 이내에 시판을 계획하고 있음.

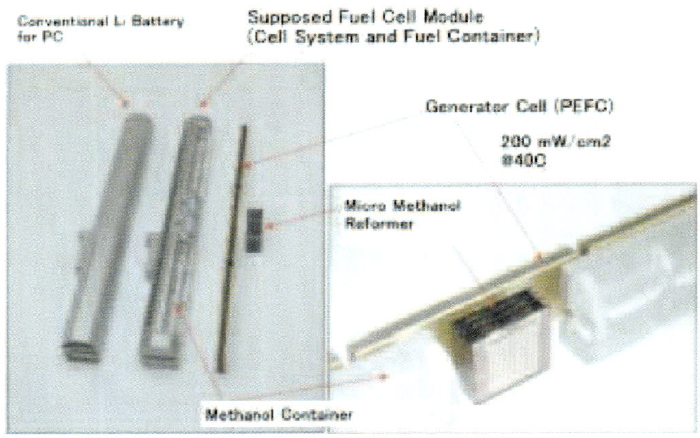

그림 4-24 Casio사의 노트북 PC용 PEFC 시스템

○ 일본의 NTT DoCoMo와 Fujitsu는 FOMA Handset Charger 시제품을 2005년 7월에 발표하였음(그림 4-25). 이 제품은 크기가 150×56×19mm(160cc)이고 중량이 190g이며, 최대 용량은 9W(충전시 5.4V, 0.7A)이고 연료는 99% 이상의 메탄올을 사용하고 연료 카트리지는 18cc와 12cc의 2가지임.

그림 4-25 NTT DoCoMo와 Fujitsu의 FOMA Handset Charger

○ 일본의 Hitachi사는 2006년 6월에 DMFC 배터리 충전기를 발표하였음. 이 제품은 휴대전화기를 충전할 때 USB 인터페이스를 거쳐서 전화기를 충전하도록 설계되어 있으며, 연료전지에는 전기를 저장하는 캐퍼시터가 설치되어 있음. 탈착 가능한 카트리지를 사용하기 보다는 메탄올을 연료전지 본체에 직접 주입하도록 설계됨.

○ 일본의 Iwatani International은 Ebara Ballard사와 공동으로 긴급, 재해 시 발전용 수소연료 PEMFC 시스템을 개발하고 있음. Iwatani는 경량고압 수소 공급 시스템을 제공하

고 Ebara Ballard는 연료전지를 제공하며, 출력은 850W이고 5시간 연속 작동을 확인하였으며, 2006년부터 구입이 가능하다는 보도도 있음.

○ 일본 2위의 이동통신 사업자인 KDDI는 Toshiba사와 Hitachi사와 공동으로 프로토타입의 연료전지 휴대전화기 2종류를 2005년도 9월에 발표하였으며(그림 4-26), 2007년 실용화를 목표로 휴대폰용 연료전지를 공동 개발하고 있음. KDDI는 휴대폰용 연료전지의 기술규격을 결정하고 히타치와 도시바는 연료전지 기술을 개발하고 있음. PC 및 MP3 플레이어용 초소형 연료전지도 개발 중임.

- Toshiba와 KDDI가 개발한 전화기는 이튬이온 전지를 내장한 송수화기 뒤쪽에 연료전지(200ml, 160g)와 탱크(용량 7ml)가 설치되어 있는 하이브리드(Hybrid) 방식으로 300mW의 고출력 상태로 24시간 사용할 수 있음(그림 4-26a). 기존의 휴대전화 A5509T를 기반으로 99.5% 농도의 메탄올을 이용한 대용량 타입으로 내부 연료 용량은 7cc이고 1회의 충전으로 기존 배터리 대비 2.5배의 전지용량을 달성했음.
- Hitachi와 KDDI가 개발한 모델은 전화기의 LCD 디스플레이측에 설치된 연료전지와 내장 리튬이온전지에서 전력을 공급받는 하이브리드(Hybrid)형임. 연료는 60% 이하의 메탄올, 출력은 300mW, 부피와 중량은 각각 122ml와 150g, 연료용량은 3cc임(그림 4-26b).

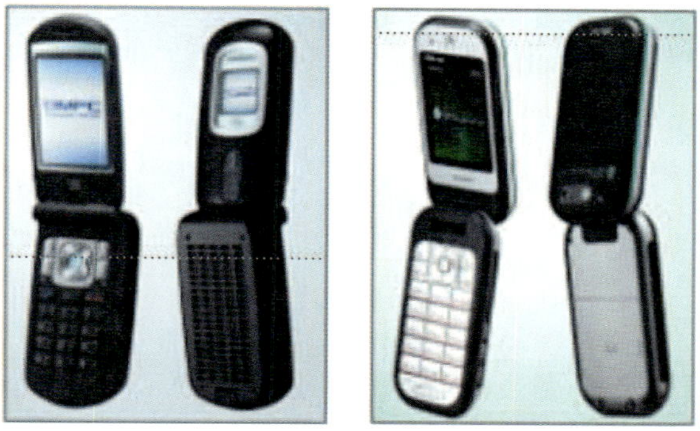

(a) (b)

그림 4-26 KDDI가 Toshiba사(a) 및 Hitachi사(b)와 공동으로 개발한 시제품

○ Toshiba사는 2004년도에 0.1W급의 마이크로 연료전지를 개발하였음(그림 4-27). 크기는 22(W)×56(L)×4.5(H)mm(연료탱크 장착시 9.1(H)mm)이고 중량은 8.5g(2cc 연료 탱크 포함)으로 세계 최소형 DMFC 프로토타입이고, 출력이 100mW이고 2cc의 메탄올(99.5%) 연료로 MP3 플레이어를 20시간 작동할 수 있으며, 연료 공급 방식은 Passive형임.

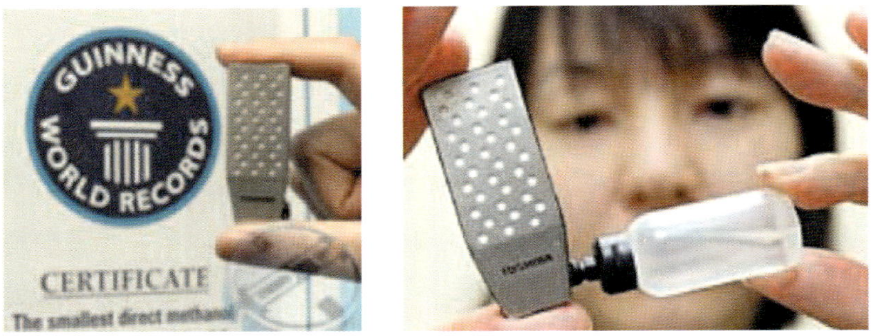

그림 4-27 Toshiba사의 0.1W급 마이크로 DMFC

- 일본의 Matsushita Battery는 휴대용 연료전지의 신형 연료공급 방법을 개발하여 Matsushita Battery의 스택 기술과 리튬이온 기술을 접목한 DMFC 시스템을 2006년 1월에 개발함. 평균 출력은 13W이며 랩톱 PC를 20시간 구동할 수 있음. 에너지밀도는 32W/L(29W/kg)이고 100% 메탄올 탱크를 채용한 Active형임.
- Kurita Water Industries사는 휴대기기용 DMFC에 적용 가능한 "고상 메탄올"을 개발했으며, 가전 메이커들과 공동으로 사업을 추진하여 2007년에 판매를 개시할 예정임.
- TOTO사는 AIST와 공동으로 소형 SOFC를 PC용 30W 전원으로 사용하는 것을 목표로 하고 있음. 현재는 고온으로 인하여 PC용으로는 적용이 어려우므로 다른 적용 분야를 모색 중이며, 작동온도를 500℃로 낮추는 것을 집중적으로 개발하고 있음(그림 4-28).

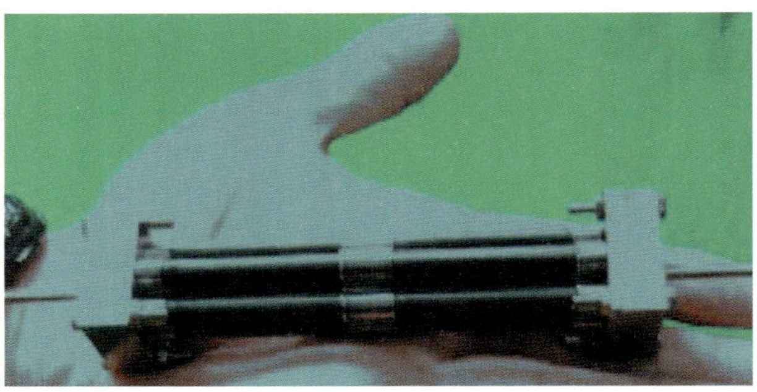

그림 4-28 TOTO사/AIST의 시험용 스택(2005)

나. 기타

- 대만의 Antig사는 MP3 player, 휴대폰, GPS 수신기, PDA 및 휴대용 multimedia player 등에 사용할 수 있는 DMFC를 개발하고 있음.

(a) (b)

그림 4-29 대만 Antig사의 16W DMFC 충전기(a)와 2W DMFC 모듈(b)

- Antig사는 DMFC 배터리 충전기(BEGINI, ADC-01)를 2006년부터 시판하고 있음(그림 4-29a). 이 시스템은 랩톱의 2차 전원 역할을 하여 배터리 구동시간을 9시간으로 늘릴 수 있으며, 출력은 16W이고 크기와 중량은 각각 218(L)×68(W)×103(H)mm와 800g임. 이 시스템의 연료 카트리지는 BIC사, MEA는 Dupont사(미국)에서 공급함.
- Antig사는 2W DMFC semi-passive module(ADM-10)도 시판하고 있음(그림 4-29b). 이 모듈은 PCB 기판 위에 연료전지 셀, 제어회로, 센서 등으로 구성되고, 출력은 2W이고, 크기와 중량은 각각 110(L)×55(H)×7.6(W)mm와 60~70g임. 그리고 운전 출력 전압과 전류는 각각 1.2~1.8V와 0~1.6A이며, 연료는 3~10v% 메탄올 용액을 사용함.
- Antig사는 파트너인 AVC Corporation (Asia Vital Components)사(미국)와 공동으로 메탄올을 연료로 사용하는 노트북 PC 내장 CD-ROM 사이즈의 연료전지 팩도 발표함.
- Taipei의 대만 원자력위원회(Atomic Energy Council)는 DVD player를 최장 8시간 구동 가능한 휴대용 DMFC를 2006년 6월에 발표함.

3. 유럽

가. 독일

○ 독일의 Smart Fuel Cell사가 SFC A50이라는 상품의 휴대용 DMFC 시스템을 2004년부터 상용 판매하고 있음. 또한 20W급 충전용 시스템(SFC C20-CP)과 Marine Fuel Cell 시스템(AHD-100)도 상용화하였음(그림 4-30).

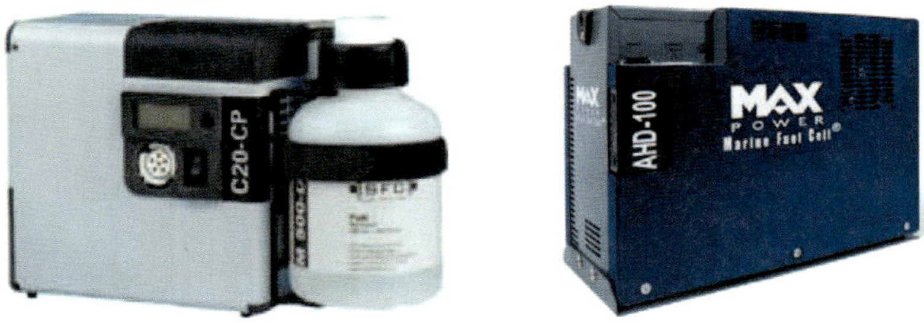

(a) SFC C20-CP (b) AHD-100

그림 4-30 독일 Smart Fuel Cell사의 휴대용 DMFC 시스템

- SFC C20-CP 시스템은 정격출력이 20W(최대 출력 36W)이고 중량과 크기는 각각 2kg과 17×16×8.5mm이고, 연료 카트리지(M500)는 500ml이며 440Wh의 발전이 가능함. AHD-100 시스템은 SFC A50 시스템과 유사하며, 요트용으로 제작하여 충전용량은 1200Wh/day이며 출력은 48W(4A, 12V)이고 시스템 중량은 7kg, 크기는 38×15×26cm임.
- SFC사는 2006년에 A50, C20 시리즈를 대폭 개선한 상품명 EFOY 3종류(EFOY 600, 1200, 1600)를 출시하였음(그림 4-31). 이들의 발전용량은 각각 600Wh/day(25W, 12V, 2.1A), 1200Wh/day(50W, 12V, 4.2A)와 1600Wh/day(65W, 12V, 5.4A)이며, 시스템의 사이즈는 43.5(L)×20.0(W)×27.6(H)이고 중량은 7.3~7.6kg임. EFOY 600의 권장가격은 1,999유로이며, 가정용 태양광 발전 시스템의 보조 전원으로 응용이 가능함. 이외에도 야외용 비상 발전시스템을 판매사인 Udomi사와 협력하여 판매하고 있음.

그림 4-31 독일 Smart Fuel Cell사의 휴대용 DMFC 시스템
(EFOY 600, 1200, 1600)

- SFC사는 2006년에 군용 휴대 DMFC 발전시스템인 "Jenny"(그림 4-32)는 독일 연방육군을 비롯하여 핀란드, 노르웨이, 네델란드, 스웨덴, 스위스, 남아프리카 및 영국 등 유럽 8개국의 국방부에 공급하였다고 발표함. 이 연료전지는 원격장치와 실전용으로 설계되었음. 또한 미공군용 경량 휴대발전기로도 개발하였음.

그림 4-32 휴대용 DMFC(Jenny)

나. 기타

○ 이태리의 Ansaldo사는 군용 시설용의 이동 전원으로 개발한 시스템을 발표함. 이 시스템은 이동 군사기지에 전력공급, 가열 및 공조를 행하는 기능을 가짐. 이 설비는 유럽에 3기가 가동 중임. 이태리에 2기, 스페인에 1기가 설치되었으며, 4기는 2006년 말에 터키의 수도인 이스탄불에서 가동 예정임.

○ 프랑스의 Air Liquide사의 자회사인 Axane사는 휴대 발전용의 Mobixane 연료전지 시스템을 개발하고 있으며(그림 4-33), 2006년 말에 양산전 개발단계에 들어간 후 양산을 계획하고 있음.

그림 4-33 Mobixane 연료전지 시스템

- 영국의 CMR Fuel Cells사는 2006년에 러시아의 연구 컨소시엄인 ASPECT와 공동으로 배터리 충전기, 랩톱 PC, 전동 공구, 휴대용 발전기 등과 같은 휴대 기기용 연료전지를 개발하고 있음.
- 영국의 QinetiQ사는 모바일폰, 카메라 및 PDA용으로 적합한 수소 연료전지를 개발하고 있음. 카메라 회사인 Olympus의 지원을 받고 있으며, 2008년에 프로토타입을 운전할 예정임.
- Voller Energy사는 2005년 말에 Speedy Hire사로부터 300개의 무선 배터리 충전기를 주문받아 2006년에 Speedy Hire사에 납품하였음. 또한 2006년에 Calor Gas사와 연료전지 발전기와 배터리 충전기 시장 개발을 위해 Voller의 연료전지 시스템에 Calor Gas사의 수소를 사용하기로 함. 그리고 Conergy사와는 소형 독립형 연료전지 발전기의 시장을 개발하기로 양해각서를 체결함. Voller사는 2006년에 자동 배터리 충전기(Fuel Cell ABC Automatic Battery Charger)를 선보였음. 또한 원격 감시 장비, 카메라 및 원격 산업용 설비의 충전 시스템인 산업용 연료전지 시스템(VE100 Rack Mount)도 발표하였음(그림 4-34).

그림 4-34 군용 V100 연료전지 프로토타입(Voller사)

V. 산업화 방안

1. 기술적 target

○ 휴대용 연료전지는 2차 전지와 경쟁관계에 있기 때문에 2차 전지의 사양을 기준으로 하여 설정되었으며, 미국이나 일본의 자료와 기업 등에서 제시한 수치를 근거로 작성하였음

○ 에너지 밀도와 가격은 용도별로 다소의 차이가 있음.

○ 휴대용 연료전지의 종류에 관계없이 목표치는 동일함(표 4-21).

표 4-21 실용화가능 개발목표 및 사양

제품군	제품	개발 목표 및 사양			비고
		가격 ($/W)	운전시간 (hr)	에너지밀도 (Wh/kg)	
휴대 전원용	소형 휴대기기용 (5～10W)	3.0	5,000	300	리튬이온전지 팩 기준
	노트북 PC용 (20～100W)	3.0	5,000	400	리튬이온전지 팩 기준
	이동전원용 (수백 W～수 kW)	1.0	5,000	500	리튬이온전지 팩 기준

2. 가격 저감 Issue 및 목표달성 시나리오

○ 휴대용 연료전지의 가격 구성

- 연료전지 스택 = 전체 시스템 가격의 60% 이상
- MEA(막-전극 접합체) = 스택가격의 90% 이상
- 촉매 = MEA 가격의 60% 이상

을 차지함. 따라서 연료전지의 가격저감을 위해서는 MEA와 촉매의 가격을 현저히 낮추어야 하며, MEA의 또 다른 구성요소인 전해질막과 기체확산층의 가격 저감도 필요함.

○ 연료전지 시스템 경박단소화

- 국내의 노트북PC용 DMFC 시스템은 현재 200Wh/L 수준의 기술이 개발되어 있는 상태이며, 에너지밀도 향상을 위해서는 시스템의 부피를 더 줄여야 함.
- 메탄올 공급 및 물 회수 시스템, 열교환기, 기-액 분리기의 경박단소화를 통해 시스템

부피 저감 가능
- 대량생산을 통해 제조비용이나 부품단가 등을 크게 줄일 수 있음.
- 국내 전문업체의 개발 참여 유도

○ 스택 가격 저감
- 스택은 MEA와 분리판의 가격 비중이 크므로 가격 저감을 위해서는 MEA와 분리판의 가격을 낮추어야 함.

○ MEA 가격 저감
- MEA 구조 및 조성 최적화를 통해 성능 및 내구성 향상을 이룸으로써 MEA 사용량과 단위 MEA 면적당 촉매 사용량 저감
- 공정이 단순화되어 생산비가 낮은 대량 생산 기술 확보
- MEA 성능은 촉매와 전해질막의 특성에 의존하므로 적합한 재료 사용

○ 촉매 가격 저감
- 귀금속 촉매는 대량생산에 의한 가격 저감 효과가 작으므로 단위 무게당 반응활성을 높여야 함.
- 분산도 향상에 의한 백금 촉매 활성 및 이용률 제고
- 조촉매 첨가에 의한 촉매 활성 향상 및 백금 사용량 저감
- 비백금계 촉매 개발로 촉매 가격 획기적 저감
- 촉매 이용률 향상을 위한 기공구조 제어된 탄소 담체 개발

○ 전해질막 가격 저감
- 전해질막은 대량생산 시 가격을 크게 낮출 수 있는 여지가 많음
- 탄화수소계 전해질막을 개발하면 메탄올 투과도 저감과 가격 저감을 동시에 달성할 수 있게 됨.

○ 기체 확산층 가격 저감
- 기체확산층은 탄소종이나 탄소천으로 되어 있으므로 대량생산에 의한 가격 저감 효과가 매우 클 것임. 또한 DMFC나 PEMFC 모두 탄소 기체확산층을 사용하므로 사용량도 매우 많음.
- 현재 국내에는 관련업체가 전무한 상태이므로 향후 다양한 연료전지의 본격적인 상업화를 대비하여 국내기업의 육성이 필요함.

○ 분리판 가격 저감
- 대량생산에 의한 가격 저감 가능성 매우 큼.
- 그래파이트계 복합분리판이나 금속계 분리판의 개발이 가능하며, 현재 국내의 몇 개 업체에서 연구개발이 진행 중임.
- 분리판의 유로 설계를 통한 성능향상 기술 개발 필요함.

○ BOP 가격 저감
- BOP는 블로워, 액체 펌프, PMS(power management system, 출력 및 운전 제어기), 열교환

기, 반응물혼합기 등으로 구성되어 있어 부품마다 가격 저감 방안이 다름.
- 전체 시스템에서 가격 비중이 상대적으로 낮으며, 대량생산 시 가격 저감 효과가 크게 나타남.
- 그러나, 소형 블로워, 액체펌프 등은 국내 생산 기반이 매우 취약함.
- 열교환기나 반응물혼합기 등은 가격에 비해 부피나 효율 측면에서 개선해야 할 점이 많으므로 국내 전문업체에 의한 개발이 필요함.

○ 휴대 PEMFC용 마이크로 개질기
- 현재는 실험실 수준의 연구에 머물러 있으나, 대량생산에 의한 가격 저감 효과는 매우 클 것으로 보임.
- 마이크로머시닝, 촉매코팅 기술 등이 필요함.
- 마이크로 펌프의 개발도 필요함.

○ 기타 부품 및 기술
- 패키징이나 어댑터, 디스플레이 패널, 개스킷 등과 관련된 기술이나 디자인 문제 등은 국내에서 충분히 해결이 가능하며, 대량생산 시 가격을 크게 낮출 수 있음.

3. 문제점 / 장애요인

가. 기술적 장애요인

○ 부품 전문 기업 부족
- 촉매, 전해질막, 분리판 등은 국내 산업기반이 부족하여 효과적인 연구개발이 지연되고 있으며, 연구기관에서 개발된 기술이 현장에 접목되어 상업화를 위한 기술개선에 적용되지 않고 있음.

○ 국산 부품 부족
- 현재 사용되고 있는 연료전지 재료들, 촉매, 전해질막, 기체확산층, 분리판용 그래파이트 등을 모두 수입에 의존하고 있기 때문에 연구에 적합한 재료를 즉시 구입하고, 기술적 지원을 얻기가 어려움.

○ 휴대용 연료전지에 적합한 마이크로 펌프, 열교환기, 반응물혼합기, 메탄올센서 등 주변장치 제조 기술 부재 및 관련 업체 부족

○ 휴대용 연료전지 부품의 내구성 및 신뢰성 부족

○ 마이크로 개질기 기술 부족 : PEMFC 시스템의 경우 스택의 성능은 이미 목표를 달성했으나, 마이크로 개질기의 개발이 지연되고 있음.

○ 표 4-22는 휴대용 연료전지 구성요소 및 시스템 관련 기술적 문제점을 열거한 것임.

표 4-22 휴대용 연료전지의 기술적 문제점 요약

구분	기술적 장애 요인
노트북 PC용 DMFC 시스템	낮은 에너지밀도 : 목표 = 400Wh/L BOP 부피 과대 : 열교환기, 연료혼합기, 물 회수기 부피 너무 큼 높은 가격: 촉매 사용량 과다 내구성 및 성능회복 기술 방향성: 뒤집어져서도 작동할 수 있도록 해야 함 BOP 내구성 부족: 펌프, 블로워 등의 수명 향상 필요
MEA와 촉매	전극촉매의 낮은 이용률 높은 촉매 사용량 및 낮은 이용률 낮은 성능 저가의 효율적 대량 생산기술 필요
촉매	귀금속 사용에 의한 비싼 가격 촉매 담지체 구조 최적화 필요 비백금계 촉매 개발 필요
Membrane	높은 메탄올 투과도 기계적 특성 및 내구성 향상 필요 비싼 가격 고온용 전해질막 기술 부족 탄화수소계 전해질막 개발에 의한 성능개선 및 가격 저감 필요
Stack	분리판의 가격과 두께 저감 필요 분리판 유로, 개스킷 구조, 매니폴드 구조 등의 최적화 필요 체결 방법 및 엔드플레이트 개선을 통한 부피저감 필요 부피축소를 위해 내부식성 금속 분리판 개발 필요
BOP 시스템 부품	열교환기, 연료혼합기, 기-액 분리기 등의 부피 축소 필요 저가 고성능 마이크로 메탄올 센서 필요 Power management system (PMS, DC-DC Convertor 포함) 개발 소형 Pump, Blower (연료, 공기 공급용) 연료저장용 탱크 (연료 카트리지)
Cell Pack	Bipolar 혹은 Monopolar Plate의 고가격 Fuel/Air Flow Field의 두께 및 무게 패키징 기술
시스템 기술	모든 환경에 적용 가능한 설계 필요 운전 최적화 및 활성 회복 기술 필요 시스템 조합 및 최적화 기술 부하 추종력 향상을 위한 2차 전지와의 Hybrid화 기술 Fuel Delivery / Fuel 카트리지 기술 및 인프라 부족 기타 = 백금 회수 기술 부족

나. 기술 외적 장애요인

○ 단기적인 결과에 치중한 연구 투자
- 휴대용 연료전지의 경우 기대한 것보다 상업화가 늦어지고 있기 때문에 기업에서의 연구 투자가 줄어들고 있으며, 정부연구비도 줄어드는 상태임.

○ 사용자의 인식 부족
- 휴대용 연료전지에 대한 소비자의 인식이 매우 부족한 상태이기 때문에 시장에 대한 불안으로 기업에서 상업화에 집중투자가 어려움.

○ 안전성에 대한 의심
- 연료로 사용하는 메탄올이나 압축 수소에 대한 부정적 인식이 상업화에 대한 장애요인으로 작용할 수 있음.

○ 기존 2차 전지와의 시장경쟁 및 새로운 시장 창출의 어려움.

○ 메탄올과 수소 연료에 대한 법규 및 규약의 미비

○ 국제 표준화에 대한 대비 부족

○ 휴대용 연료전지 전문 기술 인력 부족

4. 실행방안

가. R&D Program 보완

○ 현재까지 개발된 내용과 기술수준을 바탕으로 하여 상업화를 위한 R&D 프로그램의 방향을 설정함.

○ 아래의 표 4-23에 정리한 바와 같이 현재까지 휴대용 연료전지 분야에서는 DMFC를 중심으로 하여 4개의 과제가 수행되었고, 2개의 과제가 현재 진행 중에 있음. 이러한 연구결과 휴대용 연료전지의 구성요소 제조 및 연료전지 시스템 조립 기술의 기반을 확보한 것으로 평가됨.

○ 특히, 국내의 노트북PC용 20~50W급 DMFC 관련 기술은 매우 높은 수준에 이르렀으며, 여러 가지 프로토타입도 개발되어 있는 상태임.

○ 그러나, 휴대용 연료전지의 상업화 지연에 따라 기업에서의 연구의욕이 저하되어 있는 상태이므로, 이를 해소하고 휴대용 연료전지의 상업화에 대한 비전과 가능성을 제시하기 위한 정부주도의 새로운 연구 프로그램이 추진되어야 함.

○ 이를 위해, 현재까지 개발된 제품 중에서 가장 기술수준이 높은 노트북 PC용 연료전지 시스템의 모니터링 사업을 통해 상업화를 지원하면서, 새로운 응용분야 개발을 위한 연료전지 시스템 개발을 추진하고, 이와 동시에 구성요소 및 주변기기(BOP)에 대한 원천 및 애로 기술 개발 사업을 병렬적으로 진행시켜야 함(표 4-23 참조).

○ 새로운 연구과제의 목록과 구체적인 연구내용은 아래와 같음.

1) 노트북PC용 DMFC의 실증 및 모니터링 사업

- 노트북용 DMFC는 현재 가장 기술이 앞서 있는 상태이므로, 실증 및 모니터링 사업을 통해 기존 시스템의 문제점을 분석하고, 상업화 가능성을 평가
- 현재 노트북 PC용 DMFC 시스템은 부피와 가격, 내구성 등에서 문제가 있으므로 이러한 문제점을 해결할 수 있는 기술개발을 동시에 수행

2) 이동용 500W급 DMFC 시스템 개발 사업

- 틈새시장 개척을 위한 휴대 전원 개발 및 응용분야 확대
- 500와트급 수준의 이동용 휴대전원은 다양한 용도와 수요가 있으므로, 연료전지의 상업화를 앞당기기 위해 상업화가 쉬운 분야의 제품 개발과 시장 공략 필요
- 방송용 카메라, 조명기기, 여가용 전원, 군사용 전원 등에 활용

3) 소형 연료전지용 BOP 기술 개발

- 열교환기 고효율화 및 경박단소화 기술
- 메탄올 공급 및 물 회수 시스템의 경박단소화 기술
- power management system 성능 향상 및 경박단소화 기술
- 저가, 소형 메탄올 센서 제조 기술

4) 연료전지 구성요소 원천기술 개발

- 저가 촉매 개발 = 백금 저감 및 대체 기술, 새로운 담체 제조 기술
- 저가 전해질막 개발 = 탄화수소계 전해질막, 전해질막 개질 기술
- MEA 제조기술 = 저백금 담지 MEA 제조기술, 성능 및 내구성 향상 기술, 고효율 대량생산 기술
- 박형 분리판 개발 = 박형 분리판의 유로 최적화 기술, 내부식성 박형 금속분리판 제조기술

5) 마이크로 개질기 성능향상 기술 개발

- 50W급 PEMFC용 마이크로 개질기 성능향상 기술 개발
- 성능 향상 및 일산화탄소 저감기술
- 경박단소화 기술, 대량생산 기술
- 마이크로 반응기 설계, 제작 및 촉매 코팅 기술
- PEMFC 스택과 연계 운전 성능 및 내구성 향상

6) 기타 과제

○ 상기의 연구과제들을 통해 기술이 축적되면, 카트용 연료전지 2단계 사업, 수와트급 전자기기용 연료전지 팩이나 수 kW급 수송용 연료전지 시스템 등을 추가로 개발하여 상업화 추진

표 4-23 수소 · 연료전지사업단 휴대용 연료전지 수행과제 및 신규과제 목록

구분	과제명	연구기간	정부지원금 (백만 원)	비고
종료	100W급 DMFC 개발	2001.2.~2004.1	2,260	청소기에 장착
	휴대용 50W급 DMFC 시스템 개발	2004.09.~2007.08.	4,427	노트북PC용
	노트북 PC용 50W급 PEMFC 시스템 개발	2004.12.~2007.12.	2,540	마이크로 연료개질기 포함
	미래형 로봇 구동용 연료전지 전원시스템 개발	2005.08.~2006.07.	1,420	홍보용 시범사업 =1년
진행중	모바일기기용 마이크로 연료전지 시스템 개발	2005.12.~2008.12.	3,750	5W급 DMFC
	소형카트형 연료전지 하이브리드 시스템 개발	2006.08.~2009.07.	4,204	2.4kW급 DMFC-하이브리드 시스템
신규 1단계	노트북 PC용 DMFC의 실증 사업	2008~2009		국내 기업에서 제품 제작
	노트북 PC용 DMFC의 모니터링 사업	2010~2012		국내 기업에서 제품 제작
	이동용 500W급 DMFC 시스템 개발 사업	2008~2010		휴대용 독립전원 팩
	휴대형 연료전지용 BOP 기술 개발	2008~2010		부피 최소화 및 에너지 절약형 부품 개발
	연료전지 구성요소 원천기술 개발	2008~2010		break-through 기술 개발
신규 2단계	연료전지 카트 개발 2단계 사업 또는 실증사업	2009~2011		경박단소화 및 안정성 향상
	마이크로 개질기 성능 향상 기술 개발	2010~2012		경박단소화 기술 개발
	이동용 500W급 DMFC 시스템 모니터링 사업	2011~2013		국내기업 제품 사용
	노트북 PC용 DMFC의 보급사업	2011~2013		다양한 사용자에 보급

나. 실증 및 보급방안, 향후 Schedule

1) 실증 사업 방안

○ 대상 제품

- 현재 기술수준이 가장 높고 프로토타입이 개발되어 있는 노트북PC용 연료전지를 우선 대상으로 하여 실증사업과 모니터링 사업을 진행하고, 향후에는 이동용 연료전지와 카트용 연료전지에 대해 추가로 실증 및 모니터링 사업을 추진함.
- 노트북 PC용 DMFC : 20~50W급 DMFC 전원 팩
- 이동전원용 : 500W급 DMFC 시스템
- 카트용 : 2kW급 DMFC 하이브리드 시스템을 장착한 소형 스쿠터
- 휴대기기용 : 5W급 수준의 휴대기기용은 기술이 준비되는 대로 시행

① 노트북 PC용 DMFC 전원 팩 실증 사업

- 대상 제품 : 노트북 PC용 20~50W급 DMFC 전원 팩
- 기간 : 2008~2009
- 가격/수량 : 초기에는 3,000만 원/대, 10대/년 수준으로 시작 점차적으로 가격은 낮추고 수량은 늘리도록 함.
- 실증사업 목적 및 내용
  - 성능 및 안정성 분석
  - 제품 문제점 분석 및 개선 방향 제시
  - 상업화 가능성 평가

② 노트북 PC용 DMFC 전원 팩 모니터링 사업

- 대상 제품 : 노트북 PC용 20~50W급 DMFC 전원 팩
- 기간 : 2010~2012
- 가격/수량 : 초기에는 2,000만 원/대, 30대/년 수준으로 시작 점차적으로 가격은 낮추고 수량은 늘리도록 함.

③ 이동전원용 DMFC 시스템 모니터링 사업

- 대상 제품 : 이동용의 독립전원형 500W급 DMFC 전원 시스템
- 기간 : 2011~2013
- 가격/수량 : 7,000만 원/대, 30대/년

④ 소형 카트용 연료전지 시스템 모니터링 사업

- 대상 제품 : 2kW급 DMFC 하이브리드 시스템을 장착한 스쿠터
- 기간 : 2011~2013
- 가격/수량 : 1.5억 원/대, 20대/년

2) 보급 사업 방안

○ 노트북 PC용 DMFC 전원 팩 보급 사업
- 대상 제품 : 노트북PC용 20~50W급 DMFC 전원 팩
- 기간 : 2011~2013
- 수량 : 10,000대/년
- 휴대용 연료전지의 상업화를 촉진시키기 위해 정부 지원으로 추진

○ 노트북 PC용 보급 사업에 이어서, 이동전원용 DMFC 시스템과 소형카트용 연료전지 시스템의 보급 사업도 진행

표 4-24 단계별 실증/보급 추진목표

단계	1단계(2008~2012) 실증적용단계	2단계(2013~2020) 시장진입단계	3단계(2021~2030) 상용/실용화단계
목표	< 실증/보급사업 추진 > - 제품의 실증 사업 추진 - 수요 창출, 경제성 평가 - 신뢰성 확보	< 수요 창출 > - 제한적 시장 진입 - 전자회사, 전자부품회사, 배터리회사 제휴를 통한 수요창출	< 안정적 시장 확보 > - 일반 소비자 시장 확대 - 전자회사, 전자부품회사, 배터리회사 납품

5. 정책제언

○ 휴대용 연료전지의 문제점은 상업화가 이루어지지 않았다는 것이므로, 정부주도로 상업화를 지원하여 기업의 투자 의욕을 높이고, 관련 기술의 개발을 촉진해야 함.

○ 휴대용 연료전지의 상품화가 이루어지면 타 연료전지의 조기 시장진입을 촉진할 가능성 높음 : 유사 기술 확보 등에 따른 시너지 효과
- 휴대용 연료전지의 상업화가 신·재생에너지 프로그램 활성화에 큰 기여를 하게 된다는 전략적 인식이 요구됨.

- 따라서, 현재 기술적으로 앞서 있는 노트북 PC용 DMFC 시스템의 상업화를 앞당기기 위한 실증사업 등을 통해 기술의 완성도를 높이고, 이어서 보급사업을 통해 연료전지의 상업화를 추진하는 것이 필요함.
- 또한, 수백 W급의 이동용 연료전지 전원을 개발하여 틈새시장에서 상업화를 달성하여, 휴대용 연료전지의 상업화 기반을 구축하고, 소비자의 인식을 높이도록 해야 할 것임.
- 상업화를 위한 지원과 더불어 연료전지 구성요소와 주변기기의 획기적인 성능개선을 위한 연구투자가 지속적으로 이루어져야, 향후 연료전지 제품의 국제적 경쟁에서 우위를 확보하고, 국내 관련 부품소재산업의 활성화를 이룰 수 있을 것임.
- 소형 PEMFC 분야 지원 필요 : 수소제조를 위한 마이크로 개질기 개발을 중심으로 한 소형 PEMFC 개발 과제 추가 지원 필요.
- 휴대용 연료전지 시스템의 상용화를 위하여 부품 생산, 시스템 제작 기술 분야의 노력이 요구됨.
  - 군용 전원, 배터리 충전기, 소형 특수용 전원(스쿠터, 물류 지게차, 자전거, 레저용, 가정용 hybrid 전원 등) 등의 소량 다품종 생산기술에는 중소기업의 적극적인 참여가 필요함.
  - 연료전지 스택과 시스템에 필요한 구성요소와 부품(BOP) 개발 및 생산을 위하여 부품소재 분야의 중소기업 육성을 위한 다각적 노력이 필요함.
- 연료문제를 포함하여 휴대용 연료전지 전원에 대한 관련 법령의 정비가 요구됨.
- 현재 국제규격제정이 초기단계인 연료전지 분야의 국제표준화 활동에 범국가적으로 대응하여 국내 기술을 국제표준에 반영할 수 있는 체계를 구축하는 것이 필요함.

VI. 기술개발 추진전략 및 목표 설정

1. 단기(2008~2012)

가. 단기 목표

○ 노트북 PC용 연료전지의 상업화 기술 개발
○ 시스템 경박단소화 및 구성요소의 성능향상
○ 내구성 5,000시간 이상(5시간/1일×300일×3년)
○ 에너지 밀도(시스템): 500Wh/L 이상
○ 출력밀도: 약 100mW/cm^2(최대), 50mW/cm^2(정격)
○ 사용 메탄올 농도: 30% 이상
○ 신뢰성과 안전성 확보 가능 기술

나. 단기 추진전략

○ 기술적으로 가장 앞선 노트북PC용 DMFC 시스템의 실증 및 모니터링 사업 추진
○ 시스템 가격과 부피저감을 위한 구성요소 및 BOP 개발 착수
○ 스택과 MEA의 성능향상 및 대량 생산 기술 추진
○ 주변기기 최적화에 의한 시스템 고효율 및 고내구화 기술 개발
○ 틈새시장 개척을 위해 수백 W급 이동용 독립 전원 개발 사업 시작

다. 산업화 추진 방향

○ 가장 기술이 앞선 노트북PC용 DMFC를 중심으로 실증사업 시작
○ MEA 제조기술의 상업화를 위해 전문기업의 연구개발 지원
○ 촉매 및 전해질막 분야의 원천기술 개발 추진과 동시에 상업화를 추진하는 기업 지원
○ 틈새시장 개척을 위한 다양한 휴대용 연료전지 시스템 개발 지원 : 소형카트, 휴대용 비상전원

라. 개발/실증/보급 정책 요구사항

- ○ 휴대용 연료전지의 상업화를 앞당기기 위한 전략적 접근과 지원 필요
- ○ 실증사업을 실시한 후, 모니터링 사업을 추진하고, 향후에 다양한 활용분야 개발 지원
- ○ 가격저감을 위해서는 구성요소 및 주변기기에 대한 원천기술 개발 병행 지원 필요

마. 연차별 추진계획(Road Map)

휴대용 분야 중장기 기술개발 로드맵 (단기)

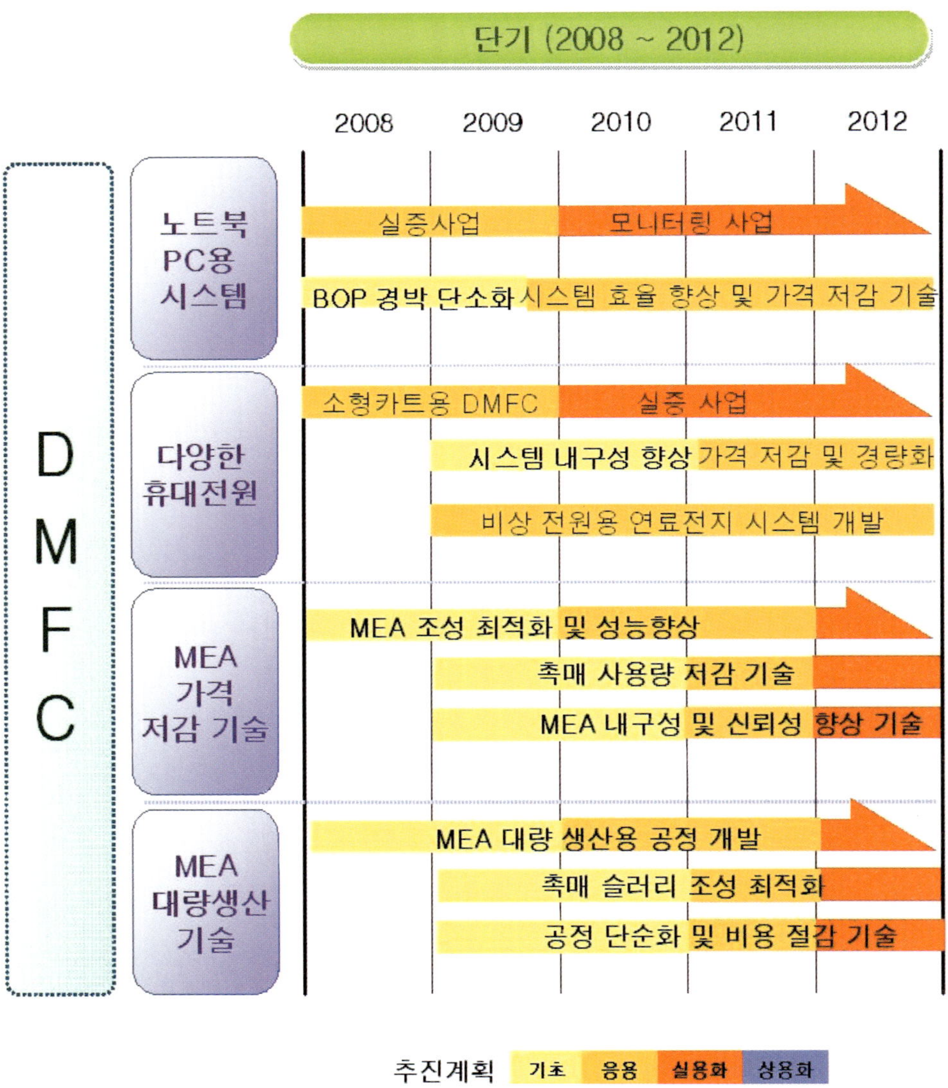

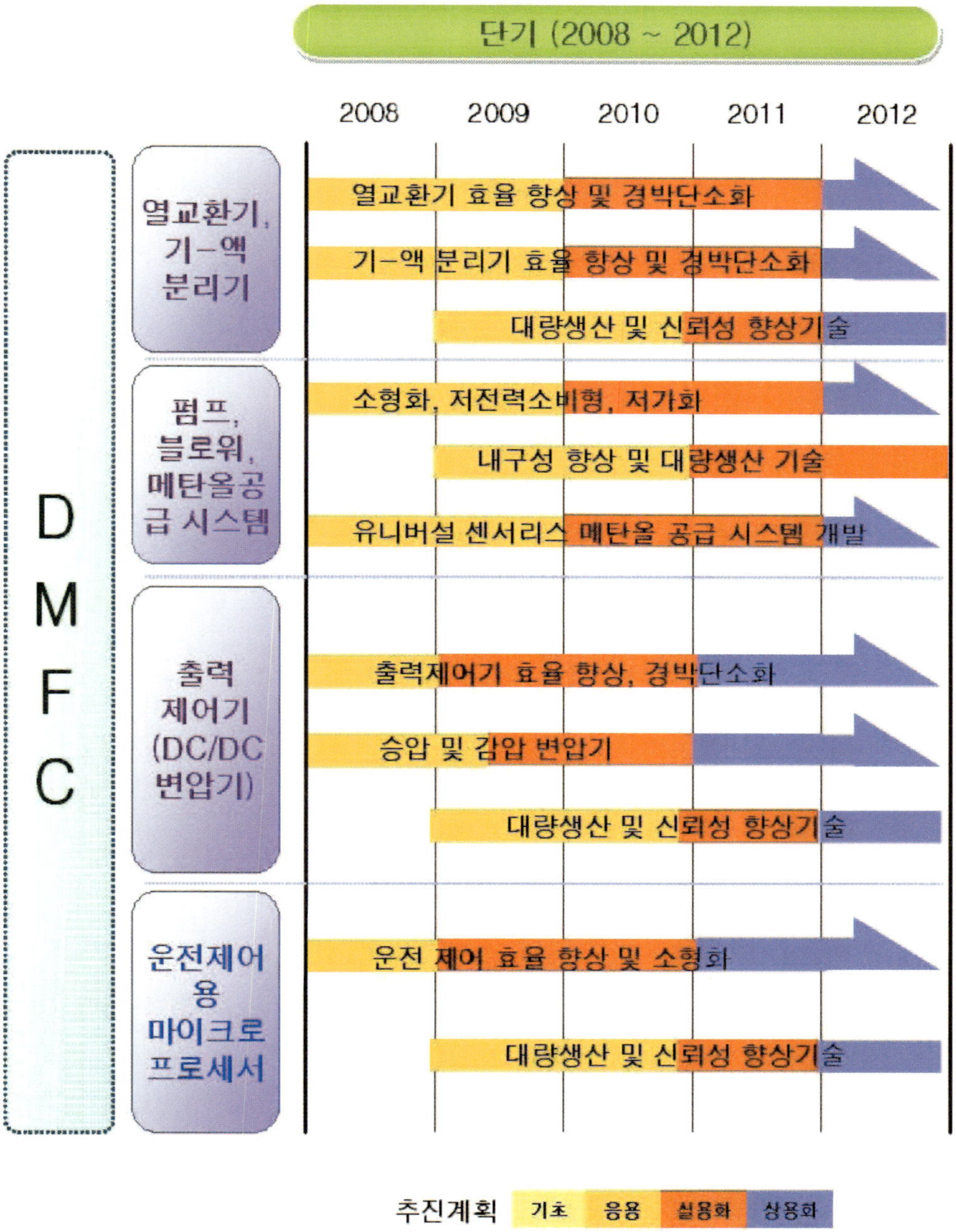

그림 4-35 단기 연차별 기술개발 Road Map

표 4-25 대분류-중분류-소분류에 따른 기술 분류(단기)

대분류	중분류	소분류
DMFC	노트북 PC용 시스템	- 실증사업 - 모니터링 사업 - BOP 경박단소화 - 시스템 효율 향상 및 가격 저감 기술
	다양한 휴대전원	- 소형카트용 DMFC 기술개발 - 소형카트용 DMFC 실증사업 - 시스템 내구성 향상 - 가격저감 및 경량화 - 비상전원용 연료전지 시스템 개발
	MEA 가격저감 기술	- MEA 조성최적화 및 성능향상 - 촉매 사용량 저감기술 - MEA 내구성 및 신뢰성 향상기술
	MEA 대량생산 기술	- MEA 대량 생산용 공정개발 - 촉매 슬러리 조성 최적화 - 공정 단순화 및 비용절감기술
	열교환기, 기-액 분리기	- 열교환기 효율 향상 및 경박 단소화 - 기액분리기 효율향상 및 경박단소화 - 대량생산 및 신뢰성 향상기술
	펌프, 블로워, 메탄올 공급 시스템	- 소형화, 저전력소비형, 저가화 - 내구성 향상 및 대량생산기술 - 유니버설 센서리스 메탄올 공급 시스템 개발
	출력제어기	- 출력제어기 효율향상, 경박단소화 - 승압 및 감압변압기 - 대량생산 및 신뢰성 향상기술
	운전제어용 마이크로 프로세서	- 운전제어 효율 향상 및 소형화 - 대량생산 및 신뢰성 향상기술

2. 중기(2013~2020)

가. 중기 목표

○ 틈새시장 개척을 위한 다양한 상품 개발 및 상업화 추진
○ 대량생산 기술 확보 및 시장 확대 방안 모색
○ 가격과 성능 및 신뢰성 향상 기술 개발
○ 내구성 10,000시간
○ 에너지 밀도(시스템) : 1,000Wh/L
○ 출력밀도 : 약 200mW/cm^2(최대), 100mW/cm^2(정격)
○ 사용 메탄올 농도 : 30% 이상
○ 신뢰성과 안전성 확보 가능 기술

나. 중기 추진전략

○ 휴대용 연료전지 보급 사업을 통해 상업화 촉진 및 소비자 홍보 확대
○ 상업화를 위한 대량생산 기술 및 가격 저감 기술 개발
○ 소비자의 요구에 부합하는 제품의 신뢰성과 안정성 확보 기술 개발
○ 관련 업체와의 협력을 통해 구성요소 및 주변기기 가격 저감 기술 개발 유도
○ 응용 분야 확대를 위한 다양한 시도 및 kW급 대용량 연료전지 개발
○ 획기적인 성능 및 가격 개선을 위한 원천기술 개발 집중

다. 산업화 추진 방향

○ 노트북 PC용 DMFC 시스템의 대량생산 기술 개발
○ 소형카트용, 비상전원용, 군사용, 여가용 등의 틈새시장 개척을 위한 다양한 제품 개발 및 생산 업체 육성
○ MEA, 구성요소 및 BOP 대량생산 기술 확보 및 국산화를 위한 기업의 연구개발 지원

라. 개발/실증/보급 정책 요구사항

○ 소비자 인식제고 및 시장 확대를 위한 휴대용 연료전지 보급 사업 실시
○ 가격저감, 대량생산 및 시장 확대를 위한 정책적 지원 필요
○ 기업의 의욕 고취를 위한 다양한 지원책 마련
○ 구성요소 및 주변기기 개발을 위한 지속적인 연구투자 필요

마. 연차별 추진계획(Road Map)

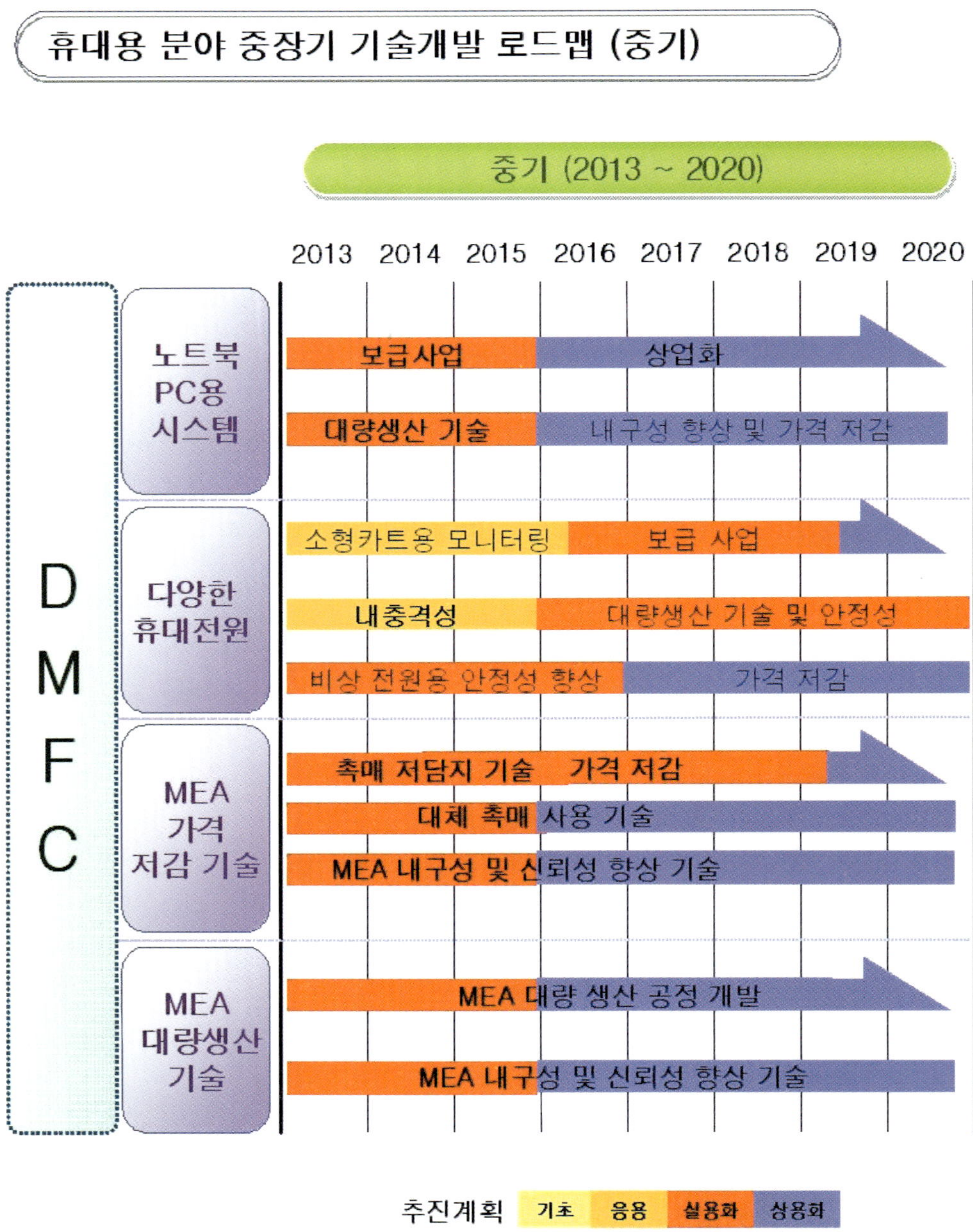

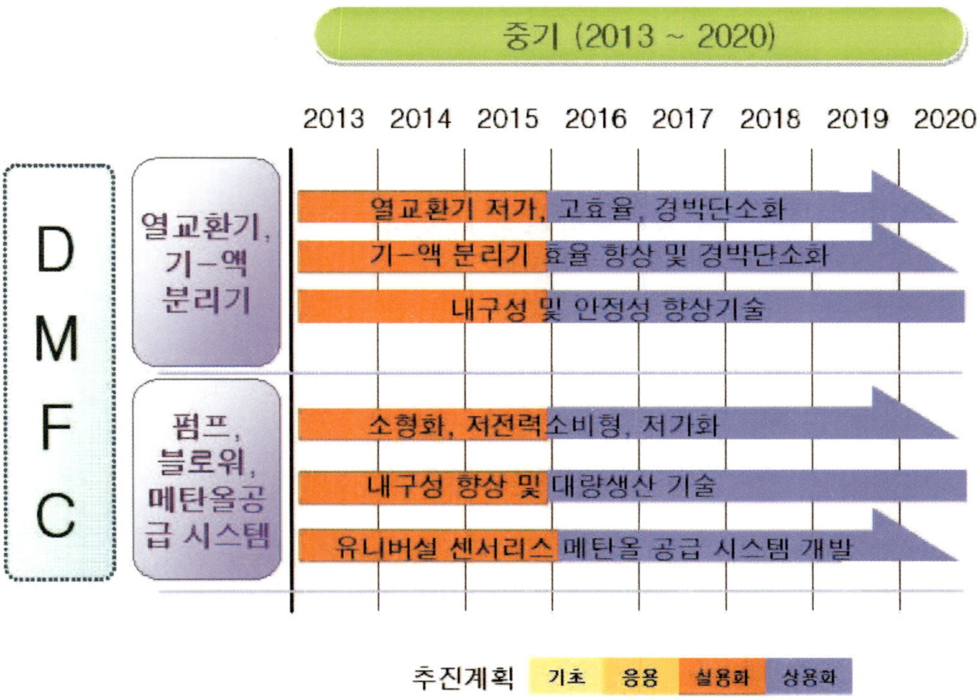

그림 4-36 중기 연차별 기술개발 Road Map

표 4-26 대분류-중분류-소분류에 따른 기술 분류(중기)

대분류	중분류	소분류
DMFC	노트북 PC용 시스템	- 보급사업 - 대량생산 기술 - 내구성 향상 및 가격 저감
	다양한 휴대전원	- 소형카트용 DMFC 모니터링 - 소형카트용 DMFC 보급사업 - 내충격성 - 대량생산기술 및 안정성 - 비상전원용 연료전지 안정성 향상 및 가격저감
	MEA 가격저감 기술	- 촉매저담지 기술 - 대체촉매 사용 기술 - MEA 내구성 및 신뢰성 향상기술
	MEA 대량생산 기술	- MEA 대량생산 공정개발 - MEA 내구성 및 신뢰성 향상 기술
	열교환기, 기-액 분리기	- 열교환기 저가, 고효율, 경박단소화 - 기액분리기 효율향상 및 경박단소화 - 내구성 및 안정성 향상기술
	펌프, 블로워, 메탄올 공급 시스템	- 소형화, 저전력소비형, 저가화 - 내구성 향상 및 대량생산기술 - 유니버설 센서리스 메탄올 공급 시스템 개발

3. 장기(2021~2030)

가. 장기 목표

- 시장확대를 위한 새로운 응용분야 개척
- 성능 및 내구성 강화 기술 개발
- 경박단소화, 신뢰성 향상, 가격 저감 방안 개발
- 새로운 연료전지 형태 개발
- 내구성 10,000시간 이상
- 에너지 밀도(시스템) : 1,000Wh/L
- 출력밀도 : 약 200mW/cm^2 이상(최대), 100mW/cm^2 이상(정격)

나. 장기 추진전략

- 세계 시장 확대를 위한 전략 마련
- 원천기술 개발을 위한 연구개발 지속 추진
- 부품 소재 협력 업체 육성

다. 산업화 추진 방향

- 휴대용 연료전지의 국내기반 확립을 위한 부품 국산화 추진
- 내수시장 확대를 위한 다양한 세제 지원 및 법령 정비

라. 개발/실증/보급 정책 요구사항

- 연료전지 부품소재 기업에 대한 지속적인 지원책 및 연구개발 투자 필요
- 기존의 휴대용 연료전지를 능가하는 새로운 연료전지 개발 지원

마. 연차별 추진계획(Road Map)

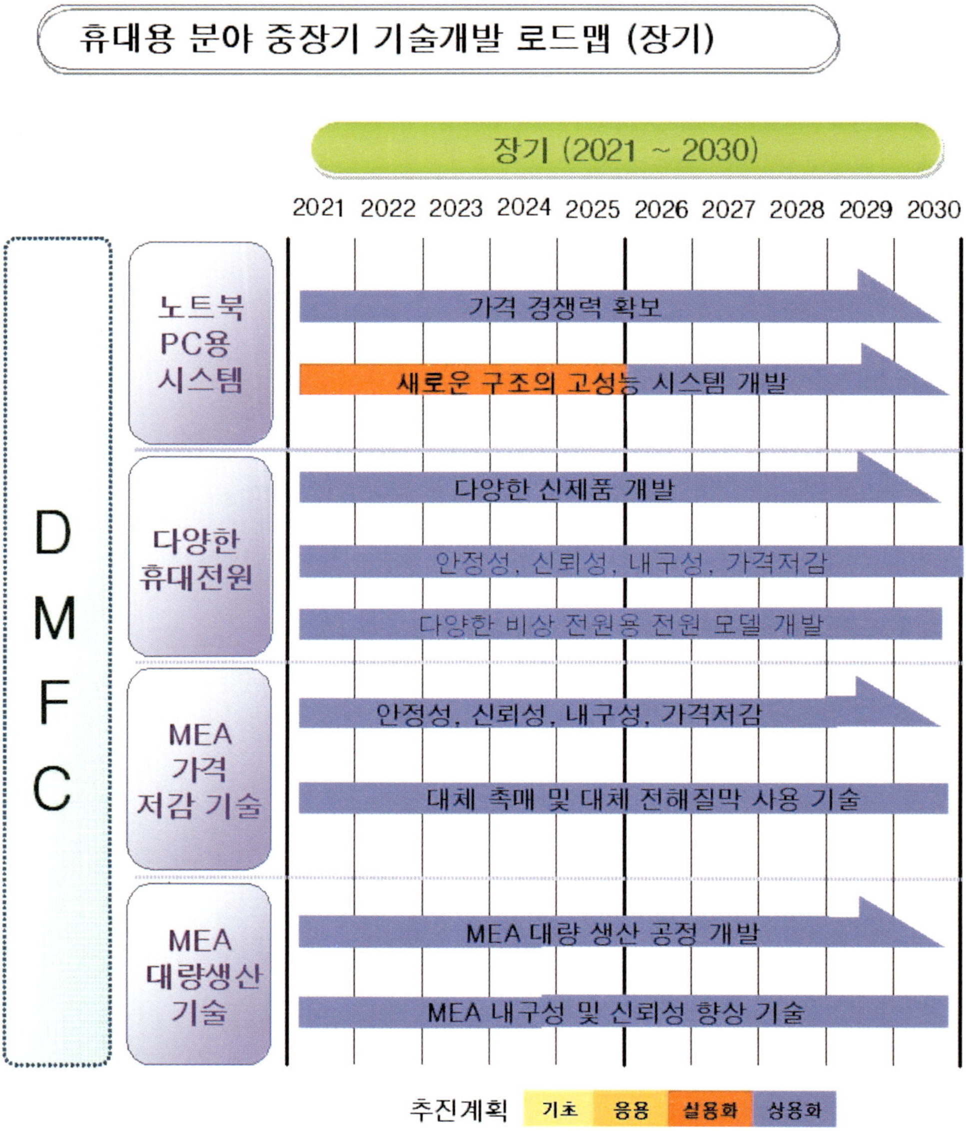

그림 4-37 장기 연차별 기술개발 Road Map

표 4-27 대분류-중분류-소분류에 따른 기술 분류(장기)

대분류	중분류	소분류
DMFC	노트북 PC용 시스템	- 가격경쟁력 확보 - 새로운 구조의 고성능 시스템 개발
	다양한 휴대전원	- 다양한 신제품 개발 - 안전성, 신뢰성, 내구성, 가격저감 - 다양한 비상전원용 전원모델 개발
	MEA 가격저감 기술	- 안전성, 신뢰성, 내구성, 가격저감 - 대체촉매 및 대체전해질막 사용기술
	MEA 대량생산 기술	- MEA 대량 생산 공정개발 - MEA 내구성 및 신뢰성 향상 기술
	열교환기, 기-액 분리기	- 새로운 모델, 효율향상, 가격저감, 내구성 향상
	펌프, 블로워, 메탄올 공급 시스템	- 새로운 모델, 효율향상, 가격저감, 내구성 향상 - 유니버설 센서리스 메탄올 공급 시스템 개발

4. 기술개발 소요 예산 예측

동 보고서의 Road Map 관련 예산은 전문가들의 의견을 반영한 것으로서 정부의 예산계획은 아님을 알려드립니다.
1. Road Map 구성은 범부처(국가 전체) 차원으로 작성되었음.
2. Road Map 예산은 총 사업비(정부+민간) 개념으로 작성되었음.
3. 중기 및 장기 예산계획은 추후 동 보고서의 Update 시(매 2~3년 단위) 수정할 계획임.

가. 단기(2008~2012)

표 4-28 단기(2008~2012) 기술개발 소요예산(단위 : 억 원)

대분류	중분류	연도별 소요예산					총
		2008	2009	2010	2011	2012	
DMFC	노트북 PC용 시스템	20	20	20	20	20	100
	다양한 휴대 전원	20	20	20	20	20	100
	MEA 가격저감 기술	10	10	10	10	10	50
	MEA 대량생산 기술	20	20	20	20	20	100
	열교환기, 기-액 분리기	5	5	5	5	5	25
	펌프, 블로워, 메탄올 공급 시스템	10	10	10	10	10	50
	출력제어기(DC/DC 변압기)	5	5	5	5	5	25
	운전제어용 마이크로프로세서	5	5	5	5	5	25
계		95	95	95	95	95	475

나. 중기(2013~2020)

표 4-29 중기(2013~2020) 기술개발 소요예산(단위 : 억 원)

대분류	중분류	연도별 소요예산								총
		2013	2014	2015	2016	2017	2018	2019	2020	
DMFC	노트북 PC용 시스템	30	30	30	30	30	30	30	30	240
	다양한 휴대 전원	20	20	20	20	20	20	20	20	160
	MEA 가격저감 기술	15	15	15	15	15	15	15	15	120
	MEA 대량생산 기술	25	25	25	25	25	25	25	25	200
	열교환기, 기-액 분리기	5	5	5	5	5	5	5	5	40
	펌프, 블로워, 메탄올 공급 시스템	5	5	5	5	5	5	5	5	40
	출력제어기 (DC/DC 변압기)	5	5	5	5	5	5	5	5	40
	운전제어용 마이크로프로세서	5	5	5	5	5	5	5	5	40
계		110	110	110	110	110	110	110	110	880

다. 소요예산 예측 총괄(2008~2030)

표 4-30 중장기(2008~2030) 기술개발 소요예산(단위 : 억 원)

대분류	중분류	연도별 소요예산			총
		단기('08~'12)	중기('13~'20)	장기('21~'30)	
DMFC	노트북 PC용 시스템	100	240	-	340
	다양한 휴대전원	100	160	-	260
	MEA 가격저감 기술	50	120	-	170
	MEA 대량생산 기술	100	200	-	300
	열교환기, 기-액 분리기	25	40	-	65
	펌프, 블로워, 메탄올 공급시스템	50	40	-	90
	출력제어기 (DC/DC변압기)	25	40	-	65
	운전제어용 마이크로프로세서	25	40	-	65
총		475	880	-	1,355

5장

고체산화물 연료전지 (발전/가정용)

I. 기술의 개요 및 범위

1. 기술의 개요 및 특성

가. 기술의 정의

○ 고체산화물 연료전지(Solid Oxide Fuel Cell, SOFC)는 고체상의 세라믹을 전해질로 사용하여 500~1000℃의 고온에서 운전되는 연료전지로 고온에서 운전되므로 발전효율이 높고, 고온의 배기가스를 이용하여 열병합 발전이 용이함.

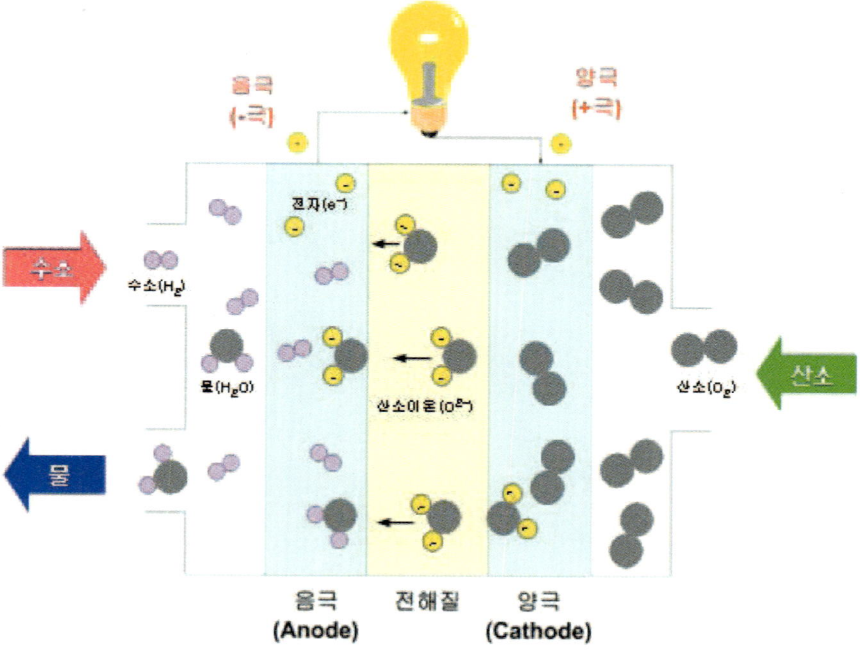

그림 5-1 SOFC의 작동원리

○ 그림 5-1과 같이 산소이온 전도체를 이용하는 SOFC의 경우 공기극과, 연료극의 산소분압차에 의해 공기극에서 전해질을 통해 연료극으로 산소이온이 이동하게 되며, 이때 화학반응의 균형을 맞추기 위해 외부 회로를 통해 연료극의 전자가 공기극으로 이동하게 되는데 이때 외부 부하를 조절하여 원하는 전류를 얻을 수 있음.

나. SOFC의 특징

표 5-1 여러 가지 연료전지의 특징 비교

<table>
<tr><th rowspan="2">구분</th><th rowspan="2">작동온도
(℃)</th><th colspan="2">전해질</th><th rowspan="2">전력밀도
(KW/㎡)</th><th rowspan="2">발전효율
(%)</th><th rowspan="2">응용분야</th><th rowspan="2">비고</th></tr>
<tr><th>물질</th><th>상태</th></tr>
<tr><td>PEMFC</td><td>50~100</td><td>고체고분자</td><td>S</td><td>3.8~6.5</td><td>38~42</td><td>가정용,
자동차용</td><td rowspan="3">저온형</td></tr>
<tr><td>DMFC</td><td>50~200</td><td>고체고분자</td><td>S</td><td>-</td><td>~40</td><td>휴대용</td></tr>
<tr><td>PAFC</td><td>160~210</td><td>인산</td><td>L</td><td>0.8~1.9</td><td>38~42</td><td>분산전원</td></tr>
<tr><td>MCFC</td><td>580~700</td><td>용융탄산염</td><td>L</td><td>0.1~1.5</td><td>50~60</td><td>분산전원
중앙집중발전</td><td rowspan="2">고온형</td></tr>
<tr><td>SOFC</td><td>750~1000</td><td>고체산화물</td><td>S</td><td>1.5~2.6</td><td>50~60</td><td>가정용, APU,
분산전원,
중앙집중발전</td></tr>
</table>

- SOFC는 타 연료전지 시스템에 비하여 상대적으로 고온에서 운전함으로써 자체적인 전력 변환 효율이 높고, 가압 조건에서도 운전이 가능하여 연료전지의 성능이 증가할 뿐만 아니라 고온, 고압의 배가스를 이용하는 가스터빈을 연계하여 전체 발전 시스템의 효율을 증가시킬 수 있음.
- 고온 작동으로 값비싼 귀금속 촉매를 사용하지 않고도 반응을 가속화시킬 수 있으며, 연료극 측에서의 내부 개질 반응이 가능하여 개질기를 간략화 할 수 있을 뿐만 아니라 수소 이외에 천연가스 및 석탄가스 등의 다양한 연료를 사용할 수 있음.
- 온도 상승에 따라 이론 효율(등온 변화로 화학에너지에서 전기에너지로 변환할 수 있는 최대값)은 감소하지만, 온도 상승에 따라 전기 저항, 전극반응 저항(Electrode polarization resistance)은 작아지므로, 온도 상승에 따른 이론 효율의 감소를 보충할 수 있음. 따라서 고온에서 작동하는 SOFC의 효율이 저온형 연료전지보다 높음.
- SOFC는 연료전지 중에서 가장 높은 온도에서 작동하며, 높은 발전효율을 얻을 수 있으나, 최근에는 작동온도를 650℃까지 낮춘 저온 작동 SOFC의 개발 또한 진행되고 있음. 저온화에 따라 재료 선택의 폭이 넓어지므로 가격을 낮출 수 있고, 분리판으로 값이 싼 금속 재료를 사용할 수 있음. 저온화에 따라 구성 부재료의 열적 열화가 경감되어 신뢰성 및 수명이 증가하며, 시스템 전체의 내열 요구도가 완화되므로, 배관 등 설비의 저비용화도 가능함.

2. 세부 기술 분류 및 범위

가. 기술의 세 분류

○ SOFC는 전해질, 전극이 고체 상태이기 때문에 여러 가지 형태(평판형, 원통형 등)의 cell로 제조 가능하며 지지체에 따라 표 5-2, 5-3와 같이 분류할 수 있음.

○ 평판형 SOFC는 전력밀도 및 생산성이 높고 대규모에 용이하며 전해질 박막화가 가능함. 이 디자인의 단점은 별도의 밀봉제를 이용한 기체밀봉이 요구된다는 점이나 무엇보다도 구조가 단순하다는 장점 때문에 독일의 Siemens AG, Daimler-Benz · Dornier, 일본의 Murata, Sanyo, Tonen, Tokyo Gas,Osaka Gas 등 여러 곳에서 연구개발이 수행되어 되어왔음.

- 미국의 Ztek, 호주의 CFCL, 일본의 Mitsui, 독일의 Juelich GmbH 등에서 꾸준히 연구 지속 중임.

표 5-2 연구개발 기관별 평판형 고체 전해질 연료전지

Eelectrolyte Supported Cell	Cathode Supported Cell	Anode Supported Cell	Metal Supported Cell
CFCL Hexis Toho gas CPG		CFCL Delphi GE Htceramix FZJ KEPRI KIST Topsøe Wärtsila VPS	Ceres power

○ 전해질 지지체(Electrolyte Supported Cell)형 SOFC는 전해질의 두께가 100～200μm이므로 비저항 값이 크고, 고온에서 소결해야 하며, 산화/환원 분위기에서 열팽창 계수가 다른 단점이 있으나 전극 지지체형 SOFC보다 기계적 강도가 우수하고, 기공이 많은 전극 지지체보다 대면적으로 만들기 유리한 장점이 있음.

○ 전해질 지지체형 SOFC는 높은 비저항 때문에 단위면적당 전력밀도가 전극 지지체형 SOFC보다 낮고, 따라서 고온에서 작동시켜야 하는 단점이 있음. 여기에 대안으로 등장한 것이 연료극 지지체(Anode Supported Cell)형 SOFC임. 연료극은 전해질보다 전기전도도가 높아 기계적 강도 향상을 위해 전극의 두께를 증가시키더라도 비저항의 증가는

무시할 수 있을 만큼 작기 때문에 1993년 독일의 julich에서 개발을 시작한 이래 많은 그룹에서 연구 중임.

○ 연료극 지지체형 SOFC는 전해질 지지체형 SOFC 대비 약 100°C 이상 낮은 동작 온도에서도 동일 전력 밀도의 구현이 가능하여 값싼 금속 합금을 분리판으로 이용할 수 있는 장점이 있음.

○ 원통형 SOFC의 경우 기체 밀봉이 필요 없고 기계적 강도가 우수할 뿐 아니라 많은 시험 항목에서 신뢰성이 검증되었기 때문에, 상용화에 가장 근접한 SOFC 디자인으로 평가받고 있음. 그러나 이 디자인은 전류의 이동 경로가 길기 때문에 내부저항이 높고 출력밀도가 낮아서 저온형으로 전환하기 곤란할 뿐 아니라, 전기화학 증착법을 이용하여 전해질막을 제조하기 때문에 생산단가가 높다는 단점이 있음.

표 5-3 연구개발 기관별 원통형 고체 전해질 연료전지

Eelectrolyte Supported Cell	Cathode Supported Cell	Anode Supported Cell	Porous ceramic Supported Cell
Alpps MMC	Toto SPG	Acumentrics Alpps KIER Kyocera	MHI Rolls-Royce

나. 기술의 범위

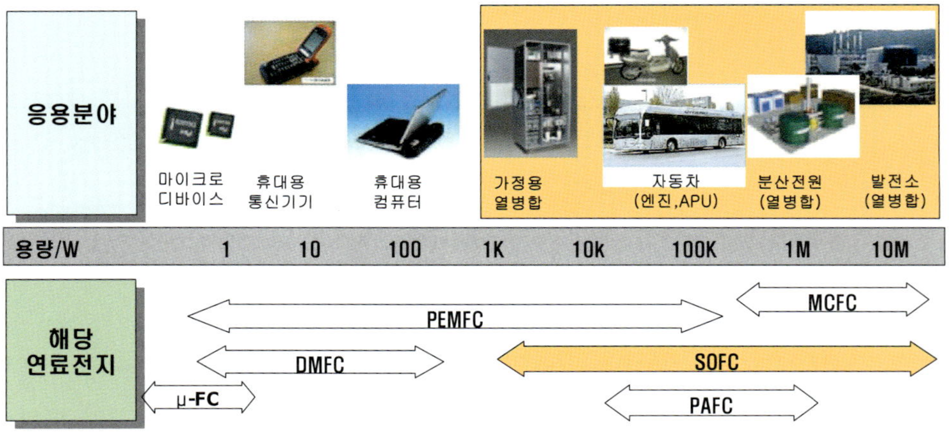

그림 5-2 연료전지의 산업적 응용분야 분류

출처 : RIST, 한국 국제전지 산업전시회, 서울, 대한민국, 2005.

○ 연료전지에는 표 5-1과 같이 여러 가지 type이 있으며 발전효율, 전력밀도 측면에서 SOFC가 가장 우수한 특성을 나타냄.

○ 극소 원통형(micro-tubular) SOFC의 경우 구동 준비 시간이 5분으로 비교적 짧은 경우도 있으나 대부분의 경우 SOFC는 구동시간이 길어 수송용보다 정지형 발전에 적합.

○ SOFC는 전해질이 고체이므로 액체 전해질 사용에 따른 누설의 문제가 없어 MCFC에 비해 안정함. SOFC는 기체와 고체가 직접 맞닿아 있는 시스템으로 수분 관리, 촉매 층의 수분 범람 또는 느린 산소 환원 반응 등에 대한 문제가 없으나, 통상 작동온도가 750℃ 이상이므로 고온에서의 동작에 필요한 열적, 화학적 안정성을 가진 물질이 한정되어 있음.

○ SOFC는 고온에서 작동되므로 고가의 금속 분리판 및 연료전지 주변장치(Balance Of Product) 구성요소가 필요하며, 열 응력(thermal stress), 구성 재료간 반응 및 열화 문제가 있음.

○ 고온 작동에 의한 문제를 해결하기 위해 동작온도를 낮출 경우 전극 및 전해질의 전기저항이 증가하며 전극 특성이 저하되어, 높은 이온 전도도 및 촉매 특성을 갖는 새로운 재료가 필요함.

○ 연료전지는 응용분야에 따라 크게 세 방향으로 나눌 수 있으며, 첫 번째는 정지형(stationary)으로, 발전 설비(DG: Distributed Generation, CPG: Centeralized Power Generation)나 가정용 코제너레이션(RPG: Residential Power Generation)을 목적으로 이용하는 것이며, 두 번째는 자동차나 오토바이, 선박 등 이동체의 보조전원(APU: Auxiliary Power Unit)으로서의 응용, 세 번째는 노트북이나 핸드폰 전원으로 사용하는 이동형(Portable) 마이크로 연료전지임.

표 5-4 응용부문별 고체 전해질 연료전지 분류

Portable	APU	RPG	DG/CPG
Mesoscopic Nanodynamics AMI	Delphi FZJ Stazera	Acumentrics Toto MMC Hexis APS Toho gas VPS CPG HTCeramix FZJ CFCL Ceres power Topsøe KIST KEPRI KIER Kyocera	MHI Rolls-Royce Posco Power Wärtsila GE Ztek SPG

1) 주거용

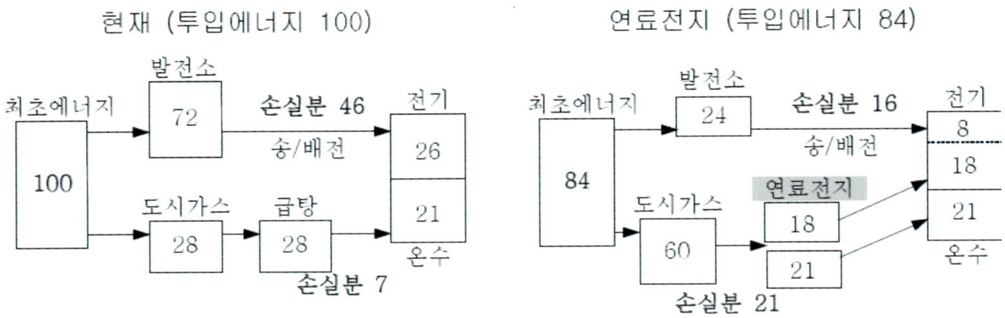

그림 5-3 가정용 연료전지 사용시 에너지 절감 - 출처 : 日經 Electronics, 2003.

- SOFC의 발전효율은 온수로 회수되는 열량까지 고려하여 80% 이상이므로 전력과 보일러를 이용하는 가정이 SOFC를 도입할 경우 16%의 에너지 절감 효과가 있다고 보고되었으나, 주거용의 경우 계절별 온수 사용량의 변화가 크므로 상업용 건물(호텔, 병원, 찜질방등)에 먼저 적용하는 것이 적합함.
- SOFC는 가스엔진 등과 비교하면, 기동할 때 시간과 에너지를 필요로 하며, 기동정지를 반복하면 내구성이 저하되는 약점이 있으므로, 연속운전으로 베이스 전력 및 열을 공급할 수 있는 곳에 응용되는 것이 적합함. 연속운전이 기본인 연료전지는 일반적으로 호텔이나 병원 등 야간전력 부하가 비교적 크고, 열부하가 큰 건물에 적합함. 장차 건물의 인텔리전트화 등의 진행에 의해, 소규모 건물의 전력소비 및 그에 수반하는 공조부하가 증가할 것으로 예상되므로 연료전지의 적용범위가 넓어질 전망임.

2) 분산전원

- 분산발전은 기존의 대규모 중앙집중형 발전과는 달리 소규모로 수요지 주위에 분산배치된 전원을 말하는 것으로 연료전지의 발전단위는 출력 규모가 매우 작은 셀이므로, 출력 규모가 작은 영역에서도 높은 성능을 유지할 수 있으며, 열기관처럼 규모 증가에 따른 이점이 적기 때문에, 작은 규모에도 유리하며 분산형 전원으로 적합함. SOFC는 기존의 다른 분산전원에 비해 소음이 적고 유지비용이 작은 장점이 있음.

표 5-5 분산발전용 기술의 분류

보급단계	기종	발전방식	
		코제너레이션/ 모노제너레이션	재생에너지
보급 중	디젤엔진(DE)	◎	
	가스엔진(GE)	◎	
	가스터빈(GT)	◎	
개발 중	마이크로 가스터빈(MGT)	◎	
	연료전지	◎	
보급 중	태양광발전		◎
	풍력발전		◎
	소수력발전		◎
	바이오매스발전		◎
	폐기물발전		◎

출처 : 富士經濟, 2003.

- ○ 연료전지 가운데 분산전원으로 적용 가능한 것은 PAFC, PEFC, MCFC, SOFC이며 이들 분산 발전용 연료전지의 특징은 표 5-6과 같음. PAFC는 이미 상용화 단계에 있지만 단가가 높아 시장진입에 실패.
- ○ 전세계 에너지 소비량 중 전력부문의 비중이 급격히 증가하고 있으며, 세계 총 에너지 소비 가운데 전력부문은 2000년 38% 정도를 점하고 있으나, 향후 2020년에는 50%로 늘어나고 2050년에는 70% 수준에 도달할 것으로 예상되어 분산전원에 대한 요구 증대.
- ○ 빌딩이나 병원, 상업용 건물 등에 쓰이는 대형 정지형의 경우 분산 전원의 특성을 가장 잘 활용할 수 있으며, 현재는 정부의 지원에 크게 의존하는 형태이지만, 병원, 데이터 센터, 상업용 빌딩, 각종 산업용 플랜트의 보조 전원으로 적용 가능함.
- ○ SOFC 분산전원은 기존의 대규모 중앙 집중형 발전과는 달리 소규모로 수요지 주위에 분산배치 가능하며 송배전 설비 저감, 전력 부하에 따른 대응력 강화, 친환경적 에너지원 이용에 따른 온실가스 및 공해 저감, 고효율에 따른 경제성 메리트, 상용전원과의 이중화에 의한 공급신뢰성 향상 및 코제너레이션에 의한 배열회수로 에너지의 이용 효율 향상.

표 5-6 분산발전용 연료전지 비교

분류	PAFC	MCFC	SOFC	PEFC
전해질	인산	용융탄산염	안정화 지르코니아	불소계 고체고분자막
연료	수소, 개질가스	수소, 메탄, 일산화탄소	수소, 메탄, 일산화탄소	수소, 개질가스
연료원	천연가스, 메탄올, 나프타, 등유	천연가스, 메탄올, 나프타, 등유, 석탄	천연가스, 메탄올, 나프타, 등유, 석탄	천연가스, 메탄올, 나프타
작동온도	150~250℃	500~700℃	700~1,000℃	70~110℃
이온전도체	H^+	CO_3^{2-}	O^{2-}	H^+
발전효율	40~50%	50~60% + 열병합	45~55% + 열병합	40~50% + 열병합
출력 전류밀도	0.15~0.3A/cm^2	0.1~0.2A/cm^2	0.2~0.4A/cm^2	0.3~0.5A/cm^2
개발단계	실용화	실증단계	실증단계	실증단계

출처 : 분산형 연료전지 발전 시스템, KISTI, 2004.

- 은행, 공공기관, 그리고 반도체 공장 등 전자산업에서는 전력의 단가보다는 전력의 신뢰도가 중요한 요소로 작용하며, SOFC 분산발전과 상용전원과의 이중화에 의한 공급 신뢰성이 향상되어 전력의 품질에 민감한 산업을 중심으로 채택이 이루어질 것으로 기대됨.
- 기존의 화력발전은 설비용량이 커질수록 전력생산단가가 낮아져 대규모 화력발전에 비해 소규모발전은 경제성이 월등히 떨어졌기 때문에, 전력산업은 '규모의 경제' 원리에 충실한 산업이었으나 SOFC 등과 같이 소규모이면서도 기술집약적인 고효율 발전기술의 발전으로 인해 2015년경에는 SOFC 소규모 자가발전의 경제성 확보가 가능할 것으로 예상됨.
- 가정용, 업무용과 같은 소규모 설비에서는 초기 투자비용의 부담이 크며, 설비운전 관리자 확보에 따른 인건비, 설비의 관리비 등을 고려 시 다소 비싸고 유지관리비의 상승으로 인해 운전비용의 변동이 심해 시설규모가 작을수록 초기 투자비용과 운전관리 부담이 크므로 시장 확대를 위해서는 초기 투자비 지원 등의 강력한 정부 정책이 필요함.

○ 환경 면에서 우수하며 콤팩트하게 만들 수 있으므로, 도시 내부를 포함한 어떤 장소에도 연료전지를 설치할 수 있으며, 현장식 발전(on-site-power)을 지향하며, 그 특성을 살려 재해에 강한 도시를 만들기 위해 연료전지의 이용이 논의되고 있음. 재해 시 수도, 송전라인이 파괴되더라도 연료전지를 이용하여 전력과 열, 그리고 물을 공급할 수 있음.

○ 송배전 설비 저감, 전력 부하에 대한 대응력 강화, 친환경적이라는 장점도 있지만 현재 기술 수준 고려 시 비경제적이며, 기존 계통의 전력 품질 및 신뢰도 저하, 계통 운용상의 문제 등의 단점 또한 있으므로 SOFC 기술 개발뿐만 아니라 기존 전력계통과의 연계에 대한 많은 연구가 필요함.

3) 수송용

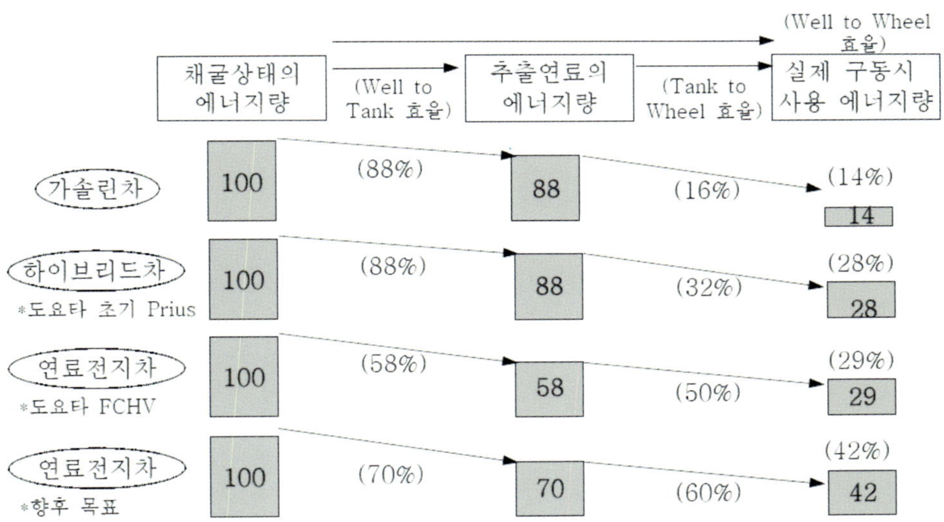

그림 5-4 연료전지, 하이브리드카의 종합효율 - 출처 : 日經 Electronics, 2003.

○ SOFC는 고온형이기 때문에 시동시간이 길어, 자동차의 주동력 보다 보조전원에 적합하여 보조전원용으로 개발이 진행 중임.

○ 고유가 및 선박에 대한 대기오염 문제가 심해지면서 수송용 연료전지는 선박 추진 동력으로도 연구 개발 중임. 국제해사기구(IMO)가 선박에 의한 대기오염을 막기 위해 지난 1997년 채택한 '국제해양오염방지협약(MARPOL)'의 '대기오염방지에 관한 부속서 VI'에 대한 엄격한 이행을 유도하기로 하는 등 올들어 해양 환경문제 해결에 적극 나서고 있음.

- 선박 디젤 엔진기관의 오염물질 배출량을 보면, NOx는 전세계 배출량의 10~15%, SOx는 4~6%, CO_2는 2%이며, 정제된 연료를 사용하면 오염물질을 줄일 수 있으나, 선박운항비용이 증가하며, 정제제품을 생산에 따른 시간과 비용의 증가가 예상됨.
- 따라서 고효율 선박 추진 동력에 대한 요구가 커지고 있으며, SOFC의 경우 정부하 특성이 요구되는 대형선박에 응용 가능할 것으로 보고 Wärtsilä는 Topsoe와 함께 선박 동력용 SOFC를 개발 중임.
- SOFC 성능 만족 시, 선박용 SOFC의 사업화를 위해서 오염 물질 다량 배출 선박에 대한 입항 제한등 규제가 전세계적으로 이루어져야 함.

4) 휴대기기용

- 고온에서 동작하는 SOFC의 특성 때문에 구동 준비 시간(약 15분 이하)이 필요하여 기존 2차 전지와 직접적인 경쟁보다는 보조 전원으로 병용되거나, 군사용으로 사용 가능할 것으로 예상됨.

II. 국내기술 수준 및 기술 동향 분석

1. 기술 수준 및 기술개발 동향

가. 한국과학기술연구원(KIST)

○ 90년대 초부터 평판형 SOFC 개발연구를 수행해왔음. 쌍용(주), 현대자동차, 포스코 등의 산업체와 연계하여 다층 세라믹 복합체 제조기술을 응용한 고온(>800℃)용 전해질 지지체형 SOFC 개발, 중·저온(600~800℃)용 음극 지지체형 SOFC 개발 등의 연구과제를 수행하였음.

○ 평판형 SOFC 스택 구성에 필요한 단전지 및 밀봉재, 접속자, 집전자 등의 각종 요소부품 제조기술을 확보하고 이를 바탕으로 kW급 스택 제조기술을 축적하는 등 SOFC 관련 고유 원천기술들을 폭넓게 보유하고 있음.

○ 현재 저온작동화를 통한 시스템의 안정성 및 경제성 확보와 이를 위한 저온성능 향상연구에 주력하고 있으며, 열 사이클 및 산화/환원 사이클에서의 안정성 문제를 해결하여 상용화 수준의 내구성을 확보하기 위한 기술개발에 초점을 맞추고 있음.

나. 전력연구원(KEPRI)

○ 평판형 SOFC를 사용하여 가정용 kW급 시스템 개발을 진행 중이며, 고성능이면서 장기성능을 신뢰할 수 있는 SOFC 스택 모듈 본체의 개발과 이의 RPG용으로서의 시스템화 관련기술을 개발 중에 있음.

○ 2006년 연료극 지지체형 단전지를 이용한 1kW급 RPG용 중저온형 SOFC 발전시스템개발을 완료하였으며, 현재 후속 연구로 5kW급 열병합 SOFC 발전시스템 개발연구를 수행 중임. 향후 실증연구를 시작하여 가정용 연료전지 보급사업에 참여할 계획을 갖고 있음.

다. 한국에너지기술연구원

○ 소형 원통형 SOFC 스택으로 수송기기/산업용 보조전원장치 및 가스터빈과의 하이브리드 대형복합발전 시스템 개발에 주력하고 있으며, 평관형 SOFC 스택용 원천기술 개발도 추진 중에 있음.

○ 보조전원(APU) SOFC 발전시스템 개발의 경우, 연료극 지지체식 튜브셀 및 이를 이용한 급속 기동형 SOFC 스택을 개발했으며 이와 더불어 SOFC 발전시스템용 디젤 개질 시스템, BOP 등 소형화 기술 개발을 추진 중에 있음.

○ 가스터빈/연료전지 복합발전용 SOFC 발전시스템 개발의 경우, 5kW급 SOFC 스택 본체는 독일 율리히 연구소에서 도입했으며, 상압에서 연료로서 수소를 주입해 약 8.1kW의 출력을 발생시키는 SOFC 발전시스템을 개발하였음.

○ 평관형 SOFC 스택 및 스택모듈 원천기술개발의 경우, 적용분야별 평관형 SOFC 스택제작에 필요한 스택 모듈 기술 개발 및 스택 구성 부품들의 핵심소재 원천기술을 개발하고 있음.

라. 포항산업과학연구원(RIST)

○ 90년대 후반부터 SOFC용 분리판 소재 개발, 고온형 연료전지 스택 소재 제조기술 개발 연구를 통해 저비용·고기능 분리판 설계, 스택 구성요소 제작 및 공정기술 등의 기반기술을 확보하였으며, 이를 바탕으로 2006년 1kW급 SOFC 스택의 제작 및 운전평가 연구를 완료함.

○ 분산전원/중앙 집중형 대형발전 시스템의 상용화를 위한 기반과제로서 2007년부터 150kW급 SOFC 스택 소재 핵심기술 및 발전시스템 개발을 수행 중임.

2. SWOT 분석

○ 고체 산화물 연료전지 분야의 강점, 약점, 기회요인, 위협요인을 정리하여 SWOT 분석을 해보면 아래 표 5-7과 같음.

표 5-7 고체 산화물 연료전지 SWOT 분석

강점(Strength)	약점(Weakness)
- 화력발전에 비해 발전효율이 높고 공해 배출 요인이 없음 - 천연가스, 석탄가스, 메탄올 등 다양한 연료를 개질하여 사용 가능 - 전지 구성요소 및 스택기술 일부 분야는 세계적 경쟁력을 확보 - 연구개발, 건설, 핵심부품에 대한 주요 기술 인프라 확보	- 신뢰성 향상을 위한 요소기술 확보 시급 - 대형 시스템 제작/운전 경험이 없고, 상용화를 위한 인프라 구축 필요 - 시스템 설계 및 제작기술 분야에서 선진국 대비 상대적인 기술 열세 - 표준화, 규격 등에 대한 범국가 차원의 가이드 라인 미흡
기회요인(Opportunity)	**위협요인(Threat)**
- 정부 주도의 대체 에너지 보급 확대 정책 입안/추진 - POSCO 등 국내 대기업들의 연료전지 분야 신사업 진출 확대 - 수소 에너지 경제구조의 근간을 이루는 핵심기술로 소수의 경쟁상대만이 기술 보유 - 시장 전개까지 선진국 기술수준을 추적할 수 있는 시간적 여유 보유	- 장기간의 기술개발 필요 및 막대한 기술 개발 자금 소요 - 기존 발전시스템에 비해 높은 설비 단가 - 아직까지 구체적인 시장형성이 미흡 - 선진국의 기술 패권주의로 인한 해외 선진 기업과의 경쟁구도 예상

표 5-8 국내 SOFC 관련 연구과제 연혁 및 현황

기간	과제명	구분	수행기관 (참여기업)	총 연구비	평가	활용
'89.09 ~'91.12	산화물 고체전해질 연료전지 제조	1	KAIST	46,104	보통	기초자료
'90.04 ~'92.12	고체전해질 연료전지 구성재료의 물성연구	2	서울대	96,539	보통	기초자료
'91.04 ~'92.12	박막 지르코니아 고체 전해질 연료전지개발	3	동서산업(주)	269,366	보통	기술활용방안 모색
'94.01 ~'94.12	평판일체형 고체전해질형 연료전지의 제조연구	4	KIST	50,000	-	쌍용양회중앙(연) 위탁과제로 흡수
'94.01 ~'97.12	고체전해질형 연료전지 요소기술 및 스택제조 기술개발	5	쌍용양회중앙 연구소 (쌍용양회)	2,195,416	불량	기초자료
'98.08 ~'01.07	고체산화물 연료전지용 대체전해질에 관한 연구	6	요업기술원	142,700	보통	기초자료
'00.01 ~'01.12	원통형 고체산화물 연료전지 기반기술 개발	7	에너지기술 연구소	176,000	②	실용화 개발 기술로 활용
' 03.07 ~' 06.06	1kW급 중온형 고체 산화물 연료전지(SOFC) 모듈 및 시스템 개발	8	전력연구원 (퓨얼셀 파워, 대성산업)	1,958,000	-	후속연구 진행
'04.08 ~'07.07	저온작동 고체산화물 연료전지 핵심기술 개발	9	KIST (POSCO, 현대자동차)	-	-	진행 중
'04.09 ~'07.11	보조전원(APU)용 고체산화물 연료전지(SOFC) 발전 시스템 개발	10	에너지기술연구소 (효성, SAC, 한성특수장비, 승림카본금속)	2,955,000	-	진행 중
'06.08 ~'10.07	5kW급 열병합 고체산화물 연료전지 발전시스템 개발	11	한국전력공사	-	-	진행 중
'07.05 ~'12.04	150kW급 SOFC 스택 및 구성요소 핵심기술 개발(기업내부과제)	12	RIST (포스코파워)	-	-	진행 중

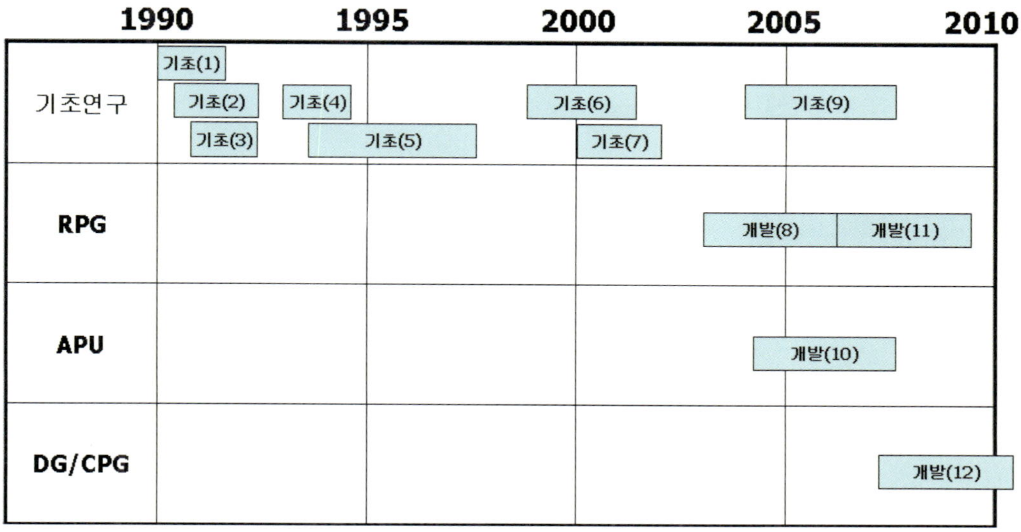

그림 5-5 국내 SOFC 연구개발 연혁 및 현황

III. R&D 추진성과 및 보급시장 분석

1. 기초연구

○ 80년대 후반부터 서울대, KAIST 등의 대학과 국책연구소인 KIST를 중심으로 SOFC 구성요소의 물성에 대한 기초연구가 이루어 졌으며, YSZ를 기본으로 하는 전해질 재료 및 전극반응에 관한 기초 연구결과를 산출한 바 있음.

○ 1994년 시작된 대체 에너지 개발 사업으로 쌍용중앙연구소가 기술개발을 추진하여 10㎝×10㎝ 크기의 평판형 셀을 제작하고 소형 스택을 구성하여 운전하였으나 1997년에 개발을 중단하였음. 이후 국내 SOFC 기술개발은 각 연구소, 대학, 기업 등에서 기초 기술개발, 요소 기술개발, 단전지 기술, 스택기술개발 연구가 독자적으로 진행되고 있음.

○ 최근 저온작동 고체산화물 연료전지 핵심기술 개발과제를 바탕으로 연세대, POSTECH, 고려대, 명지대 등에서 중·저온용으로 활용 가능한 대체 전해질 및 전극재료, 밀봉재, 연결재 개발 및 특성평가에 대한 기초연구가 수행되고 있음.

2. RPG

○ 2003년부터 전력연구원(KEPRI)을 주축으로 소용량 가정용 고체산화물 연료전지 개발이 본격적으로 추진되기 시작하였음. 1단계로 2006년에 1kW급 중온형 고체산화물 연료전지 모듈 및 시스템 개발을 완료하였음.

○ 현재 후속 연구로 5kW급 상업용 열병합 고체산화물 연료전지 발전시스템 개발연구를 수행 중임.

3. APU

○ 에너지기술연구원(KIER)을 중심으로 자동차 보조전원용 고체산화물 연료전지 발전시스템 개발과제를 수행 중에 있음. 1kW급 APU용 SOFC 발전시스템 BOP 개발, 급속기동 APU용 SOFC 스택 기술개발, 1kW급 디젤 리포머 개발 연구가 진행 중임.

4. DG/CPG

- 고유가 시대의 도래에 따른 신에너지 기술의 필요성이 대두되고, 분산전원에 대한 관심 및 수요가 증가되면서 2007년 포스코파워와 포항산업과학연구원(RIST)를 중심으로 150kW급 SOFC 스택 및 구성요소 핵심기술 개발과제가 시작됨.
- 2012년까지 대면적(>1000㎠), 고성능(>0.6W/㎠) 셀 제조기술 및 양산공정 개발과 고효율(>60%, DC), 고신뢰성(<0.1%/kwh) 스택 및 발전시스템 개발을 목표로 연구 진행 중임.

Ⅳ. 해외 주요 국가의 기술 동향 분석

1. 미국

가. 정부지원

- 미국의 연료전지 개발은 DOE(Department of energy)와 DOD(Department of defense)에 의해 주도되는 두 개의 클러스터로 나눌 수 있으며 DOD의 국방용 연료전지 프로그램은 주로 디젤이나 JP-8과 같은 연료의 이용에 초점을 두며, DOE는 청정 석탄, 천연가스, 수소 등을 중심으로 구성된다는 차이점이 있음.
- SECA 프로그램
  - 1999년에 발족한 민관 협력 파트너십으로 가정용, 발전용, 보조전원용 연료전지 사업의 실용화에 주력함. SECA 프로그램의 목표는 2012년까지 $400/kW인 저가 고체산화물 연료전지를 개발하여 사업화한다는 것임.
  - 주요 참여기관은 NETL(National Energy Technology Laboratory), PNNL(Pacific Northwest National Laboratory), SPG(Siemens Power Generation), GE(General Electric), CPG(Cummins Power Generation), FCE(Fuel Cell Energy), Acumentrics, Delphi 등임.

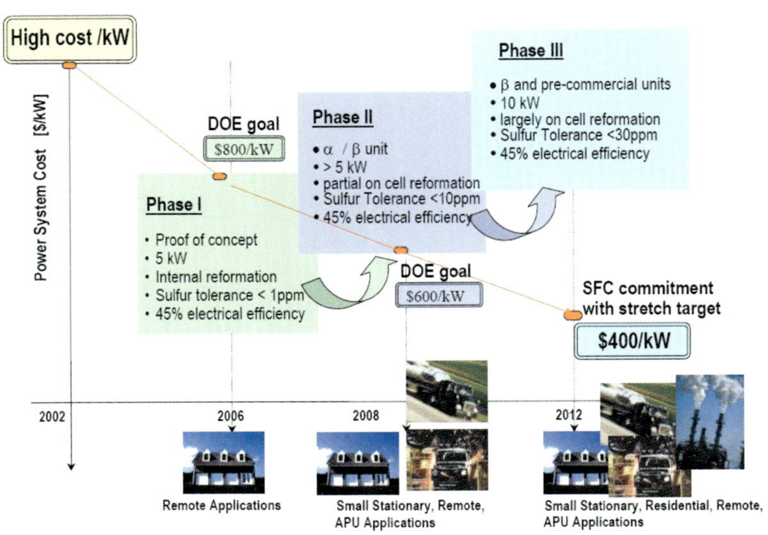

그림 5-6 SECA SOFC Road Map - 출처 : SECA, www.seca.doe.gov/

나. 기업개발동향

○ Siemens Power Generation

- SOFC 개발 초기 원통형 양극 지지형 cell을 개발하였으나 전력밀도 향상을 위해 cell 유효 면적을 증가시키는 구조로 변경(그림 5-7). Delta-9 적용 시 원통형 cell 대비 전력 밀도 약 50%($0.23W/cm^2 \rightarrow 0.35W/cm^2$) 증가.
- 연료전지의 가장 발전된 형태라고 할 수 있는 SOFC/GT 하이브리드 발전소는 마이크로터빈 압축기를 이용하여 연료전지를 약 3기압까지 가압하여 작동하며, 배기구에서 나오는 1,500°F의 배기가스가 마이크로 터빈을 구동시키는 기동력으로 작용하고 마이크로 터빈은 다시 압축기와 발전기를 구동.
- NETL 청정석탄이용 프로그램에 의해 이산화탄소 분리공정이 포함된 석탄가스 이용 SOFC-가스터빈 하이브리드 시스템 개발에 ConocoPhillips(석탄 가스화 기술 제공), Air Products and Chemical Inc.(이온 전도성 분리막 설비)과 함께 참여하고 있음.

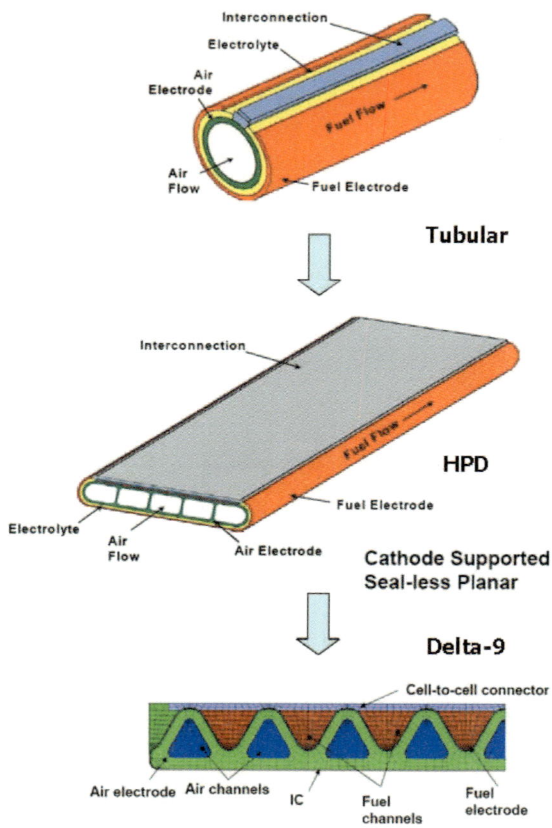

그림 5-7 Siemens cell 구조 변천사

출처 : Siemens Power Generation, http://www.powergeneration.siemens.com

- 220kW(200kW SOFC+20kW GT) SOFG/GT 하이브리드 발전소를 california에 세계 최초로 설치하여 전기 효율 약 55% 확보함. 구동 결과를 바탕으로 1MW급에서는 전기효율 60%, 20MW급에서는 70%의 전기효율 확보 예상함.
- Tube 형태이므로 가스 sealing 문제 발생 확률은 작지만, 1셀당 전류 이동 경로가 길어져서 Joule 손실이 커지는 단점이 있으며, 압출법으로 제조된 공기극 위에 전기화학 증착법(EVD: Electrochemical Vapor Deposition)으로 치밀한 박막을 제조하기 때문에 제조 비용이 높다는 단점이 있음. 비용 감소를 위해 일부 기관에서는 tube형 지지체 위해 slurry coating, 동시 압출(co-extrusion) 등의 연구를 진행하고 있음.
- 현재 발전용 SOFC 상용화에 가장 근접한 기관으로 평가됨.

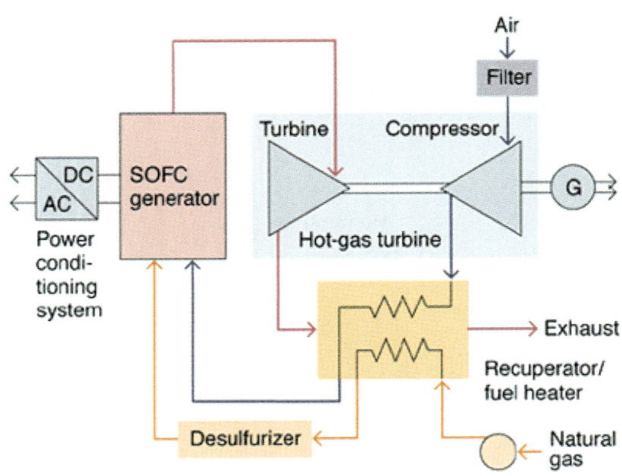

그림 5-8 SOFC/GT 하이브리드 발전 개념도

출처 : Siemens Power Generation, http://www.powergeneration.siemens.com

○ GE

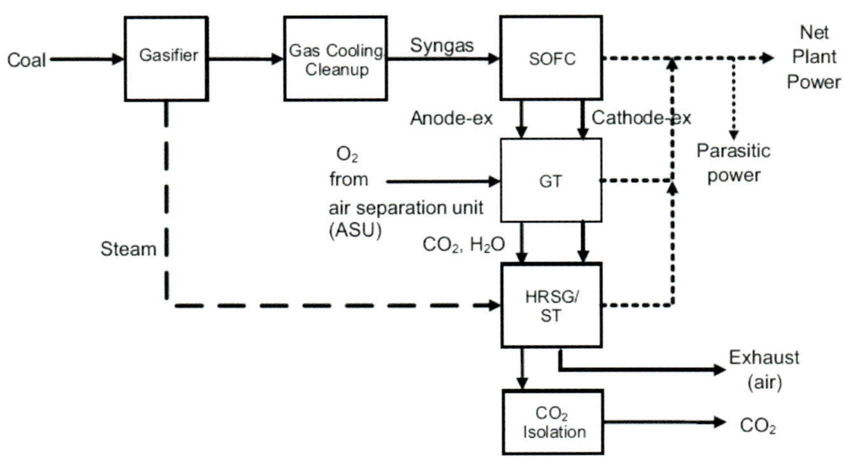

그림 5-9 석탄이용 연료 전지 발전 시스템 개략도 - 출처 : GE, SOFC-X, 2007.

- Honeywell의 개발 결과를 바탕으로 SOFC 하이브리드 시스템 개발을 목표로 함. SECA의 참여 기업으로서 평판형 SOFC를 완성 형태로 개발 생산하기로 함. 6-sigma 기법을 도입하여, 최적의 미세구조를 얻기 위한 새로운 SOFC 증착 조건을 개발하고 현재의 공정을 최적화하는 전략.
- 수 MW급 석탄 이용 연료전지 발전시스템(IGFC, Integrated coal gasification fuel cell combineed cycle) 개발 중. NETL 청정석탄 이용 프로그램에 GE energy, GE global research, PNNL, Univ. South Carolina와 함께 참여하여 SOFC, 가스터빈, 석탄 가스화 기술을 융합한 연료전지 이용기술을 개발하기로 함.
- IGFC는 석탄가스화 복합발전(IGCC, Integrated coal gasification combined cycle)보다 한 단계 진화된 것으로 석탄에서 뽑아낸 가스를 활용, 수소를 뽑아 연료전지를 만드는 것으로 연료전지, 증기터빈, 가스 터빈을 함께 이용하기 때문에, 효율이 IGCC보다 10% 정도 높은 것으로 알려져 있음.
- 현재 기술로는 여러 가지 주변기기 개발이 완료되지 않았고 일산화탄소 배출 등의 문제가 있지만 빠르면 2020년경 상용 가능한 기술을 축적할 수 있을 것이라는 게 GE의 판단임.
- GE는 수 MW급 IGFC 개발을 위해 시스템 설계 및 분석, 연료전지 적층 기술 개발, 소형 IGFC 시제품 테스트에 주력하고 있음. 5kW급 IGFC 시제품 평가 결과 DC 효율 41%, DC peak power 5.4kW, 500hr당 1.8% power 열화 등이 보고됨.
- 기존 석탄 화력발전과 비교할 때 IGCC는 투자비용은 약 10% 정도 높으나 이용률이 높고 친환경적이기 때문에 GE는 대용량 IGCC 개발을 완료한 후 기존 세계에서 가동되고 있는 석탄 화력발전소 대체 시장을 선점한다는 전략. 기후변화협약 등 지구온난화 방지 차원에서 이산화탄소 저감시스템 공급 확대가 이슈 때문에 상용 개발 시 수백조 원대 시장 열림. IGFC 역시 IGCC 보다 활용도가 커 상용 개발 시 시장은 IGCC 시장을 능가할 것으로 예상됨.

○ Acumentrics

- 1994년에 설립된 무정전 전원 공급장치(UPS, Uninterruptible Power Source) 제조회사로서 2000년부터 SOFC 개발 시작함. 가정용, 소규모 발전용 원통형 SOFC 개발 중이며 1~10kW의 가정용, 소규모 발전용 연료전지 실증 실험 중.
- 2003년 Sumitomo와 함께 joint venture(Acumentrics Japan) 설립하였으며, 합작 회사의 목적은 원통형 SOFC 전력 시스템을 일본에 판매하고, 일본시장에 SOFC 발전 시스템을 적용하기에 필요한 개발 작업을 수행하는 것임.
- 2007년 FCT(Fuel Cell Technology Ltd., CA)를 인수하여 FCT의 BOP(Balance Of Plant)기술 획득함.
- SECA program에 참여하여 천연가스, 프로판 등의 탄화수소를 직접 이용하는 2~10kW급

원통형 연료극 지지형 SOFC 시스템을 개발 중임. Brazing 기술에 의해 전기적 연결방식을 향상시킴으로써 33%의 출력향상을 얻었으며, 6,000시간 운전 시의 성능감소는 0.25%/500h(2010년 SECA 목표 0.1%/500h)에 불과함. 현재 작동온도(800℃)를 650~700℃로 낮추기 위한 기술을 개발 중임.

○ Delphi

- DOE(US Department of Energy)의 SECA(Solid State Energy Conversion Alliance) 프로젝트에서 설정한 효율, 내구성 등의 성능 목표 phase1을 만족시킴(표 5-9).

표 5-9 고체 전해질 연료전지 개발 현황(Delphi)

	SECA	Delphi
최대 전력	3~10kW	4.24kW
전기 효율	35%	37%
전력 열화율	7%/1,500hr	7%/1,500hr
장비 및 설치 비용	US$800/kW	US$770/kW

출처 : Delphi, http://delphi.com

- 1999년에 SOFC 시스템의 개발에 착수하여 대형 트럭의 보조 전원 등의 용도로 개발 중임. BMW와 공동으로 승용 및 경량 트럭용, 군용 APU 시스템을 개발 중. 5kW APU용 가솔린 개질기술 및 3~10kW APU용 천연가스 개질을 포함하는 평판형 SOFC Gen3 cassette의 경우 모사연료를 사용하여 750℃에서 0.5W/cm^2(at 0.7V)의 성능을 보임.

○ Zteck Corp

- 고성능 수증기개질을 포함하는 SOFC 에너지 개발, 생산, 판매, 서비스 산업에 종사하고 있는 기업으로서, 1kW급 연료 전지 스택을 15,000시간 이상 성공적으로 운전함. 현재는 여러개의 연료전지 스택과 천연가스 내부개질을 이용하는 25kW 시스템 개발, 운전 중이며, 200kW SOFC-가스터빈 시스템 건설 중.

다. 국책 연구소

○ PNNL (Pacific Northwest National Lab)

- SECA 프로그램을 NETL(National Energy Technology Lab)과 함께 주도하고 있으며, 새로운 SOFC 시스템과 소재 개발 및 평가, 생산단가를 낮추기 위한 생산 기술 개발 중. Delphi Corp., Battelle Memorial Institute등과 공동으로 SOFC를 이용한 차량 탑재용 APU 시스템 개발 중이며, SPG와 고효율 저온 탈황시스템 개발 등을 수행 중. DOE EERE 프로그램에서는 중량 트럭용 고효율 동력 시스템 개발을, DARPA Palm Power 프로그램에서

는 양극재료 개선과 전극의 미세구조제어 등의 연구를 수행 중. SECA 프로그램을 통해 SOFC 셀, 스택, 시스템을 분석하기 위한 모델 개발, 저렴한 밀봉재 개발, 중저온 SOFC를 위한 전극 소재 개발에 참여 중.

2. 일본

가. 정부지원

○ 일본은 신·재생에너지 도입과 새로운 제품 개발을 위한 전략적 목적에서 NEF(New Energy Foundation)를 설립, NEF의 주요 기능은 신·재생에너지의 이용을 촉진하고, 연료전지 상용화를 위해 노력하는 것임. NET는 2010년까지 191억 리터의 원유에 해당하는 약 3%의 신·재생에너지를 보급하는 것을 목표로 삼고 있으며, 경제구조의 재편을 위해 신재생 에너지 도입비용 절감, 연구개발 촉진, 시장형성을 위한 제도 정비, 고용 및 경제적 효과에 대한 홍보 등을 계획하여 실행함.

○ 신·재생에너지 도입을 위한 기술개발 지원은 크게 METI(Ministry of Economy, Trade and Industry)의 프로젝트 위탁기관인 NEDO(New Energy and industrial technology Development)와 기초 연구를 지원하는 MEXT(Ministry of Education, Culture, Sports, Science and Technology)에 의해 이루어짐.

○ NEDO

- 산업분야에서의 수소-연료전지 프로젝트는 METI의 지원을 받아 NEDO가 관할하여 수행. 2001년 연료전지 개발을 위해 FCCJ(Fuel Cell Commercialization Conference)가 설립되어 연료전지 상용화 및 보급을 위한 조사 등의 분과 활동이 수행되고 있음.
- 2001~2003년 평판형, 원통형, 일체형 SOFC 모듈을 개발하여 왔으며, 2007년 현재 10~100kW급 SOFC 시스템 개발 중임.
- 2007년부터 NEDO 주도로 osaka gas, kyocera는 실증 실험 시작. 1~5kW급 30~40대 설치 후 4년간 가동시킬 계획. 일본의 SOFC 시장규모는 2010년에는 시장규모가 380억 엔으로 추정되며, 2020년에는 2000억 엔 시장으로 확대될 것으로 예상.
- 발전용 SOFC는 MHI/J-power 그룹(원통형 SOFC)이 주도하며, 가정용 분산전원은 Kyocera /Osaka gas 그룹(원통형 SOFC)이 선두주자임. 수 kw의 소형은 2010~2015년에 상용화 하며, 수십~수백 kW급과 가스 터빈과 조합한 수백 kW 이상의 하이브리드형은 2010~2015년에 실증 실험 예정임.
- 또한 소형이면서 저온에서 고효율의 저온동작이 가능하며, 급속 동작 및 정지가 가능한 마이크로 원통형 SOFC를 개발하여 2015년 자동차용 APU와 가정용 co-generation 시스

템의 실용화를 목표로 함.

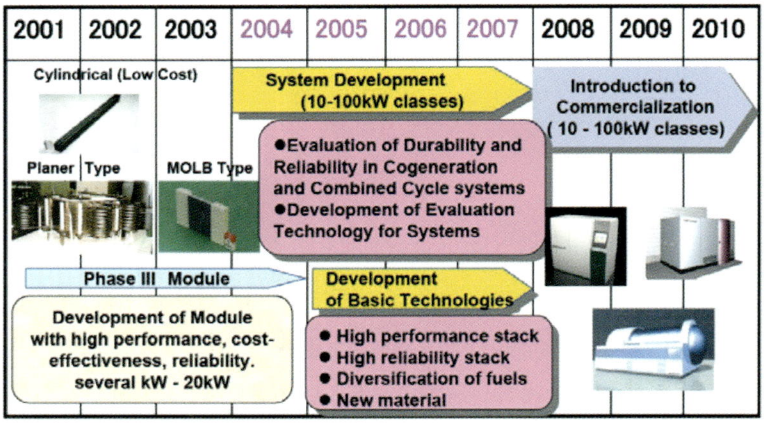

그림 5-10 NEDO Road Map - 출처 : NEDO, SOFC-X, 2007.

○ Kyocera

- 2.5kW급 상압형 SOFC 발전 유닛을 개발하고, 세계 최고 레벨의 직류단 발전효율 56.1%(LHV)를 달성. 하나의 세라믹 기판 상에 다수의 음극 지지형 cell을 제조하여, 각 cell을 기판 상에 직렬로 접속한 구조로 되어 있으며, 따라서 비교적 적은 수로도 용이하게 고전압을 얻을 수 있어, 저전류 운전을 실현할 수 있음.
- 제조 시 셀을 적층하는 공정이 불필요하고 저렴한 재료를 이용할 수 있다는 등의 특징이 있어, 향후 양산에 의한 저비용화 기대.

○ Mistubishi Heavy Industry(MHI)

- NEDO 지원의 R&D 프로그램에 의해 MOLB(Mono-block Layer Built)라는 독특한 평판형 all ceramic 연료전지와 원통형 SOFC 설계 및 제조기술을 개발함. MOLB형 SOFC 개발 프로젝트는 SOFC를 이용하여 200kW급 열병합 발전시스템 개발을 목표로 함. 원통형 SOFC 개발 프로젝트는 마이크로 가스터빈과 연계하여 350kW급 시스템 기반기술 확립을 목표로 함.
- Chubu Electric Power사와 공동으로 50kW MOLB-type SOFC CHP를 개발하여 Aichi International Exhibition에 설치하여 1,000℃에서 4,000시간 실증 운전에 성공함.
- 일본 최초로 고체 산화물형 연료전지(SOFC)와 마이크로 가스터빈(MGT)을 조합한 복합발전 시스템의 실증 운전에 성공. 신에너지・산업기술 종합 개발 기구(NEDO)로부터 위탁을 접수 2004년도부터 개발을 진행시키고 있던 것으로 미쯔비시 중공업 나가사키(Nagasaki) 조선소 내에서 최대 출력 75kW의 발전을 확인함.

- 지름 28mm, 길이 1,500mm의 원통형(양극지지) cell을 이용하였으며 900도에서 cell당 0.65V에서 151W의 출력 구현함.
- 수백 MW급 석탄 이용 연료전지 발전시스템(IGFC, Integrated coal gasification fuel cell combineed cycle) 개발 목표.
- 2007년 1월부터 Chigashiki 연구소에서 상압에서 150킬로와트(출력 25킬로와트의 모듈 6 세트)로, 2,500개의 튜브가 조립되어 연료 입구와 출구를 직선으로 묶는 구조로 SOFC 시스템의 시험 운전 중이며 장기 운용성이나 부분 부하 성능 등의 시험 운전은 2008년 3월까지 진행되며, 목표 발전 시간은 1만 시간 이상임.
- 원통형 SOFC는 J Power 그룹과의 협력에 의해 테스트 설비를 운전하고 있으며, NEDO의 지원으로 350kW 시스템을 공동개발하고 있음.

○ AIST(National Institute of Advanced Industrial Science and Technology)
- 기초 연구의 산업화 응용을 지원하기 위해 산업 인프라 기술, 에너지-환경 기술 분야에서 일본 내 산업 경쟁력을 높이기 위한 활동을 수행하고 있음. SOFC 분야에서는 SOFC용 소재, 장기 운전에 따른 성능저하 기구 평가, 셀의 구성 재료간 반응에 의한 열역학적 분석 및 예측, 평판형 및 원통형 셀 제조기술 개발 등의 연구를 수행함.
- 500~600℃의 저온 영역에서도 동작하는 튜브형 고체 산화물 연료전지를 개발함. 이 연료전지의 직경은 밀리미터에서 서브 밀리미터의 수준으로, 전극의 미세 구조를 최적화함으로써 세리아계(CeO_2) 세라믹 재료로는 처음으로 570℃에서 1W/cm^{2}의 전력 밀도를 달성함. 이 마이크로 튜브의 개발에 의해 내열 충격성이 비약적으로 향상되어, 급속 기동 정지 운전에도 대응 가능한 콤팩트형 SOFC 모듈의 개발이 가능할 전망임.
- SOFC를 마이크로 사이즈의 튜브 형태로 만들어 연료전지 시스템의 소형화와 열변형에 의한 파손의 문제를 동시에 해결함. 연료전지 시스템의 총출력 전력은 전극의 단위면적당 성능과 전극의 표면적의 곱으로 결정되며, 소형화, 즉 체적당 총출력을 향상시키기 위해서는 전극 자체의 성능 향상과 함께 체적당 전극 표면적을 증가시키는 것이 효과적이므로, SOFC를 마이크로 튜브의 형태로 제작하면 체적당 표면적이 크게 증가하기 때문에 소형화가 가능하고 동시에 기계적 강도를 높일 수 있어 열변형에 의한 파손의 문제도 해결할 수 있음.
- 마이크로 튜브형 SOFC는 세리아계 세라믹으로 길이 1cm 정도, 직경 1.6mm의 마이크로 튜브이며, 450~570℃에서 수소를 흘린 결과 0.06~0.35W(단위면적당 0.17~1W/cm^2)의 전력을 얻을 수 있었음.
- 직경 0.8mm의 마이크로 튜브형 SOFC의 경우, 1cm^{3}당 약 100개의 마이크로 SOFC를 집적하는 것이 가능하며, 따라서 체적당 7W(500℃)~15W(550℃)의 발전 성능이 기대됨.

향후 연구그룹은 마이크로 튜브형 SOFC의 집적화 연구를 진행하여 다수의 마이크로 튜브형 SOFC를 정확하게 배치한 입방형 유닛의 제작과 각 튜브에의 연료 가스 공급과 전력 회수를 수행하는 인터페이스의 정밀 제작 기술을 확립하여, 최종적으로는 내충격성, 급속 운전에 대응 가능한 소형, 고효율 연료전지 모듈의 개발을 목표로 연구를 진행할 계획임.

○ TOTO

- 슬러리 코팅을 이용한 저가의 원통형 SOFC 제조 기술을 이용하여 NEDO의 지원으로 마이크로 튜브형 SOFC를 개발하고 있음. LPG와 DME를 연료로 사용할 수 있도록 개발되었으며, 1단계 목표는 30W이나 최종 100W를 목표로 하고 있음.
- 휴대형 연료전지 장치에 조립할 수 있는 고체산화물형 연료전지(이하, SOFC) 셀 스택을 개발함. 종래 SOFC 작동온도 750~1,000℃에 대해 500℃에서 작동할 수 있는 재료를 개발하여 작동온도를 내릴 수 있기 때문에 단열층을 얇게 하여 소형화함. 실온에서 기동에 필요한 시간은 5분 정도여서 전동차 의자나 전동보조 자전거, 휴대용 전원 등에 이용 가능함. 향후 셀 스택으로서 발전성능과 내구성을 높임과 동시에 시스템 메이커로 셀 스택 및 모듈의 공급을 통해 2008년 실용화를 목표로 하고 있음.
- 현재까지 저온작동에 적합한 전해질 재료는 존재하고 있지만 소성공정에서 전해질이 연료극과 화학반응함에 따라 내부저항이 증대하여 효율적으로 기전력을 얻을 수 없었음. TOTO의 SOFC 셀은 전해질과 연료극의 계면에 반응 억제층을 설계함으로써 내부저항을 대폭 저감하고 저온작동특성을 안정시킨 것이 특징.
- 직경 5mm, 길이 110mm로서 셀당 17.3cm^{2}의 전극 면적을 가지며 30W의 출력을 얻기 위해 15개의 셀이 소요됨. 2005년의 발표에 의하면 새로 개발된 스택은 $LaGaO_3$계 전해질을 사용하여 500℃에서 작동 가능하도록 제작됨.

3. 유럽

○ Real-SOFC

- FZJ, Topsoe, Rolls-Royce등 26개 기관이 참여하고 있으며, SOFC 스택의 열화현상(공기극의 Cr poisioning, 연료극의 sulphur poisioning) 및 내구성을 개선하는 데 중점을 둠.

○ Rolls-Royce

- Rolls-Royce cell의 구조는 다공질 세라믹을 지지체로 하는 평판 튜브형이며 ceramic 집전체를 screen printing하여 사용하므로 생산이 용이하다는 장점이 있으나, 아래/위 튜브를 연결하여 사용하므로 sealing이 용이한 튜브형 cell의 장점을 살릴 수 없으며, cell 유효 면적이 전체의 50% 미만으로 대용량 발전을 위해서는 많은 수의 스택 필요.
- 2007년 4월 all ceramic 평판형 SOFC를 개발 중인 SOFCo-EFS Holdings를 인수하였으며, Rolls Royce SOFC의 제원 또는 특성이 거의 공개되지 않는 점을 고려하면 cell 구조에

대한 변경 검토가 있는 것으로 보임. SOFCo-EFS Holdings는 세라믹 interconnect를 사용한 평판형 SOFC를 개발하던 업체로, 세라믹 interconnect를 사용한다는 측면에서 Rolls-Royce의 기존 기술과 공통점이 있음.

- 1MW급 가압 SOFC/GT 하이브리드 시스템을 시장에 내놓기 위해 250kW 연료전지 시스템 실증 실험 중이며 전기 효율은 53%임.

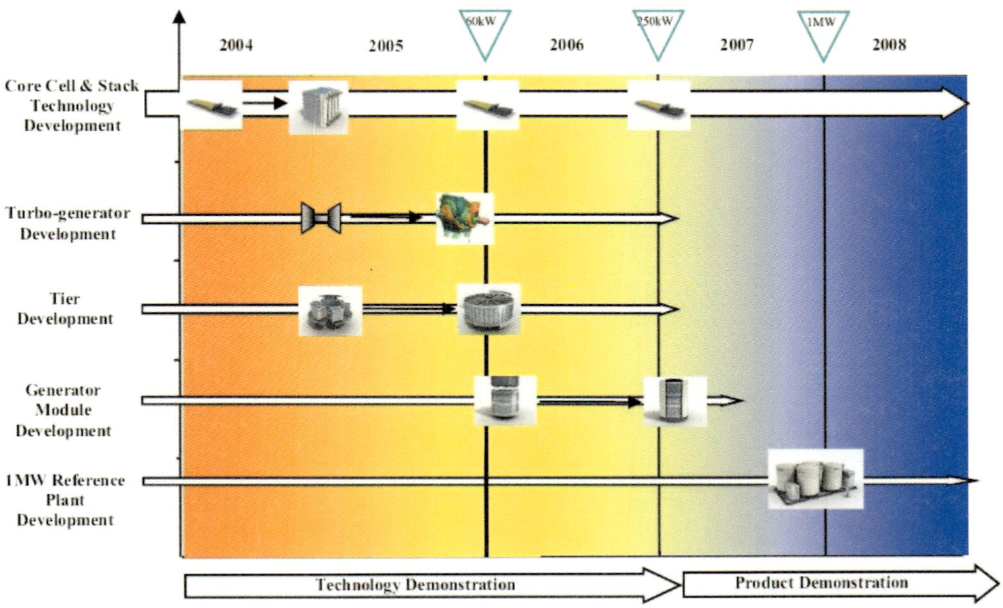

그림 5-11 Rolls-Royce의 1MW SOFC/GT 개발 프로그램 - 출처 : Rolls-Royce, SOFC-X, 2007.

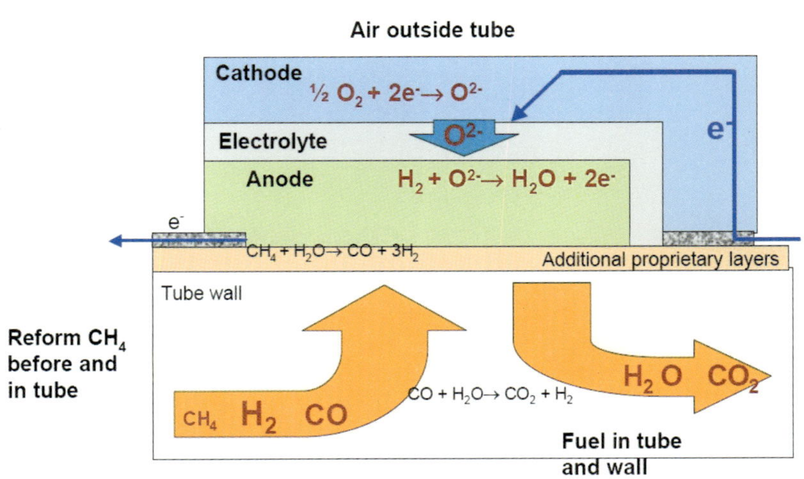

그림 5-12 Rolls-Royce SOFC cell 구조 - 출처 : Rolls-Royce, http://www.rolls-royce.com.

○ Wärtsilä/Topsoe

- 분산 전원, 선박용 동력에 대한 노하우가 있는 Wärtsilä는 평판형 SOFC 선두주자 중 하나인 덴마크의 Topsoe와 협력하여 분산전원용, 선박 추진 동력용 SOFC 개발에 주력하고 있음.
- 2000년 SOFC 개발에 착수하여 2004년 1~5kW급 SOFC 시스템 개발을 완료하였고, 현재 20kW급 시제품 개발 중임.
- 2010년경 분산전원, 선박 추진 동력용 SOFC 시스템 상용화 예정.

V. 기술개발 추진전략 및 목표 설정

1. 산업화 추진방향

○ 대부분이 세라믹 소재인 SOFC의 단전지 및 스택 내부에 응력(열응력 포함)이 발생하면 공정결함의 크기가 임계 응력을 결정짓는 주요 요소로 작용함. 구성소재 및 부품 제조공정중의 공정결함을 최소한으로 줄이는 것이 제조공정 수율의 확보는 물론 작동과정 중 구성소재 및 부품의 장기안정성을 확립함으로써 스택의 경제성을 확보하는 데 가장 선결조건임.

○ 단전지의 대면적화는 SOFC의 경제성 확보를 위하여 매우 중요한 이슈 중의 하나로 단전지의 면적을 100cm^{2}에서 400cm^{2}로 대면적화 할 경우 스택에 사용되는 재료비는 거의 4분의 1 수준으로 저감되는 것으로 추정됨.

○ 단전지의 경제성 확보에 가장 큰 장애요인으로는 높은 원료단가, 공정재현성 부족, 형상 및 크기의 자유도 부족, 긴 부품개발기간 등을 들 수 있으며 특히 치수공차를 만족하기 위한 과도한 가공비가 걸림돌이 되고 있음. 특히 전통적인 분말공정을 거치는 단전지 제조공정은 성형단계가 대부분 습식공정이기 때문에 전해질을 제외한 대부분의 구성 소재가 복합재료인 전극과 밀봉재 등의 균일성을 저해하는 요인으로 작용해 공정재현성 확보에도 많은 어려움이 있음. 대량생산공정 단계에서도 소재 및 부품의 균일성을 보장할 수 있도록 원료분말 단계에서의 리엔지니어링, 가공비 저감을 위한 실형상 제조 그리고 공정 결함이 최소화되는 공정기술의 개발 등을 통해 제조공정의 경제성을 확보하는 것이 필요함.

○ SOFC의 고온 운전은 운전 효율 면에서 많은 장점을 가지고 있지만 단전지 사이에 삽입되어 연료와 산화제의 혼합을 방지하고 전기전도성을 유지해야 하는 분리판 재료의 내구성을 저하시키고 스택 제조단가를 상승시키는 주요인으로 작용하고 있음. 고온형에서 채용되고 있는 분리판은 $LaCrO_3$계 세라믹 분리판과 Ducralloy 금속 분리판이 그 주종이며 이들은 스택 단가의 40~80%를 차지하는 것으로 보고되고 있음.
따라서 Ducralloy와 같은 특수합금이나 $LaCrO_3$계 세라믹 분리판과 같은 고가의 분리판을 사용하지 않는 저가의 금속 분리판 기술을 개발한다면 스택 제조단가를 현저히 낮출 수 있을 것으로 기대됨.

○ SECA 프로그램은 한 업체가 연간 500,000unit을 생산할 때, kW당 400$의 설치 비용을 목표(2010년)로 하고 있으나, 이는 시장규모가 팽창할 단계에서의 이야기이므로 초기 시장 진입을 위해서는 가격이 높더라도 수요가 있는 군사용이나 특수한 용도부터 접근하는 방법도 필요할 것으로 보임.

○ SOFC분야는 선진국대비 연구비, 연구인력, 정부지원 등 모든 부분에서 열악한 상태였으나 최근 Posco Power를 중심으로 연구 개발 사업이 활발히 진행 중임. 미국, 일본 등 SOFC 연구개발 선도국가와 비교하면 기술 수준이 낮으나, 아직 상용화까지는 시간이 걸릴 전망이므로 기술적 격차를 줄일 수 있는 시간은 있음.

○ 사업화 추진을 위해 정부 지원이 절대적으로 필요하며, 설치비 또는 구입비의 일부 지원, 생산설비투자 유인을 위한 장기저리 정책융자 지원, 초기시장 형성을 위한 공공부문 위주의 수요 확대, 발전차액 지원제도의 개선 등이 필요함. 미국은 상용화를 앞당기고 경쟁력 향상을 위해 에너지 안보법에 따라 연료전지 설비업자들과 소유주에 대해 연료전지 제조비용의 30%까지 세금공제 혜택을 주고 있음.

○ SOFC의 사업화는 여러 가지 용도중 가정용, 산업용 분산발전 시스템이 사업화 초기 시장진입에 유리할 것으로 판단되며, 주요 수요처로는 연간 전기 및 열의 수요가 크고, 수요가 안정되어 있는 건물(HOTEL, 병원, 주상복합건물 등), 정전 시의 비상전력을 확보할 필요가 있는 건물, 인텔리젼트 빌딩(국제적 금융기관, 증권사, 전산센터 등), 축성재배, 온실, 야채 공장, 찜질방 등이 있음.

○ 초기에는 정부 주도로 시장 활성화되어야 하며, 시장 활성화 시점이 2010~2015년으로 예상되어 연구 개발에 많은 선행 투자가 예상되며 연구비 부담 또한 한 기업이 감당하기에는 크기 때문에, 많은 업체들이 없어지거나 인수합병되고 있음(2003년 Global thermoelectric이 FCE에 인수되었으며, 2007년 Rolls-Royce가 SOFCo-EFS holdings를 인수함). 따라서 정부, 기업, 학교간 연계가 필요하며 역할 분담을 확실히 할 필요가 있음. 국내기업들도 기술 개발의 위험을 분산시키고 시너지 효과 창출을 도모하기 위해 적극적인 기술 협력 방안 필요함. 국내 소재, 기기 업체 간의 협력 강화와 함께 고급 기술 확보를 위한 해외 선진기업과의 기술 제휴도 모색할 필요가 있음.

○ 연료전지가 본격적인 상업화에 성공하기 위해서는 기술, 가격, 정부규제 등의 요인뿐만 아니라 수소나 수소를 풍부하게 함유한 연료를 공급하고 배급할 수 있는 인프라가 매우 중요한 요소임. 연료전지의 연료로서 현재 가장 적합한 후보로 거론되는 것은 메탄올과 휘발유, 천연가스 등이며 연료전지가 기존 내연기관보다 상대적으로 내구성이 떨어지는 문제도 해결되어야 할 과제임.

○ 수소 경제로의 이행은 에너지 체계의 근간을 바꾸는 작업이므로 어느 한 기업이나 정부가 감당하기에는 위험 부담이 클 수밖에 없음. 수소의 저장 형태, 보급 방식 등의 표준화도 중요한 이슈이며, 현재 활발한 시험을 펼치고 있는 미국, 유럽, 일본 등이 각각의 표준을 만들고 있으며, 국내에서도 국제표준 및 부품공용화 대응체제가 마련되어야 함.

2. 기술개발 추진전략

○ 단전지/스택/시스템의 성능 향상

- 기존 전해질, 전극 소재보다 우수한 성능을 가지면서도 안정성이 확보된 고성능 소재를 발굴하고 이를 이용하여 단전지를 제조할 수 있는 공정개발이 필요함. 특히 발전시스템용 연료로 쓰일 탄화수소계 연료를 활용하는 데 필요한 연료극의 효율 및 안정성을 확보하기 위해 기존 연료극에 비해 탄화수소계 연료에 대한 촉매 활성이 월등히 우수하며 탄소 피독에 대한 저항성도 우수한 연료극 개발이 우선적으로 진행되어야 하며 향후 내부개질에 대한 수요에 대해서도 대비하여야 함.
- 다양한 운전조건하에서도 열적, 구조적 안정성이 뛰어나 장기적으로 우수한 성능을 유지할 수 있는 공기극 조성의 개발도 반드시 필요함.
- 스택설계 시 단전지나 밀봉재에 주어질 고온에서의 열기계적 변수들에 대한 고려가 필요함. 고온에서의 열기계적 응력으로부터 부품을 보호하면서도 전기적인 연결성을 확보할 수 있는 가장 현실적인 대안은 탄성변형능을 가진 집전체를 적용함으로써 고온에서의 스택성능을 장시간 안정되게 유지할 수 있는 기술이 필요함.

○ 신뢰성/내구성 향상

- 현재 가장 진보된 형태의 밀봉재(미국의 SECA program)인 마이카계 복합 밀봉재는 마이카 결정 자체의 층상 파괴가 파괴에너지를 흡수하는 장점을 가지고 있지만 비정질상이 유리되어 있는 층상 구조로 인하여 비정질상 자체의 변화에 의한 밀봉재의 특성 열화는 방지하기 어려운 단점을 가지고 있음.
- 섬유상 입자의 수평배향 정도를 제어할 수 있고 유리 기지상의 상변화(조성변화 또는 결정화)를 억제하여 열 사이클에 의한 미세 균열이 발생하더라도 낮은 압력을 적용하여 밀봉구조를 복원할 수 있는 복합 밀봉재의 개발이 스택의 내구성을 향상시킬 수 있는 현실적인 방안임.
- 기존의 고온 운전 SOFC의 경우, 사용 가스의 혼합을 방지하는 금속 분리판은 전기적 물성 및 고열 기계적 물성이 우수한 내열성이 높은 금속을 사용함. 이때 내열금속에 포함되

어 있는 크롬이 산화하면 전기 전도도가 저하되고 공기 중에서 크롬이 증발하여 공기극의 성능이 저하됨으로써 스택의 장기성능을 저하시키는 주된 요인이 되고 있음. 산화를 억제할 수 있는 조성개발 또는 산화방지막 형성기술을 개발하면 금속분리판 소재의 선택폭이 넓어지는 것은 물론, 스택의 장기안정성을 확보할 수 있음.

3. 기술개발 목표설정 및 추진계획(Road Map)

가. 단기(2008~2012)

1) 단기 목표

- 출력 밀도 : 0.6W/cm^2
- 셀 면적 : 1,000cm^2
- 열 사이클 : 50회 이상
- 내구성 : 10,000시간 이상
- 대면적 셀 벤딩 방지 기술 : 2mm/400mm

2) 주요 추진 계획

- 150kW급 SOFC 스택 및 구성요소 핵심기술 개발
- 150kW급 SOFC 발전 시스템 핵심기술 개발

3) 연차별 추진계획(Road Map)

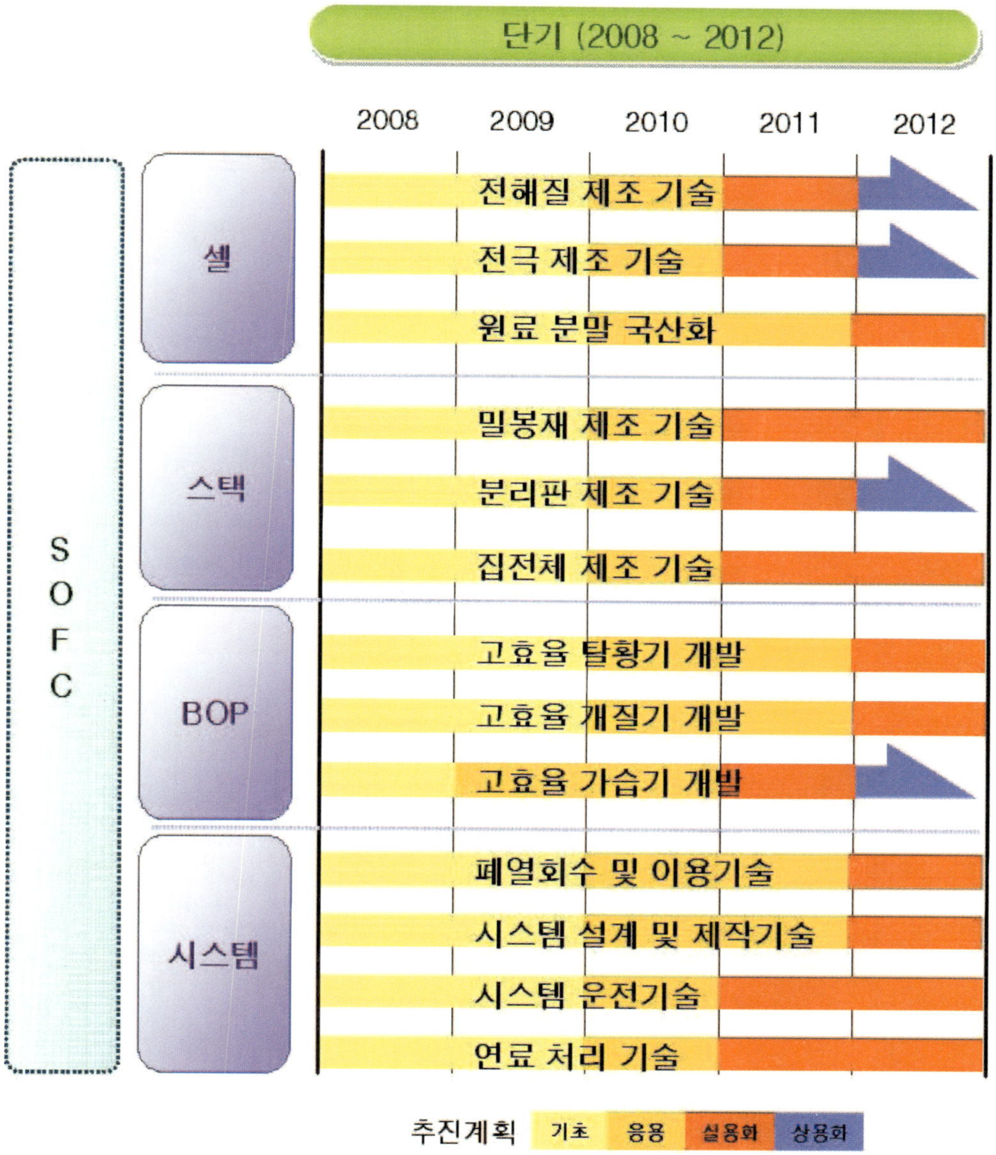

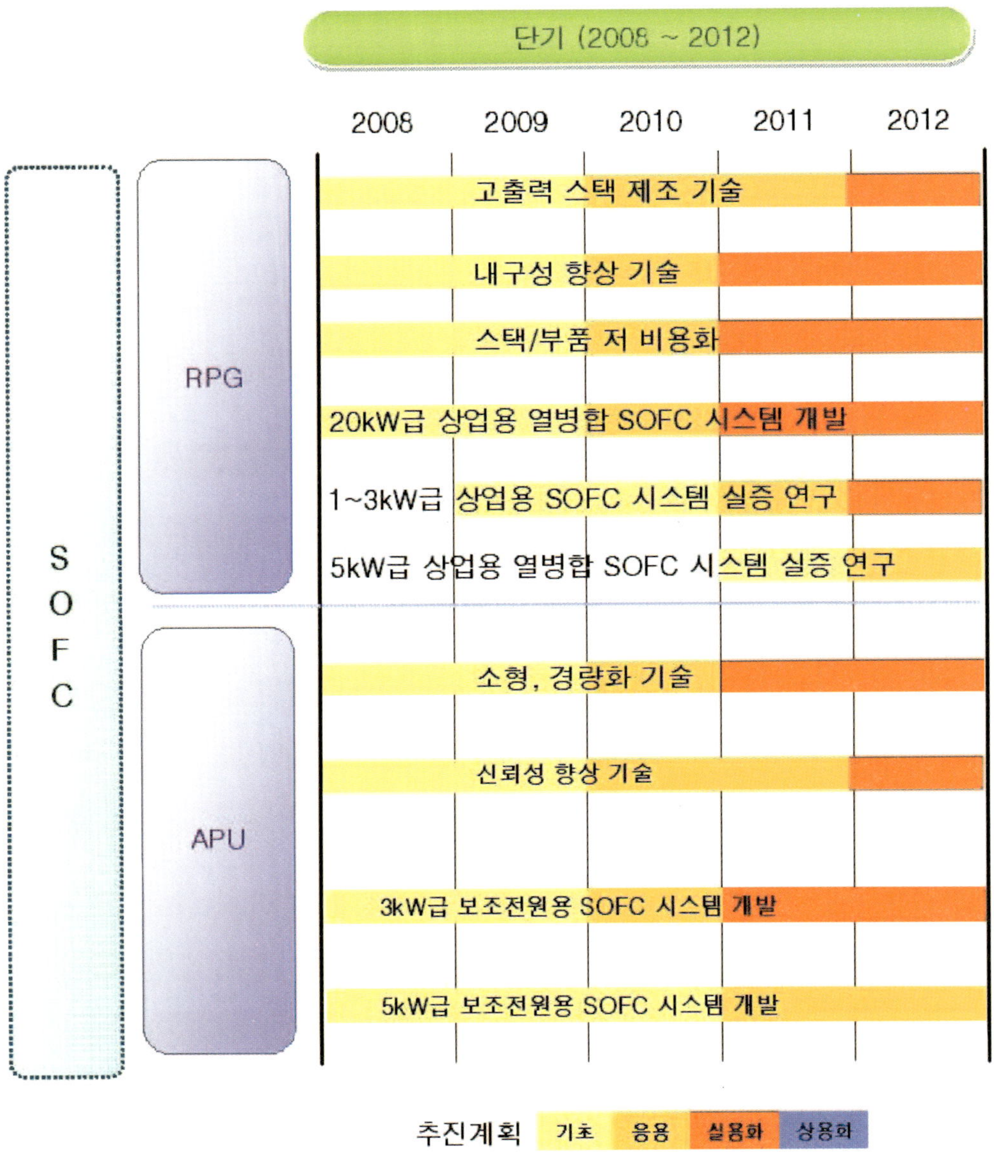
단기 (2008 ~ 2012)
2008
2009
2010
2011
2012
SOFC
RPG
고출력 스택 제조 기술
내구성 향상 기술
스택/부품 저 비용화
20kW급 상업용 열병합 SOFC 시스템 개발
1~3kW급 상업용 SOFC 시스템 실증 연구
5kW급 상업용 열병합 SOFC 시스템 실증 연구
APU
소형, 경량화 기술
신뢰성 향상 기술
3kW급 보조전원용 SOFC 시스템 개발
5kW급 보조전원용 SOFC 시스템 개발
추진계획
기초
응용
실용화
상용화

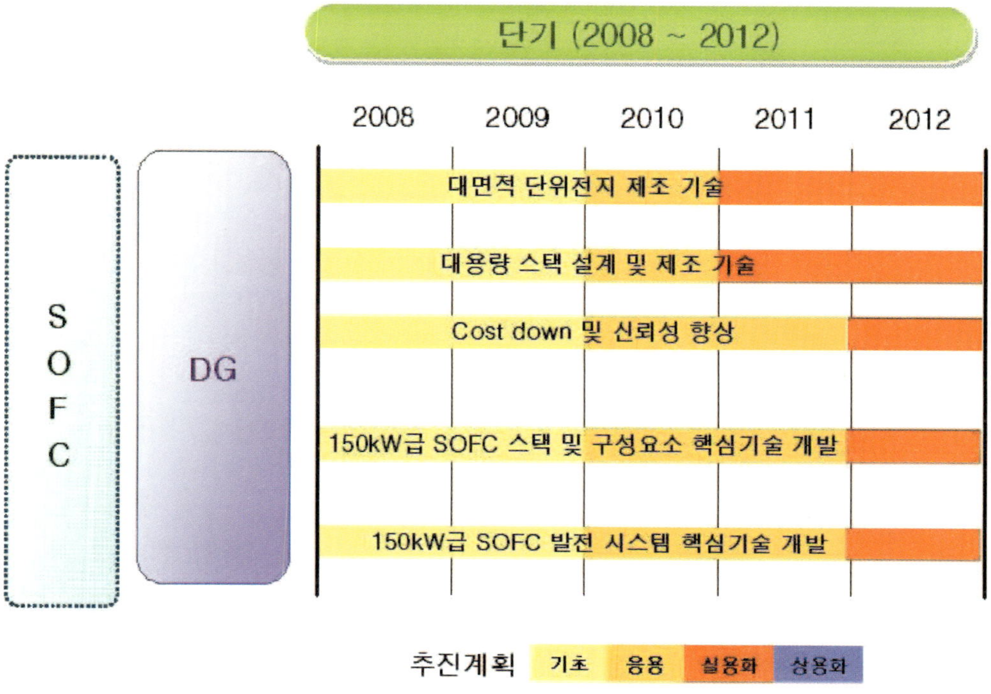

그림 5-13 단기 연차별 기술개발 Road Map

표 5-10 대분류-중분류-소분류에 따른 기술 분류(단기)

대분류	중분류	소분류	세분류
SOFC	셀	- 전해질 제조 기술 - 전극 제조 기술 - 원료 분말 국산화	- 저온형 저저항 전해질 박막 개발 - 내열 충격성 보완 기술 - 전극분말 미립화, 고순도화 - 전극구조 및 합성방법 최적화
	스택	- 밀봉재 제조 기술 - 분리판 제조 기술 - 집전체 제조 기술	- 열 사이클 가능한 조성 개발 - 유리 및 결정화 유리 적용 기술 - 밀착성 강화 및 내식성 향상 기술 - 가공 및 표면처리 기술 - 열팽창 계수 일치화 - 고내식성 금속소재 개발
	BOP 구성 부품	- 고효율 탈황기 개발 - 고효율 개질기 개발 - 고효율 가습기 개발	- 촉매 개발 - 반응기 구조 설계 변경 - 운전 방법 최적화 - 밴드히터 구조 최적화
	BOP 시스템	- 폐열회수 및 이용기술 - 시스템 설계 및 제작기술 - 시스템 운전기술 - 연료 처리기술	- 시스템 간략화 및 소형화 - 전극반응 최적화 - 연료의 다양화 및 효율화
	RPG 구성 요소	- 고출력 스택 제조 기술 - 내구성 향상 기술 - 스택/부품 저 비용화	- 스택 안정성, 신뢰성 향상 기술 - 출력 밀도 향상 기술
	RPG 시스템	- 20kW급 상업용(CPG) 열병합 SOFC 시스템 개발 - 1~3kW급 상업용 열병합 SOFC 시스템 실증 연구 - 5kW급 상업용 열병합 SOFC 시스템 실증 연구	- 셀 신뢰성 향상 기술 - 고효율, 저비용 시스템 제조 기술
	APU 구성요소	- 소형, 경량화 기술 - 신뢰성 향상 기술	- 분리판 경량화 기술 - 열 사이클 특성 향상
	APU 시스템	- 3kW급 보조전원용 SOFC 시스템 개발 - 5kW급 보조전원용 SOFC 시스템 개발	- 저온 구동형 SOFC 개발 - 스택 안정성, 신뢰성 향상 기술 - 출력 밀도 향상 기술

대분류	중분류	소분류	세분류
SOFC	DG 구성 요소	- 대면적 단위전지 제조 기술 - 대용량 스택 설계 및 제조 기술 - Cost down 및 신뢰성 향상 연구	- 셀 벤딩 방지 기술
	DG 시스템	- 150kW급 SOFC 스택 및 구성요소 핵심기술 개발 - 150kW급 SOFC 발전 시스템 핵심 기술 개발	- 스택 안정성, 신뢰성 향상 기술 - 출력 밀도 향상 기술

나. 중기(2013~2020)

1) 중기 목표

- ○ 석탄 가스화 복합 연료전지 발전 시스템 개발
- ○ 상업용, 발전용 연료전지 실증 및 장기 신뢰성(>40,000시간) 확보

2) 주요 추진 계획

- ○ 10MW급 SOFC/터빈 hybrid 고효율 시스템 기술 개발
- ○ 석탄가스 연료화 공정 기술 개발
- ○ 가스 불순물 및 CO_2 제거 기술 개발
- ○ 연료전지 운전 조건 최적화 및 진단기술 개발
- ○ 1MW급 발전용 SOFC 시스템 실증 연구

3) 연차별 추진계획(Road Map)

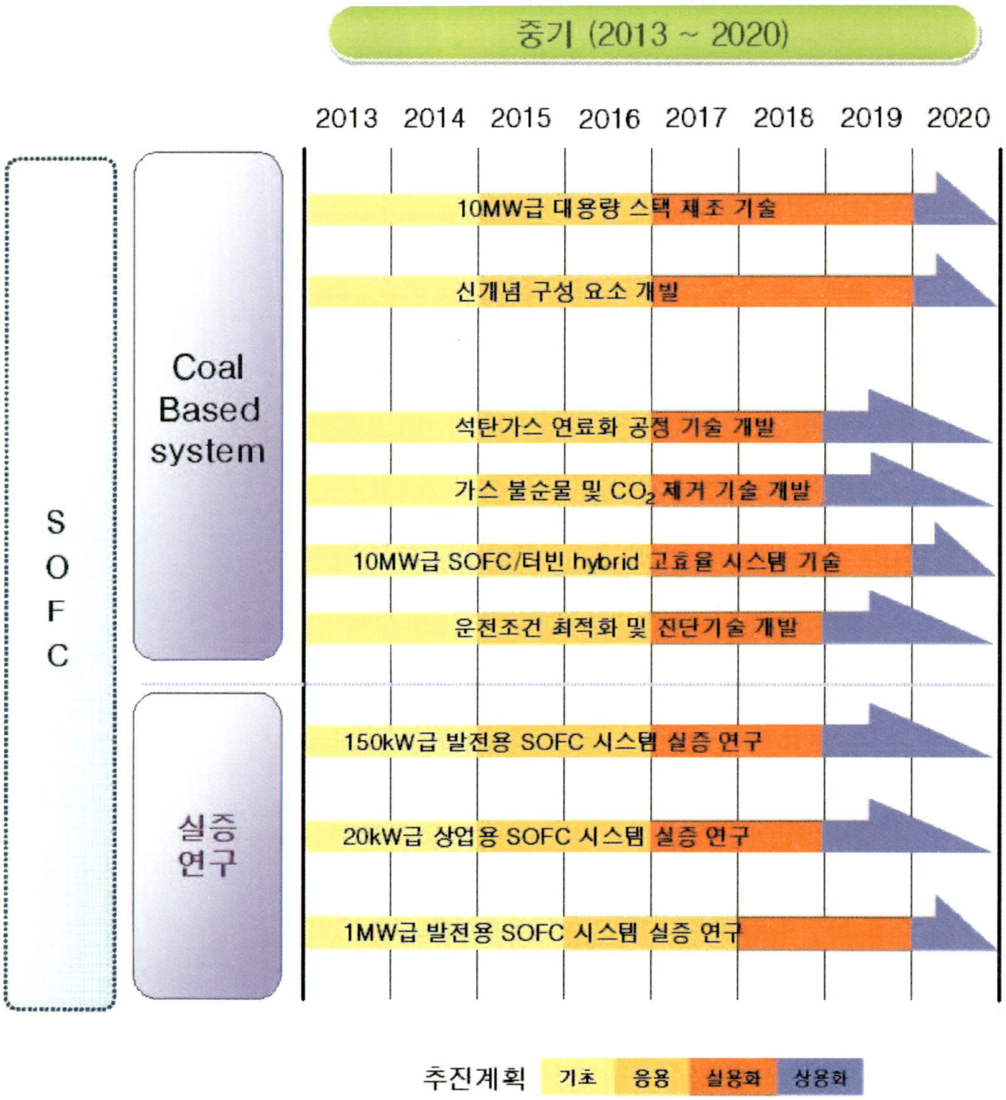

그림 5-14 중기 연차별 기술개발 Road Map

표 5-11 대분류-중분류-소분류에 따른 기술 분류(중기)

대분류	중분류	소분류	세분류
SOFC	Coal based system 구성 요소	- 10MW급 대용량 스택 제조 기술 - 신개념 구성요소 개발	
	Coal based system 시스템	- 석탄가스 연료화 공정기술 개발 - 가스 불순물 및 CO_2 제거 기술 - 10MW급 SOFC/터빈 hybrid 고효율 시스템 기술 - 운전조건 최적화 및 진단기술 개발	- 원료 공급 및 ash 처리 기술 - 고온건식 탈황 기술 - 고온 정밀 가스 정제 기술 - 공정 단순화 설계 기술 - 배열 회수 기술
	실증 연구 시스템	- 150kW급 발전용 SOFC 시스템 실증 연구 - 20kW급 상업용 SOFC 시스템 실증 연구 - 1MW급 발전용 SOFC 시스템 실증 연구	- 스택 안정성, 신뢰성 향상 기술 - 출력 밀도 향상 기술 - 스택 진단, 고장 해석 및 유지 보수 기술

다. 장기(2021~2030)

1) 장기 목표

- ○ 100MW급 석탄 가스화 복합 연료전지 발전 시스템 개발
- ○ 상업용, 발전용 연료전지 실증 및 장기 신뢰성(>100,000시간) 확보

2) 주요 추진 계획

- ○ 100MW급 SOFC/터빈 hybrid 고효율 시스템 기술 개발
- ○ 10MW급 발전용 SOFC 시스템 실증 연구

3) 연차별 추진계획(Road Map)

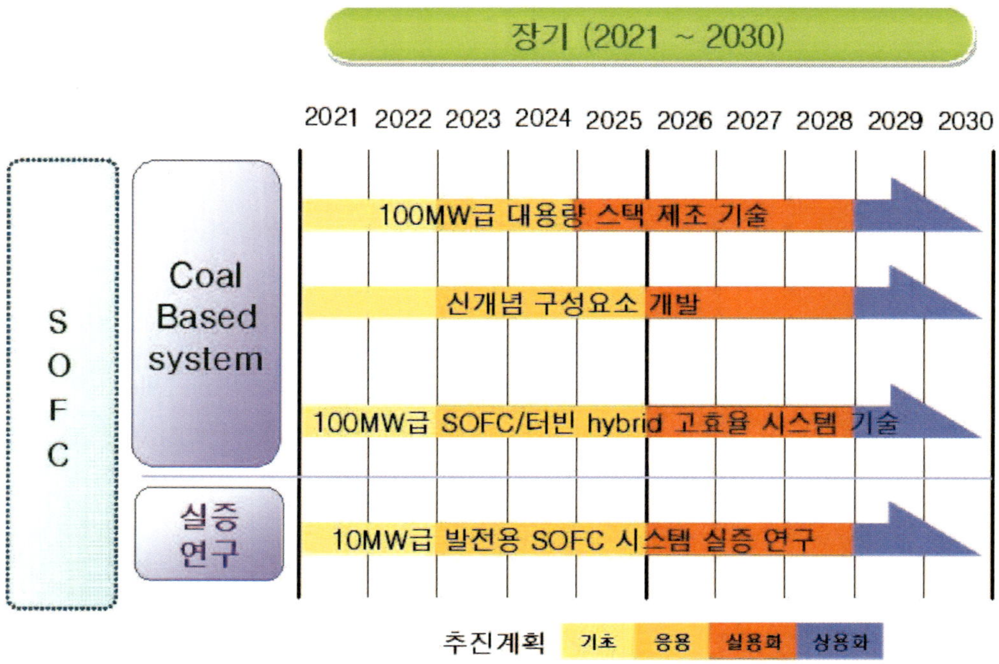

그림 5-15 장기 연차별 기술개발 Road Map

표 5-12 대분류-중분류-소분류에 따른 기술 분류(장기)

대분류	중분류	소분류	세분류
SOFC	Coal based system 구성 요소	- 100MW급 대용량 스택 제조 기술 - 신개념 구성요소 개발	
	Coal based system 시스템	- 100MW급 SOFC/터빈 hybrid 고효율 시스템 기술	- 스택 안정성, 신뢰성 향상 기술 - 출력 밀도 향상 기술
	실증 연구 시스템	- 10MW급 발전용 SOFC 시스템 실증 연구	- 스택 안정성, 신뢰성 향상 기술 - 출력 밀도 향상 기술 - 스택 진단, 고장 해석 및 유지 보수 기술

4. 기술개발 소요예산 예측

동 보고서의 Road Map 관련 예산은 전문가들의 의견을 반영한 것으로서 정부의 예산 계획은 아님을 알려드립니다.
1. Road Map 구성은 범부처(국가 전체) 차원으로 작성되었음.
2. Road Map 예산은 총 사업비(정부+민간) 개념으로 작성되었음.
3. 중기 및 장기 예산계획은 추후 동 보고서의 Update 시(매 2~3년 단위) 수정할 계획임.

가. 단기(2008~2012)

표 5-13 단기(2008~2012) 기술개발 소요예산(단위 : 억 원)

대분류	중분류	소분류	연도별 소요예산					총
			2008	2009	2010	2011	2012	
SOFC	셀	전해질 제조 기술	3	3	3	4	4	17
		전극 제조 기술	3	3	3	4	4	17
		원료 분말 국산화	3	5	5	5	7	25
	스택	밀봉재 제조 기술	2	2	3	3	3	13
		분리판 제조 기술	3	3	5	5	5	21
		집전체 제조 기술	2	3	3	3	3	14
	BOP 구성 부품	고효율 탈황기 개발	5	5	5	10	10	35
		고효율 개질기 개발	5	5	5	10	10	35
		고효율 가습기 개발	3	5	5	7	7	27
	BOP 시스템	폐열회수 및 이용기술	5	5	5	5	5	25
		시스템 설계 및 제작기술	7	10	10	10	10	47
		시스템 운전기술	3	3	5	5	5	21
		연료 처리기술	5	5	5	5	5	25
소계			49	57	62	76	78	322

(단위 : 억 원)

대분류	중분류	소분류	연도별 소요예산					총
			2008	2009	2010	2011	2012	
SOFC	RPG 구성요소	고출력 스택 제조 기술	3	3	3	3	3	15
		내구성 향상 기술	3	3	3	3	3	15
		스택/부품 저비용화	3	3	3	3	3	15
	RPG 시스템	20kW급 상업용(CPG) 열병합 SOFC 시스템 개발	5	7	10	10	10	42
		1~3kW급 상업용 열병합 SOFC 시스템 실증 연구	3	3	5	5	5	21
		5kW급 상업용 열병합 SOFC 시스템 실증 연구	3	3	5	5	5	21
	APU 구성요소	소형, 경량화 기술	3	3	5	5	5	21
		신뢰성 향상 기술	3	3	5	5	5	21
	APU 시스템	3kW급 보조전원용 SOFC 시스템 개발	2	3	5	5	5	20
		5kW급 보조전원용 SOFC 시스템 개발	2	3	5	5	5	20
	DG 구성요소	대면적 단위전지 제조 기술	5	7	10	10	10	42
		대용량 스택 설계 및 제조 기술	5	7	10	10	10	42
		Cost down 및 신뢰성 향상 연구	5	5	10	10	10	40
	DG 시스템	150kW급 SOFC 스택 및 구성요소 핵심기술 개발	30	40	40	50	50	210
		150kW급 SOFC 발전 시스템 핵심기술 개발	20	20	20	20	20	100
총			95	113	139	149	149	**645**

나. 중기(2013~2020)

표 5-14 중기(2013~2020) 기술개발 소요예산(단위 : 억 원)

<table>
<tr><th rowspan="2">대분류</th><th rowspan="2">중분류</th><th rowspan="2">소분류</th><th colspan="8">연도별 소요예산</th><th rowspan="2">총</th></tr>
<tr><th>2013</th><th>2014</th><th>2015</th><th>2016</th><th>2017</th><th>2018</th><th>2019</th><th>2020</th></tr>
<tr><td rowspan="9">SOFC</td><td rowspan="2">Coal based system 구성 요소</td><td>10MW급 대용량 스택 제조 기술</td><td>30</td><td>30</td><td>50</td><td>50</td><td>100</td><td>100</td><td>100</td><td>100</td><td>560</td></tr>
<tr><td>신개념 구성요소 개발</td><td>30</td><td>30</td><td>30</td><td>30</td><td>30</td><td>30</td><td>30</td><td>50</td><td>260</td></tr>
<tr><td rowspan="4">Coal based system 시스템</td><td>석탄가스 연료화 공정기술 개발</td><td>30</td><td>50</td><td>50</td><td>50</td><td>100</td><td>100</td><td>100</td><td>100</td><td>580</td></tr>
<tr><td>가스 불순물 및 CO_2 제거 기술</td><td>30</td><td>50</td><td>50</td><td>50</td><td>50</td><td>50</td><td>50</td><td>70</td><td>400</td></tr>
<tr><td>10MW급 SOFC/터빈 hybrid 고효율 시스템 기술</td><td>100</td><td>100</td><td>100</td><td>100</td><td>100</td><td>100</td><td>100</td><td>100</td><td>800</td></tr>
<tr><td>운전조건 최적화 및 진단기술 개발</td><td>15</td><td>15</td><td>15</td><td>20</td><td>20</td><td>20</td><td>30</td><td>30</td><td>165</td></tr>
<tr><td rowspan="3">실증 연구 시스템</td><td>150kW급 발전용 SOFC 시스템 실증 연구</td><td>30</td><td>50</td><td>50</td><td>50</td><td>50</td><td>50</td><td>50</td><td>50</td><td>380</td></tr>
<tr><td>20kW급 상업용 SOFC 시스템 실증 연구</td><td>10</td><td>20</td><td>20</td><td>25</td><td>25</td><td>25</td><td>25</td><td>25</td><td>175</td></tr>
<tr><td>1MW급 발전용 SOFC 시스템 실증 연구</td><td>50</td><td>50</td><td>50</td><td>50</td><td>100</td><td>100</td><td>100</td><td>100</td><td>600</td></tr>
<tr><td colspan="3">총</td><td>325</td><td>395</td><td>415</td><td>425</td><td>575</td><td>575</td><td>585</td><td>625</td><td>3,920</td></tr>
</table>

다. 장기(2021~2030)

표 5-15 장기(2021~2030) 기술개발 소요예산(단위 : 억 원)

대분류	중분류	소분류	연도별 소요예산										총
			2021	2022	2023	2024	2025	2026	2027	2028	2029	2030	
SOFC	Coal based system 구성 요소	100MW급 대용량 스택 제조 기술	50	60	60	70	70	80	80	90	90	100	750
		신개념 구성 요소 개발	50	50	50	50	50	50	50	50	50	50	500
	Coal based system 시스템	100MW급 SOFC/터빈 hybrid 고효율 시스템 기술	200	200	300	300	350	350	400	400	500	500	3500
	실증 연구 시스템	10MW급 발전용 SOFC 시스템 실증 연구	50	75	75	75	90	100	110	125	150	150	1000
총			350	385	485	495	560	580	640	665	790	800	5,750

라. 소요예산 예측 총괄(2008~2030)

표 5-16 중장기(2008~2030) 기술개발 소요예산(단위 : 억 원)

대분류	중분류	연도별 소요예산			총
		단기('08~'12)	중기('13~'20)	장기('21~'30)	
SOFC	셀	59	-	-	59
	스택	48	-	-	48
	BOP 구성부품	97	-	-	97
	BOP 시스템	118	-	-	118
	RPG 구성요소	45	-	-	45
	RPG 시스템	84	-	-	84
	APU 구성요소	42	-	-	42
	APU 시스템	40	-	-	40
	DG 구성요소	124	-	-	124
	DG 시스템	310	-	-	310
	Coal based system 구성요소	-	820	1250	2070
	Coal based system 시스템	-	1945	3500	5445
	실증연구 시스템	-	1155	1000	2155
총		**967**	**3,920**	**5,750**	**10,637**

6장

수소 생산

I. 기술개요 및 범위

1. 기술 개요 및 특성

- 미래의 수소에너지 중심사회의 구현에 필요한 효율적인 수소의 생산기술을 말함.
- 수소를 에너지로 사용하기 위하여 그림 6-1에서와 같이 화석연료, 신・재생에너지, 원자력으로부터 수소를 제조하는 방법들이 있으며, 단기적으로는 경제성이 있는 화석연료로부터 수소를 제조하되, 부산 되는 이산화탄소(CO_2)는 분리/처리하여 수소경제로의 전환을 촉진하고, 궁극적으로는 태양광 및 풍력과 같은 신・재생에너지를 이용한 CO_2 배출이 전혀 없는 수소제조기술을 개발하여 진정한 수소경제사회로의 진입을 확립하는 것이 필요.

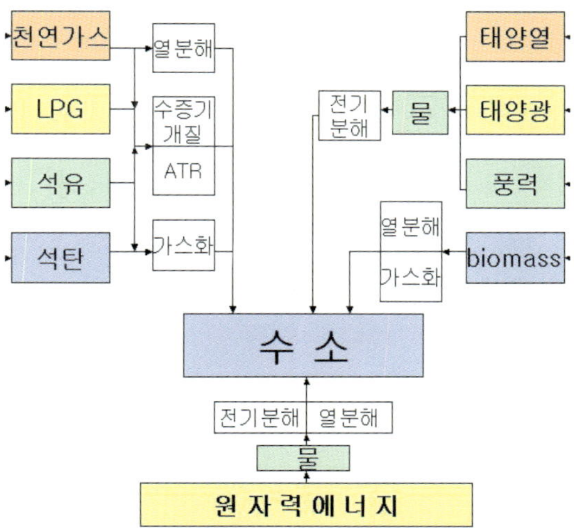

그림 6-1 수소제조 방법

- 수소에너지 제조원으로는 천연가스, LPG, 석유, 석탄 등의 화석연료와 더불어 풍력, 태양광 등의 신・재생에너지 및 원자력에너지를 이용하는 물 그리고 바이오매스 등을 이용할 수 있음.
- 수소에너지 제조기술로는 화석연료의 수증기개질, 부분산화, 자열반응, 열분해, 플라즈마 개질 등과 더불어 신・재생에너지를 활용한 물 전기분해, 광화학적 또는 생물학적 수소제조방법이 있으며 원자력에너지를 활용하여 물을 전기분해하거나 열화학적 방법에 의해 수소를 제조하는 방법이 있음.

2. 개발 당위성

가. 에너지 안보 측면

- 현대 사회에 있어 에너지원의 확보는 경제 및 산업 발달에 필수적인 핵심 요소이며 에너지원의 중요성은 에너지의 소비량의 급속한 증가와 화석 연료의 가채량 한계의 가시화에 의해 더욱 커지고 있음.
- 특히 세계 에너지 소비량은 가채량의 한계가 가장 심한 석유의존도가 높은 수송 분야에서 두드러지게 증가하고 있으며, 이에 따라 세계 각국들은 에너지원 확보에 총력을 기울이고 있음.
- 우리나라는 현재 에너지 소비량 세계 10위, 석유 소비량 6위권의 에너지 다소비 국가이며 에너지 소비의 약 97%, GDP의 8.2%를 수입에 의존하고 있어 에너지원의 확보가 시급함.
- 아래 표 6-1에 나타낸 바와 같이 우리나라의 에너지 소비량은 연간 약 4.0% 정도로 증가할 것으로 예측되며 특히 석유 의존도가 높은 수송용 에너지 소비량은 가장 높은 증가율을 보일 것으로 예상됨. 따라서 에너지원의 안정적 확보는 향후 우리나라 경제 및 산업 발전을 결정하는 핵심 요소임.
- 수소에너지는 가채량 및 지역 편재성이 없을 뿐만 아니라 환경친화적이기 때문에 에너지 안보와 환경 보호를 위해 그리고 21세기 막대한 에너지 기술 시장 확보를 위해 세계 각국에서는 막대한 자원을 투입하여 연구 개발을 진행하고 있음.
- 에너지 자원 빈국에서 21세기 에너지 기술 강국으로 도약하여 안정된 에너지원의 확보 및 차세대 경제성장 동력을 수소·연료전지 분야에서 모색하고 있는 우리나라는 수소에너지 개발에 국가적 총력을 기울이는 것이 타당함.

표 6-1 최종 에너지 수요 전망(2003~2008, 에너지경제연구원) (단위 : 천TOE, ( ) : 증가율)

	2002	2003	2004	2005	2006	2007	2008
산업	98,197 (4.7)	90,961 (2.0)	94,984 (4.4)	98,155 (3.3)	101,023 (2.9)	103,722 (2.7)	106,288 (2.5)
수송	33,763 (5.8)	34,479 (2.1)	36,236 (5.1)	37,863 (4.5)	39,418 (4.1)	40,977 (4.0)	42,533 (3.8)
가정 상업	37,490 (4.5)	38,809 (3.5)	40,512 (4.4)	42,061 (3.8)	43,570 (3.6)	45,090 (3.5)	46,615 (3.4)
계	160,451 (4.9)	164,249 (2.4)	171,732 (4.6)	178,079 (3.7)	184,012 (3.3)	189,789 (3.1)	195,437 (3.0)

나. 환경 측면

○ 최근 화석 에너지의 소비가 급증하면서 대기 오염이 심각해지고 있음. 특히 급증하는 온실 가스 배출은 심각한 기후 변화를 야기한다고 알려져 있으며 이에 따라 1997년 12월 주요 선진국들은 Kyoto에서 2008~2012년까지 CO_2를 1990년 대비 EU 회원국은 8%, 미국은 7%, 일본은 6%를 삭감할 것을 골자로 하는 의정서를 채택하였고 이산화탄소 발생량 세계 10위인 우리나라도 이에 대한 대비가 시급함.

○ 따라서 선진국들은 이산화탄소의 배출량을 줄이기 위해 무공해 청정에너지인 연료전지, 수소 저장 및 운반 기술 등 수소 에너지 기술을 포함한 여러 가지 신·재생에너지 기술 개발에 많은 역량을 투입하고 있음.

○ 우리나라도 2018년으로 예상되었던 온실가스 감축 의무가 2013년경으로 앞당겨질 전망이어서 온실 가스 배출을 줄일 수 있는 신·재생에너지 기술개발이 절실함

○ 특히 연료전지의 상용화가 가시화됨에 따라 수소 에너지 기술의 개발이 시급할 뿐만 아니라 수소 에너지의 실현 가망성도 높아지고 있음.

다. 사회적·경제적 측면

○ 우리는 현재 에너지 경제 구도 자체가 화석에너지로부터 수소 경제로 전환하는 범지구적인 에너지 패러다임의 대변환 시대에 살고 있으며, 이러한 변화 적응에 뒤떨어지면 지난 세기에 이어 앞으로도 에너지 측면에서 선진국에 종속된 구도에서 벗어날 수가 없음.

○ 최근 사회적 화두가 웰빙(well-being)으로 정착되면서 생활환경에 매우 민감해짐에 따라 더욱 거세지고 있는 NIMBY 현상 때문에 원자력발전소, 석탄화력 발전소는 물론 송전시설 건설에 이르기까지 심각한 반대에 부딪히고 있어 우리나라의 미래 전력 수급에 중대한 차질이 예상되고 있음.

○ 또한 반도체 등 정밀 산업의 발전은 고품질 전력을 요구하고 있어 현재와 같은 전력 송배전 구도로는 이와 같은 고급 수요에 대한 대처가 부족할 수밖에 없는 형편임.

○ 이상과 같은 이유에서 수소·연료전지로 대표되는 신에너지 기술이 향후 전력산업, 수송, 이동전원, 군사 우주용에 폭넓게 사용되리라고 예상되고 있으며, 그 시장규모는 2010년 약 1,000억 불에 이르고 그 이후 기하급수적으로 늘어날 것이라는 것이 일반적인 예측임.

○ 우리나라는 이에 수소·연료전지 분야를 차세대 성장동력의 하나로 2003년 지정한 후

2010년 기준 세계 3위의 기술력 보유 및 세계시장 20% 점유라는 목표로 국가적 총력 RD&D 사업을 추진하고 있는 바 이는 매우 시의 적절한 정책으로 단정할 수 있음.

- 화석연료는 지구상의 특정 지역에 편재되어 원료의 안정적 확보는 국제정세에 크게 의존. 인구의 증가와 문화 수준이 향상되면서 화석에너지의 소비가 급증하여 대기 오염이 심각해지고 있으며, 특히 온실가스의 배출이 급증하면서 심각한 기후환경 변화
- 수소에너지는 물에서 제조할 수 있어 가채량이 무한정하며 지역 편재성이 없고 환경 친화적이기 때문에 에너지 안보와 환경 부담의 문제를 동시에 해결할 수 있는 에너지 원임.
- 현재 생산되고 있는 대부분의 수소(96%)는 경제성의 이유로 천연가스, 석탄, 석유 등의 화석연료에서 제조되고 있으나 수소제조 과정에서 부산 되는 CO_2가 지구온난화를 초래(물의 전기분해로 생성되는 수소의 제조비용이 화석연료에서 제조되는 경우보다 3배정도 비쌈).
- 수소제조는 당분간은 경제성이 있고 산업화 단계에 있는 화석연료를 이용하여 수소를 제조하되, 부산 되는 CO_2는 회수/처리(혹은 저장)를 의무화하고, 종국적으로는 CO_2의 배출이 전혀 없는 태양광이나 풍력 등의 재생에너지와 원자력을 이용하여 물로부터 수소를 제조하는 기술개발이 필요함.

3. 세부기술 분류 및 범위

가. 화석연료로부터의 수소생산

- 천연가스의 직접분해에 의한 수소 제조기술
  - 천연가스로부터 수소를 제조하는 방법에 대해서는 수증기개질을 비롯하여 많은 연구가 진행되어 왔음.
  - 현재 천연가스에 대한 수증기개질 방법을 통해 상용화에 근접한 수소생산 가격을 확보할 수 있으며, 이외에도 부분산화, 자열반응, 열분해, 플라즈마 개질 등과 같은 방법으로 천연가스로부터 직접 수소를 생산할 수 있음.
  - 천연가스의 직접분해는 지구온난화 문제를 해결하고 수소의 대량제조가 가능하며 동시에 부산물로 얻어지는 고순도의 Carbon을 활용할 수 있는 일석삼조의 기술로서 최근 들어 많은 주목의 대상이 되고 있음.
  - 아울러 천연가스의 직접분해에 의해 제조된 수소는 이산화탄소 발생원(발전소 등)에서

회수된 이산화탄소와 반응시켜 내연기관의 연료로 사용되는 Methanol을 생산하는 기술과 효과적으로 연계될 수도 있음.

- 천연가스(메탄) 직접 분해기술은 Plasma를 이용한 분해법과 열분해법으로 대별할 수 있으며 열분해법에는 고온 열분해법, 촉매분해법 및 용융금속 열분해법 등이 있음.
- 추가적인 연구범위는 고효율 촉매 개발, 수소 스테이션 등을 위한 공정 소형화, 그리고 시스템 디자인에 따른 공정 효율 개선, 이산화탄소 회수 및 처리 기술 개발임.

나. 물로부터의 수소생산

○ 열화학적 방법에 의한 수소 제조기술

- 매개물질을 이용하여 물과 열에너지를 사용하여 수소와 산소를 생산하는 기술임.
- 열원으로는 태양열(solar furnace), 고온가스 냉각로(HTGR), 원자력 등이 고려되고 있음.
- 반응계 내에 열에너지를 공급하여 매개물을 환원시키고 산소를 발생하고 환원된 매개물을 물과 반응시켜 수소를 발생하면 매개물은 산화되어 초기의 매개물 상태로 전환되어 닫힌계 내에서 순환하게 됨.
- 최근까지 제안된 수백 가지 열화학 사이클은 크게 금속산화물의 산화-환원반응, 황화합물을 이용한 반응과 할로겐화합물을 이용한 반응 사이클로 분류
- 이 중 지금까지 연구 대상이 되고 있는 시스템은 페라이트의 산화-환원 사이클(금속산화물의 산화-환원반응), SO_2-I_2 사이클(황화합물/할로겐), UT-3(할로겐 화합물) 등이 있음.

○ 원자력을 이용한 수소 제조기술

- 원자로의 핵열, 방사선, 전기, 화학물질을 조합하여 경제적이고 안전한 방법으로 수소를 생산하는 기술임.
- 특히 제4세대형 원자로의 노심 출구 온도는 550~1,000℃로 고온 물 열분해에 적합
- 따라서 고효율의 고체산화물 연료전지 (solid oxide fuel cell, SOFC)를 이용한 열 및 전기화학적 물 분해 수소제조기술 개발과 VHTR(Very High Temperature Reactor System)의 경우 고온 핵열을 이용한 고온 물 분해 수소제조 기술로 구분됨.

○ 광촉매를 이용한 수소제조 기술

- 태양광 광촉매 수소제조 시스템 및 관련 핵심기술 개발은 그림 6-1의 장기적 관점의 신·재생에너지를 이용한 수소생산 중 핵심 기술임.
- 고효율 가시광 감응 물분해 광촉매 소재 기술을 이용 수소를 제조하는 친환경적인 청정기술임.
- 태양광의 에너지의 대부분을 차지하고 있는 가시광(450~700nm) 및 장파장 자외선(350~

450nm) 영역만을 고려할 때 1.5~2.5eV 및 2.5~3.5eV의 에너지대(band gap)를 갖는 광촉매 재료를 개발해야 함.

- 또한 물과 같은 극성 용매 속에서 장기간 분산되어있는 경우에도 구조가 안정해야 하므로 많은 경우 산화물 계통의 재료들이 주로 연구되고 있음.

○ 생물학적 방법에 의한 수소 제조기술
- 태양광과 같은 자연에너지를 에너지원으로 활용하고 박테리아 또는 조류 등의 미생물을 이용하여 물을 분해함으로써 수소를 얻는 기술임.
- 박테리아 또는 조류와 같은 균주 개발이 핵심
- 태양에너지, 물, 대기 중 이산화탄소 이용으로 효율적인 생물학적 수소 제조기술 및 생물학적 고정에 의한 환경기술의 확보 가능

○ 물의 전기분해에 의한 수소 제조기술
- 태양광 및 풍력 등의 신・재생에너지는 저장이 용이하지 않은 전기 형태로 변환되기 때문에 이를 효과적으로 이용하기위해서는 물을 효율적으로 전기분해하여 수소를 생산하는 제조공정 개발 필요
- 기존 알칼리 수전해법보다 높은 90% 이상의 효율을 갖는 고체고분자 전해질(SPE, Solid polymer electrolyte)을 이용한 전기화학적 수소생산 방법 연구

다. Biomass로부터의 수소생산

○ 하수종말처리장, 제지공장, 음식물쓰레기 처리장 등에 가동하는 메탄생성 공정을 혐기발효를 통해 수소제조공정으로 전환하는 기술임.

○ 하수 슬러지, 음식 및 야채/과일 쓰레기로부터 수소에너지를 발생하고 처리 후 COD를 90~95% 이상 낮출 수 있어 부수적으로 환경 개선 효과 얻음.

○ 최적 배양 조건 및 반응기 개발, 광합성 미생물 배양기술 증진 및 혐기성 미생물 배양기술, 균체 고정화/재활용기술 축적 필요

○ 수소생산 미생물 관련 기술 개발, 배양 기술 개발, 그리고 수소생산 시설 개발로 구분됨.

II. 국내기술 수준 및 기술 동향 분석

1. 기술 수준

가. 세부 요소기술별 기술 수준

○ 수소제조 공정들의 기술수준을 표 6-2에 나타내었는데, 이중 수증기개질, 부분산화, 전기분해 등은 기술적으로 개발이 끝나 실제 현장에서 사용되고 있으나 제조가격 저감 등의 연구개발은 계속 필요하며 수소 스테이션과 같이 집적화와 연계운전을 위한 연구개발 필요.

표 6-2 주요 수소제조 공정 현황

제조 공정	현황
천연가스 수증기개질	기술완성단계
천연가스 촉매분해	기술완성단계
중유 부분산화	기술완성단계
석탄가스화	연구개발-기술완성단계
수증기-철 석탄가스화	연구개발
물 전기분해	기술완성단계
열화학적 사이클(단일)	연구개발
열화학적 사이클(복합)	연구개발
광화학적 공정	초기 연구개발
광전기화학적 공정	초기 연구개발
광생물학적 공정	초기 연구개발

○ 각 기술들의 생산규모 및 제조가격을 표 6-3에 나타내었는데, 메탄 수증기개질에 의한 수소의 생산이 가장 보편적으로 사용되고 있음.

표 6-3 수소제조 방법에 따른 수소제조 가격비교

수소제조 방법	원료	규모 ($10^{6N}m^3$/일)	제조 가격 ($/kg)
메탄 수증기개질법	천연가스	0.27～25.4	0.65～1.35
석탄가스화	석탄	2.80～6.78	1.18～1.39
탄화수소가스화(부분산화법)	잔사유	2.80	1.18
바이오매스 가스화	바이오매스	0.72～2.26	1.04～1.57
바이오매스 열분해	바이오매스	0.024～0.81	1.06～1.53
전기분해(대규모, 일반)	물	0.1～6.75	2.47～3.44
전기분해(태양광발전 전기)	물	0.195	5.02
전기분해(풍력발전 전기)	물	0.247	2.42

나. 선진국 대비 기술 수준

- 수소제조 기술 분야 중 이미 완성단계에 있는 기술은 선진국과의 기술격차가 거의 없음. 단지, 고유한 기술력의 확보, 독자적인 공정시스템에 대한 연구가 필요함. 기초연구개발 분야에서는 선진국과의 상당한 격차를 보이고 있음.

표 6-4 선진국과의 기술격차

기술분류	선진국	한국	기술년차(년)
천연가스 수증기 개질	100%	100%	0
천연가스 자열분해	100%	100%	0
중유 부분산화	100%	100%	0
석탄가스화	100%	80%	3
수증기-철 석탄가스화	80%	70%	4
물 전기분해	100%	90%	2
열화학적 사이클(단일)	70%	50%	2
열화학적 사이클(복합)	70%	50%	2
광화학적 공정	50%	30%	4
광생물학적 공정	70%	50%	3

2. 기술개발 및 산업체 동향, SWOT 분석

가. 기술개발 및 산업체 동향

1) 화석연료로부터의 수소생산 분야

○ 천연가스의 직접분해에 의한 수소 제조기술 분야

- 우리나라에서는 지형, 기후 및 관련기술의 제반여건상 풍력, 태양광 등의 신·재생에너지를 활용한 수소제조기술이 경제성 있는 규모로 대형화되기에는 여러 가지 제약조건을 지니고 있으므로 상대적으로 제약조건이 적고 보다 기술집약적인 천연가스 열분해에 의한 수소제조가 더 현실성이 있는 것으로 판단되고 있음.
- 천연가스 직접분해 기술들 중 Plasma 활용기술에 비교적 많은 연구가 진행되어 Pilot test의 단계에 있으나 과다한 전기에너지의 사용으로 경제성 면에서 부정적인 측면을 내포하고 있으며 대형화시의 문제점으로 인해 최근에는 열분해법에 대한 관심이 더 높아지는 추세에 있음.
- 현재로서는 수소제조 원가가 가장 저렴한 연료(천연가스)로서 수소경제 과도기에는 소형 및 분산형 수소제조 원료로 사용되고, 장기적으로는 중앙집중형 대형 수소제조 원료로 사용될 것으로 예상됨.
- 시스템 효율 향상 및 고순도 수소제조 및 가격 저하를 위한 연구 진행 중.
- 개질기술이 점진적으로 천연가스에서 바이오 연료(예, 바이오 디젤 또는 에탄올 등)로 변하고 있으며, 원료인 에탄올이나 다른 바이오 유도 액체 가격 인하와 고수율 및 고 선택도의 촉매 개발 진행 중.

2) 물로부터의 수소생산 분야

○ 열화학적 방법에 의한 수소 제조기술

- 다단계 사이클에 의한 공정의 복잡함과 화합물의 분리, 이송 등의 문제로 2단계 사이클인 금속산화물의 산화/환원 사이클에 의한 물분해 수소제조 시스템을 우선순위로 개발 진행 중.
- 물분해 반응속도와 열적안정성이 향상된 금속산화물 개발 진행 중.
- 태양광 집적로(solar concentrator)등 환경친화적인 고온 열원시스템 이용기술을 위한 실험실적 연구 진행 중.

○ 원자력을 이용한 수소 제조기술

- 제4세대형 원자로 개발을 진행 중이며 이와 더불어 550~1,000℃로 고효율의 고체산화물

연료전지(solid oxide fuel cell, SOFC)를 이용한 열 및 전기화학적 물분해 과제 기획 단계임.
- 특히 고온 핵열을 이용하는 VHTR(Very High Temperature Reactor System)의 경우 고온에 견디는 내열 소재 등의 개발이 선행되어야 함.

○ 광촉매를 이용한 수소제조 기술
- 포항공대, 서울대, 한국화학연구소, 한국에너지기술연구원, 전기연구원 등에서 광촉매에 관한 기초 연구 수행(광활성은 부분적으로 기술 선진국 수준에 육박)
- 태양광 이용 효율 8% 달성(2014년 DOE 목표)을 위한 고효율 가시광 감응 물분해 광촉매 소재 기술 개발 필요

○ 생물학적 방법에 의한 수소 제조기술
- 2012년까지 단위면적과 시간당 수소생산성이 5ℓ/hr/㎡ 이상, 태양광을 수소로 변환하는 효율을 7~10% 단계까지 끌어 올려야 함.
- 균주에 대한 특허권 확보가 가능하여 자연계 및 돌연변이 균주 개발에 집중
- 고정화 기술 개발, 반응기 설계 및 최적화 기술 개발 진행 중

○ 물의 전기분해에 의한 수소 제조기술
- 국내에서는 SPE(Solid polymer electrolyte)를 이용한 물의 전기분해에 관해서는 신·재생에너지 프로그램 수소에너지 기초연구를 통해 일부 대학에서 MEA 및 전극에 대한 기초연구가 추진된 바 있으며, 현재 프런티어 사업을 통해 한국에너지기술연구원과 엘켐텍에서 SPE 기술 기반 수전해 시스템 개발 중.
- 국내에서 SPE 자체는 고분자전해질 연료전지와 연계하여 SK에서 Nafion형의 막을 개발한 바 있으며, Nafion을 사용할 경우와 대등한 성능을 나타내는 것으로 알려져 있으나 Nafion형 이외의 SPE막 개발에 관한 국내 수준은 아직 초보 수준이라 할 수 있음.
- SPE 전기분해에 관해서는 선진국에 비해 국내 기술 수준은 매우 뒤떨어져 있으나 SPE 및 전극으로 이루어지는 MEA(membrane-electrode assembly) 제작 기술, 셀 및 스택 구성 기술은 고분자 연료전지의 경우와 거의 흡사하여 그 기본 기술은 이미 축적되어 있는 상태임.
- 따라서 기존 알칼리 수전해법보다 높은 90% 이상의 효율을 갖는 SPE를 이용한 전기화학적 수소생산 방법 필요 또한 전기분해 전원을 풍력과 같은 재생에너지를 연계하는 기술과 시스템 효율과 가격 저하를 위한 기술 개발 집중 필요.

3) Biomass로부터의 수소생산 분야

○ 1970년대 중반 이후 바이오에너지 개발 연구가 진행되어 왔으나 아직 실험실적 기초연구단계에 머물러 있음.

○ 한국에너지기술연구원에서 혐기발효에 의한 수소생산 대형화 시설 개발을 진행 중임.

○ 원천 핵심기술로 고효율 수소생산 광합성 세균 개발, 고효율 생물 반응기 개발, 그리고 연속공정 개발 등에 집중.

나. SWOT 분석

○ 수소제조분야의 강점, 약점, 기회요인, 위협요인을 정리하여 SWOT 분석을 해보면 아래 표 6-5와 같이 정리할 수 있음.

표 6-5 수소제조기술 SWOT분석

강점(Strength)	약점(Weakness)
- 에너지 수입의존도에서 탈피 - 독자적인 수소제조기술 확보 - 촉매, 재료, 공정등 관련 분야 경쟁력 확보	- 원천기술 확보 미흡 - 촉매, 재료 및 공정에 대한 해외 의존도가 높음 - 대형 시스템 개발 경험 미약 - 수소제조 전문가 취약
기회요인(Opportunity)	**위협요인(Threat)**
- 환경규제의 강화 - 고유가 시대 진입 - 에너지 다변화 및 안보 의식 강화 - 민간 투자 의지 확대 - IPHE 등 국제 협력 분위기 고조 - 에너지안보 강화	- breakthrough 기술개발 지연 - 경제성 확보 불확실 - 경쟁 기술 및 기존 기술의 획기적 발달 - 도입초기 대형 안전사고 발생

3. 국내 산업 현황 및 타 산업과의 연관성

가. 산업현황

○ 국내의 경우 수소는 에너지원이 아닌 자체 석유화학 공정용 또는 화학 공업의 원료로 사용되기 때문에 수요 공급이 거의 균형을 이루고 있음.

○ 대표적인 국내 수소유통업체(공급업체)로서는 덕양에너젠, SPG산업, BOC가스 코리아가 있으며 2002년 현재 유통량(판매량)은 이들 3사를 합칠 경우 22,500Nm^3/hr에 달하고 있음.

○ 국내에서의 수소유통량은 파이프라인으로 56%, 카트리지로 44%의 양을 공급하고 있으

며 정제수소의 공급 가능량은 현재 시간당 2만2천Nm^3 규모임.

○ 울산, 여수 및 대산 등의 30여 개 정유, 제철 및 화학회사에서 제조되는 국내의 수소 생산량은 연간 56만 톤으로 약 1조 원의 시장규모임. 정유공장에서는 주로 납사를 원료로 수증기 개질법에 의해 수소를 제조하고 있음(연 45만 톤). 제철공장에서는 자체적으로 발생되는 COG(coke oven gas)에 포함된 수소를 PSA공정으로 분리하여 사용하고 있음(연 4천 톤).

○ 대부분의 수소(82%)는 정유공장 및 제철공장 등에서 자체적으로 생산하여 사용하고 있으며, 사용하고 남은 약 18%가 외부로 판매되어 (연 10만 톤) 반도체/재료산업, 전자산업, 우주항공산업 등에 사용됨.

나. 타 산업과의 연관성

○ 수소사회 진입 초기인 2012년에는 납사, LPG 및 LNG를 원료로 한 소형 스테이션에서 생산된 연료용 수소가 연간 약 1,000톤으로 전체 수소의 0.1%를 차지할 것으로 예측됨.

○ 수소제조기술의 확립으로 인하여 수소를 공급하는 수소 스테이션 혹은 수소 공급라인에 관련된 산업이 요구될 것임(수소 스테이션 50개소).

○ 2020년경 연료전지 자동차에 필요한 수소 연간 45만 톤 규모 예상.

○ 연료전지 자동차 보급 일반화 및 발전용, 가정/상업용, 휴대용 연료전지 기술이 널리 보급됨으로 인하여 수소제조산업이 더욱 발전할 가능성이 있음.

○ 수소에너지 이용의 다변화로 인하여 용도나 규모에 맞는 수소제조시스템이 요구될 것이며, 이로 인한 관련 산업이 새로이 창출될 것임.

다. 기술인력 확보 및 수급현황

○ 국내의 경우 수소관련 연구는 1992년도부터 2002년까지 대체에너지 프로그램에 따라 16개 과제에 총 65억 원 (정부 48억 원, 민간 17억 원)의 연구비가 지원되어 수소에너지의 제조, 저장, 이용 등에 대한 기초연구가 수행되어 왔으나, 수소 인프라에 대한 기술개발은 2003년 10월에 과학기술부의 21C 프런티어 연구개발 사업으로 출범한 고효율 수소에너지 제조/저장/이용 기술개발사업이 진행되고 있음. 사업을 통하여 학교에서는 각 분야에 전문지식을 가지는 연구인력을 배출하고 있으며, 정부연구소나 기업에서는 기술력을 확보함으로 인하여 경쟁력을 강화하고 있음.

○ 전문인력에 대한 체계적인 교육과 배출된 인재들의 기업이나 정부연구소와의 연계가 필요한 실정임.

III. R&D 추진 성과 및 보급시장 분석

1. 과거('88～'07) R&D 추진 현황

○ 과학기술부는 국가 중점연구 개발사업으로 고효율 수소에너지 제조기술 개발사업을 2000년부터 3년간 수행하였으며(10억 원/년), 후속으로 2003년 고효율 수소에너지 제조/저장/이용 기술개발 사업단(21세기 프런티어 사업, 100억 원/년)이 출범하였음(표 6-6 참조).

- 주요내용은 천연가스 이용 수소충전 스테이션 기술과 자연에너지 이용 수소 제조기술(생물학적 수소제조, 광화학적 수소제조, 열화학적 수소제조, 저온/고온형 수전해 기술)의 개발임(표 6-7 참조).

○ 아울러 2004년 원자력수소 생산시스템 개발사업이 총 16년, 총 연구비 약 9,860억 원으로 차세대 고온원자로 및 열화학적 수소제조 기술개발을 내용으로 시작되었음.

표 6-6 전체 수소제조 관련 국내 연구현황

과제명	기간	연구비	주요 Activity (지원부처 또는 Program)	성과분석
SPE 개발사업 외 15개 과제(종료)	'92 ～'02	65억 원	수소에너지 기초연구 (신·재생에너지 프로그램)	기초 탐색 연구
고효율 수소에너지 제조기술 개발사업 (종료)	'00.10 ～'03.9	10억 원/년	(과학기술부 국가중점 연구개발사업)	프런티어 사업으로 계속(표 6-7 참조)
대량 수소제조 및 저장기술 개발연구 (진행 중)	'01.2 ～'06.1	80억 원	(산업자원부)	천연가스 열분해 기초 자료 확보 (표 6-8 참조)
고효율 수소에너지 제조/저장/이용 기술 개발사업(진행 중)	'03.10 ～'12.3	100억 원/년	(과학기술부 21C 프런티어 연구개발 사업)	신·재생에너지원 이용 수소제조기술 조기 확보 가능
원자력수소 생산시스템 개발사업 (진행 중)	'04.2 ～'20.1	9,860억 원	차세대 고온원자로 및 열화학적 수소제조 기술개발(과학기술부)	수소제조 에너지원의 다변화

○ 산업자원부는 1992년부터 신·재생에너지 기술개발 프로그램으로 수소에너지에 대한 기초연구 수행(총 연구비 65억 원, 16개 과제). 2004년 수소·연료전지 프로젝트형 사업으로 기술 개발과 보급을 병행하는 사업을 시작하였음(표 6-8 참조).

○ 표 6-7과 6-8의 비교에서 알 수 있듯이 프런티어 프로그램은 주로 중·장기적인 관점에서의 수소생산에 주력하고 있으며, 중복성을 피하기 위하여 수소·연료전지사업단의 수소생산 과제는 주로 탄화수소 연료 개질을 통한 수소생산과 수소 스테이션 쪽에 집중되어 있음.

○ 따라서 수소·연료전지사업단의 수소제조 부분 연구과제들은 초기 시장진입을 위한 화석연료로부터의 수소생산에 초점을 맞추고 특히, 수소 스테이션 개발에 필요한 핵심요소기술들을 연구하고 있음.

표 6-7 과기부 수소 프런티어 사업단 과제 현황

과제명	최종목표	기관명
수소 스테이션용 천연가스 수증기 개질	천연가스 수증기 개질법에 의한 현장 생산형 수소생산 유닛 설계기술 개발	한국에너지기술연구원
혐기발효에 의한 수소생산 대형화 시설개발 및 생체모방 수소발생 시스템연구	실증규모 혐기발효 수소생산 통합시스템 개발 및 생체모방기술에 의한 수소생산기술 확보	한국에너지기술연구원
가시광촉매에 의한 광화학적 수소제조 기술개발	복합산화물계 신규 가시광촉매 개발 및 이를 이용한 실증용 태양광 수소제조 시스템 개발	한국화학연구원
소재설계 및 나노구조적 특성제어에 의한 광화학적 수소제조 기술개발	복합산화물계 광촉매 개발 및 이를 응용한 태양광 수소제조시스템 개발(광효율 ~3% @ AM 1.5 태양광, 황화수소 수용액계 기준)	한국화학연구원
PEC용 층상페롭스카이트 및 복합 광촉매 개발	태양광 전환수율이 ~3% (@ AM 1.5)인 PEC(Photo electrochemical ce ll)용 층상페롭스카이트 및 복합 광촉매 개발	포항공대
광감응소재를 활용한 물분해 수소제조 시스템 개발	광감응소재 수소제조시스템 개발 (3% @ AM 1.5 태양광)	(주)나노팩
Q-sized 광촉매 및 mesoporous media를 적용한 물분해 Anoxic 태양광 수소제조 시스템 개발	Q-sized 광촉매 및 메조포러스 지지체를 적용한 수소제조 활용 광화학시스템 구성 (광효율~3% @ AM 1.5 태양광)	(주)나노팩

과제명	최종목표	기관명
가시광감응 전이금속 촉매와 바이오 촉매 활용 수소제조 기술개발	광촉매/바이오촉매 융합형 수소제조시스템 기반기술 개발(광효율~3% @ AM 1.5 태양광)	한국에너지기술연구원
PEC 전지를 이용한 수소생산기술	PEC(Photo Eletrochemical)전지 시스템구성 기술개발을 통해 7% 광효율 PEC전지 개발	KIST
태양광을 이용하여 수소를 제조하는 탄뎀형 광전기화학전지 모듈개발	태양광을 흡수하여 물로부터 수소를 제조할 수 있는 태양광-수소 광전기화학전지 시스템구성 기술개발	전기연구원
열화학적 물분해 수소 제조 기술개발	물분해 반응속도와 열적안정성이 향상된 금속산화물의 개발과 인공태양을 이용한 실험실적 2-step 물분리 수소제조 실증	한국화학연구원
고효율 수전해 수소제조 기술 개발	• PEME(Polymer Electrolyte Membrane Electrolysis)법을 이용한 $3Nm^3/h$ 이상 수소제조 실증 • HTSE(High Temperature Steam Electrolysis)법을 이용한 50NL/h 이상 수소 생산	한국에너지기술연구원
고효율 수전해 수소제조 기술 개발	• PEME(Polymer Electrolyte Membrane Electrolysis)법을 이용한 $3Nm^3/h$ 이상 수소제조 실증 • HTSE(High Temperature Steam Electrolysis)법을 이용한 50NL/h 이상 수소 생산	한국에너지기술연구원
저온형 수전해용 전해 시스템 개발	$3Nm^3/h$ 규모의 고분자 고체전해질형 수소제조 시스템 개발	엘켐텍

표 6-8 산자부 수소제조 관련 과제 현황

분야	세부 분야	과제명	사업주관기관	총사업 기간	사업 구분
수소	제조	소형 열병합 연료전지 연계형 연료처리 시스템 개발	GS 퓨얼셀(주)	'06~'09 (3년)	프로젝트
		고온 수소분리용 다공성 세라믹 멤브레인 개발	요업기술원	'05~'07 (2년)	선행
		탄화수소 촉매분해에 의한 연속적 수소제조기술 개발	성균관대	'04~'09 (5년)	프로젝트
		고순도 수소제조용 내구성 치밀질 세라믹 멤브레인 제조기술개발	요업기술원	'03~'05 (4년)	선행
		실리카/다공질 탄소 복합체를 이용한 중공사형 수소분리막 모듈 개발	에어레인	'03~'06 (3년)	일반
		대체전원을 이용한 수소의 제조와 이용시스템 기술개발	에기연	'00~'02 (3년)	일반
		희토류계 합금을 이용한 고순도 수소 분리 정제시스템 개발	에기연	'99~'01 (3년)	일반
		H_2S 광변환에 의한 수소제조 기술개발	화학연	'98~'00 (3년)	일반
		전기방전법을 이용한 물의 분해에 의한 수소제조기술 개발	아주대	'95~'97 (3년)	일반
		태양광에 의한 물에서 수소와 산소 제조	경북대	'94~'97 (4년)	일반
		반도성 세라믹 전극을 이용한 물의 광분해에 의한 수소제조	연세대	'93~'95 (3년)	일반
	수소 스테이션	수소 스테이션용 다이어프램 압축기 개발	광신기계 공업(주)	'06~'09 (3년)	프로젝트
		$30Nm^3/hr$급 수소 스테이션 건설 및 실증연구	가스공사	'04~'08 (4년)	실증연구
		액체연료를 이용한 수소 스테이션 건설 및 실증연구	GS칼텍스	'04~'08 (4년)	실증연구
		수소 스테이션 국산화 기술 개발	(주)SK에너지	'04~'09 (5년)	프로젝트
		수소 스테이션용 디스펜서의 국산화 기술 개발	(주)덕양에너젠	'04~'07 (3년)	프로젝트
		천연가스로부터 대량 수소 제조 및 수소저장 기술개발	가스공사 연구개발원	'01~'06 (5년)	일반
	정책/ 기획	수소 · 연료전지 안전성 연구	가스안전공사	'06~'09 (3년)	프로젝트
		파워 파크(Power Park) 조성을 위한 기획 연구 사업	에기연	'04~'05 (1년)	실증연구

2. 주요 R&D 성과

○ 연구 개발의 결과로 현재의 3개의 수소 스테이션이 기건설 또는 건설 중에 있음.

○ LPG를 이용한 30Nm^3/h급 수소제조, 정제장치 및 수소 스테이션 개발.

- 수소 스테이션을 위한 개질 가스의 수소 분리/정제 요소기술 개발
- 촉매 연소형 Reforming system 원천기술 개발
- 수소 스테이션용 LPG 및 액체연료용 고성능 탈황기술 개발

○ 액체원료(납사)를 사용하는 30Nm^3/hr급 수소 스테이션의 건설 및 운영 기술의 확보 및 개발.

- 수소 스테이션 및 연료전지 자동차 연계 운영체계를 통한 시스템 운전특성 및 안정성 검증

○ 천연가스를 사용하는 30Nm^3/hr급 수소 스테이션의 건설 및 운영기술 확보.

3. 국내 시장 동향

○ 원자력에 의해 생산되는 연 3만 톤 포함하여 수소 스테이션 1,700개소에서 연 42만 톤의 수소를 생산하여 2020년 연료전지 자동차에 필요한 수소 충당 계획.

표 6-9 국내 수소 생산량 전망

구분	2004년	2007년	2012년	2020년
국내	60만 톤	70만 톤	110만 톤	538만 톤*

주 : 국외시장 전망 2007년까지 연평균 10%, 2012년까지 연평균 20%, 2020년까지 연평균 10% 증가 참조. 2020년 국내의 경우, 1,700개 수소 스테이션(42만 톤. 수소 스테이션 평균 생산능력 130톤/년 기준)과 원자력 3만 톤 포함.

○ 국내에서의 수소유통량은 주로 부생가스 위주로 형성되어 있으며 정제수소의 공급 가능량은 현재 유통량의 대략 2.5배 수준으로 추정됨.

Ⅳ. 해외 주요 국가의 기술 현황 및 시장 동향

1. 미국

가. 기술수준 및 R&D 동향

- 미국은 수소 제조·수송 분야에서 천연가스, 석유, 재생 가능 에너지 등을 원료로 사용하여 개질, 분리, 정제, 압축, 수송 등의 공정 및 기술의 연구로 수소 기술 전체의 약 27% 예산을 두고 있음.
- 미국이 연료전지·수소기술을 개발하는 가장 큰 이유는 외국산 석유의존 비율을 낮추는 것이고, 단기적 과제로 가솔린·축전지 하이브리드차의 연결 다리 역할을 하도록 하여 연료전지차의 본격적 실현·보급을 2030년 이후를 전망한 장기적 목표로 하고 있음.
- 연료인 수소도 가솔린과 경합하는 것을 목표로 석탄 및 핵에너지에서 생산되는 수소도 포함하여 제조 기술을 검토하고 있고, 실제 환경하에서의 실증시험과 규격-기준에서 미국이 주도권을 장악하는 것을 중시.

나. 주요 기술개발 및 실증 program

- DOE에서 실시하고 있는 연료전지-수소 관련기술 개발사업을 통합한 것이 DOE 수소프로그램이며, HFCIT(FreedomCar and Hydrogen Fuel Initiative) 프로그램이 DOE 수소 프로그램의 중심.
- DOE 수소 프로그램 및 HFCIT 프로그램 등은 에너지 정책에서 시작하여 전략 계획, 미국이 수소사회로 옮기는 비전, 비전을 실현하기 위한 Road Map, DOE 수소 프로그램 전체의 방침, 2010년까지 HFCIT 프로그램의 상세 대처 방침을 나타내는 연구 개발 계획의 편성 등의 과정을 거쳤는데, 2002년에서 2004년에 걸쳐 각각의 과정별 보고서를 작성했음.
- 구체적인 연구 분야는 수소의 제조, 수송, 저장, 연료전지, 기술실증, 교육, 규격, 기준, 안전, 시스템 통합 및 분석 등의 10개 분야이며, 그 중 수소제조 분야의 목표는 다음과 같음.
- 천연가스 또는 액체연료에서의 수소 제조비용을 현재 갤런당 5달러인 것을 2010년까지 2.5달러로 낮추고, 효소를 이용 글루코스로부터 수소를 생산하는 바이오매스의 경우

2018년까지 4.0$/kg으로 낮추며, 현재 200$/kg 이상인 물의 직접 분해에 의한 수소제조 비용을 광 전기화학적 제조로는 5.0$/kg, 광 생물학적 제조에서는 10$/kg로 하고, 현재 2.6$/kg인 대규모 전기분해에 의한 수소 제조비용을 2.0$/kg으로 하는 목표.

다. 기술개발 Road Map

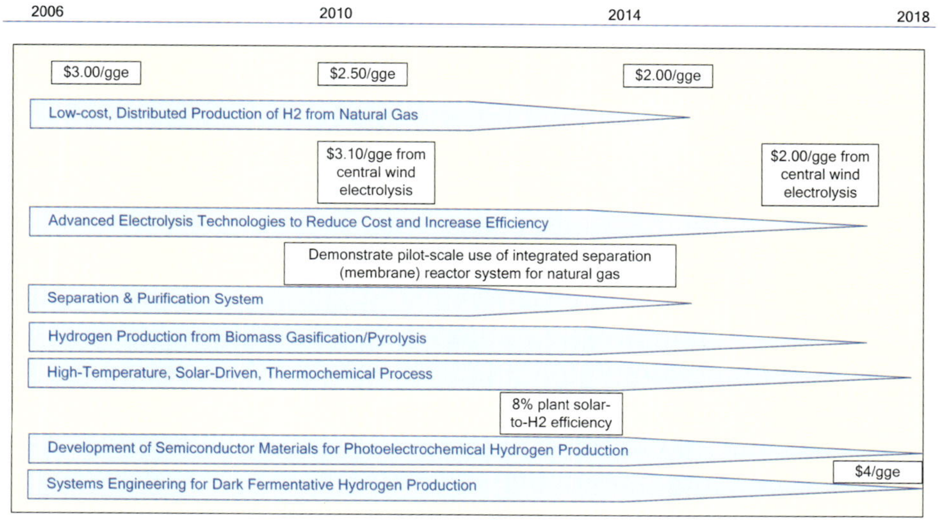

그림 6-2 미국의 수소제조를 위한 단계별 기술개발 계획

라. 주요 선도기업 현황

표 6-10 미국 주요 선도기업 현황

회사	주요 생산품
Alchemix	증기를 용해된 철과 접촉하여 산화철을 만들고, 수소를 생산하는 방식
Avalencel	고압의 수소를 생산함.
Apollo Resources International	Sodium hydride에 의해 제조된 작은 볼 혹은 펠렛형 Powerball에 의해 수소를 제조.
H2Gen Innovations	소규모 메탄 증기 개질기 시스템을 이용하여 수소제조

2. 캐나다

가. 기술수준 및 R&D 동향

- ○ 캐나다는 1980년대 이래 2억 Canada $의 정부투자를 포함하여 수소-연료전지 기술의 발전에 지속적인 투자.
- ○ 1985년부터 Natural Resources Canada(NRCan)가 추진하고 있는 수소 R&D 프로그램은 민간부문과 비용을 공동부담
- ○ 1980년대 후반까지 지원된 가장 성공적인 기술은 Ballard PEM 연료전지와 전해조회사(현 Stuart Energy)의 알칼라인 수전해조임.
- ○ 이들의 노력으로 1993년 세계 최초의 연료전지 버스의 실증을 달성하였고 1996년 두 번째 연료전지 버스 실증.
- ○ 최근까지 캐나다 수소-연료전지 프로그램은 주로 연구개발에 초점을 맞춤.
- ○ 수소제조와 연료전지기술의 실증 성공으로 프로그램의 범위는 Industry Canada의 상업화 노력 등 몇 개 연방정부기관과 프로그램을 추가로 포함하면서 상당히 넓어짐.
- ○ 상업화 노력을 통해 과거 R&D 프로그램의 성과와 동 프로그램이 시장발전에 활동적인 역할을 수행할 만큼 성숙.

나. 주요 기술개발 Project

- ○ 캐나다 정부에서는 수소 및 연료전지 기술의 개발과 시행을 위해 연구 개발 사업을 지원하고 있으며, 특히 Alberta와 British Columbia, Manitoba, Quebec 등의 주정부를 중심으로 수소 에너지를 산업개발에 활용하려는 전략을 추진.
- ○ 이중 British Columbia주의 경우, Hydrogen and Fuel Cell Strategy를 통해 2020년까지 수소 경제 선도 지역으로 자리매김하려는 노력.
- ○ 특히 발전 분야의 경우 수소내연기관이나 연료전지는 보충 전력 목적으로 사용되었으나 중기부터는 천연가스와 화석연료와 같이 수소를 주요 발전연료로 사용.

다. 기술개발 Road Map

Hydrogen Sources and Methods	Distribution	Major Users
- Electrolysis from hydro, nuclear, wind, biomass, and solar power	– Primarily distribution of electrons	– Transportation
- Thermal plants with CO_2 captured and sequestered	– Natural gas to distributed hydrogen production stations	– Large scale electrical generation
– High temperature thermochemical production from Nuclear sources	– Major cities: Pipeline distribution of hydrogen from central production plants over short distances	– Portable electrical generation
– Steam reforming of natural gas and methanol	– Smaller cities: H_2 produced on-site	– Chemical industry, heavy oil industry (oil sands)
– Gasification	– Distributed energy systems could be used in both larger and smaller cities to produce power and H_2	– Portable/micro/electronics
		– Distributed Generation

그림 6-3 캐나다의 수소기술개발 계획

라. 주요 선도기업 현황

표 6-11 캐나다 주요 선도기업 현황

회사	주요생산품
Hydrogenics	HES(Hydrogen energy station) : 무기 멤브레인을 이용한 전기분해 시스템
Membrane Reactor Technologies	MRT(Membrane reactor technology) : 천연가스로부터 개질법에 의하여 고순도 수소제조
PowerNova Technologies	촉매에 의해 탄화수소를 수소로 전환하는 장치
Solar Hydrogen Energy	태양열을 이용하여 물로부터 수소를 제조

3. 일본

가. 기술수준 및 R&D 동향

- 일본의 수소프로그램은 주지하는 것처럼 경제산업성(METI) 주도로 WE-NET 프로그램이 진행
- 이 프로그램에서는 재생에너지원으로부터 수소제조, 수송, 저장 및 이용 그리고 인프라 확립을 위한 수소 스테이션 전반에 이르는 기반연구가 수행
- 최근에는 이를 바탕으로 보급기반 정비(Millenium project) 및 실증화 사업(JHFC project)에 초점을 맞춤으로써 조기 시장진입 노력 중

나. 주요 기술개발 Project

- WE-NET 프로그램
  - WE-NET project는 1993년부터 2020년까지 24억$ 연구투자계획을 세운 후 지속적으로 연구를 수행
  - NEDO와 RITE 주관하에 환경조화형 수소제조기술로 1단계 1991년부터 1999년까지 24억엔을 투자
  - Phase I(1993～1998)의 연구와 개발은 주로 장기적인 목표를 조사하는 것을 포함하며, 수소에너지를 사회적 대안으로 소개하는 것을 분석하도록 강조
  - Phase II는 중-단기적으로 실제적인 적용을 이끌 수 있는 기술적인 개발을 진행하며, 마지막으로 Phase III 기간에는 Phase II의 결과를 평가
  - WE-NET 프로그램의 실적으로는 수소생산용 PEM전해조(효율 90% 이상)를 개발
- JHFC 실증 프로젝트
  - 이 프로그램은 METI산하의 FCCJ(fuel cell commercialization conference of Japan), JEVA (Japan electric vehicle association) 그리고, ENAA(Engineering advancement association of Japan)가 참여하여 연료전지 자동차 및 이의 인프라 구축을 위한 수소 스테이션 프로젝트를 단기간(2002～2004)에 실증하기 위함.
  - 수소 스테이션을 위한 수소제조원은 가솔린, 나프타, 액상수소, LPG, 메탄올 등이 사용되며 수소생산규모 및 순도는 각기 30Nm^3/hr, 99.99%임.
  - 단위공정은 수소제조를 위한 스팀리포밍 · PSA 분리 · 저장(400기압) · 디스펜서(250 혹은 350기압)로 이루어짐.

다. 기술개발 Road Map

Hydrogen Technology Development Road Map Overview (Hydrogen Production)					
Present	Development & Introduction	Circa2010	Diffusion	Circa2020	Full-Scale Diffusion

Energy Derived from Fossil Fuels	Improvement			
	On site			
	Development of high-performance reforming catalysts, separation membrane technology, membrane reactor technology, etc. related to steam reforming and autothermal technology			
(Natural Gas, Petroleum, Coal and others)	(Off Site)			
	Efficiency enhancement through the usage of unused heat exhaust, and development of CO_2 separation and immobilization technologies related to steam reforming and partial oxidation technology (heavy oil, coal, etc)			
Renewable Energy, etc.	Water Electrolysis			
	High current densification, generated hydrogen pressurization and other technology development related to solid polymer water electrolysis and alkali water electrolysis. Catalyst quantity reduction, separator cost reduction, and high heat resistant polymer membrane technology development related to solid polymer electrolysis			
Electricity generated by wind power, photovoltaic electricity, biomass, etc.	(Long-Term Technological Opportunities)			
	Hydrogen fermentation, photosynthesis, photocatalyst, biomass gasification, etc.			

그림 6-4 일본의 수소제조를 위한 단계별 기술개발 계획

4. 독일

가. 기술수준 및 R&D 동향

- European commission 내에서 가장 활발한 수소 프로그램을 진행하고 있으며 EIHP(European Integrated Hydrogen Project)와 TES(Transport Energy Strategy)를 주축으로 하는 수소시스템 구축계획 및 다양한 개별 수소 실증 프로그램이 연방정부, 지방정부 그리고 산업체의 공동 참여하에 가동.
- 기본 구상은 자연 에너지로부터 수소를 생산하고 이를 고효율로 이용하는 순환형 사회를 구축.
- 개별 실증 프로그램은 수소내연기관 자동차 및 연료전지 자동차를 주 대상으로 하고 있으며 이와 관련된 인프라 구축용 수소 스테이션은 수전해에 의한 방법을 기본적으로 구사.

나. 기술개발 Road Map

○ 아래의 그림은 EU의 수소생산기술에 대한 계획임.

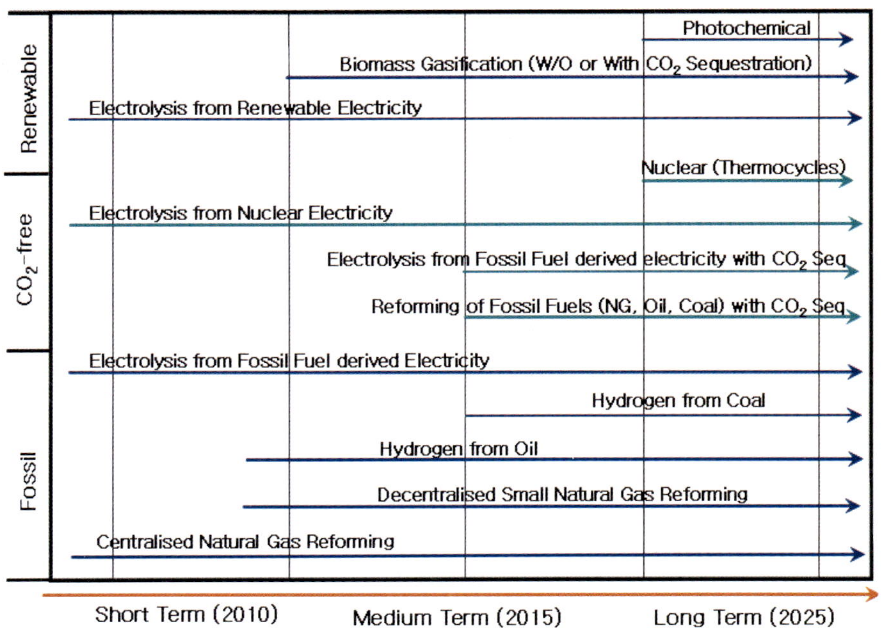

그림 6-5 독일의 수소제조를 위한 단계별 기술개발 계획

○ EU에서 가장 활발한 활동을 하는 독일은 최근 EU 국가들과 같은 기술적 목표를 가지고 시장 형성을 위해 연구 및 연합을 가속화.

다. 보급 현황 및 생산 실적

○ 독일에서 현재 제조되는 수소의 약 50%(약 20조Nm^3)는 천연가스와 나프타로부터 생산

○ 나머지 50%는 정유회사의 부산물이고, 대개 수소화를 위해 정유회사에 사용.

○ 작은 부분(약 2%)이지만, chlorin-alkali electrolysis의 부산물로서 수소가 얻어지기도 함.

○ 앞으로 화석 에너지원으로부터 수소를 생산하기 위한 대규모 플랜트의 용량은 4백만 Nm^3/d 정도가 될 것임.

○ Biomass 자원도 수소를 제조하기 위해 사용되며, 특히 전기 물분해는 고순도 수소를 제조하기 위해 사용.

○ 전체 수소 생산 중 45%는 석유, 33%는 천연가스, 15%는 석탄으로부터 생산되며 나머지 7%는 전기분해로부터 생산.

5. 덴마크

가. 기술수준 및 R&D 동향

○ 덴마크의 수소에너지프로그램은 미래의 에너지 시스템에서 수소기술에 대한 구체적인 가능성을 입증할 목적으로 1998년에 만들어짐.

○ 연료전지와 같은 수소관련기술에 대한 연구는 덴마크 에너지 연구프로그램을 통해 이미 약 20년간 이루어져 왔으며 덴마크 에너지 관리국에 의해 관리되고 있음.

○ 수소에너지 프로그램은 수송 분야에서의 수소사용, 수소저장 안전성과 액체수소저장에 근거한 운송수단으로 구성.

○ 덴마크는 풍력에 의한 발전이 매우 활발한 국가이며, 풍력시스템에서의 전기 생산 변동이 크므로 미래의 덴마크 에너지 시스템으로서 다량의 전기 이용 가능성을 제안.

○ 수소는 과잉 풍력전기를 이용하여 생산하고 현재 천연가스수송을 위해 쓰이는 수송라인을 통해 유통되도록 계획되어 있음.

○ 또한 전력과 열을 공동생산할 수 있는 가역연료전지장치를 설치하여 많은 빌딩들의 전력 공급원이 되게 하는 동시에 수소를 생산할 수 있도록 계획하고 있음.

나. 주요 기술개발 Project

○ 덴마크 에너지 R&D prjoject들은 EFP(National Energy Research Programme), PSO(Public Service Obligation funds)에 의해 지원.

○ 2005년부터 2008년까지 전략적 연구를 위해 덴마크 의회하에서 추가적인 재원을 확보하여 에너지와 환경 분야에 투자.

○ 에너지에 대한 덴마크 R&D 프로그램은 유럽 및 북유럽 에너지 연구 프로그램과 공동으로 진행.

다. 기술개발 Road Map

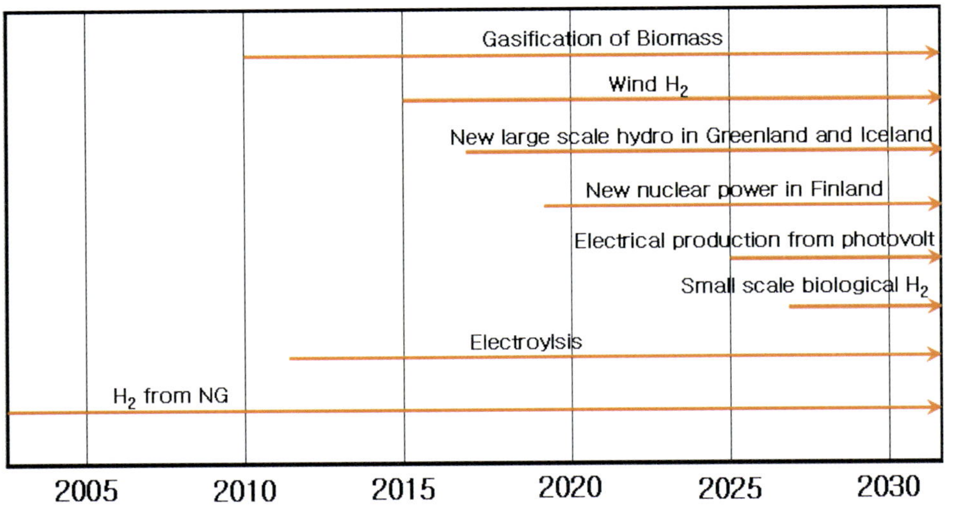

그림 6-6 덴마크의 수소제조를 위한 단계별 기술개발 계획

V. 산업화 방안

1. 기술적 target

가. 성능 target

○ 기술적 성능 목표는 다양한 에너지원으로부터 고효율, 저가의 수소 생산기술을 개발하도록 유도하나 기술적인 장벽이나 국가 간 기술경쟁으로 인하여 성능 목표가 빠르게 달성될 수도 있고 늦추어질 수도 있는 것이 현실임.
○ 수소 생산 에너지원은 화석연료, 원자력, 신・재생에너지를 모두 포함함.

표 6-12 수소생산을 위한 기술별 성능 target

	생산공정에너지 효율			
	Unit	2006목표	2012목표	2017목표
분산형 천연가스개질로부터 수소생산 공정	%(LHV)	70.0	72.0	75.0
바이오유도 재생액체로부터 수소생산	%	67.0	70.0	73
분산형 전기분해	%(LHV)	62	69	74
중앙집중식 풍력 전기분해	%	62	69	74
바이오매스 가스화/열분해	%	>32	41	58
태양광 고온열화학 사이클		25	30	>35
광정기화학전지	STH(%)	NA	7	0
광생물 수소생산	%[a]	0.1	1.5	4

나. 가격 target

○ 수소제조기술별 수소생산 가격목표치 및 달성 년도는 표 6-13에 정리되어 있음.
○ 환경적 요인이나 기술적인 요인에 의하여 수소생산가격은 변동될 수 있으나, 기술 간의 경쟁을 통한 수소생산 가격의 저감은 화석연료를 기반으로 하는 에너지원과의 경쟁을 유발하며, 대체 시점을 예견할 수 있음.

표 6-13 수소생산가격 목표치 및 달성년도

	공정	2006 목표	2012 목표	2017 목표
분산형 천연가스 개질로부터 수소생산	$/gge	3.0	2.50	2.0
바이오 유도 재생액체로부터 수소생산	$/gge	5.0	4.2	<3.2
분산형 전기분해	$/gge	$5.00	$3.90	<$3.3
중앙집중식 풍력 전기분해	$/gge	$6.20	$3.40	<$2.3
바이오매스 가스화/열분해	$/gge (Plant gate)	<$2.0	$1.60	$1.10
태양광 고온 열화학 분해	$/gge	$13.00	$6.40	$3.50
광전기화학전지	$/kg	360	24	7

주 : 1) ( )의 년도는 목표 달성연도임.
2) 상기 생산가격 및 목표 달성연도는 미국 DOE 목표치를 참고하여 작성된 것으로 향후 국내 기술 수준을 고려하여 보완될 수 있음.

2. 문제점 / 장애요인

가. 기술적 장애요인

- 기존 대규모 수소 공정의 경우 개질기를 고압(15~25bar) 및 고온(850도 이상)운전함으로써 수소제조에는 유리하나 전체적으로 효율이 낮으며, Scale down 시 설치비용이 급속도로 증가하는 경향이 있음. 또한 안정적 운전에 집중이 되어 장치가 크며 각 단위공정들이 분리되어 열의 통합에 한계가 있어, 효율을 향상시키는 것이 어려움.
- 수소 스테이션을 위한 중소형 수소 제조 시스템은 다양한 화석연료를 대상으로 하여 저압, 그리고 상대적으로 저온(700℃)에서 운전하도록 설계가 필요하며, 저온 저압의 재질 사용을 통해 설치비용을 저감하고 각 단위공정별 열 및 시스템 통합을 통해 효율을 높일 수 있으며, 각 단위 공정별 요소기술 개발(고효율 버너, 소형 고효율 열교환기, 고성능의 촉매 및 흡착제 개발, 내구성 확보 등)을 통해 최적화가 필요함.
- 또한 체계적인 기술개발 전략 부재 및 연구비의 부족으로 핵심 요소기술의 개발이 연속성 있게 이루어지지 못했으며, 수소 스테이션의 수소 저장 및 주입 관련 영세한 국내

부품관련 업체들의 실력이 쌓이지 못하여 필요한 산업 인프라가 거의 없는 실정이며, 엔지니어링 업체들의 기술도 취약한 상태임.

○ 이 분야의 기술개발이 선진업체들에 비해 늦게 시작되어 설계 및 엔지니어링이 타 선진업체의 특허를 침해하지 않으면서 독창성을 확보하는 것이 중요한 관건임.

나. 기술 외적 장애요인

○ 현재 수소제조기술의 국가과제는 과기부의 프런티어 수소사업단과 산자부의 수소·연료전지 사업단의 동일과제의 중복과제 시비로 수소제조분야의 국가기술개발비의 투자가 효율적으로 이루어지지 못하고 있음.

○ 수소 인프라(수소 스테이션) 기술은 수소의 제조, 저장, 수송 및 이용방법에 이르기까지 많은 분야의 기술이 종합적으로 연관되어 있으며 선진국에서도 아직까지 경제성이 확보되지 않은 기술들이 대부분임.

○ 수소산업 경제 인프라 구축을 위한 수소생산 시스템은 공공성이 강한 사회 간접자본 시설로서 일반 민간기업체의 적극적인 참여에는 아직 한계가 있으며 향후 치열해질 국제경쟁에 대비하여 범국가적인 정책사업으로 기술개발을 본격화하는 것이 바람직함. 수소에너지기술은 투자회수기간이 길고, 인프라 등 공공부문의 지원이 반드시 필요하므로 장기간의 체계적인 연구가 필수적임.

○ 핵심기술에의 조기접근을 위해서는 국제 기술협력을 적극적으로 활용하는 것이 효과적인 연구개발 전략의 하나가 될 수 있음. 국제협력의 추진방안은 세부 기술의 국내 기술수준, 연구 인프라 및 국제적인 기술현황 등에 따라 서로 상이할 수 있으나, 기술 Road Map의 진전에 따라 시기적절하게 국제 기술협력을 활용하여 한 단계 높은 기술에 조기 접근하는 것이 바람직함.

○ 수소 스테이션 실증 시 현행 법규로는 건설 및 운영이 어려우며, 이를 위해 관련 부서의 적극적인 협력을 통해 관련 법규의 개정 필요하며, 또한 대 국민 홍보 부족으로 인해 주변 주민들의 반발로 기술 실시 제약이 예상되는 바, 지방 자치단체와의 원활한 네트워크 구축이 필요함. 경쟁업체 간의 유사 기술개발로 인해 표준화에 어려움이 예상되는바 수소·연료전지 사업단의 적극적인 표준화 노력이 요구됨.

3. 실행방안

가. R&D Program 보완

- 우리나라 수소 관련 연구 개발은 대규모 프로젝트 중심적인 사업을 국가에서 주도해 오고 있음. 현재 과기부 중심의 21C 프런티어 사업과 산자부 중심의 수소·연료전지 사업단으로 나누어 사업이 진행되고 있어 일원화가 필요함.
- 프런티어 사업에서는 수소제조-저장-이용 기술개발사업 등 광범위한 연구 개발을 진행하고 있으며, 수소·연료전지 사업단에서는 수소 스테이션과 일부 수소 저장, 그리고 주로 연료 전지에 대한 사업이 진행 중임.
- 이러한 프로그램은 정부에서 지원하는 정책으로서는 굉장히 적극적이며, 강력한 에너지 정책에 대한 국가의 의지를 보여주지만, 수소 제조와 저장에 있어서는 국가 전략상 장기적인 안목에서 연구비 투자가 증대되는 세계 추세인데 우리의 경우 한정된 프런티어 과제의 예산으로 인하여 필요한 투자의 증가가 이루어지고 있지 않음.
- 따라서 수소 제조 저장 R&D도 산자부 사업에서 수용하여 과감하고 전략적인 투자가 요구되고 있음. 단 기술 개발의 장기적인 성격상 기업 참여나 기술료 문제에 있어서 유연성을 가질 필요가 있음.

나. 실증 및 보급방안, 향후 Schedule

- 수소를 제조할 수 있는 기술은 다음과 같이 여러 개의 기술로 분류 할 수 있음.

수소제조기술	기술단계
탄화수소 분해 촉매 및 반응기술	○
분리막 또는 막반응기를 이용한 수소 제조 기술	△
물 전기분해(알칼리형)	○
석탄/바이오매스로부터 수소제조	○
풍력터빈-전기분해-수소저장	△
물 직접분해	△
유기성 폐기물을 이용한 수소/메탄가스 생산	○
가시광선 및 광촉매를 이용한 수소생산	△
고분자 전해질 막을 이용한 수전해	○

○ 화석연료 수소 전환기술 개발

- Multi-fuel(NG, LPG, naphtha, 가솔린 등)용 Pre-reformer, 리포머, Shift 반응기, PSA 등 on site형 소형 수소제조용 국산화 기술 개발 우선적 추진
- 연료 및 수소 제조용량에 따라, 수증기개질, 부분산화 및 자열개질 등 다양한 리포밍 기술 개발
- 수소 압축기, 고압 수소 저장용기 및 수소 공급장치 등 수소 스테이션용 주변기술 국산화 추진으로 완전 국산화 달성
- 소형 연료전지 수소 공급용 fuel processor 기술과 연계 개발
- 개별적인 우수 원천기술이 개발되면 외국 시스템업체와 전략적 제휴로 개발 및 수출 촉진
- 에너지공급 회사, 연구기관 및 엔지니어링 회사가 연합하여 시스템 기술, 개별 원천기술 및 설계 기술로 역할을 분담하여 개발 추진
- 대형 수소 공급용 장치는 이산화탄소의 회수를 고려하여 개발

○ 물 전기분해장치 저가화/고효율화 기술 개발

- PEM(polymer electrolyte membrane) 연료전지와 유사한 기술이므로 이와 연계하여 기술 개발을 추진
- PEM 연료전지의 저가화가 전기분해장치의 저가화를 가능하게 할 것임(목표: 2015년 장치가격 $300/kWe 이하)
- 물 전기분해장치의 효율 증가(목표: 2015년 효율 97% 이상)와 전기가격의 하락으로 전기분해에 의한 수소 제조가격의 저하(목표: 2015년 수소 가격 $2.5/kg 이하)
- 물 전기분해에 의한 수소 스테이션 prototype 건설(2012년, 용량: 200Nm^3/h)

○ 석탄/바이오매스로부터 수소/전기 동시 생산기술 개발

- 바이오매스 가스화에 의한 수소제조는 열역학적인 효율은 낮으나, 이산화탄소 저감효과가 크므로 석탄과 같이 가스화한 가스를 정제하여 수소를 제조함.
- 수소제조만을 위한 석탄가스화는 장치비가 높고 고비용이나, IGCC(석탄가스화 복합발전)나 IGFC(석탄가스화 연료전지발전)과 연계하여 off-peak 시간에 수소를 제조하면 제조단가를 많이 낮출 수 있음.
- 가스화에 의해 생성된 합성가스를 정제하기 위한 단위 기술의 개발과 이산화탄소를 분리하는 공정의 개발을 추진
- 대량의 합성가스를 처리해야 하므로 유동층 기술 등을 이용한 새로운 반응기를 개발
- 신·재생에너지 기술개발사업의 석탄활용기술과 연계하여 석탄수소/전기 동시 생산 기술개발 사업으로 추진

○ 풍력터빈-전기분해-수소저장 시스템 최적화
- 풍력발전은 신·재생에너지 중 가장 가격경쟁력이 높은 기술이나, 수소제조를 위해서는 발전단가의 계속적인 하락이 요구됨.
- 물 전기분해장치의 가격 하락도 동시에 필요함.
- 중장기적 신·재생에너지에 의한 수소제조를 위해 풍력터빈-전기분해-수소저장 시스템 최적화를 위해 조합연구, 전기/수소 동시생산 연구 등의 보급을 대비한 연구가 추진되어야 함.
- 풍력개발 프로그램과 연계 필요

○ 신·재생에너지원 이용 물 직접분해 기술 시범화 사업
- 생화학적 물분해와 광촉매 이용 물분해는 효율 향상을 위한 획기적인 기술개발이 요구됨.
- 생물학적으로는 유전자조작 등 생명공학 기법의 도입과, 광촉매는 전기분해와의 hybrid 시스템 개발이 시도될 수 있음.
- 효율 향상이 가시화되면 시범적인 수소생산 시설 운영에 의한 타당성 평가 작업을 추진

○ 원자력에너지원 이용 물 직접분해 기술 개발
- 원자력 고온 에너지를 직접 이용할 수 있는 고온 열화학 물분해 사이클에 대한 심도 있는 연구를 장기적으로 추진
- 기술개발에서 안전을 최우선 시
- 차세대 원자로 개발과 병행하여 반응 조건 등을 일치시킴.

다. 산업화 Road Map

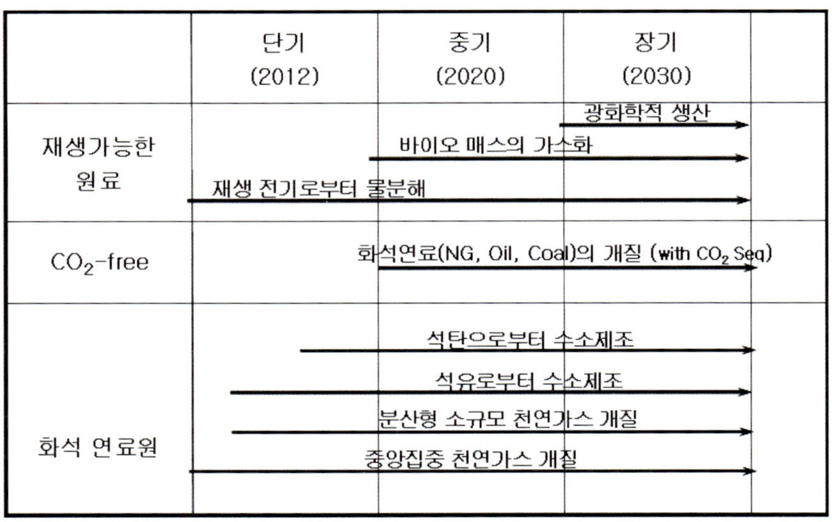

그림 6-7 산업화 Road Map

4. 정책제언

- ○ 현재 기술적 단계에서는 천연가스와 석탄/바이오매스로부터 수소를 제조하거나 물 전기분해를 통해 고순도 수소를 제조해야 하나, 수소제조의 가장 현실적인 방법을 채택하기 위해서는 우리나라의 자원이나 기술수준, 생산가격 등을 고려해야 한다.
- ○ 수소 스테이션은 사회기간산업으로 국가는 수소제조용 에너지원 등을 사전 계획에 의해 배분하고 각 에너지원에 의한 수소제조기술의 국산화 개발을 지원해야 함.
- ○ 수소경제 사회 구현을 위한 정부의 확고한 의지표명과 과감한 연구개발 투자필요 ⇒ 민간기업의 적극적 참여 유도.
- ○ 화석에너지원으로부터의 수소제조기술은 민간기업 중심의 연구개발, 실증을 유도하고, 신·재생에너지원으로부터의 수소제조기술은 연구소 및 대학 중심의 연구개발 활성화가 필요.
- ○ 과학기술부의 수소 프런티어 사업과의 적극적 연계를 통하여 산·학·연이 공동으로 참여하는 그랜드 연구개발 프로그램 추진 필요.
- ○ 분류된 기술 중에서 실증 가능한 기술을 채택하는 경우 보급분야에 특성화 가능한 기술을 선택하는 것이 중요. 예를 들면, 보급단계에서는 관련기술 분야의 기업들이 국가와 함께 보급에 참여하여 초기 수소시장을 형성하고, 국가는 기업들의 시장진입을 독려하고, 기업의 제품에 대한 초기 지원 필요.
- ○ 즉, 정부는 우리나라의 실정에 가장 적합하며, 기술적 단계나 경제성에 문제가 없는 기술을 선정한 후 기업을 실증과 보급에 참여시킴으로 인해 현실화해야 함.
- ○ 선진 외국과의 국제 협력 또는 전략적 제휴를 통한 핵심기술 조기 접근 정책필요
- ○ 수소 경제 달성 여부에 대한 국민 홍보, 교육 및 수소 안전, 표준화·규격화 등을 통한 보급 기반 마련이 필요하며 특히, 실증 및 보급을 위해서는 현행 법규의 시급한 재정 필요.

Ⅵ. 기술개발 추진전략 및 목표설정

1. 단기(2008~2012)

가. 단기 목표

○ 기술이 완성단계에 있는 기술을 대상으로 산업화와 시장 진입을 모색.

나. 단기 추진전략

○ 기술의 완성단계에 있는 천연가스 개질과 물의 전기분해 기술은 경험이 충분히 있는 연구그룹과 기업이 상업화할 수 있도록 지원하여 기업의 조기 육성과 완제품 생산을 유도하고, 기술개발이 다소 필요한 석탄과 바이오매스의 기초연구와 응용연구에 치중함으로써 실용화를 위한 기반을 마련.

○ 자원부족 국가임을 감안하여 장기적인 기술개발이 필요한 기술인 재생 가능한 에너지원으로부터의 수소 제조 기술은 경제성 확보나 기술적 완성을 위한 차원에서 기초연구를 수행.

○ 원자력 및 태양광 고온을 이용한 물의 열화학 분해 기술과 생물 및 광학적 물분해 기술은 장기적인 목표로 기초연구를 지원.

○ 성능 및 가격 목표치를 산정하여 현 단계에서 완성할 수 있는 결과를 유도.

다. 개발/실증/보급 정책 요구사항

○ 조기에 수소제조기술을 시장에 진입시키기 위해서는 기술적으로 완성된 제조기술을 선정하고, 이 기술을 기업체와 연계하여 제품을 생산할 수 있게 해야 하나, 그러기 위해서는 정부는 기업체와의 연계에 적극적으로 나서야하며, 제조된 수소를 적절히 저장 및 이용할 수 있는 인프라를 함께 확보해야 함.

라. 연차별 추진계획

수소제조분야 중장기 기술개발 로드맵 (단기)

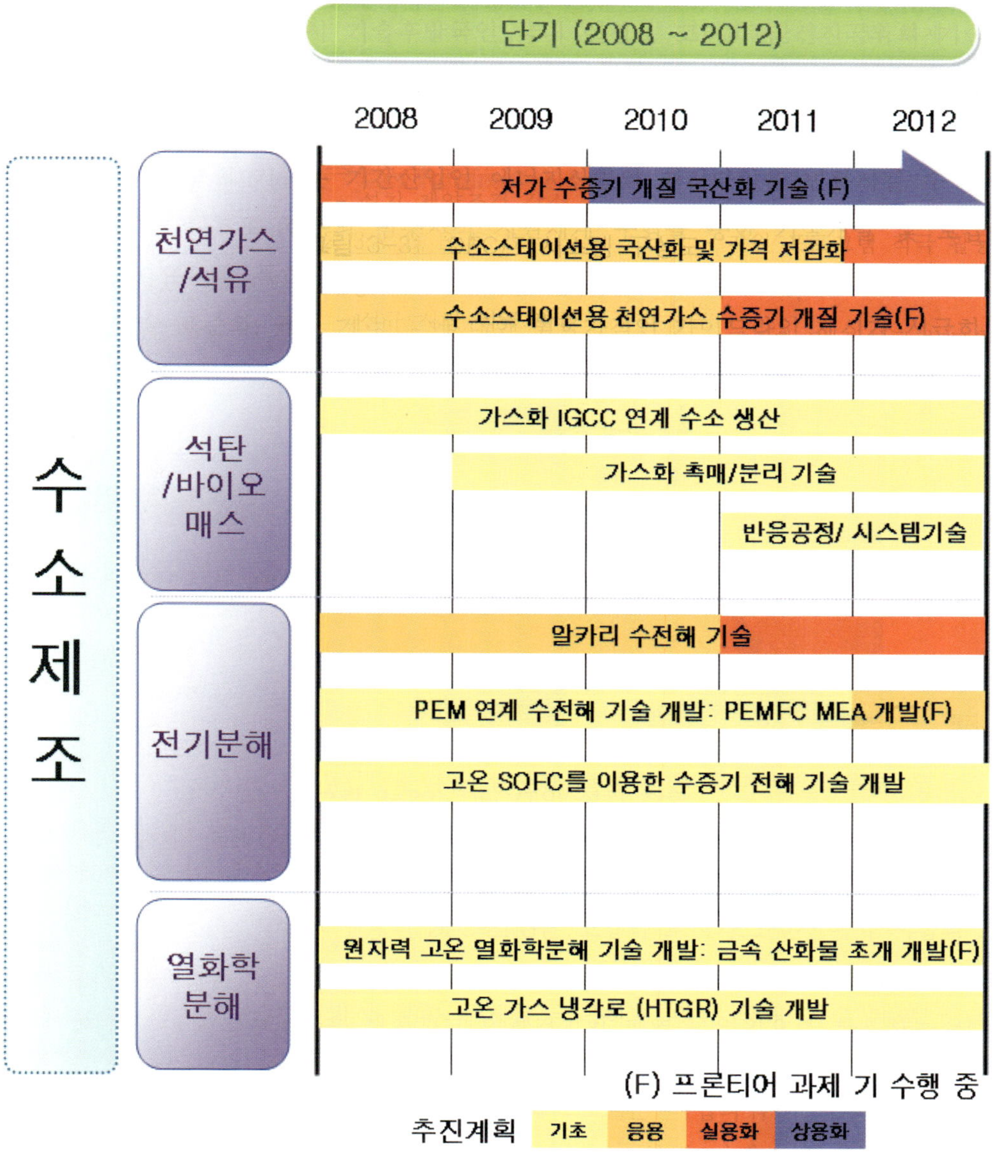

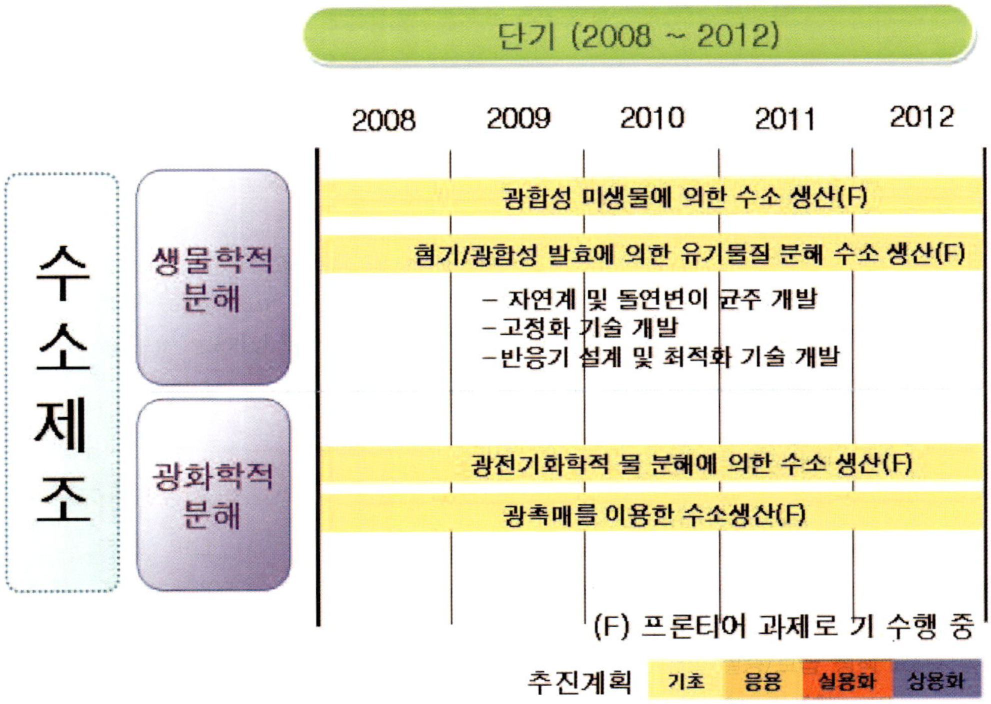

그림 6-8 단기 연차별 기술개발 Road Map

표 6-14 대분류-중분류-소분류에 따른 기술 분류(단기)

대분류	중분류	소분류	세분류
수소 제조	천연 가스/ 석유	- 수소 스테이션 국산화 및 가격 저감화 - 고온 분리막 및 막반응기 사용 수소 분리 및 정제	- 저가 수증기 개질 촉매 국산화 - 금속 및 세라믹 수소 분리막 개발 - syngas 제조를 위한 막반응기 및 분리막 개발
	석탄	- IGCC 연계 수소 생산	- 석탄가스화 공정 개발 - 가스화 촉매/분리기술 개발
	전기 분해	- 알칼리 수전해 - SPE 수전해 - 고온 수증기 전해	- 고효율 알칼리 수전해 시스템 개발 - 수전해에 적합한 PEMFC MEA 개발 - 고온 SOFC를 이용한 수증기 전해 기술 개발
	열화학적 분해	- 태양광 이용 열화학 사이클 - 원자력 이용 열화학 사이클	- 금속 산화물 촉매 개발 - 열분산 반응기 설계 - 고온 가스 냉각로(HTGR) 개발
	생물학적 분해	- 광합성 미생물에 의한 수소생산 - 혐기 발효에 의한 유기물질 분해 수소생산	- 자연계 및 돌연변이 균주 개발 - 고정화 기술 개발 - 반응기 설계 및 최적화 기술 개발
	광화학적 분해	- 광전기화학적 분해에 의한 수소생산 - 광촉매를 이용한 분해 및 수소생산	- 광감응제 활용 기술 개발 - 고효율 광촉매 재료 개발 - 광부식 감소 코팅 기술 개발 - 광촉매 고정화 및 광반응 시스템 기술 개발

2. 중기(2013~2020)

가. 중기 목표

- 초기단계에 완성된 기술들의 성능 향상 및 가격저감을 위한 기술개발을 유지하며, 석탄이나 바이오매스로부터 수소를 제조할 수 있는 기술을 완성.

나. 중기 추진전략

- 천연가스 개질기술은 분산형으로부터 중앙집중식 개질에 지원을 집중하며, 동시에 CO_2 회수 및 처리 기술개발에 중점.
- 초기 단계에 수행한 기초응용연구를 바탕으로 석탄과 바이오매스로부터 수소를 제조하는 기술은 실용화 및 상용화 기술개발에 역점을 둠으로써, 매장량이 풍부하여 원료의 가격이 저렴한 기술을 활용, 수소제조의 경제성을 확보.
- 초기단계와 연계하여 원자력 및 태양광 고온을 이용한 물의 열화학 분해 기술과 생물 및 광학적 물 분해 기술은 응용 및 실용화 기술개발을 지원하며, 동시에 CO_2 회수 및 처리 기술개발에 중점.
- 개발된 제품의 시장진입을 추진하여야 하며, 시장 및 수소 인프라 간의 상호연계성을 통해 시장을 확대하여, 궁극적으로 태양열이나 물과 같은 재생 가능한 에너지원으로부터 수소를 얻기 위해 연구개발단계에 있는 기술들에 대한 연구를 함께 추진.

다. 개발/실증/보급 정책 요구사항

- 제품기술에 대한 상업화 의사결정을 확정해야 하며, 상품화를 시도할 경우 어떤 규모로 상품화가 가능한지도 결정.
- 정부는 제조된 수소가 사용되기 위해서는 시장 및 인프라 확대에 적극 나서서 기업의 동참과 초기시장을 형성.

라. 연차별 추진계획

수소제조분야 중장기 기술개발 로드맵 (중기)

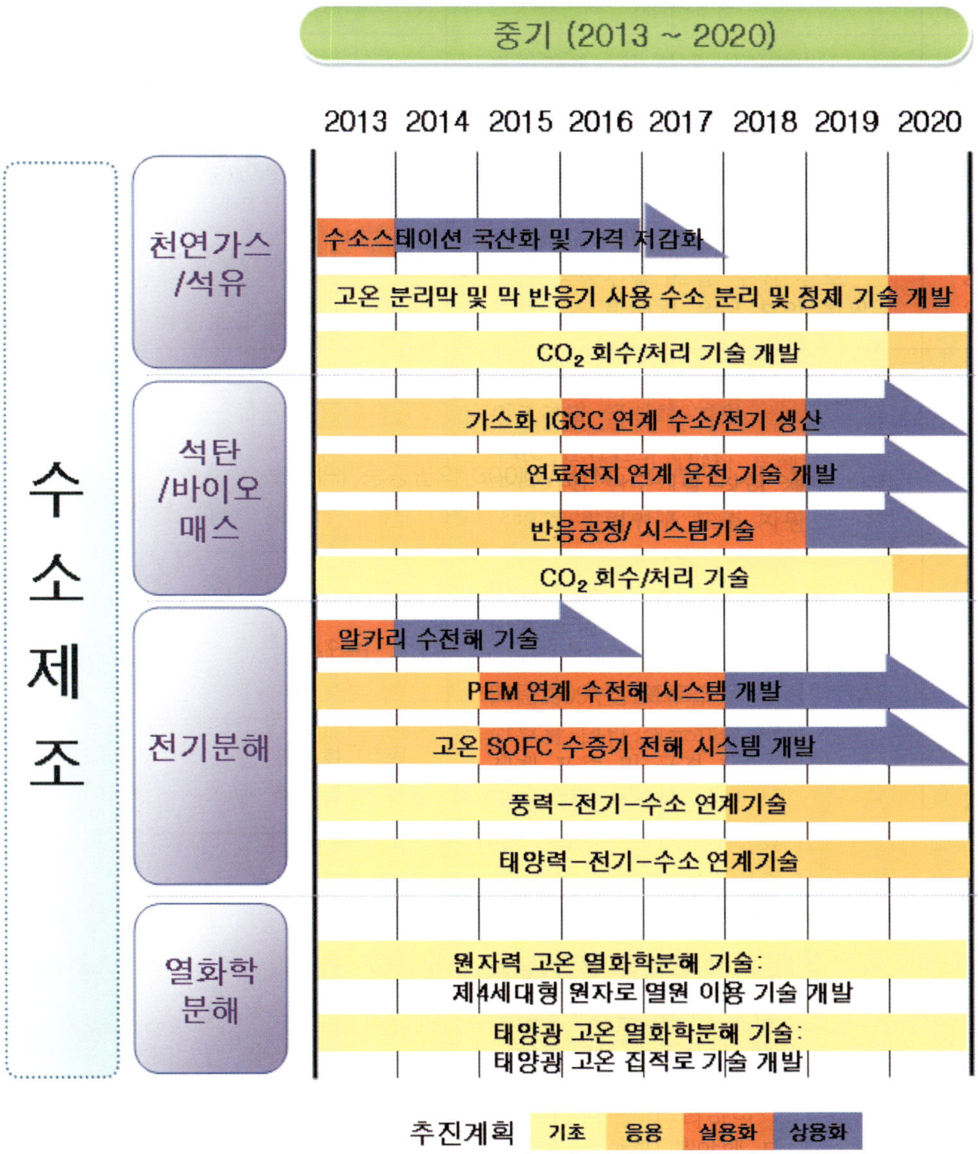

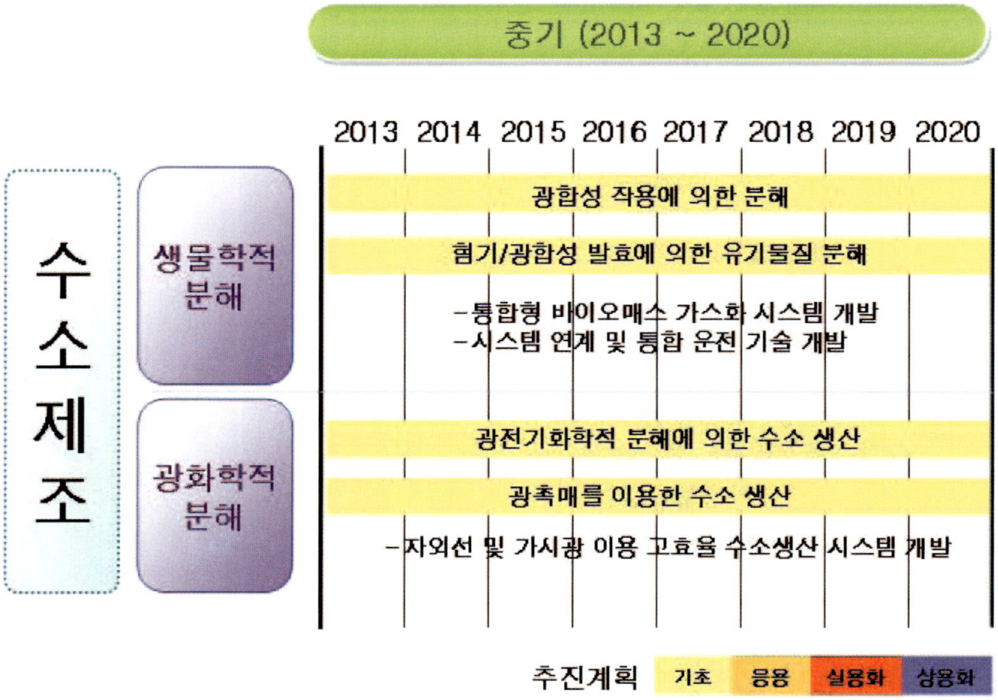

그림 6-9 중기 연차별 기술개발 Road Map

표 6-15 대분류-중분류-소분류에 따른 기술 분류(중기)

대분류	중분류	소분류	세분류
수소 제조	천연 가스/ 석유	- 수소 스테이션 국산화 및 가격 저감화 - 고온 분리막 및 막반응기 사용 수소 분리 및 정제 - 이산화탄소 회수/처리기술	- 시스템 통합 운전 기술 개발 - 고온 정제 기술 개발 - 막반응기를 이용한 syngas 제조 공정 개발
	석탄	- IGCC 연계 수소/전기 생산	- 연료전지 연계운전 기술 개발 - 이산화탄소 회수/처리기술 개발
	전기 분해	- SPE 수전해 - 고온 수증기 전해 - 풍력-전기-수소 연계 기술 - 태양력-전기-수소 연계 기술	- 고효율 및 장수명 PEMFC 수전해 시스템 개발 - 고온 SOFC 수증기 전해 시스템 개발
	열화학적 분해	- 태양광 이용 열화학 사이클 - 원자력 이용 열화학 사이클	- 태양광 고온 집적로 기술 개발 - 제4세대형 원자로 열원 이용 기술 개발
	생물학적 분해	- 광합성 미생물에 의한 수소 생산 - 혐기 발효에 의한 유기물질 분해 수소생산	- 통합형 바이오매스 가스화 시스템 개발 - 시스템 연계 및 통합 운전 기술 개발
	광화학적 분해	- 광전기화학적 분해에 의한 수소생산 - 광촉매를 이용한 분해 및 수소생산	- 자외선 및 가시광 이용 고효율 수소생산 시스템 개발

3. 장기(2021~2030)

가. 장기 목표

○ 궁극적으로 부존자원이 없는 우리나라에 가장 적합한 신·재생에너지원으로부터 수소를 제조하는 기술개발에 연구에 집중.

○ 수소경제의 실현을 위한 수소제조 기술 분야에 있어 제반여건을 완성.

나. 장기 추진전략

○ 수소제조기술의 경제성을 확립하고, 시장성숙 및 인프라를 완비. 수소제조기술을 다양화하여 적용분야 특성에 알맞은 기술을 접목.

○ 또한, 재생 가능한 에너지원으로부터 수소를 제조하는 기술을 확립하여 에너지 자립국가로서 기술적 우위를 점유.

다. 개발/실증/보급 정책 요구사항

○ 현 단계에서는 기술의 성숙기이므로 기업들의 진출을 장려하여, 국민들에 대한 홍보를 통하여 시장형성을 확대하여 가격경쟁을 유도.

○ 에너지는 정부차원에서 고려해야할 문제이므로 공기업을 통한 공급 및 가격 조율을 통하여 수소 에너지 시장을 안정화시키는데 노력해야 할 것으로 사료.

라. 연차별 추진계획

수소제조분야 중장기 기술개발 로드맵 (장기)

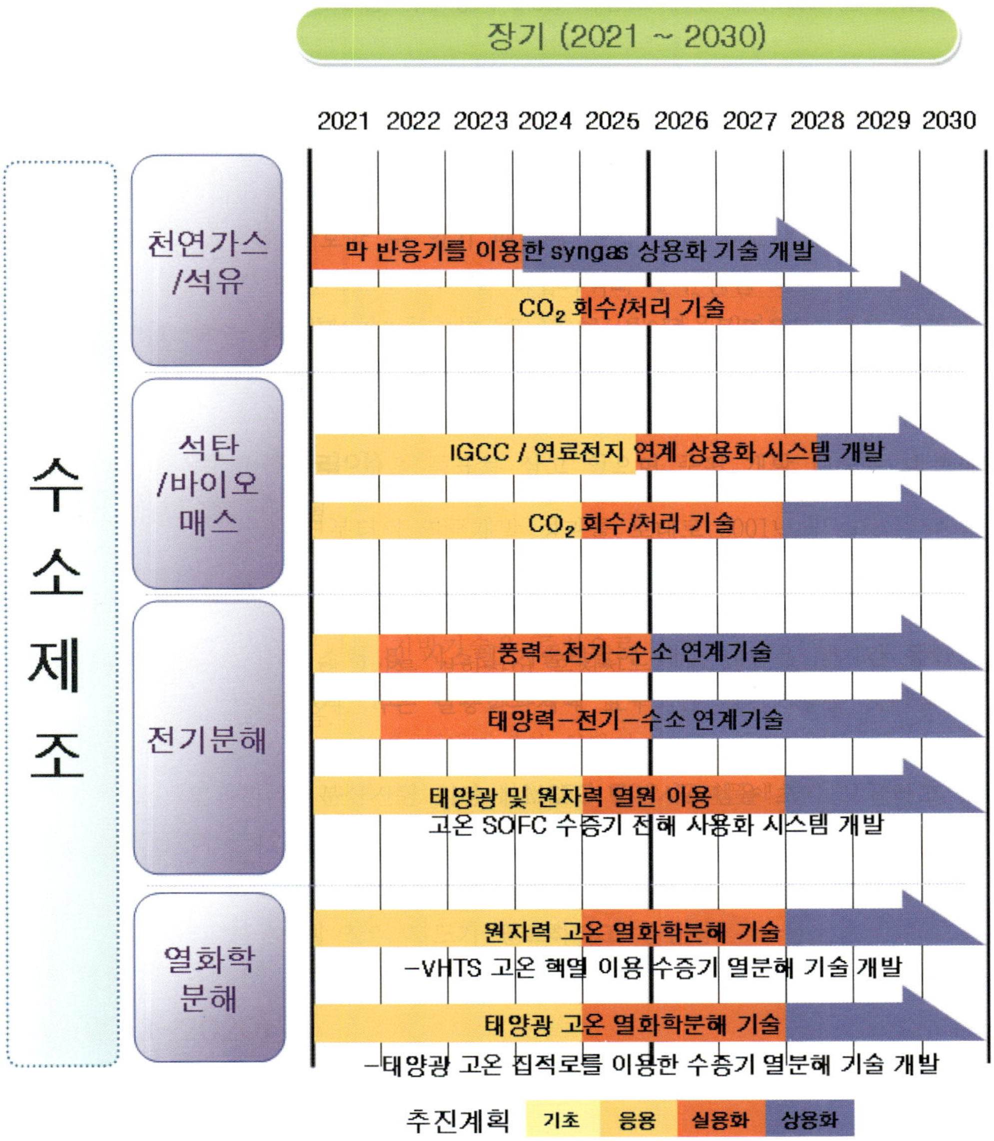

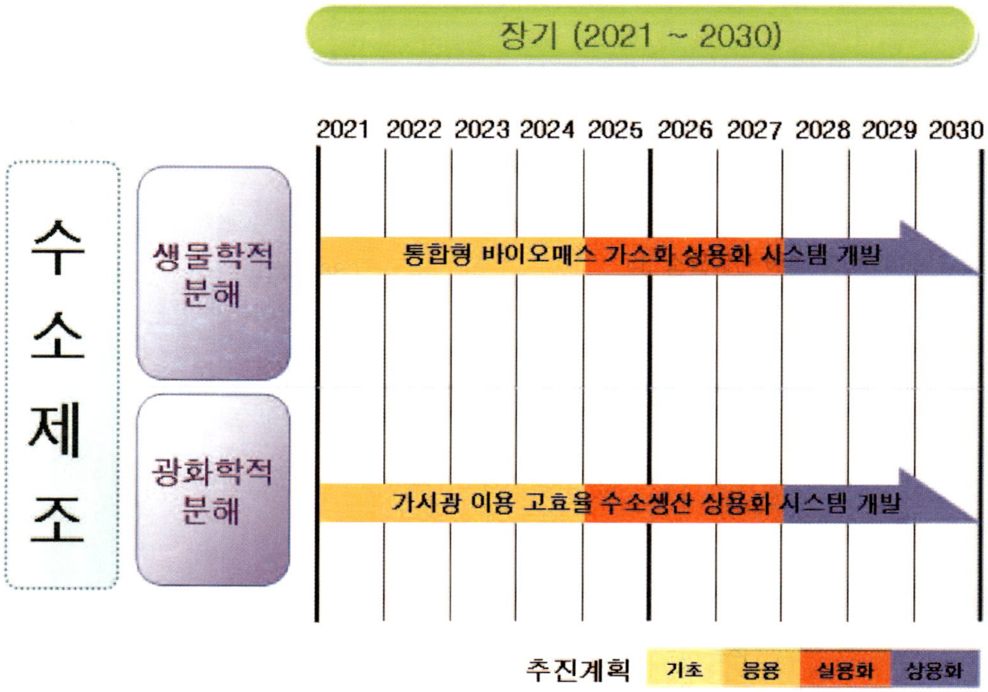

그림 6-10 장기 연차별 기술개발 Road Map

표 6-16 대분류-중분류-소분류에 따른 기술 분류(장기)

대분류	중분류	소분류	세분류
수소 제조	천연 가스/ 석유	- 수소 스테이션 국산화 및 가격 저감화 - 고온 분리막 및 막반응기 사용 수소 분리 및 정제 - 이산화탄소 회수/처리기술	- 수소 인프라 기반 시설 개발 - 막반응기를 이용한 syngas 제조 상용화 기술 개발
	석탄	- IGCC 연계 수소/전기 생산	- IGCC/연료전지 연계 상용화 시스템 개발 - 이산화탄소 회수/처리 상용화 기술 개발
	전기분해	- SPE 수전해 - 고온 수증기 전해 - 풍력-전기-수소 연계 기술 - 태양력-전기-수소 연계 기술	- 고효율 및 장수명 PEMFC 수전해 시스템 개발 - 태양광 및 원자력 열원 이용 고온 SOFC 수증기 전해 상용화 시스템 개발
	열화학적 분해	- 태양광 이용 열화학 사이클 - 원자력 이용 열화학 사이클	- VHTR(Very High Temperature Reactor System) 고온 핵열 이용 수증기 열분해 기술 개발
	생물학적 분해	- 광합성 미생물에 의한 수소생산 - 혐기 발효에 의한 유기물질 분해 수소생산	- 통합형 바이오매스 가스화 시스템 상용화 기술 개발
	광화학적 분해	- 광전기화학적 분해에 의한 수소생산 - 광촉매를 이용한 분해 및 수소생산	- 가시광 이용 고효율 수소생산 상용화 시스템 개발

4. 기술개발 소요예산 예측

> 동 보고서의 Road Map 관련 예산은 전문가들의 의견을 반영한 것으로서 정부의 예산 계획은 아님을 알려드립니다.
> 1. Road Map 구성은 범부처(국가 전체) 차원으로 작성되었음.
> 2. Road Map 예산은 총 사업비(정부+민간) 개념으로 작성되었음.
> 3. 중기 및 장기 예산계획은 추후 동 보고서의 Update 시(매 2~3년 단위) 수정할 계획임.

가. 단기(2008~2012)

표 6-17 단기(2008~2012) 기술개발 소요예산(단위 : 억 원)

대분류	중분류	소분류	연도별 소요예산					총
			2008	2009	2010	2011	2012	
수소 제조	천연가스/석유	수소 스테이션 국산화 및 가격 저감화	30	30	30	20	10	120
		고온분리막 및 막반응기 사용 수소분리 및 정제	10	10	10	5	5	40
	석탄	IGCC 연계 수소생산	15	15	10	5	5	50
	전기분해	알칼리 수전해	5	8	7	3	2	25
		SPE수전해	5	5	5	5	5	25
		고온 수증기 전해	5	5	5	5	5	25
	광화학적 분해	광 전기화학적 분해에 의한 수소생산	5	5	5	5	5	25
		광촉매를 이용한 분해 및 수소생산	5	5	5	5	5	25
총			80	83	77	53	42	335

나. 중기(2013~2020)

표 6-18 중기(2013~2020) 기술개발 소요예산(단위 : 억 원)

대분류	중분류	소분류	연도별 소요예산								총
			2013	2014	2015	2016	2017	2018	2019	2020	
수소 제조	천연가스/석유	수소 스테이션 국산화 및 가격저감화	10	10	10	10	5				45
		고온분리막 및 막반응기 사용 수소분리 및 정제	5	5	5	5	5	5	5	5	40
	석탄	IGCC 연계 수소생산	10	10	10	10	10	10	10	10	80
	전기분해	알칼리 수전해	10	15	15	5					45
		SPE수전해	10	10	10	10	10	10	10	10	80
		고온 수증기 전해	10	10	10	10	10	10	10	10	80
	열화학적 분해	태양광 이용 열화학 사이클	10	10	10	5	5	5	5	5	55
		원자력 이용 열화학 사이클	10	10	10	5	5	5	5	5	55
	생물학적 분해	광합성 미생물에 의한 수소생산	15	15	15	10	10	10	10	10	95
		혐기 발효에 의한 유기물질 수소생산	10	10	10	10	10	10	10	10	80
	광화학적 분해	광전기화학적 분해에 의한 수소생산	10	10	10	10	10	10	10	10	80
		광촉매를 이용한 분해 및 수소생산	10	10	10	10	10	10	10	10	80
총			120	125	125	100	90	85	85	85	815

다. 장기(2021~2030)

표 6-19 장기(2021～2030) 기술개발 소요예산(단위 : 억 원)

대분류	중분류	소분류	연도별 소요예산										총
			2021	2022	2023	2024	2025	2026	2027	2028	2029	2030	
수소 제조	천연 가스/ 석유	CO_2 회수/처리 기술	10	10	10	10	10	10	10	10	10	10	100
		고온분리막 및 막반응기 사용 수소분리 및 정제	5	5	5	5	5	5	5	5	5	5	50
	석탄	IGCC 연계 수소생산	10	10	10	10	10	10	10	10	10	10	100
	전기 분해	SPE수전해	10	15	15	5	5	5	5	5	5	5	75
		고온 수증기 전해	10	10	10	10	10	10	10	10	10	10	100
		풍력-전기-수소 연계 기술	10	10	10	10	10	10	10	10	10	10	100
		태양력-전기-수소 연계 기술	10	10	10	10	10	10	10	10	10	10	100
	열 화학적 분해	태양광 이용 열화학 사이클	10	10	10	5	5	5	5	5	5	5	65
		원자력 이용 열화학 사이클	10	10	10	5	5	5	5	5	5	5	65
	생물 학적 분해	광합성 미생물에 의한 수소생산	15	15	15	10	10	10	10	10	10	10	115
		혐기 발효에 의한 유기물질 수소생산	10	10	10	10	10	10	10	10	10	10	100
	광 화학적 분해	광전기화학적 분해에 의한 수소생산	10	10	10	10	10	10	10	10	10	10	100
		광촉매를 이용한 분해 및 수소생산	10	10	10	10	10	10	10	10	10	10	100
총			130	130	130	115	115	115	115	115	115	115	1170

라. 소요예산 예측 총괄(2008~2030)

표 6-20 중장기(2008～2030) 기술개발 소요예산(단위 : 억 원)

대분류	중분류	연도별 소요예산			총
		단기('08～'12)	중기('13～'20)	장기('21～'30)	
수소 제조	천연가스/석유	160	85	150	395
	석탄	50	80	100	230
	전기분해	75	205	375	655
	열화학적 분해	-	110	130	240
	생물학적 분해	-	175	215	390
	광화학적 분해	50	160	200	410
총		335	815	1,170	**2,320**

7장

수소 저장

I. 기술개요 및 범위

1. 기술 개요 및 특성

○ 수소저장 기술은 수소제조 및 운송 기술과 함께 수소 에너지 사회 구현을 위해 필요한 핵심 기술.

○ 수송용 연료전지 시스템에서는 1회 수소 충전 시 자동차의 주행거리 500~600km를 확보하기 위하여 5kg의 수소를 저장하는 기술 개발이 필요.

○ 또한 수소 충전소와 같이 다양한 수소제조 기술을 통하여 얻어진 수소를 일시 저장하여 연료전지 자동차 등에 공급하는 과정에서도 고용량 수소저장 시스템이 필요.

○ 수소저장 용량의 향상과 함께 연료전지 시스템의 운전 범위 내에서 적절한 속도로 수소 방출/저장이 이루어져야 실제 시스템에 적용할 수 있음.

○ 또한 저장 시스템의 안전성 및 경제성 확보도 실용화에 반드시 필요.

○ 수소저장 기술은 크게 고압기체 저장, 액체수소 저장 및 수소저장 재료를 이용하는 방법이 있고, 수소저장 재료를 이용하는 방법에는 수소의 흡착과 가역 및 비가역 반응을 이용하는 방법이 있음.

○ 최근 개발되는 수송용 연료전지 시스템에서 수소저장 시스템은 고압기체 저장을 위주로 기술 개발이 진행되며, 액체저장 기술이 일부 응용되는 추세임.

○ 수소저장 재료를 이용하는 방법이 수송용 연료전지 시스템에 응용되는 예는 극히 적으며, 이것은 수소저장 용량이 시스템 기준으로 아직 낮고, 수소 방출/저장 속도 또한 연료전지 시스템의 운전 조건에서 확보하기 어렵기 때문.

2. 개발 당위성

○ 수송용 연료전지 시스템의 개발목표는 자동차가 1회 수소충전으로 500~650km 주행할 수 있는 수소의 양(5kg H_2)을 저장하는 기술개발에 있으나, 기술적 및 경제적 측면에서 이 목표를 만족하는 수소저장 기술은 아직 개발되어 있지 않음(DOE 2006년 보고 : 170~300km/1회 충전).

○ 현재 상업화 단계에 있는 고압기체 저장기술, 액체수소 저장기술, 수소저장합금을 이용한 수소저장 기술조차도 미국 DOE에서 제시한 2010년 이후 연료전지 자동차용 수소저장 시스템의 저장용량 목표를 달성하지 못하고 있음(그림 7-1 참조).

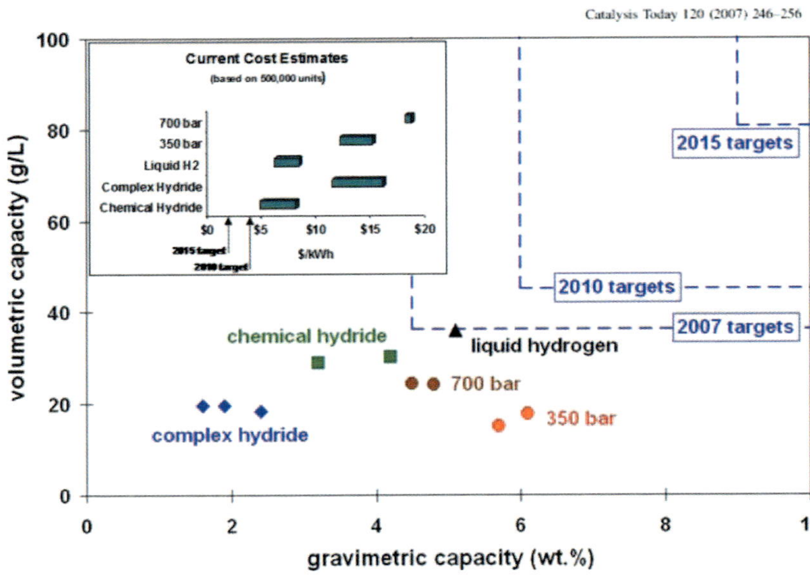

그림 7-1 현재 기술 수준에서 시스템 기준 수소저장 용량

○ 수소저장 용량 이용에 수소 저장 및 방출 속도와 안전성 및 경제성을 고려할 때 전통적인 고압기체 및 액체수소 저장 방법과 함께 수소저장 재료를 이용한 수소제조 기술의 혁신이 반드시 필요.

3. 세부기술 분류 및 범위

○ 수소저장 기술은 저장 형태에 따라 크게 고압기체, 액체수소 및 수소저장 재료에 의한 수소저장으로 분류되며, 각 기술별 세부 분류와 기술 범위는 아래와 같음.

가. 고압기체 저장

○ 수소를 기체 상태로 저장하는 가장 일반적인 방법으로 고압에 안정하도록 설계된 강철이나 경량 복합재료 탱크(lightweight composite tank)에 350~700bar의 압력으로 수소를 저장.

○ 현재 기술 수준에서 수소저장 탱크가 포함된 시스템을 기준으로 약 20kg/m^3 및 4~6wt%의 수소저장 용량을 나타냄.

○ 고압에서 안정한 복합재료 탱크 제작기술과 제작단가 저감기술 및 고압기체 고속 충전 기술이 상용화 기술의 핵심이라 할 수 있음.

○ 재료의 파손 관련 연구, 강하면서도 저가의 구조재료, 특히 탄소섬유의 개발과 고효율 청정 압축기(1000bar) 개발 등이 기술 개발 범위에 포함됨.

○ 최근 안전성 확보 및 수소저장 용량 향상을 위해 고압기체 저장과 금속 수소화물을 결합한 hybrid 수소저장기술이 연료전자 자동차용 수소저장 기술로 가능성을 보이고 있으며, 이러한 수소저장 시스템에는 효율적인 열교환 시스템 기술이 추가로 필요함.

나. 액체수소 저장

○ 수소를 액화온도(-253℃)까지 냉각하여 액체로 수소를 저장하는 기술로, 액체수소는 -253℃에서 70.8kg/m^3의 밀도를 나타냄.

○ 현재 기술 수준에서 극저온 저장 탱크가 포함된 시스템을 기준으로 약 35kg/m^3 및 5~6wt%의 수소저장 용량을 나타내어, 고압기체 저장에 비해 부피 기준으로 에너지 밀도가 다소 높음.

○ 그러나 수소를 액화시킬 때 많은 에너지가 소모되며, 지속적으로 수소가 기화되므로, 고효율 액화기술과 함께 단열용기 개량, 비등으로 손실된 수소의 자동 회수 및 이용 기술이 필요.

다. 수소저장 재료에 의한 수소저장

○ 수소를 고체 및 액체 재료에 저장하는 방법은 고압기체 및 액체수소 저장 방식에 비해 수소 저장 용량이 높고, 안전하여 미래 수소저장기술로 활발히 연구되고 있음.

○ 수소저장 재료의 수소 저장/방출 방법에 따라 1) 흡착 저장, 2) 가역적 금속 수소화물 저장 및 3) 비가역적 화학 수소화물 저장 등 크게 3가지로 분류됨.

1) 흡착 수소저장

○ 흡착 저장 기술은 고표면적 수소저장 재료에 수소를 물리적 또는 화학적으로 흡착하여 수소를 저장하고 방출하는 방법으로, 수소흡착 재료 자체의 변화는 없음.

○ 흡착저장 기술의 핵심은 고용량 수소 저장이 가능한 고표면적 수소저장 재료 합성 기술, 수소 저장/방출 용량 및 속도 향상을 위한 표면 처리기술, 수소 저장/방출에 따른 효율적인 열관리 기술 및 전체 연료전지 시스템과의 연계 기술 등임.

○ 대표적인 수소 흡착 저장 재료는 유기금속구조물(MOF, metal organic frameworks), 탄소 나노튜브를 비롯한 탄소 나노재료와 무기계 나노구조재료 및 제올라이트 등이 있음.

○ 탄소 나노튜브는 다른 탄소계 나노재료와 함께 과거 10년간 연구계의 많은 관심을 끌어왔으나, 최근 순수한 탄소 나노튜브의 경우 상온에서 1wt% 이하가 저장됨이 밝혀졌음. 그러나 금속 나노입자를 비롯한 탄소 나노튜브의 표면처리 기술에 의해 표면을 기능화 해줌으로써 수소저장량이 향상될 수 있어(>3wt%) 표면 처리 기술 개발 필요.

○ 금속유기물 구조체(MOF), 제올라이트 등 비표면적이 큰 물질의 경우도 탄소 나노튜브와 마찬가지로 상온 수소저장 용량이 낮고, 저장 용량의 재현성이 없어 많은 연구가 필요한 상태임.

○ 초저온 흡착저장의 경우 수소저장 용량이 향상될 수 있어 최근 많은 연구가 진행되고 있음.

2) 가역적 금속 수소화물에 의한 수소저장

○ 수소저장 재료의 결정격자 내부에 수소가 침입함으로써 수소를 저장하는 방법으로 금속 수소화물(수소흡장합금)을 이용하는 방법이 잘 알려져 있으며, 수소의 저장과 방출이 가역적으로 일어나는 것이 특징.

○ 금속 수소화물에 의한 수소저장의 핵심기술은 고용량 수소 저장이 가능한 저가 금속 수소화물 합성 기술, 수소 저장/방출 용량 및 속도 향상을 위한 재료 처리 기술, 수소 저장/방출에 따른 효율적인 열관리 기술 및 전체 저장 시스템 구성 기술 등임.

○ 금속 수소화물은 수소 저장/방출 온도에 따라 $LaNi_5$, Ti계 합금 등의 저온형 금속 수소화물과 MgH_2, $NaAlH_4$와 같은 알라나이트(alanates), $LiBH_4$와 같은 붕소수소화물(borohydrides), 아미드(amide)/이미드(imide)계 물질 등의 중고온형 금속 수소화물로 분류됨.

○ 일부 금속 수소화물은 수소저장합금으로서 그 기술이 산업화 단계이나, 무게 기준으로 수소저장 용량이 낮아 수송용, 휴대용보다는 정치용 등의 특수 목적에 적합.

○ 즉, 일반적인 금속 수소화물의 경우 현재 기술 수준에서 저장 탱크가 포함된 시스템을 기준으로 약 $20kg/m^3$ 및 1~3wt%의 수소저장 용량을 나타내어 실제 수송용 연료전지 시스템에 적용하기는 어려움.

○ 또한 수소/저장 방출이 연료전지 시스템 운전 범위 내에서 이루어지지 않는 경우가 많아 따라 연료전지 시스템에 적합한 새로운 저온형 및 고온형 금속 수소화물 개발이 필요.

○ 알라나이트 중에서는 $NaAlH_4$가 가장 활발히 연구되었으며, Ti 같은 촉매를 첨가함으로써 저온 저장/방출 속도와 가역성이 크게 향상된다고 보고되었음. 물질 기준으로 4~5wt% 정도의 수소저장 용량을 나타내며, 자연발화 및 가격 등의 문제를 해결해야 함.

○ 가역적 금속 붕소 수소화물의 경우 첨가제를 사용함으로써 고체 상태에서 수소를 가역적으로 저장/방출시킬 수 있고, 물질 기준으로 수소저장 용량이 7.4~14.9wt%로 높아 많은 연구 개발이 진행되고 있음.

3) 비가역적 화학 수소화물에 의한 수소저장

○ 화학 수소화물은 화학반응을 이용하여 수소를 저장하는 재료로서, 수소 저장/방출 반응이 비가역적으로 일어나 수소 방출에 의해 생성된 물질을 다시 원상태의 화학 수소화

물로 재생시키는 반응공정이 필요한 것이 특징임.

- 화학 수소화물에 의한 수소저장의 핵심기술은 일반적으로 급격히 일어나는 수소 방출 반응의 제어 및 열관리 기술, 자열 반응기 제작 및 대형화 기술, 화학 수소화물의 효율적인 재생기술, 경제적인 화학 수소화물 합성 기술 등임.
- 화학 수소화물로는 $NaBH_4$와 같은 붕소 수소화물의 가수분해 반응을 이용하는 방법이 잘 알려져 있으며, 현재 기술 수준에서 시스템 기준으로 DOE의 2007년도 목표에 근접한 약 $30kg/m^3$ 및 3.5~4.5wt%를 나타냄. 그러나 그 이상으로 수소 저장 용량을 향상시키는 것은 현재 기술 수준에서는 매우 힘들 것으로 여겨지고 있음.
- $NaBH_4$ 이외에 최근 수소저장용량이 보다 큰 물질로서 암모니아 보레인(NH_3BH_3)이 연구되고 있으며, 물질 기준 수소저장 용량은 19.6wt%로 매우 높으나, 다단계 탈수소 반응의 제어를 통하여 재생이 쉬운 생성물을 형성할 수 있도록 하는 기술 개발이 진행 중.
- Boron system 이외에 MgH_2와 물과의 반응을 이용하는 수소 방출/저장 방법이 알려져 있으며, 유기물을 이용한 수소의 방출/저장 시스템도 개발되고 있음.
- 최근 개발되는 새로운 형태의 액체 유기물은 물질 기준으로 약 5~7wt%의 수소저장 용량을 가지고 있는 것으로 알려져 있으며, 수소 저장용 액체 유기물의 개발과 함께 탈수소 반응용 촉매 개발 및 반응열의 효과적인 공급과 이용을 위한 반응 시스템 개발도 추진되고 있음.
- 물질 기준으로 가역적 금속 수소화물 및 비가역적 화학 수소화물의 수소저장 용량을 고압기체 및 액체수소 저장과 비교하면 다음 그림 7-2와 같음.

A. Züttel, "Materials for hydrogen storage", materialstoday, Septemper (2003), pp. 18-27

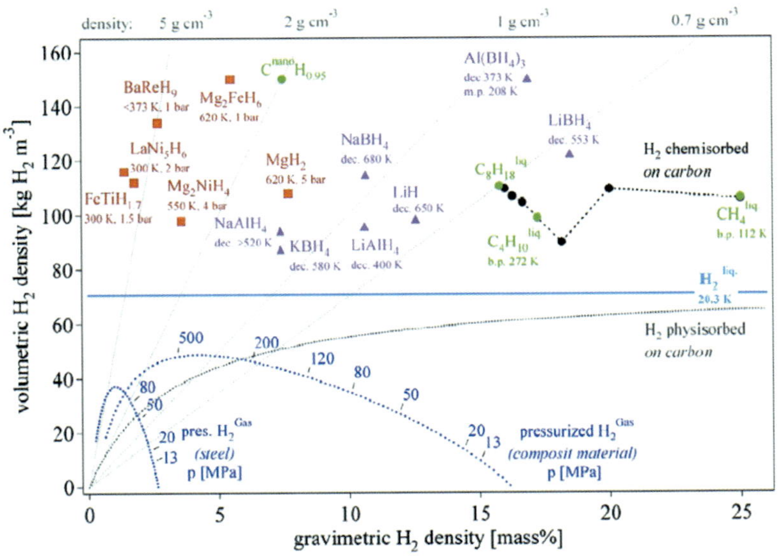

그림 7-2 물질 기준 수소저장 용량 비교

Ⅱ. 국내기술 수준 및 기술 동향 분석

1. 기술 수준

가. 세부 요소기술별 기술 수준

1) 고압기체 저장

○ 고압기체 수소저장의 경우 수소연료전지 자동차용으로 350~700bar에서 6~10wt%의 수소를 저장할 목적으로 KCR, 현대자동차를 중심으로 저장용기의 저가/경량화/고압화가 이루어져 연료전지 자동차에 장착하여 시험 중.

○ 안전성과 가격 경쟁력을 확보하기 위하여 가벼운 탄소섬유 복합재료 탱크의 개발에 집중하고 있으며, 재료의 수소 취화방지 기술, 안전성 향상 기술, 1000bar 이상의 청정 압축기 기술 등에 대해 개발이 이루어지고 있음.

2) 액체수소 저장

○ 액체수소 저장의 경우 단열상태가 우수하여 수소의 증발(boil-off)이 낮은 극저온(-253℃) 단열 보온조의 개발이 진행되어 왔으나, 기술의 응용에 한계성이 있어 현재 국내에서는 기술개발이 중단된 상태임.

3) 수소저장 재료에 의한 수소저장

○ 흡착 수소저장, 가역적 및 비가역적 수소화물에 의한 수소저장은 대부분 수소 프런티어 사업에 의해 진행되고 있음.

① 흡착 수소 저장

- 탄소 나노튜브에 의한 수소저장은 상온에서 0.5wt% 정도이나, 금속을 이용하여 탄소 나노튜브의 표면처리를 하면 수소저장량이 크게 향상되며(3wt%), 이러한 결과는 MOF를 비롯한 고표면적 나노재료에서도 관찰되었음.
- 무기물계 나노물질도 연구가 진행 중에 있으며, MOF에 대한 연구도 활발히 진행되고 있음.

② 가역적 금속 수소화물에 의한 수소저장

- 금속 수소화물을 이용한 수소저장 기술은 국내에서도 재료개발부터 이용기술에까지 상당한 수준의 연구개발이 진행되어 왔음. 이 재료들은 부피기준 저장밀도가 50~100kg/m^3으로 높다는 장점이 있으나, 무게기준 저장밀도가 최대 2.5wt%로 낮아 연료전지 자동차의 저장탱크에 적용하는 데 어려움이 있음.
- 프런티어 사업으로 고온형 및 저온형 수소저장합금이 연구되고 있으며, 고압기체 수소저장의 안전성과 수소저장 용량의 확보를 위해 용기에 수소저장합금과 고압 수소저장을 결합한 수소저장기술이 현대자동차, 자원연구소, KIST에 의해 개발되고 있음.
- 일부 가역적 금속 붕소 수소화물의 연구는 국내에서도 상당히 진전되어 외국과 기술적 격차가 크지 않은 수준으로, 물질설계 및 성능예측 기술이 잘 확립되어 있으며, 합성기술도 최고 수준을 보유하고 있으나, 대량생산을 할 수 있는 합성장치 및 저장장치의 설계/제작 기술은 낮은 수준임.

③ 비가역적 화학 수소화물에 의한 수소저장

- $NaBH_4$를 이용한 수소 방출 시스템 개발 및 실증 시험이 프런티어 사업에 의해 진행되고 있으며(삼성엔지니어링), $NaBH_4$ 재생공정에 대해서도 연구가 진행되고 있음(KIST, KAIST). 시스템 기준 4wt% 정도의 수소저장 용량을 확보.
- 새로운 boron 화합물 및 유기물 수소 저장에 대해서는 일부 기초 연구가 진행되고 있는 상태임.
- 표 7-1에 수소저장에 대한 국내 기술수준을 나타내었음. 이 중 고압기체 저장은 기술완성 단계에 근접하나 제조가격 저감 등의 연구개발은 계속 필요함.

표 7-1 주요 수소저장 기술 현황

저장 기술	기술수준
고압기체 저장	기술완성 단계
액체수소 저장	연구개발 단계
흡착 저장	연구개발 단계
저온형 금속 수소화물	연구계발-기술완성 단계
중고온형 금속 수소화물	연구개발 단계
화학 수소화물	연구개발 단계

나. 선진국 대비 기술 수준

- 고압기체 저장기술은 KCR, 현대자동차를 중심으로 저가/경량/고압 용기의 개발에 집중하여 집중 개발되고 있어 선진국과 비교하여 상당한 수준에 도달하였으나, 액체수소 저장기술은 국내에서 기술개발이 수행되지 않아 기술 수준이 많이 낮음.
- 흡착 저장의 경우 탄소 나노튜브의 표면처리를 통하여 수소저장 용량을 향상시키는 연구에 진전이 있었으며, MOF를 비롯한 고표면적 나노재료에서도 동일한 현상이 관찰되어 재료 합성 면에서는 어느 정도 선진국 기술과 근접하였다고 생각되나, 저장 시스템 제작 및 운용 면에서는 기술 수준차이가 매우 큼.
- 금속 수소화물의 경우 저온형 재료 및 이를 이용한 수소 저장/방출 시스템은 국내에서도 실증시험을 실시하는 회사가 증가하고 있어 기술 수준 차이는 아주 크지 않음.
- 중고온형 금속 수소화물의 경우에도 물질의 설계, 합성, 물성 제어 기술이 상당한 수준에 도달하였으나 합성장치와 저장탱크의 설계 및 제작 기술은 외국에 비하여 낙후되어 있음.
- 화학 수소화물의 경우 $NaBH_4$를 제외한 다른 보론계 화합물 및 유기물에 대해 수소저장 기술 개발이 이루지지 않아 기술 수준에 차이가 있음.

표 7-2 선진국과의 기술격차

기술분류	선진국	한국	기술년차(년)
고압기체 저장	100%	80%	2
액체수소 저장	100%	50%	5
흡착 저장	70%	50%	2
저온형 금속 수소화물	100%	80%	2
중고온형 금속 수소화물	80%	60%	2
화학 수소화물	70%	50%	2

2. 기술개발 및 산업체 동향, SWOT 분석

가. 기술개발 동향

- 고압기체 수소저장의 정치용 철강 고압용기는 오래전부터 제조되고 있으며, 주로 실험용이나 특수용기로 활용할 목적으로 제작.

- 자동차용 연료용기는 고압용기로서 경량화를 달성하기 위해서 복합재료 용기 개발이 1992년부터 1994년까지 한국가스공사와 한국화이바가 공동으로 천연가스 자동차용으로 알루미늄 라이너에 유리(또는 탄소)섬유로 보강한 고압용기를 40L의 트럭, 버스용 80L를 개발 완료하였음. 그 밖에도 한국기계연구원에서 G7 과제 개발사업의 일환으로 "경량, 고압용기 개발"을 1994년 말 연구개발 완료.
- 2000년 한국가스안전공사에서는 철강제 라이너 복합재료 용기 제조 및 검사기준에 관한 법을 제정.
- 최근에는 자동차 탑재용 연료전지의 수소저장용기로 KCR, 현대자동차를 중심으로 활발히 개발되고 있으며, 고압가스 수소저장을 금속 수소화물과 연계한 hybrid 저장기술개발이 진행되고 있음.
- 액체수소 저장을 이용한 수소자동차용 내연기관에 관한 연구는 1980년대에 성균관대학교 연구팀이 수행하였고, 1989년 과학기술처 국책연구개발사업으로 "초저온을 이용한 수소저장 기술개발사업"이 한국과학기술연구원에서 시작되었으나 G7 과제의 기획으로 과기처 국책사업이 중도에 중단되어 소기의 성과를 거두지 못하였음.
- 1993년부터 정부주도의 차세대 수송기계 사업(G7)의 일환으로 수소자동차의 개발이 진행되었으며, 여기에는 금속 수소화물에 의한 수소의 저장방법이 포함되었으나, 액체수소를 연료로 사용한 수소자동차 및 연료전지 이용 hybrid 자동차의 연구는 수행된 바가 없음.
- KIST에서는 1996~1998년에 수소액화 및 저장시스템 개발과제를 수행하여 소형 수소액화시스템(0.5ℓ/hr급) 및 5.5ℓ급의 액체수소 저장용기를 개발하였으며, 2000년부터 한국가스공사 주관을 하여 액체수소 저장의 상업화 연구를 수행.
- 탄소 나노재료에 수소를 저장하는 기술은 수소저장에 유리한 구조를 찾는 연구와 나노재료의 대량생산 및 고순도를 갖는 정제기술 개발, 수소저장기구 규명 및 표면처리 및 도핑 등을 통한 수소저장량 향상, 그리고 수소저장 중이나 저장 후의 탄소 나노재료 물성 변화 등이 연구되어 왔으며, 2004년부터 수소연료전지 사업단의 지원을 받아 탄소 나노튜브에 수소를 저장하는 기술이 전북대학, 성균관대학, 서울대학, 고려대학이 중심이 되어 수행하여 금속 표면 처리가 수소저장량을 크게 향상시킴을 확인.
- 수소저장합금을 이용한 수소저장은 국내에서도 상당한 연구가 진행되어 왔으나 학계위주의 기초기술에 치중하였으며, 기업체의 연구로는 수소저장합금에 연구를 수행하였던 덕양가스 및 전기자동차용 니켈/수소저장합금전지의 경원산업과 전지용 합금을 생산하려고 하는 (주)알덱스 등이 있었음.
- 2003년에 시작한 과학기술부의 프런티어 사업으로 저온형 및 고온형 수소저장합금의 개발뿐만 아니라, 금속착 수소화물, 고표면적 나노재료, 수소저장 측정시험 평가에 이르기까지 다양한 수소저장 기술 개발.
- 붕소 수소화물의 경우 삼성엔지니어링에서 연료전지 스쿠터, KIST에서 필드로봇에 $NaBH_4$

수소 발생 시스템을 장착하여 실증시험 완료. 부산물 회수 및 열화학 공정을 이용한 재생 기술 개발 진행.

나. 산업체 동향

- ○ 고압기체 수소저장의 경우 탄소섬유 복합재료 탱크 기술 개발 추진, 경량화의 지표인 무게/체적비(kg/ℓ)가 철강 실린더의 경우보다 낮아지고 물성이 향상되었으나, 제조가격이 철강에 비하여 2~3배 높아 경제성 향상을 위해 기술 개발 진행.
- ○ 수소저장합금을 이용한 수소저장의 경우 니켈/수소저장합금 전지가 상용화되어 기술 저변이 확보된 상태이며, 히트펌프, 수소저장 시스템 등의 기반 기술도 확보하고 있고, 현재에도 새로운 수소저장합금의 개발에 대한 연구개발이 프런티어 과제를 통해 활발히 이루어지고 있음.
- ○ 그러나 MOF, 제올라이트, 중고온 금속 수소화물 등의 수소저장기술은 아직 국내 산업체에서 개발되지 않고 있는 실정임.
- ○ $NaBH_4$ 이용 비가역적 수소 발생 시스템의 경우 삼성엔지니어링에서 휴대용 연료전지 시스템에 장착하여 상용화 기술 개발 진행 중.

다. SWOT 분석

강점(Strength)	약점(Weakness)
- 수송용 연료전지 산업에서 수소저장의 중요성 인지 - 높은 이론용량의 on-board 재생 가능한 재료 다양하게 제시 - 새로운 고용량 상온흡착물질 제시 - 기술의 응용분야 매우 넓음	- 수소저장 기술개발 인프라 빈약 - 화석연료와 유사한 수소저장 용량을 갖는 저장기술 부재 - 수소저장 재료의 수소 방출/저장 조건과 연료전지 시스템 운전조건이 부합하지 않음 - 가격 경쟁력 낮음
기회(Opportunity)	**위협(Treat)**
- 각국의 온난화가스 규제강화 - 수송용 에너지원과 미래 에너지로서 수소의 중요성 인지 - 고압기체/액체수소 저장기술의 한계 - 새로운 수소저장 재료에 대한 활발한 탐색 진행 중	- 난해한 기술의 해결 가능성 불확실 - 기술개발 비용 막대 - 신기술개발에 대한 부담 - 수소에너지에 대한 일반인의 부정적 인식

3. 국내 산업 현황 및 타 산업과의 연관성

가. 산업현황

○ 국내의 수소는 에너지원이 아닌 자체 석유화학 공정용 또는 화학 공업의 원료로 사용되고 있음.

○ 따라서 수소의 생산 및 저장은 수소의 수요처에서 자체적으로 시설을 구축하고 있으며, 특수한 용도의 수소는 주로 카트리지가 장착된 트레일러로 생산지로부터 수요처까지 수송되고 있음.

○ 국내에서의 수소유통량은 파이프라인으로 56%, 카트리지로 44%의 양을 공급하고 있으며 정제수소의 공급 가능량은 현재 시간당 2만 2천Nm^3 규모임.

○ 울산, 여수 및 대산 등의 30여 개 정유, 제철 및 화학회사에서 제조되는 국내의 수소 생산량은 연간 56만 톤으로 약 1조 원의 시장규모임. 제철공장에서는 자체적으로 발생되는 COG(coke oven gas)에 포함된 수소를 PSA공정으로 분리하여 사용하고 있음(연 4천 톤).

○ 대부분의 수소(82%)는 정유공장 및 제철공장 등에서 자체적으로 생산하여 사용하고 있으며, 사용하고 남은 약 18%가 외부로 판매되어(연 10만 톤) 반도체/재료산업, 전자산업, 우주항공산업 등에 사용됨.

○ 2004년 수소연료전지 사업단이 구성되면서 최근에는 수송용 자동차의 수소저장 및 공급 스테이션에 대한 기술개발이 GS칼텍스, SK에너지, KOGAS를 중심으로 이루어지고 있으며, 2007년 말까지 전국적으로 5기의 수소충전소가 건설될 계획.

○ 그러나 수소를 에너지원으로 사용하는 산업은 아직 발달되어 있지 않아 에너지원으로 수소저장 및 수송기술은 산업화되지는 못함.

○ 에너지원으로 사용하기 위한 고압기체 수소저장은 KCR, 현대자동차를 중심으로 연료전지차량의 수소저장용기 개발을 목표로 산업화 초기 단계임.

○ 기타 고체 수소저장 기술은 특수 용도에 따라 산업체에서 제작하고 있으나 그 생산량은 미미함.

○ 니켈/금속수소화합물 2차 전지의 경우 세방전지에서 생산 라인을 구축하고 생산을 준비하고 있음.

나. 타 산업과의 연관성

- ○ 수소사회 진입 초기인 2012년에는 납사, LPG 및 LNG를 원료로 한 소형 스테이션에서 생산된 연료용 수소가 연간 약 1,000톤으로 전체 수소의 0.1%를 자치할 것으로 예측됨.
- ○ 수소제조기술의 확립으로 인하여 수소를 공급하는 수소 스테이션 혹은 수소공급라인에 관련된 산업이 요구될 것임(수소 스테이션 50개소).
- ○ 2020년 연료전지 자동차에 필요한 수소가 연간 45만 톤 규모 예상(원자력에 의해 생산되는 연 3만 톤 포함하여 수소 스테이션 1,700개소에서 연 42만 톤의 수소 생산).
- ○ 연료전지 자동차 보급 일반화 및 발전용, 가정/상업용, 휴대용 연료전지 기술이 널리 보급됨으로 인하여 수소제조 산업이 더욱 발전할 가능성이 있음.
- ○ 수소에너지 이용의 다변화로 인하여 용도나 규모에 맞는 수소제조시스템이 요구될 것이며, 이로 인한 관련 산업이 새로 창출될 것임.

다. 기술인력 확보 및 수급현황

- ○ 국내의 경우 수소관련 연구는 1992년도부터 2002년까지 신·재생에너지 프로그램과 2003년 10월에 과학기술부의 21C 프런티어 연구개발 사업으로 출범한 수소사업단의 지원을 통하여 수소 제조/저장/이용 기술개발이 진행되고 있음.
- ○ 이들 사업을 통하여 학교에서는 각 분야에 전문지식을 가지는 연구 인력을 배출하고 있으며, 정부연구소나 기업에서는 기술력을 확보함으로 인하여 경쟁력을 강화하고 있음.
- ○ 2005년부터는 산자부에서 신·재생에너지 인력양성사업을 통하여 수소연료전지 특성화 대학원이 전북대학과 연세대학에 지원되어 석·박사 학위소지 전문 인력이 연간 40명씩 배출되며, 수소연료전지 핵심연구센터를 통해 산업체의 재교육, 우수연구실을 통해 전문연구인력을 정규 배출.
- ○ 전문 인력에 대한 체계적인 교육과 배출된 인재들의 기업이나 정부연구소와의 연계가 필요한 실정임.

III. R&D 추진 성과 및 보급시장 분석

1. 과거('88~'07) R&D 추진 현황

○ 과거 ('88~'07) 연구개발의 추진 현황은 다음 표와 같음.

표 7-3 과거(' 88~' 07) 연구개발의 추진 현황

과제명	기간	연구비	주관	주요 Activity	성과분석
SPE 개발사업 외 15개 과제 (종료)	'92 ~'02	65억		수소에너지 기초연구(신 · 재생에너지 프로그램)	기초 탐색 연구
고효율 수소에너지 제조 기술 개발사업	2000~2003	10억/년	에기연	과학기술부 (국가중점연구개발사업)	프런티어 사업으로 발전
천연가스 이용 대량수소 제조 및 저장기술 개발사업	2001~2006	80억	가스공사	산업자원부	천연가스 열분해 기본 자료 확보
수소-천연가스 중대형 동력 시스템 개발	2002~2005	9억	성균관대	산업자원부	수소응용 기술 확보
실리카/다공질 탄소복합체를 이용한 중공사형 수소분리막 모듈 개발	2003~2006	9.6억	에기연	산업자원부	수소분리 기술 확보
고순도 수소 분리용 내구성 치밀질 세라믹 멤브레인 제조기술 개발	2003~2006	1.9억	에기연	산업자원부	수소분리 재료기술 확보
고효율 수소에너지 제조/저장/이용 기술개발사업	2003~2012	100억/년	에기연	과학기술부 (21C 프런티어 연구개발 사업)	수소에너지 기초기술 확보 가능
수소연료전지 사업	2004~2009		KIST	산업자원부 (프로젝트형 사업)	수소연료전지 산업화 기술확보
원자력수소 생산시스템 개발사업	2004~2020	40억/년	원자력연/에기연/KIST	과학기술부	수소에너지 다변화 기술 확보

2. 주요 R&D 성과

가. 기술적 성과

- 고압기체 수소저장은 연료전지 자동차 탑재용 수소저장 탱크와 주변 기술 개발이 현재 자동차와 KCR을 중심으로 진행되어 왔으나, 외국 선진 기술의 도입을 병행 추진하고 있는 실정임(350~700bar용기).
- 국내외 기술을 결합하여 수소연료전지 자동차에 장착하여 주행실험 및 2006년부터 시작한 수송용 연료전지 실증사업에 참여 실험주행 중에 있음.
- 저온액체 수소저장은 2000~2006년 한국가스공사가 대량수소제조 및 수소저장기술개발사업으로 수소의 액화 및 단열기술 개발을 수행하여 상용화에 필요한 기초자료 확보.
- 국내의 수소저장기술 연구개발은 과학기술부 21C 프런티어 사업단과 산업자원부 수소연료전지 사업단의 지원을 받아 이루어지고 있으며, 현재 진행되는 과제는 표 7-4, 7-5와과 같음.
- 가역적 금속 수소화물 수소 저장의 경우 MgH_2, $NaAlH_4$에 대한 연구 및 이를 이용한 고압 수소저장 용기 개발이 프런티어 사업단 과제로 진행되고 수행되고 있으나, 아직은 기초연구단계이며 산업화에 적합한 수소저장 재료 개발이 활발히 진행되고 있음.
- 탄소계 재료 및 다공성 나노재료에 의한 수소 흡착 저장에 대해서는 재료 관련 기초기술 개발에 많은 진전이 있었으나, 실제 응용 기술 개발은 아직 이루어질 단계가 아니며, 현재 다양한 모사기법 및 합성 방법을 통한 다공성 신재료 탐색 작업 진행 중.
- 비가역적 화학 수소화물의 경우 $NaBH_4$를 사용한 수소 저장/방출 시스템 개발 위주로 연구개발이 진행되어 수소방출 시스템에 대한 상용화 기술개발이 추진되는 단계에 이르렀으나, 수소방출 시 나오는 생성물을 다시 $NaBH_4$로 재생하는 공정은 아직 기초연구단계에 머무르고 있음.
- 가역적 수소저장이 가능한 금속 붕소 수소화물에 대한 연구는 국내에서 수소사업단과 독립적으로 수행되어, 상당한 수준의 연구결과를 얻었으며, 저장 재료의 설계 및 성능 예측 기술은 확립되어 있으나, 대량생산을 위한 합성장치 및 저장장치의 설계/제작 기술은 낮은 수준임.

표 7-4 과학기술부 21C 프런티어 사업단 수소저장 관련 과제현황

과제 번호	과제명	최종목표	주관기관
A	연료전지 차량용 금속 수소화물계 수소저장재료 및 소용량 저장 시스템 개발	연료전지 차량용 금속 수소화물계 수소저장재료 및 소용량 저장 시스템 제작/평가	현대자동차
A1	연료전지 차량용 금속 수소화물계 수소저장 시스템 기초연구	연료전지 차량용 금속 수소화물계 수소 저장 시스템 설계 및 제어 기초기술 개발	현대자동차
A2	금속 수소화물 이용한 고성능 수소저장 재료개발 및 저장탱크	유효 수소저장 밀도 3wt% 150kg H_2/m^3 이상, 반복수명이 2,000회 이상인 수소저장재료 개발 및 prototype의 저장용기 구조 제안	한국지질 자원연구원
A3	수소저장용 금속착 수소화물 제조 기술개발	유효저장용량이 5wt% 이상인 금속착 수소화물 제조기술 개발	KIST
B	대용량 Mg계 수소저장 재료 및 활용시스템 기술개발	대용량 Mg계 수소저장재료 및 활용시스템 개발	KIMM
C	탄소계 재료를 이용한 수소저장 기술개발	수소친화력이 증가된 고밀도 탄소 및 금속/탄소 복합체 제조 표면기능화를 통한 다공성 탄소재료의 수소저장력 증대	인하대학교
D	다공성 나노재료를 이용한 수소저장 기술개발	다공성 나노재료의 수소저장기술개발과 원천기술의 확보 및 수소저장용량 4wt% (상온, 100 기압)를 보유하는 유기 금속 다공성 나노재료의 설계 및 제조	한국기초과학 지원연구원
D1	다공성 나노재료를 이용한 수소저장 기술개발	경금속을 이용한 다공성 나노재료의 합성 및 최적의 다공성 나노재료를 이용한 수소저장 기술개발	한국기초과학 지원 연구원
D2	수소저장을 위한 다공성 나노재료의 분자설계 및 제조	수소저장용량 4wt%(상온, 100기압)를 보유하는 유기 금속 다공성 나노재료의 설계 및 제조	인실리코텍
E	수소 저장/방출 특성평가 기술개발	신뢰성 있는 수소저장/방출량 측정 및 평가 기술 확보	한국에너지 기술연구원
F	붕소 수소화물을 이용한 수소 공급 장치 개발	붕소 수소화물을 이용한 수소 공급 장치 개발	삼성 엔지니어링
G	화학적 수소저장 핵심 기술연구	화학적 수소저장 핵심기술 개발	KIST
G1	붕소 수소화물의 재생기술연구	$NaBO_2$로부터 $NaBH_4$ 재생공정 개발	KIST
G2	수소저장용 하이드라진 수화물 분해 반응시스템 개발	수소저장효율 4wt%에 해당하는 2단으로 구성된 수소 공급용 하이드라진 수화물 분해 반응 시스템 개발	전남대학교
H	분자결정과 금속분산을 이용한 수소저장 물질 설계 및 개발	상온 작동 유효 저장용량 6wt%에 이르는 수소 저장물질 설계 및 제조	포항공대
H1	비공유 결합을 이용한 분자결정 구조 및 금속이 분산된 고분자 수소저장 물질 설계	수소 흡착 에너지 20~80kJ/mol과 유효 저장용량 6wt% 이상인 수소 저장 물질 2종류 설계	포항공대
H2	나노기공과 전이금속 혼성체를 이용한 수소저장용 나노튜브 제조	60~80℃, <50 기압 이하 조건에서 무게당 4wt%, 부피당 40kg/m^3 이상의 수소저장 용량을 가지는 나노튜브 제어 제조	KAIST

표 7-5 산업자원부 수소연료전지 사업단 수소저장 관련 과제현황

과제번호	과제명	최종목표	주관기관
A	연료전지 차량용 고압 수소저장 시스템 개발 및 실증	연료전지 차량용 고압 수소저장 시스템 설계 및 개발 차량용 고압 수소저장 시스템의 차량탑재기술 개발	현대자동차
A1	연료전지 차량용 고압 수소저장 시스템 개발 및 실증	고압 수소저장 시스템 시제 실용화 기술개발	(주)로템
A2	연료전지 차량용 고압 수소저장 시스템 개발 및 실증	내장형 레귤레이터 및 내장형 솔레노이드 밸브(350bar 및 700bar)개발 및 국제인증설계 및 개발기술 확보	(주)모토닉
A3	연료전지 차량용 Type 3 고압 수소기체 저장용기 개발	수소 연료전지 차량용 350bar급 Type3 복합재 압력용기 실증 및 실용화 수소 연료전지 차량용 700bar급 복합재 압력용기 개발	(주)이노컴
A4	연료전지 차량용 고압 수소기체 저장용기 개발	연료전지 차량용 고압 수소기체 저장용기 개발	(주)케이시알
A5	연료전지 차량용 Type 3 고압 수소기체 저장용기 개발	수소저장용 알루미늄 라이너 제조기술 개발 및 국산화	삼우기업(주)
A6	연료전지 차량용 Type 3 고압 수소기체 저장용기 개발	수소 연료전지 차량용 350~700bar급 Type3 복합재 압력용기 요소기술 개발 및 알루미늄 라이너 요소기술 개발	한국기계연구원
B	수소 스테이션용 다이어프램 압축기 개발	수소를 850kg/cm2G의 고압으로 압축하는 고압 Metal Diaphragm의 수소 압축기 Package 설계 핵심 기술 개발	광신기계
B1	메탈 다이어프램 수소 압축기의 열교환기 개발	고압 가스 압축기의 냉각부하 계산, Cooling System 설계 및 구성	진주산업대학교
B2	수소 압축기용 메탈 다이어프램의 핵심 해석 기술 개발	450bar(1단계)~850bar(2단계) 수소 압축용 Metal Diaphragm 설계/해석 핵심기술 개발	부산대학교
B3	메탈 다이어프램 수소 압축기의 핵심부품 개발	다이어프램 압축기의 압축 프로세스 시뮬레이션 및 핵심부품 개발	한국기계연구원
C	탄소 나노튜브 이용 수소저장 기술 개발	탄소 나노튜브 사용 고용량 수소저장 장치기술 개발(> 4.0wt%, > 40kg/㎥)	전북대학교
C1	수소저장용 탄소 나노튜브의 구조제어 및 대량합성	수소저장량이 4wt% 되는 단일벽 탄소 나노튜브의 구조 최적화 및 대량 합성기술 개발	고려대학교
C2	고밀도 수소저장능의 탄소 나노튜브/금속 하이브리드 설계 및 제조	고밀도 수소저장능의 탄소 나노튜브/금속 하이브리드 설계 및 제조(> 2.5wt%, > 25kgH2/m3)	서울대학교
C3	탄소 나노튜브의 수소저장 메커니즘 규명	구조 및 기능화에 따른 탄소 나노튜브 수소저장 메커니즘 규명 및 수소저장 능력 최적화, 극대화 방안 도출	성균관대학교

나. 산업태동 성과

○ 고압가스 수소저장은 상업화에 상당한 진전을 보이나 아직은 가격을 더 낮추는 연구가 필요하며, 수소저장재료를 이용한 수소저장기술은 현재까지 연구 개발 초기로서 산업태동 효과는 미미하나 수소 스테이션과 연계한 산업이 태동할 것으로 전망됨.

다. 전문기업 육성

○ 정부는 수소연료전지 사업단을 통하여 전문기업을 육성하고 있으며, 현재 대기업을 포함한 80여개의 기업이 수소연료전지 사업화에 참여하고 있어 매우 고무적임.

○ 특히 2006년부터 시행한 수소연료전지 모니터링 사업은 현재 연구 개발에 참여하고 있는 기업들이 추후 전문기업으로 육성되는 촉매작용을 할 것으로 기대되어 수소저장 기업이 창출될 것으로 예측됨.

3. 국내 시장 동향

가. 보급현황

○ 국내에서 수소가 에너지원으로 아직 사용되고 있지 않으며 주로 정유, 제철, 화학상업 및 반도체 산업의 기초화학 물질로 사용되고 있음.

○ 현재 생산되는 수소는 정유, 제철 및 화학회사에서 제조되어 자체적으로 소모하고 있고 (수소생산량의 82%), 사용하고 남은 약 18%가 외부로 판매되어 (연 10만 톤) 반도체/재료산업, 전자산업, 우주항공산업 등에 사용되고 있음.

○ 수소저장 및 운송 시스템도 자체적으로 보유하고 있어 주로 파이프라인을 통하여 생산지와 저장지 그리고 사용지로 배송되고 있으며, 특수한 응용의 경우 카트리지를 장착한 트레일러를 이용하여 저장 운송하고 있음.

○ 이러한 이유에서 아직은 수소저장기술이 에너지원으로 보급 및 시장현성이 활성화되지 않고 있음.

나. 최근 시장 동향

○ 수소 수요는 매년 5~10%씩 증가하여 2012년 110만 톤에 이를 것으로 전망됨.

○ 수소사회 진입이 본격화될 2020년에는 수소의 소요량이 급격히 증가할 것으로 예측됨.

○ 이와 같은 수소의 수요가 증가함에 따라 수소의 수송 및 저장 시장도 크게 커질 것으로 예측.

다. 장기 시장 전망

○ 2020년 연료전지 자동차에 필요한 수소가 연간 45만 톤 규모 예상(원자력에 의해 생산되는 연 3만 톤 포함하여 수소충전소 1,700개소에서 연 42만 톤의 수소 생산).

표 7-6 국내 수소 생산량 전망

구분	2004년	2007년	2012년	2020년
국내	60만 톤	70만 톤	110만 톤	538만 톤*

주 : 국외시장 전망 2007년까지 연평균 10%, 2012년까지 연평균 20%, 2020년까지 연평균 10% 증가 참조. 2020년 국내의 경우, 1,700개 수소 스테이션(42만 톤. 수소 스테이션 평균 생산능력 130톤/년 기준)과 원자력 3만 톤 포함

○ 이러한 기술 추세에 비교할 때 수소저장 시장이 크게 활성화될 것으로 예측.

라. 주요 선도 기업 현황

○ 대표적인 국내 수소저장 시스템 개발 및 산업화는 현대자동차를 중심으로 KCR, 이노컴, 로템, 삼우 등이 수소연료전지 사업단으로부터 정부의 지원을 받아 진행하고 있으나 판매실적이나 판매망을 구축하고 있는 회사는 아직 없는 실정임.

IV. 해외 주요 국가의 기술 현황 및 시장 동향

1. 미국

가. 기술 수준 및 R&D 동향

- 미국은 한 번 충전으로 300마일 이상의 주행거리를 보이는 탑재형 수소저장기술(물론, 부피에너지밀도, 수소 충·방출 속도 등의 모든 효능과 안전성 및 가격을 만족하는 저장기술)을 개발을 목표로 RD&D 수립.
- 단기적으로는 수소저장기술 개발로 산업화가 가능한 고압기체 수소저장과 저온액체수소 저장기술(재료개발 포함)을 개발하기 위한 완성된 연구 수행.
- 장기적으로는 이 목표를 달성하기 위해 낮은 가격, 경량, 고밀도 수소저장 특성을 가진 금속 수소화물, 금속착 수소화물, 화학 수소화물, 탄소 및 고표면적 재료 등 가능성을 보이는 다양한 수소저장재료 개발을 하고 있음.
- 종래의 금속 수소화합물은 그 물질이 갖고 있는 수소저장량이 낮아(2~3wt%)서 수송용 수소저장기술로 사용이 어려워 특수 목적의 산업에 이용하기 위한 기술개발 방향으로 추진되고 있음.
- 탄소 및 고표면적 흡착재료인 탄소 나노재료, 금속유기구조체(MOF), 무기 나노재료, 고분자 나노재료는 금속표면처리를 하여 수소의 저장량이 크게 향상되는 것으로 보고되고 있으나 아직은 산업화를 할 만큼의 결과는 보고되지 않고 있음.
- 금속착 수소화물, 화학 수소화물은 수소저장용량이 높아 현재 집중적으로 개발되고 있는 수소저장재료이나, 온도와 압력을 낮추는 것이 현재 과제이며 재생을 위한 역반응 기술 개발이 현재 활발히 진행되고 있음.
- 그러나 이들 물질로 현재 기술로는 103~190마일 정도의 주행을 보이고 있어 미국이 목표로 하는 수소저장재료는 아직 없는 상태.
- 이러한 이유에서 미국은 새로운 고용량 수소저장물질의 제조와 개발을 가능하게 하는 저장재료-수소 상호작용을 지배하는 화학적 물리적 공정에 중점을 둔 기초 학술 연구 수행 재개.
- 수소저장 용량을 높이고 흡입/방출 운동을 개선하기 위한 나노구조에 의해 제공되는 새로운 특성화 성능에 대한 투자확대(2006년에 비해 3배).

- 주로 현재의 금속과 복합 수소화물의 성능을 개선하기 위한 2, 3차원의 나노구조 설계
- 이론, 모델링, 모의실험 접근 및 독창적인 분석과 특성 프로그램에 의한 300~400마일 주행 거리, 3~5분 내에 저장.
- 이를 위해 DOE의 "Grand Challenge" 권고안을 통해 3개의 수소저장 우수연구센터를 구축하여 수소저장재료의 개발을 수행하고 있으며 이들 과제에 약 40개 대학, 15개 기업, 연방정부의 연구소 등이 포함.
- 이러한 연구개발을 위해 2006년은 $26.0M, 2007년은 $34.6M, 2008년은 43.9M의 연구비를 투자.
- 2010년과 2015년까지의 미국의 수소저장 기술개발의 주요 목표는 아래와 같음.

표 7-7 미국의 수소저장 기술개발 주요 목표

목표	2010	2015
시스템 무게 기준 수소저장 용량	6wt% (2.0kWh/kg)	9wt% (3.0kWh/kg)
시스템 부피 기준 수소저장 용량	1.5kWh/L (45g/L)	2.7kWh/L (81g/L)
저장시스템 가격	$4/kWh (~$133/kg H_2)	$2/kWh (~$67/kg H_2)
최소 수소공급 유속	0.02g/s/kW	0.02g/s/kW
충전 시간(5kg H_2 기준)	3min	2.5min
수명	1,000cycles	1,500cycles

나. 주요 기술개발 및 실증 Program

- 2006년 및 2007년 수소저장 재료를 사용한 주요 기술개발 현황은 표 7-8과 같으며, 물질 기준으로 3~16wt%의 수소저장 용량을 가지는 다양한 수소저장 재료에 대해 연구개발이 진행 중임을 알 수 있음.
- FreedomCAR(Cooperative Automotive Reserach) & Fuel Partnership 및 California Fuel Cell Partnership 등의 수소관련 실증 프로그램에 의해 압축 수소 탱크가 장착된 연료전지 자동차의 실증 시험이 이루어지고 있음.

표 7-8 DOE 수소저장 재료 개발 현황

Year	Metal Hydrides	Chemical H_2 Storage	Adsorbents/Carbon
2006	Alane ~8-10 wt%,~150 g/L (<150 C) Borohydrides >9 wt%,~100 g/L (~250 - 350 C) Destabilized Binary hydrides ~5-7wt%,~60-90 g/L (~250 C) Li Mg Amides ~5.5wt%,~80 g/L (>200 C)	4,7 Phenanthroline (organic liquids) ~7 wt%, ~65 g/L (<225 C) Seeded Ammonia Borane ~9 wt%,~90 g/L (>120 C) Ammonia Borane/Li amide ~7 wt%, ~54 g/L (~85 C)	Metal-Organic Frameworks IRMOF-177 ~7 wt%,~30 g/L (77K) Bridged catalysts/IRMOF-8 ~1.8 wt.%,~10 g/L (room temperature) Metal/carbon hybrids, MetCars (*theory) ~6-8wt%*,~39 g/L*
2007	Alane (AlH_3) regeneration Chemical, electrochemical, supercritical fluids $LiBH_4$/C aerogels 6-8 wt.%, ~55-75 g/L (~300 C) Reversible $Ca(BH_4)_2$ ~9.6 wt.%, ~105 g/L (~350 C) $Mn(BH_4)_2$ 9-13 wt.% (>100 C) $Mg(BH_4)_2$ 9-12 wt.%, ~110 g/L (~350 C) Destabilized hydrides DFT identified new reactions $LiBH_4/MgH_2$, $CaH_2/LiBH_4$, $LiNH_2/LiH/Si$	1,6-Naphthyridine ~7 wt.%, ~70 g/L (275 C) Surface supported catalyst Amine boranes Ionic liquids ~7 wt.%, 39 g/L (85 C) AB/$LiNH_2$, AB/LiH ~9 wt.%, ~70 g/L (85 C) Solid AB >16 wt.%, >199 g/L (155 C) (>3g/s/kgAB) Liquid AB/catalyst ~ 6 wt.% (~ 80 C) Regeneration 2 step process, est.>50% eff.	Bridged cat./IRMOF-8 >3 wt.%, 100 bar (25 C) ~20 kJ/mol Bridged cat./AX-21 >1 wt.%, 100 bar (25 C) C aerogels ~5 wt.%, ~30 g/L (77 K) Metal-doped C aerogels ~2 wt.% (77 K) ~7-7.5 kJ/mol PANI 2.8 wt.%, 25 bar (25 C) Release at ~100-220 C

다. 보급 현황 및 생산 실적

- 일부 수소연료전지 자동차의 실증사업에서 고압기체 수소저장 탱크가 사용되고 있으나 아직 보급이나 생산 단계는 아님.
- 그 밖의 수소저장재료를 이용한 수소저장은 아직 연구 개발 단계임.

라. 장기 시장 전망

○ 수소경제가 본격적으로 도래하는 2020년경부터는 수소저장 시장이 본격적으로 활성화 될 것으로 기대됨.

마. 주요 선도기업 현황

○ 미국 내 수소저장 선도 기업으로는 Hydrogen Components, Quantum-Tecstar, Safe Hydrogen, America, Ovonic Hydrogen Systems 등이 있음.

2. 캐나다

가. 기술 수준 및 R&D 동향

○ 캐나다 수소생산은 연간 3Mton이며, 대부분 메탄의 수증기 개질반응으로 생산하며, 생산된 수소는 주로 화학공장의 기초화학물질이나 석유공장의 정재공정에 사용되고 있음.

○ 단거리 수송을 위해서 튜브 트레일러, 고압 실린더에 저장하여 수송하고 있으며, 장거리 수송을 위해서는 저온탱크에 액체수소로 수송.

○ 에너지로의 수소저장은 단기적으로 고압기체 수소저장기술을 이용하고 있으나, 안전하고 고용량으로 저장할 수 있는 신수소저장재료의 개발도 R&D수준에서 수행하고 있음

○ 캐나다는 수소연료전지 기술개발을 정부차원에서 지원하고 있으며 Ballard사 등 세계적 기업을 보유 및 연료전지 클러스터를 육성 중.

나. 주요 기술개발 및 실증 Program

○ 상용화를 위한 프로그램은 Canadian Transportation Fuel Cell Alliance(CTFCA)이 있으며, CTFCA는 33백만 캐나다 달러를 연방정부가 투자하여 연료전지 자동차관련 기술(수소전반, 연료전지)개발 실증 평가.

○ 또한 h_2 Early Adopters(h_2EA), Hydrogen Fuel Cells and Transportation Energy Program (HyFATE), Vancouver Fuel Cell Vehicle Program(VFCVP)등의 프로그램을 가동하여 수소연료전지 자동차의 실증사업을 수행.

○ 대표적인 수소저장관련 기업으로는 Sacre Dacey, Dynetek Industries, Hydrogen Highway, Hydrogen village가 있음.

3. 일본

가. 기술 수준 및 R&D 동향

- 고압기체 수소저장은 고압용기개발에 집중하고 있으며 Al-liner, C 파이버를 이용한 경량과 고밀도 수소저장을 추구.
- 35MPa의 용기는 5wt%의 수소를 저장할 수 있으며 수소취화, 재료접합, 감지기술개발을 하고 있음.
- 75MPa의 용기는 고강도화합물 재료를 이용하여 6wt%의 수소저장을 목적으로 저장, 고강도 탄소섬유 응용 기술 개발.
- 플라스틱 라이너 용기를 개발하여 용기의 경량화를 하여 2015년까지는 7.5wt%의 수소저장을 목표.
- 액체수소 저장의 경우 현재 4.8wt%의 수소를 저장하며 증발속도 및 열손실의 저하 등 용기재료 및 제작방법을 개발하여 2025년에는 9wt%의 수소를 저장하고 증발속도는 1~2%/day로 하면서 가격은 저하하는 기술 개발을 목표.
- 고압 수소저장 용기에 수소저장합금을 hybrid하는 기술로 열교환기 개발, 안전성 확보를 추구.
- 2015년경에는 4wt% 이상의 수소저장을 5분 이내에 할 것을 목표.
- 금속저장합금은 3wt% 이하의 수소저장 합금으로 TiCrMn형 Laves합금을 개발하고, 그 이상의 저장밀도를 갖는 신재료 개발을 시도.
- 2015년경에는 6wt% 이상의 수소를 저장하고 1,000회 이상의 수명을 갖는 신재료 개발 목표.
- 탄소 나노재료 및 기타 무기나노재료를 이용한 수소저장기술을 개발하고 있으나 금속착 수소화물, 화학 수소화물이 중점적으로 산업화 방향으로 추진.
- 2020년까지 연료전지 자동차 500만 대, 가정용 연료전지 570만 대(1,000만 kW) 등 보급 추진하고 있으며 연간 300~400억 원 투자.

나. 주요 기술개발 및 실증 Program

- 수소 수요 예상량은 2010년 60억 Nm^3/년, 2020년 283억 Nm^3/년, 2010년 456억 Nm^3/년일 것으로 예측하고 NEDO의 WE-NET를 비롯한 다양한 실증 프로그램으로 수소생산 및 저장기술을 개발하고 있음.
- 특히, Japanese Hydrogen & Fuel Cell Demonstration project(JHFC)는 연료전지자동차의 주행을 수소충전소와 연계하여 실증사업으로 수소연료전지 평가.

V. 산업화 방안

1. 기술적/경제적 target

○ 기술적 목표는 수송용 연료전지, 정지용 연료전지, 휴대용 연료전지에 사용될 수 있는 다양한 고밀도 수소 저장 기술 개발임.

○ 연료전지 승용차의 경우 450~500㎞ 주행거리를 확보할 수 있는 저가의 수소 저장 용기 개발.

○ 수소수송, 수소주유소, power park 등에 사용될 수 있는 저가의 산업용 수소 저장 용기 개발.

○ 휴대용 연료전지에 사용될 수 있는 작은 크기의 저가 고밀도 저장 용기개발.

○ 연료전지 기술의 조기 실용화 여부는 수소저장 기술의 진보에 달려 있으며, 수소저장 기술개발의 연도별 목표 및 실용화 달성 최종목표는 표 7-9와 같음.

표 7-9 수소저장기술 개발 목표

구분	내용
전체목표	- 수소 최대 저장용량 10wt% 이상(100℃, 10atm 이하) - 수소의 흡장, 방출이 1000cycles(cycle당 0.01% 이하의 용량 감소 ; 최대수소저장용량의 80% 수준 유지) - 충전 시간 5min 이내
연도별 목표	- 2010년 : 1.7kWh/kg(5.0wt%), 1.2kWh/L, $4/kWh 달성 - 2015년 : 2.3kWh/kg(7.0wt%), 2.0kWh/L, $2/kWh 달성 - 2020년 : 3.0kWh/kg(9.0wt%), 2.7kWh/L, <$1/kWh 달성 - 2025년 : 4.0kWh/kg(12.0wt%), 3.3kWh/L, <$1/kWh 달성 - 2030년 수소저장 시스템 실용화 달성

주 : 목표치의 무게당, 부피당 수소저장능력 및 저장용기 가격은 미국 DOE의 목표치를 참고하여 작성되었으며 향후 국내 기술수준을 고려하여 보완될 수 있음.

2. 가격 저감 Issue 및 목표달성 시나리오

○ 수소저장 가격은 수소저장 재료의 원료 가격, 저장용기 재료 및 제작 가격, 수소저장활성화 비용, 압력 및 온도 유지를 위한 에너지 비용에 의해 결정됨.

- 고압기체 수소저장의 경우 고강도 낮은 무게의 탄소/플라스틱 복합체를 개발하여 중량밀도 향상 및 가격 저하.
- 액체수소의 경우 단열기술 및 용기 경량화 기술을 개발하여 증발(boil-off)속도 감소, 중량밀도 증가, 가격 경감 유도.
- 금속 수소화합물 및 신 수소저장물질은 중량밀도 향상 및 재료의 가격 경감 유도.
- 특히, 금속 붕소 수소화물은 상대적으로 저렴한 $NaBH_4$를 이용해 methathesis + separation 공정으로 금속 붕소 수소화물 대량 합성 방법을 확립하고, In-situ reaction & dispersion 방법을 적용해 제조비용을 저감하며, 동력원에서 발생하는 폐열을 최대한 활용하여 효과적인 열차폐 design을 적용한 저장용기 디자인으로 열에너지 비용 최소화.
- 화학 수소화물로서 현재 $50/kg의 $NaBH_4$을 대체할 수소저장용량이 높은 보론 화합물과 저가의 유기물을 수소저장재료로 탐색하여 원가 절감 추진.

3. 문제점 / 장애요인

가. 기술적 장애요인

- 가격 : 탑재용 수소저장 시스템의 가격이 기존의 내연기관의 원료 저장 시스템에 비해 매우 높음. 수소저장재료와 수소저장 시스템이 저가로 대량 생산할 수 있는 기술이 개발되어야 함.
- 중량 및 부피: 수소저장 시스템의 중량 및 부피가 현재 너무 높아서 기존의 석유를 원료로 사용한 자동차에 비해 적합하지 않음. 수소를 한 번 저장하여 적어도 450~600km는 주행할 수 있는 가볍고 부피가 작은 새로운 저장재료와 시스템 부품소재가 개발되어야 함.
- 효율 : 에너지 효율이 수소저장에 적합하여야 함. 가역 수소저장 고상재료의 경우 수소를 저장하고 사용하는 데 필요한 에너지가 항상 문제로 대두. 화학 수소화물 수소저장의 경우 부산물을 재생하는 공정이 탑재하여 이루어져야 하므로 에너지효율에 문제로 대두. 압축수소기체 저장과 액화수소 저장의 경우 압축과 액화과정에서 소요되는 에너지 효율이 낮음. 모든 수소저장기술에서 에너지 효율을 현격히 상승시킬 기술이 필요.
- 내구성 : 수소저장 시스템의 내구성이 아직은 상업화하는 데 적합하지 않음. 저장재료와 장치부품이 적어도 1,000회 이상 사용할 수 있도록 내구성이 있어야 함.
- 저장시간 : 아직은 수소저장시간이 너무 김. 수소저장장치를 사용하는 수명 동안 3분 이내에 저장이 가능한 수소저장 시스템이 개발되어야 함.
- 수명과 효율분석 : 수소저장 시스템의 총 수명 비용과 효율의 분석이 되어있지 않음.

나. 기술 외적 장애요인

- ○ 현재 수소저장기술의 국가과제는 과기부 프런티어 21C 수소사업단과 산자부 수소·연료전지사업단의 중복과제 시비로 수소저장 분야의 국가기술개발비의 투자가 효율적으로 이루어지지 못하고 있음.
- ○ 수소저장기술은 기술의 특성상 빠른 시일 내에 결과를 도출하기는 매우 어려우므로 국가의 지속적인 관심이 필요.
- ○ 수소를 다량 저장할 수 있는 다양한 수소저장재료가 보고되어 있으나, 기술적으로 산업화가 가장 빠른 기술을 집중 개발할 필요가 있음.
- ○ 수소저장 시스템을 상용화 및 일반화하고 안전하게 사용하는데 필요한 제반법 및 기술적 표준준화가 아직 미비함. 수소저장 관련법과 표준화가 조속히 이루어져야 함.
- ○ 수소의 안전 관리 및 취급에 대한 일반인의 교육을 통하여 수소에 대한 부정적인 인식을 바꿀 필요가 있음.
- ○ 수소에너지에 대한 국가 정책이 확실히 결정되지 못함. 국가 에너지정책의 우선순위에 대한 합의가 우선 필요.

4. 실행방안

가. R&D Program 보완

- ○ 우리나라 수소 관련 연구 개발은 대규모 프로젝트 중심적인 사업을 국가에서 주도해 오고 있다. 현재 과기부 중심의 21C 프런티어 사업과 산자부 중심의 수소 연료전지 사업단으로 나누어 사업이 진행되고 있음.
- ○ 프런티어 사업에서는 수소제조-저장-이용 기술개발사업 등 광범위한 연구 개발을 진행하고 있으며, 수소 연료 전지 사업단에서는 수소 스테이션과 일부 수소 저장, 그리고 주로 연료 전지에 대한 사업이 진행되고 있음.
- ○ 이러한 프로그램은 정부에서 지원하는 정책으로서는 굉장히 적극적이며, 강력한 에너지 정책에 대한 국가의 의지를 보여주지만, 수소 제조와 저장에 있어서는 국가 전략상 장기적인 안목에서 연구비 투자가 증대되는 세계 추세인데 우리의 경우 한정된 프런티어 과제의 예산으로 인하여 필요한 투자의 증가가 이루어지고 있지 않음.
- ○ 따라서 수소 제조 저장 R&D도 산자부 사업에서 수용하여 과감하고 전략적인 투자가 요구됨. 단 기술 개발의 장기적인 성격상 기업 참여나 기술료 문제에 있어서 유연성을 가질 필요가 있음.

나. 실증 및 보급방안, 향후 Schedule

- ○ 기술개발 및 실증, 보급 초기단계 : 압축기체수소 저장과 저온액체수소 저장은 실증위주의 기술개발을 정부차원에서 적극적으로 지원하여 수소저장의 보급 초기단계 구축하는 반면, 나노재료, 가역 금속 수소화물, 비가역 화학 수소화물 등에 의한 수소저장은 가능성 있는 새로운 재료의 합성 및 성능 재현성 확보를 위하여 기술개발 추진.
- ○ 초기 시장 진입 및 기반시설 투자 단계 : 휴대용 연료전지와 정지형/수송형 연료전지용 수소공급 저장조의 개발로 기술의 상품화 시작. 수소에너지 기반시설 투자를 정부가 정책적으로 시행하여 수소를 원료로 한 전력생산 시스템 및 수송형 동력시스템을 상업적으로 판매. 수소에너지 기반 사업 실현.
- ○ 수소에너지 시장 및 기반시설 확립 단계 : 국가 전 영역에서 수소를 원료로 한 전력생산 시스템 과 수송용 시스템이 상업적으로 판매. 전국적으로 수소 기반시설이 형성 완료.

5. 정책제언

- ○ 과학기술부 프런티어 21C 수소사업단과 중복문제의 해결이 되어야 수소저장기술개발 가능하므로 이 문제를 정치적으로 해결.
- ○ 상용화에 가까운 고압기체 수소저장, 저온액체 수소저장, 금속 수소화물을 이용한 수소저장은 기술의 한계성 때문에 수소경제로 전이하는 기간에 수소저장기술로 활용.
- ○ 고용량 수소저장과 가역적 저장이 가능한 금속 붕소 수소화물은 산업화시기가 빠를 것으로 예측되며, 그 파급효과가 크므로 조속한 시일 내에 정부가 집중적인 투자를 하여 기술개발이 필요(가역적 수소저장이 가능한 금속 붕소 수소화물은 과기부 프런티어 21C 수소사업단과 중복 문제도 없는 기술임).
- ○ 신개념 수소저장재료인 나노재료, 아미드, 유기물 등은 아직 기초연구에 있으나 미래 수소저장기술에 파급효과가 큰 경우는 장기적으로 접근하는 것이 바람직함.
- ○ 수소저장은 한 나라의 힘으로만 기술개발이 어려우므로 국제협력을 통한 기술개발의 가속화가 필요하며, 정유회사, 가스회사, 수소 유통업체들이 참여한 컨소시엄 형태로 기술개발 필요.
- ○ 국내 기술수준향상, 전문인력 부족 등의 문제를 장기적 관점에서 "수소저장기술" 개발의 필요성, 중요성을 인지하고 향후 확실한 개발 의지를 천명하여 전문 연구인력을 확보하고 효율적으로 활용하는 정책 필요.

Ⅵ. 기술개발 추진전략 및 목표 설정

1. 단기(2008~2012)

가. 단기 목표

○ 상업화 단계에 있는 고압기체 수소저장 및 금속 수소화물 수소저장 기술을 완성하여 산업화와 시장진입 시도, 고용량 수소저장 신재료 탐색 병행(수소저장 목표: 5.0wt%).

나. 주요 추진 계획

○ 상업화 단계에 있는 고압기체 수소저장 및 금속 수소화물 수소저장기술을 완성하여 상용화 추진. 350bar 및 700bar 저장용기 경량화 기술개발로 저장 용량 향상.

○ 최근 국외에서 개발되는 고압용기/금속 수소화물 hybrid system 구축으로 안정성 및 저장용량 향상 추진.

○ 액체수소 저장기술은 고효율 액화기술과 저가 단열기술 개발을 통한 수소 기화율 저감 기술 개발.

○ 나노구조 재료를 이용한 흡착 수소저장의 경우 기존 탄소계 및 비탄소계 나노재료의 수소저장 용량 및 수소 저장/방출 속도의 향상과 함께 저장 공정 및 시스템 개발 추진하여 최종 년도의 기술 가능성 평가를 통하여 기술개발 계속여부 판단.

○ 금속 수소화물을 이용한 가역적 수소저장은 기존에 추진되는 재료 이외에 저장용량이 재료 기준으로 7wt% 이상인 금속 붕소 수소화물, 아미드계 물질에 대한 기술 개발 추진.

○ 화학 수소화물의 경우 새로운 수소저장 물질로서 재생이 용이한 유기 화학 수소화물과 저장용량이 재료 기준으로 7wt% 이상인 보레인계 화합물에 대한 기술개발 진행.

다. 연차별 추진계획

수소저장분야 중장기 기술개발 로드맵 (단기)
단기 (2008 ~ 2012)
2008
2009
2010
2011
2012
수소저장
고압기체
저가 고강도 경량 용기 제조 기술
탈유 고압 압축기술
압축에너지 회수기술
금속수소화물 탑재 기술 (F)
액체수소
고효율 액화 기술
저가 단열 기술
비등 최소화 및 회수공정 기술
흡착저장
탄소계 나노재료 성능 향상 기술 (F)
탄소계 나노재료 저장 공정 및 시스템
비탄소계 나노재료 성능 향상 기술 (F)
비탄소계 나노재료 저장 공정 및 시스템
추진계획 기초 응용 실용화 상용화
(F) 프론티어 사업 진행 과제

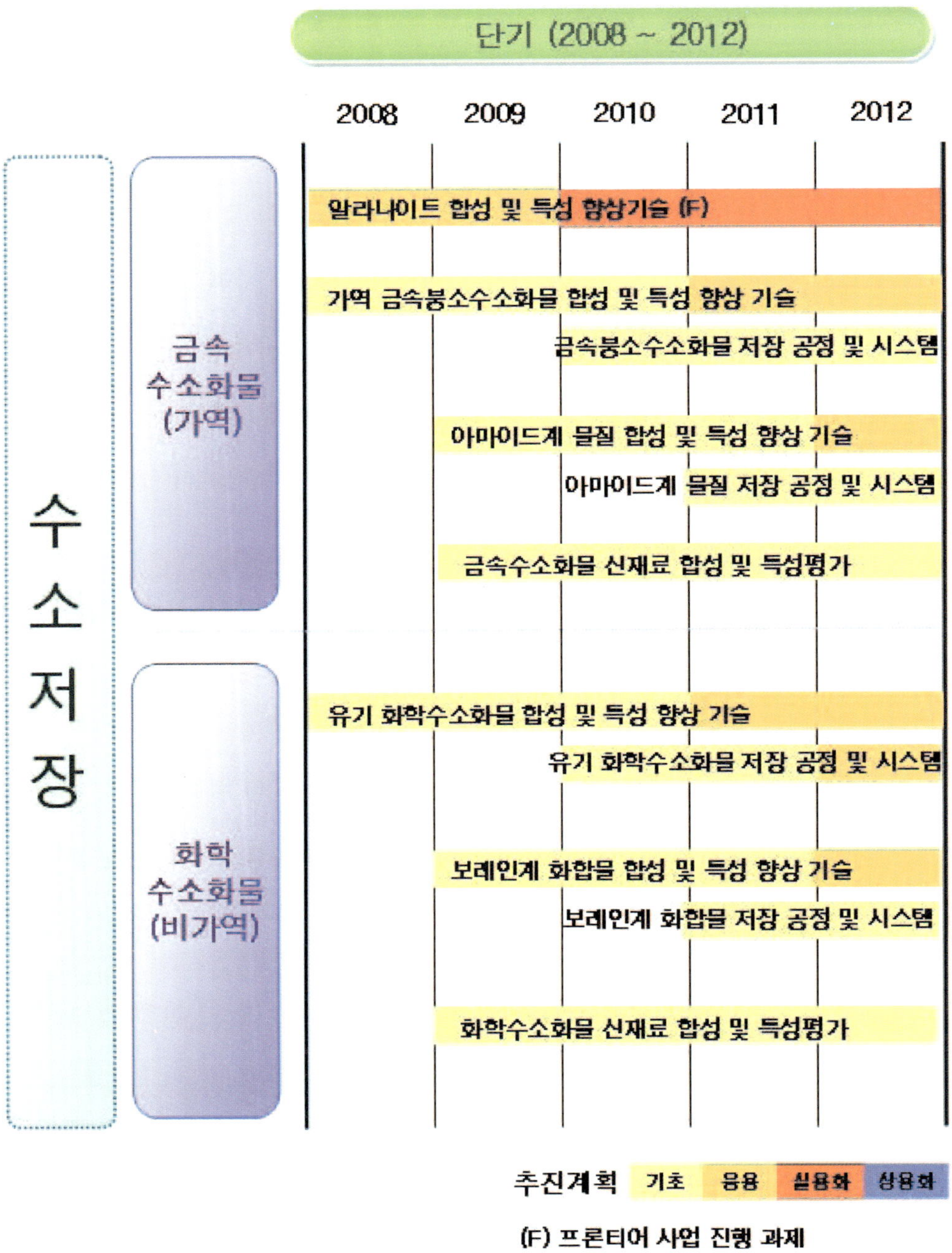

그림 7-3 단기 연차별 기술개발 Road Map

표 7-10 대분류-중분류-소분류에 따른 기술 분류(단기)

<table>
<tr><th>대분류</th><th>중분류</th><th>소분류</th><th>세분류</th></tr>
<tr><td rowspan="6">수소 저장</td><td>고압 기체 저장</td><td>- 저가 고강도 경량 용기 제조 기술
- 탈유 고압 압축 기술
- 압축 에너지 회수기술
- 금속 수소화물 탑재 기술</td><td>- 용기 제작 단가 절감 기술
용기 강도 향상 기술
용기 경량화 기술
- 탈유 압축 기술
고압 압축 기술
- 압축 에너지 회수기술
- 금속 수소화물-고압저장 연계기술
고효율 열교환 시스템 기술</td></tr>
<tr><td>액체 수소 저장</td><td>- 고효율 액화 기술
- 저가 단열 기술
- 비등 최소화 및 회수공정 기술</td><td>- 액화 공정 효율 향상 기술
- 단열재 제작 단가 절감 기술
- 단열 유지 기술 및 수소 회수/재순환 기술</td></tr>
<tr><td>흡착 저장</td><td>- 탄소계 나노재료 성능향상 기술
- 탄소계 나노재료 저장 공정 및 시스템 기술
- 비탄소계 나노재료 성능향상 기술
- 비탄소계 나노재료 저장 공정 및 시스템 기술</td><td>- 표면 처리 기술
첨가제 사용 특성향상 기술
- 고효율 열교환 기술
저장 시스템 구성/제어 기술
- 표면 처리 기술
첨가제 사용 특성향상 기술
- 고효율 열교환 기술
저장 시스템 구성/제어 기술</td></tr>
<tr><td>금속 수소화물 저장 (가역)</td><td>- 알라나이트 합성 및 특성 향상 기술
- 금속 수소화물 합성 및 특성 향상 기술
- 금속 수소화물 저장 공정 및 시스템 기술
- 아미드계 물질 합성 및 특성 향상 기술
- 아미드계 물질 저장 공정 및 시스템 기술
- 금속 수소화물 신재료 합성 및 특성 평가</td><td>- 수소저장 물질 합성 기술
촉매 사용 특성향상 기술
- 수소저장 물질 합성 기술
촉매/첨가제 사용 특성향상 기술
- 고효율 열교환 기술
저장 시스템 구성/제어 기술
- 수소저장 물질 합성 기술
촉매/첨가제 사용 특성향상 기술
- 고효율 열교환 기술
저장 시스템 구성/제어 기술
- 신재료 설계 및 합성 기술
특성 평가 기술</td></tr>
<tr><td>화학 수소화물 저장 (비가역)</td><td>- 유기 화학 수소화물 합성 및 특성향상 기술
- 유기 화학 수소화물 저장 공정 및 시스템 기술
- 보레인계 화합물 합성 및 특성향상 기술
- 보레인계 화합물 저장 공정 및 시스템 기술
- 화학 수소화물 신재료 합성 및 특성 평가</td><td>- 수소저장 물질 합성 기술
촉매/첨가제 사용 특성향상 기술
- 고효율 열교환 기술
저장 시스템 구성/제어 기술
- 수소저장 물질 합성 기술
촉매/첨가제 사용 특성향상 기술
- 고효율 열교환 기술
저장 시스템 구성/제어 기술
- 신재료 설계 및 합성 기술
특성 평가 기술</td></tr>
</table>

2. 중기(2013~2020)

가. 중기 목표

○ 이전 단계에서 개발된 기술을 바탕으로 고압기체 수소저장기술, 나노구조 재료 및 일부 금속 수소화물에 의한 흡착 저장 등은 시장 진입을 추진하는 한편, 수소저장 용량이 우수한 금속 수소화물과 화학 수소화물은 수소저장 용량 향상 및 저온/저압 저장 공정 기술 및 시스템 개발에 집중하여 수송용 수소저장기술 개발(수소저장 목표: 9.0wt%).

나. 주요 추진 계획

○ 고압기체 수소저장 기술은 700bar 시스템을 중심으로 상용화 및 시장 진입을 추진하고, 저장의 안전성 확보를 위해 금속 수소화물을 고압 수소저장 기술에 결합한 고압 hybrid 수소저장 기술 확립.

○ 액체수소 저장기술은 고효율 수소액화 시스템 기술을 확립하고 저가 단열재를 사용한 저장용기 개발과 비등 수소 회수 및 재사용 공정을 개발.

○ 나노구조 재료를 이용한 흡착 수소저장의 상용화 기술개발 및 시장진입 진행.

○ 금속 수소화물을 이용한 가역적 수소저장은 기존 알라나이트 사용 시스템을 상용화하고, 금속 붕소 수소화물 및 아미드계 물질을 사용한 수소저장 시스템 실용화 기술 완성.

○ 화학 수소화물의 경우 유기 화학 수소화물 및 보레인계 화합물의 수소저장 특성 향상 및 저장 시스템 실용화 기술 진행.

다. 연차별 추진계획

수소저장분야 중장기 기술개발 로드맵 (중기)

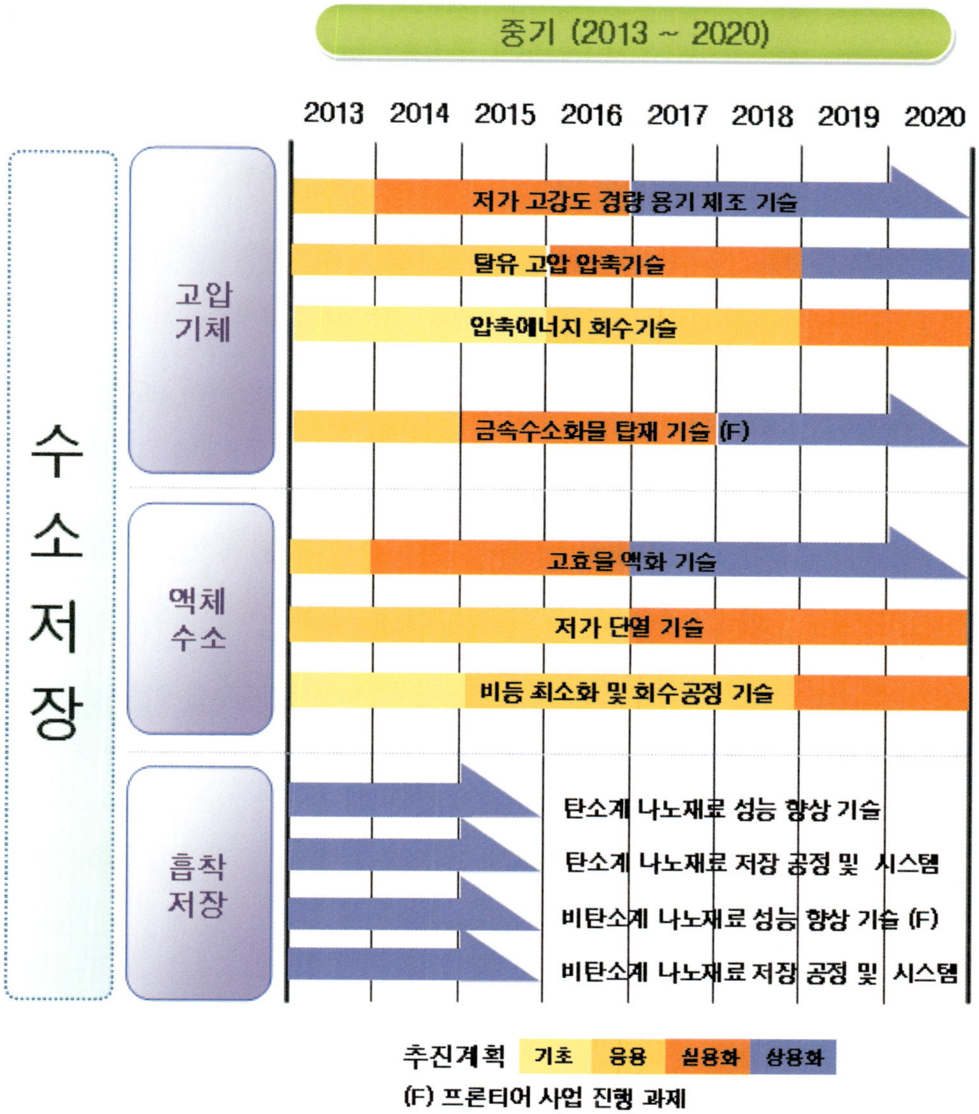

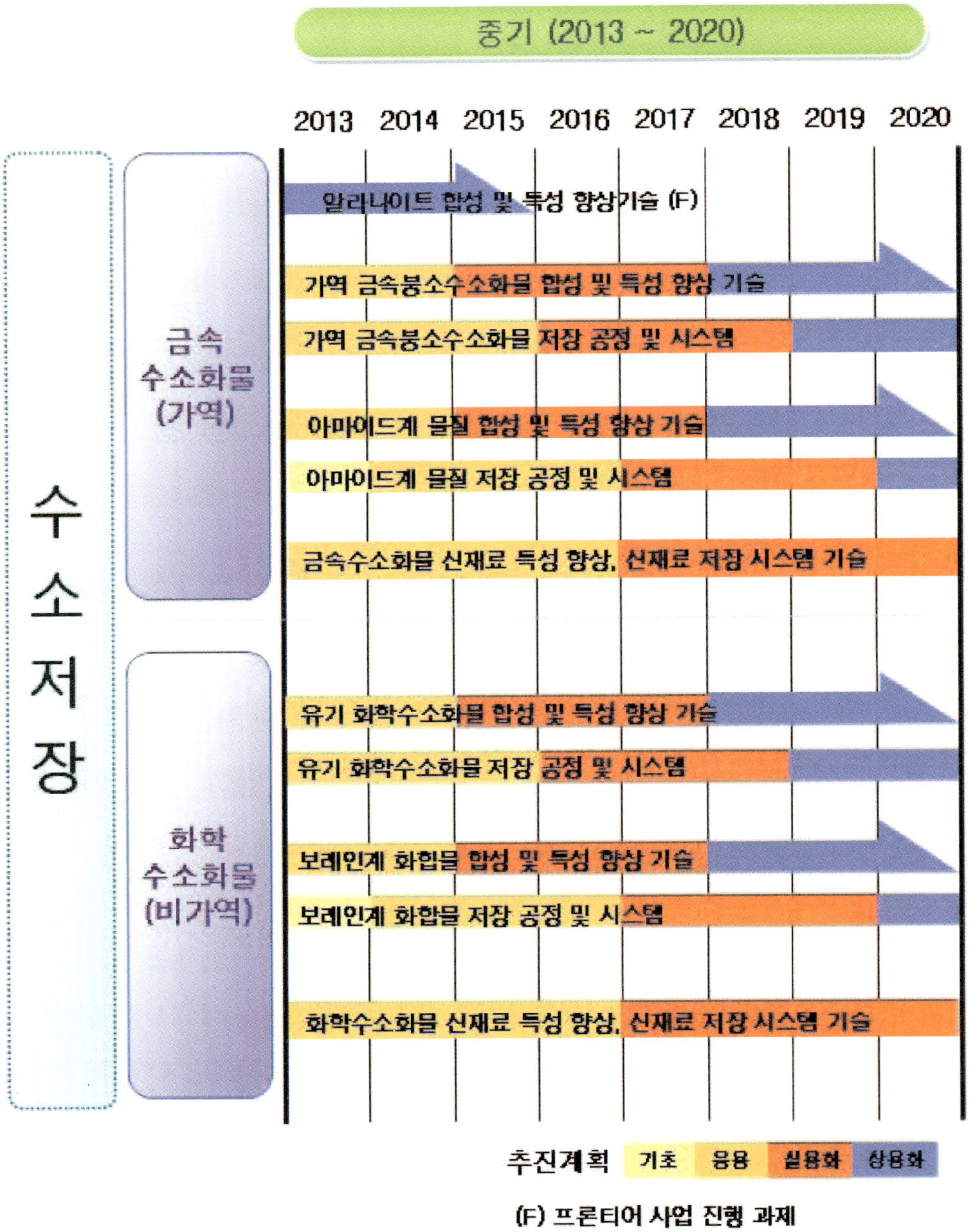

그림 7-4 중기 연차별 기술개발 Road Map

표 7-11 대분류-중분류-소분류에 따른 기술 분류(중기)

대분류	중분류	소분류	세분류
수소 저장	고압 기체 저장	- 저가 고강도 경량 용기 제조 기술 - 탈유 고압 압축 기술 - 압축 에너지 회수기술 - 금속 수소화물 탑재 기술	- 용기 제작 단가 절감 기술 용기 강도 향상 기술 용기 경량화 기술 - 탈유 압축 기술 고압 압축 기술 - 압축 에너지 회수기술 - 금속 수소화물-고압저장 연계기술 고효율 열교환 시스템 기술
	액체 수소 저장	- 고효율 액화 기술 - 저가 단열 기술 - 비등 최소화 및 회수공정 기술	- 액화 공정 효율 향상 기술 - 단열재 제작 단가 절감 기술 - 단열 유지 기술 및 수소 회수/재순환 기술
	흡착 저장	- 탄소계 나노재료 성능향상 기술 - 탄소계 나노재료 저장 공정 및 시스템 기술 - 비탄소계 나노재료 성능향상 기술 - 비탄소계 나노재료 저장 공정 및 시스템 기술	- 저가 표면 처리 기술 저가 첨가제 적용 기술 - 열교환 시스템 경량화 기술 compact 저장 시스템 구성기술 - 저가 표면 처리 기술 저가 첨가제 적용 기술 - 열교환 시스템 경량화 기술 compact 저장 시스템 구성기술
	금속 수소화물 저장 (가역)	- 알라나이트 합성 및 특성 향상 기술 - 금속 수소화물 합성 및 특성 향상 기술 - 금속 수소화물 저장 공정 및 시스템 기술 - 아미드계 물질 합성 및 특성향상 기술 - 아미드계 물질 저장 공정 및 시스템 기술 - 금속 수소화물 신재료 특성 향상 및 시스템 기술	- 고압저장 연계 comact 시스템 구성 기술 - 저장용량 향상 기술 저가 촉매/첨가제 적용 기술 - 열교환 시스템 경량화 기술 compact 저장 시스템 구성기술 - 저장용량 향상 기술 저장 재료 대량 생산 기술 - 열교환 시스템 경량화 기술 compact 저장 시스템 구성기술 - 저장용량 향상 기술 저장 재료 대량 생산 기술
	화학 수소화물 저장 (비가역)	- 유기 화학 수소화물 합성 및 특성 향상 기술 - 유기 화학 수소화물 저장 공정 및 시스템 기술 - 보레인계 화합물 합성 및 특성 향상 기술 - 보레인계 화합물 저장 공정 및 시스템 기술 - 화학 수소화물 신재료 특성 향상 및 시스템 기술	- 저장용량 향상 기술 저장 재료 대량 생산 기술 - 열교환/반응 시스템 경량화 기술 compact 저장 시스템 구성기술 - 저장용량 향상 기술 저장 재료 대량 생산 기술 - 열교환/반응 시스템 경량화 기술 compact 저장 시스템 구성기술 - 저장용량 향상 기술 열교환 효율 향상 기술

3. 장기(2021~2030)

가. 장기 목표

- 고압기체 수소저장 및 이와 연계한 금속 수소화물, 나노재료 수소저장 기술과 액체수소 저장 기술에 대해 시장 확대를 추진하는 한편, 중간 단계에 구축된 금속 수소화물 및 화학 수소화물 수소저장 기술에 대하여 상용화 공정 및 시스템 개발을 확립하여 수송용 수소저장 기술의 시장 진입(수소저장 목표: 10wt% 이상).

나. 주요 추진 계획

- 고압기체 수소저장 및 액체수소 저장 기술은 저장 효율의 극대화를 통하여 시장 확대.
- 특히 고압기체 수소저장은 금속 수소화물 및 나노재료 수소저장 기술과 연계한 상용 시스템 기술을 완성하여 시장 진입.
- 금속 수소화물 및 화학 수소화물의 경우 재료의 저가화와 함께 저장 공정의 단순화 및 저장 시스템의 경량화를 추진하여 상용화 기술을 완성하고, 신재료의 특성에 따라 적용 여부를 결정하여 상용 수소저장기술 완성.

다. 연차별 추진계획

수소저장분야 중장기 기술개발 로드맵 (장기)

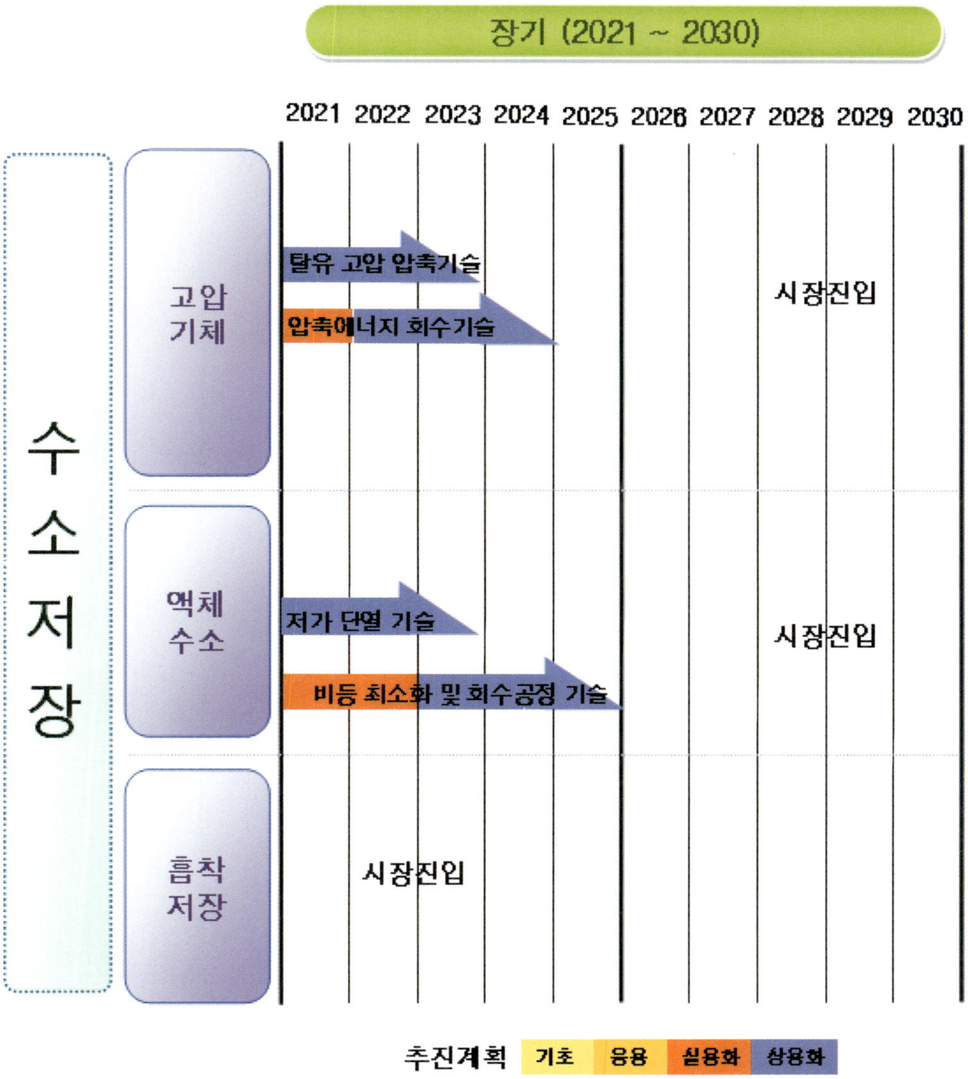

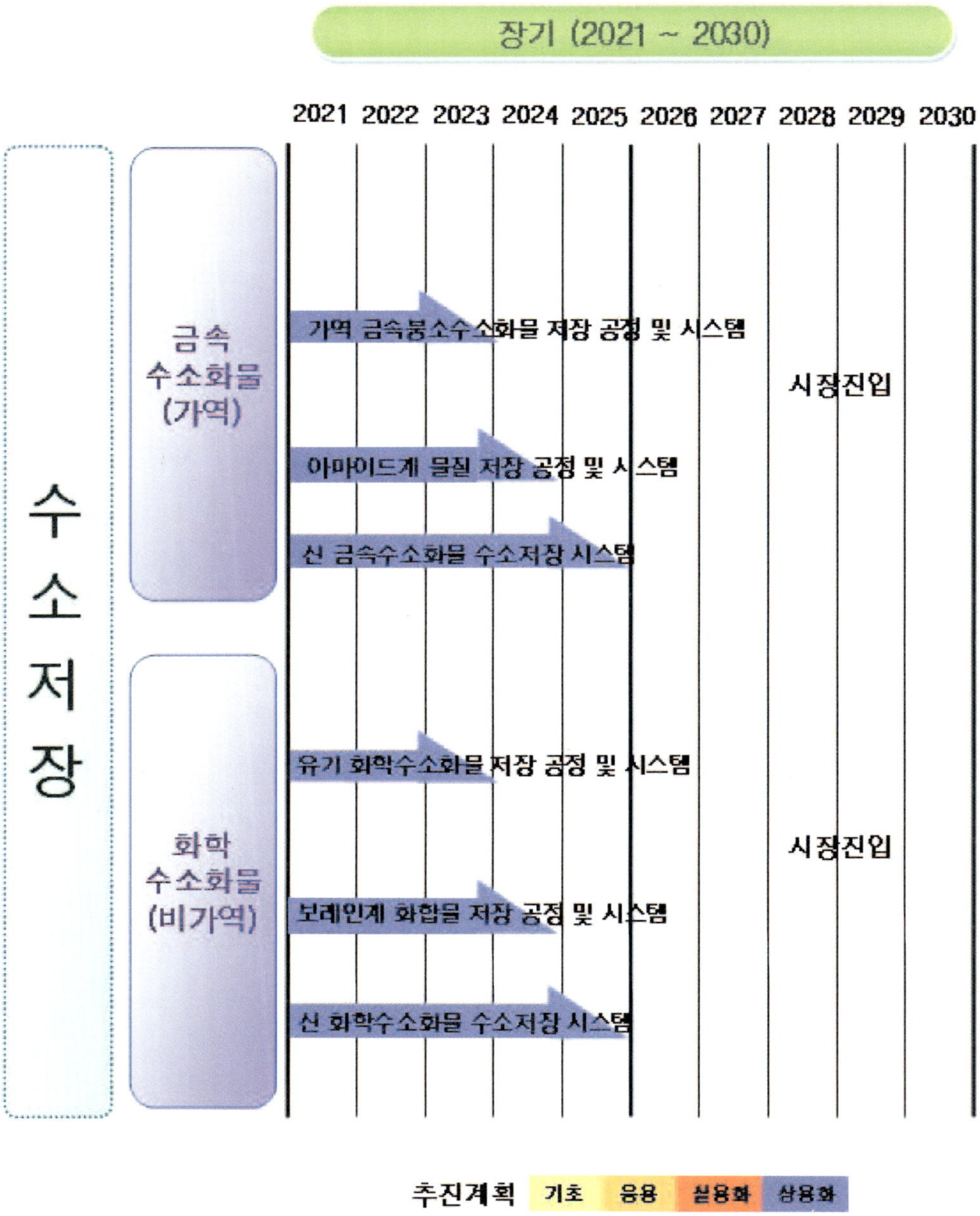

그림 7-5 장기 연차별 기술개발 Road Map

표 7-12 대분류-중분류-소분류에 따른 기술 분류(장기)

대분류	중분류	소분류	세분류
수소 저장	고압 기체 저장	- 탈유 고압 압축 기술 - 압축 에너지 회수기술	- 대형 탈유 고압 압축 기술 - 압축 에너지 회수기술
	액체 수소 저장	- 저가 단열 기술 - 비등 최소화 및 회수공정 기술	- 저가 단열재 대량생산 기술 - 대면적 단열 유지 기술 및 수소 회수/재순환 기술
	금속 수소화물 저장 (가역)	- 금속 수소화물 저장 공정 및 시스템 기술 - 아미드계 물질 저장 공정 및 시스템 기술 - 신금속 수소화물 수소저장 시스템 기술	- 공정 효율 향상 기술 시스템 장기안정성 향상 기술 - 공정 효율 향상 기술 시스템 장기안정성 향상 기술 - compact 저장 시스템 구성기술 시스템 장기안정성 향상 기술
	화학 수소화물 저장 (비가역)	- 유기 화학 수소화물 저장 공정 및 시스템 기술 - 보레인계 화합물 저장 공정 및 시스템 기술 - 신화학 수소화물 수소저장 시스템 기술	- 공정 효율 향상 기술 시스템 장기안정성 향상 기술 - 공정 효율 향상 기술 시스템 장기안정성 향상 기술 - compact 저장 시스템 구성기술 시스템 장기안정성 향상 기술

4. 기술개발 소요예산 예측

동 보고서의 Road Map 관련 예산은 전문가들의 의견을 반영한 것으로서 정부의 예산 계획은 아님을 알려드립니다.

1. Road Map 구성은 범부처(국가 전체) 차원으로 작성되었음.
2. Road Map 예산은 총 사업비(정부+민간) 개념으로 작성되었음.
3. 중기 및 장기 예산계획은 추후 동 보고서의 Update 시(매 2~3년 단위) 수정할 계획임.

가. 단기(2008~2012)

표 7-13 단기(2008~2012) 기술개발 소요예산(단위 : 억 원)

대분류	중분류	소분류	연도별 소요예산					총
			2008	2009	2010	2011	2012	
수소 저장	고압 기체 저장	저가 고강도 경량 용기 제조 기술	5	5	5	5	5	25
		탈유 고압 압축 기술	5	5	5	5	5	25
		압축 에너지 회수 기술	2	2	2	2	2	10
		금속 수소화물 탑재 기술	1	1	1	1	1	5
	액체 수소 저장	고효율 액화 기술	10	10	10	10	10	50
		저가 단열 기술	2	2	2	2	2	10
		비등 최소화 및 회수 공정 기술	2	2	2	2	2	10
	흡착 저장	탄소계 나노재료 성능향상 기술	5	5	5	5	5	25
		탄소계 나노재료 저장 공정 및 시스템 기술	5	5	5	5	5	25
		비탄소계 나노재료 성능향상 기술	5	5	5	5	5	25
		비탄소계 나노재료 저장 공정 및 시스템 기술	3	3	3	3	3	15
	금속 수소화물 저장	알라나이트 합성 및 특성향상 기술	3	3	3	3	3	15
		금속 붕소 수소화물 합성 및 특성향상 기술	3	3	3	3	3	15
		금속 붕소 수소화물 저장 공정 및 시스템 기술	3	3	3	3	3	15
		아미드계 물질 합성 및 특성향상 기술	3	3	3	3	3	15
		아미드계 물질 저장 공정 및 시스템 기술	3	3	3	3	3	15
		금속 수소화물 신재료 합성 및 특성 평가	3	3	3	3	3	15
	화학 수소화물 저장	유기 화학 수소화물 합성 및 특성향상 기술	2	2	2	2	2	10
		유기 화학 수소화물 저장 공정 및 시스템 기술	2	2	2	2	2	10
		보레인계 화합물 합성 및 특성향상 기술	2	2	2	2	2	10
		보레인계 화합물 저장 공정 및 시스템 기술	2	2	2	2	2	10
		화학 수소화물 신재료 합성 및 특성 평가	2	2	2	2	2	10
총			73	73	73	73	73	365

나. 중기(2013~2020)

표 7-14 중기(2013~2020) 기술개발 소요예산(단위 : 억 원)

대분류	중분류	소분류	연도별 소요예산								총
			2013	2014	2015	2016	2017	2018	2019	2020	
수소 저장	고압 기체 저장	저가 고강도 경량 용기 제조 기술	5	5	5	5	5	5	5	5	40
		탈유 고압 압축 기술	2	2	2	2	2	2	2	2	16
		압축 에너지 회수기술	2	2	2	2	2	2	2	2	16
		금속 수소화물 탑재 기술	1	1	1	1	1	1	1	1	8
	액체 수소 저장	고효율 액화 기술	5	5	5	5	5	5	5	5	40
		저가 단열 기술	2	2	2	2	2	2	2	2	16
		비등 최소화 및 회수공정 기술	1	1	1	1	1	1	1	1	8
	흡착 저장	탄소계 나노재료 성능향상 기술	5	5	5	5	5	5	5	5	40
		탄소계 나노재료 저장 공정 및 시스템 기술	5	5	5	5	5	5	5	5	40
		비탄소계 나노재료 성능향상 기술	3	3	3	3	3	3	3	3	24
		비탄소계 나노재료 저장 공정 및 시스템 기술	1	1	1	1	1	1	1	1	8
	금속 수소 화물 저장	알라나이트 합성 및 특성향상 기술	3	3	3	3	3	3	3	3	24
		금속 붕소 수소화물 합성 및 특성향상 기술	2	2	2	2	2	2	2	2	16
		금속 붕소 수소화물 저장 공정 및 시스템 기술	5	5	5	5	5	5	5	5	40
		아미드계 물질 합성 및 특성향상 기술	2	2	2	2	2	2	2	2	16
		아미드계 물질 저장 공정 및 시스템 기술	2	2	2	2	2	2	2	2	16
		금속 수소화물 신재료 특성향상 기술	2	2	2	2	2	2	2	2	16
	화학 수소 화물 저장	유기 화학 수소화물 합성 및 특성향상 기술	3	3	3	3	3	3	3	3	24
		유기 화학 수소화물 저장 공정 및 시스템 기술	3	3	3	3	3	3	3	3	24
		보레인계 화합물 합성 및 특성향상 기술	3	3	3	3	3	3	3	3	24
		보레인계 화합물 저장 공정 및 시스템 기술	3	3	3	3	3	3	3	3	24
		화학 수소화물 신재료 특성향상 기술	2	2	2	2	2	2	2	2	16
총			62	62	62	62	62	62	62	62	**496**

다. 장기(2021~2030)

표 7-15 장기(2021～2030) 기술개발 소요예산(단위 : 억 원)

대분류	중분류	소분류	연도별 소요예산										총
			2021	2022	2023	2024	2025	2026	2027	2028	2029	2030	
수소 저장	고압 기체 저장	탈유 고압 압축 기술	5	5	5	5	5	5	5	-	-	-	35
		압축 에너지 회수기술	2	2	2	2	2	2	2	-	-	-	14
	액체 수소 저장	저가 단열 기술	1	1	1	1	1	1	1	-	-	-	7
		비등 최소화 및 회수 공정 기술	1	1	1	1	1	1	1	-	-	-	7
	금속 수소 화물 저장	금속 붕소 수소화물 저장 공정 및 시스템 기술	2	2	2	2	2	2	2	2	-	-	16
		아미드계 물질 저장 공정 및 시스템 기술	2	2	2	2	2	2	2	-	-	-	14
		신금속 수소화물 수소저장 시스템 기술	5	5	5	5	5	5	5	5	-	-	40
	화학 수소 화물 저장	유기 화학 수소화물 저장 공정 및 시스템 기술	5	5	5	5	5	5	5	5	-	-	40
		보레인계 화합물 저장 공정 및 시스템 기술	5	5	5	5	5	5	-	-	-		30
		신화학 수소화물 수소저장 시스템 기술	3	3	3	3	3	3	-	-	-	-	18
총			31	31	31	31	31	31	23	12	-	-	221

라. 소요예산 예측 총괄(2008~2030)

표 7-16 중장기(2008~2030) 기술개발 소요예산(단위 : 억 원)

대분류	중분류	연도별 소요예산			총
		단기('08~'12)	중기('13~'20)	장기('21~'30)	
수소 저장	고압기체 저장	65	80	49	194
	액체수소 저장	70	64	14	148
	흡착 저장	90	112	-	202
	금속 수소화물 저장	90	128	70	288
	화학 수소화물 저장	50	112	88	250
총		365	496	221	**1,082**

〈 참고문헌 〉

1. DOE, http://www.doe.gov/
2. 도쿄가스, http://www.tokyo-gas.co.jp/
3. 한국자동차공업협회, http://www.kama.or.kr/
4. 환경친화적 자동차의 개발, 보급 기본계획 수립 및 보급 지원방안 연구, 산업연구원 2005.06.
5. RIST, 한국 국제전지 산업전시회, 서울, 대한민국, 2005.
6. Siemens Power Generation Inc., European Fuel Cell Forum, Lucern, Swiss, 2006.
7. FCE, Fuel Cell Expo 2005, Tokyo, Japan, 2005.
8. RIST, Fuel Cell Forum, Lucern, Swiss, 2006.
9. IDC의 백업파워 시장 분석 : 정보통신 정책연구원, 2002.
10. Fuel Cell Energy, Inc., Fuel Cell Expo 2005, Tokyo, Japan, 2005.
11. NETL(http://www.eren.doe.gov/der/pdfs/mid_atlantic_conf_02/ williams.pdf).
12. http://cfc-solutions.com/en/down/pics/MTU-CFC_Productsheet_EN.pdf
13. 에너지관리공단, 소형 가스 열병합발전 시스템 이해, 2004.
14. ICCEPI & UNEP, Fuel Cell Market Prospects and Intervention Strategies, 2002.
15. 효성중공업, 열병합시스템의 개요 및 경제성 검토, 2003.
16. Fuel Cell Energy, Inc., Company Overview, 2007.
17. 전력통계 정보 시스템(http://epsis.kpx.or.kr/).
18. 전력연구원, IGCC 실용화사업 추진계획, 2006.
19. DOE, Fuel Cell Seminar, Farm Springs, California, 2005.
20. L. Barreto, et al., Int. J. Hydrogen Energy, 28, 267, 2003.
21. J. Doyon, et al., Int. J. ower Sources, 118, 8, 2003.
22. FCE, http://www.fce.com
23. Fuel Cell Energy, Fuel Cell Seminar, Honolulu, Hawaii, 2006.
24. Fuel Cell Energy, Fuel Cell Seminar, San Antonio, Texas, 2007.
25. 포스코파워, 2007 대한민국 에너지대전, 서울, 대한민국, 2007.
26. GenCell, International Conference on Fuel Cell Development and Deployment, Storrs, Conneticut, 2004.

27. TOOI Masaaki, et al., IHI Engineering Review, 36[1], 5, 2003.
28. IHI, Fuel Cell Seminar, Parm Springs, 2005.
29. CRIEPI, International Conference on Clean coal Technology and Fuel Cells, Yokosuka, Japan, 2006.
30. CFC-Solution, Fuel Cell Seminar, Honolulu, Hawaii, 2006.
31. CFC-Solution, http://www.cfc-solution.com
32. Ansaldo 퓨얼셀, http://www.ansaldofuelcells.com
33. ENEA, International Conference on Clean coal Technology and Fuel Cells, Yokosuka, Japan, 2006.
34. 수소·연료전지사업단, 수소경제 지향 국가 Vision 및 보급목표 달성을 위한 실행방안, 2004.
35. DoE, Fuel Cell Report, 2003.
36. 산업자원부 신·재생에너지 센터, 2005년 신·재생에너지 백서.
37. 日經 Electronics, 2003.
38. 富士經濟, 2003.
39. 분산형 연료전지 발전 시스템, KISTI, 2004.
40. SECA, www.seca.doe.gov/
41. Siemens Power Generation, http://www.powergeneration.siemens.com
42. GE, SOFC-X, 2007.
43. Delphi, http://delphi.com
44. NEDO, SOFC-X, 2007.
45. Rolls-Royce, SOFC-X, 2007.
46. Rolls-Royce, http://www.rolls-royce.com
47. NEDO, http://www.nedo.go.jp
48. 고압가스 통계, 2005.
49. 국내 2차 전지 산업동향 : 산업자원부 http://www.mocie.go.kr/
50. 국내 2차 전지 시장 규모, 전자신문(http://www.etimesi.com/) 2004.11.1
51. Yano Research Ins., "先端燃料電池システム市場の徹低研究", 2004.
52. 최종 에너지 수요 전망 : 2003-2008, 에너지경제연구원.
53. 에너지관리공단 신·재생에너지 센터, 2006년도 신·재생에너지 기술개발사업 자료집.

위원장 :	한국과학기술연구원	홍 성 안
위 원 :	전북대학교	남 기 석
	포항산업과학연구원	전 중 환
	한국과학기술연구원	남 석 우
	GS 퓨얼셀(주)	황 정 태
	한국가스공사	박 달 영
	현대자동차	오 형 석
	한국과학기술연구원	하 흥 용
	한국에너지기술연구원	정 두 환
	한국과학기술연구원	최 대 기
	특허청	박 진
		장 기 완
	특허정보원	김 정 현
		채 방 실
	신・재생에너지 센터	유 경 석
		조 용 희
		문 현 주
		장 하 나
	수소・연료전지사업단	이 태 환

신 · 재생에너지 RD&D 전략 2030 7

수소 · 연료전지 II

2008년 7월 10일 제1판 1쇄 인쇄
2008년 7월 15일 제1판 1쇄 발행

저 자 ◎ **에너지관리공단 신 · 재생에너지 센터**
발행자 ◎ **조 승 식**
발행처 ◎ (주) 도서출판 **북스힐**
서울시 강북구 라일락길 36
등 록 ◎ 제 22-457 호

TEL (02) 994-0071(代)
FAX (02) 994-0073
E-MAIL bookswin@unitel.co.kr
www.bookshill.com

값 25,000원

잘못된 책은 교환해 드립니다.

ISBN 978-89-5526-483-8
ISBN 978-89-5526-476-0(세트)